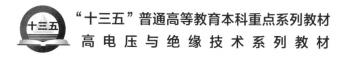

"十三五"普通高等教育本科重点系列教材

高电压与绝缘技术系列教材

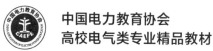

中国电力教育协会

高校电气类专业精品教材

高电压工程基础

（第二版）

唐 炬 主 编

关伟民 张 博 副主编

司马文霞 关根志 主 审

（武汉大学）

中国电力出版社

CHINA ELECTRIC POWER PRESS

内 容 提 要

本书主要阐述了高电压工程中的基础理论，包括高电压绝缘、高电压试验和电力系统过电压及保护等内容。同时介绍了一些实际应用举例，并适当反映现代高电压工程领域中的新技术，力求内容精简、加强基础、突出适用性和兼顾不同水平读者的需求。

本书主要为普通高等院校电气工程及其自动化专业本科学生学习高电压工程专业知识的教材，也可作为电气工程学科研究生和其他专业学生学习了解高电压技术基本知识的基础教材，同时可作为自修、函授和电力职工培训的教学参考书以及涉及高电压领域的工程技术人员工作指导书。

图书在版编目（CIP）数据

高电压工程基础／唐炬主编 . —2 版 . —北京：中国电力出版社，2018.9（2024.6 重印）

"十三五"普通高等教育本科重点规划教材 高电压与绝缘技术系列教材

ISBN 978-7-5198-2408-2

Ⅰ．①高… Ⅱ．①唐… Ⅲ．①高电压－高等学校－教材 Ⅳ．① TM8

中国版本图书馆 CIP 数据核字（2018）第 212167 号

出版发行：中国电力出版社

地 址：北京市东城区北京站西街 19 号（邮政编码 100005）

网 址：http://www.cepp.sgcc.com.cn

责任编辑：陈 硕（010-63412532）

责任校对：黄 蓓 郝军燕

装帧设计：郝晓燕

责任印制：吴 迪

印 刷：北京雁林吉兆印刷有限公司

版 次：2003 年 3 月第一版 2018 年 9 月第二版

印 次：2024 年 6 月北京第九次印刷

开 本：787 毫米×1092 毫米 16 开本

印 张：17

字 数：414 千字

定 价：45.00 元

前　　言

为了适应新时代电气信息大类专业学生宽知识、厚基础的培养要求，在第一版教材基础上，保留原教材的基本结构体系和简洁明了的编写风格，同时结合最近十余年高电压技术的发展，以及注意培养学生分析和解决工程实际问题能力的编写思路，对本书进行了全面修改与补充。通过对本书的学习，读者可对高电压绝缘的基础理论、高电压试验技术以及过电压和防雷等内容有系统的认识，并了解高电压技术的一些发展动向。

本书第一版由关根志主编，于 2003 年出版，在武汉大学和三峡大学等高等院校作为本科教材及研究生参考书使用。在这十余年间，高电压与绝缘技术学科发生了深刻的变革，新的技术不断涌现，有关的 IEC 标准、国家标准和行业标准不断更新，因此有必要对本书内容进行大幅度的修订。在第二版的修订工作中，为紧密围绕高电压技术中的基础，剔除了高压电器的相关内容，并结合最新的高电压技术发展趋势，增补了大量内容。例如，在 SF_6 气体的绝缘特性中增加了替代气体的相关知识；在液体电介质击穿电压的影响因素中新增了油流速率；在局部放电测量中新增了特高频法；在发电厂和变电站的防雷保护中新增了电子信息系统相关内容；新增了高电压工程中的数值计算内容等。同时，为了兼顾内容的完整性，增加了一些经典的知识点，如在电气设备绝缘特性测试中新增了变压器油的气相色谱分析；新增了冲击电流试验及测量相关内容等。第二版教材在突出基础性的同时，又兼顾了工程实用性。

在第二版教材的修订工作中，唐炬担任主编，对全书进行统稿和把关，主要负责第 4 章和第 6 章，并进行全书的内容协调与补充和文字修改；副主编关伟民主要负责第 1 章、第 2章、第 3 章、第 8 章、第 10 章和第 11 章；副主编张博主要负责第 12～15 章和第 16 章；喻剑辉主要负责第 5 章、第 7 章和附录；蓝磊主要负责第 9 章；潘成协助编修第 3 章、第 4～7章和第 14 章，并负责全书的图表编修和文字校稿。全部作者对本书许多章节都进行了交叉文字编修。在修订过程中，主要以编者多年来讲授高电压技术专业相关课程的讲稿和从事的科研工作经验为基础，同时参考了国内有关教材和专著，在此谨向这些参考文献的作者深致谢意。

本书由重庆大学司马文霞教授和武汉大学关根志教授负责主审，他们自始至终都对本书的修订工作给予了热情的关心和支持，并对本书给出了书面的修改与建议，为本书的质量把关付出了辛勤劳动。在此，表示衷心感谢！同时，本书能顺利完成第二版的修编，得到了第一版全体作者给予的大力支持和无私帮助，特向他们表示衷心的感谢！

限于编者水平，书中难免有不妥和错误之处，敬请广大读者批评指正。

编　者

2018 年 7 月

第一版前言

根据原国家教委提出的"面向二十一世纪高等教育教学内容与课程体系改革计划"，为加强学生的专业基础和工程综合素质培养、拓宽专业知识面、改革课程设置、优化教学内容，我们尝试着编写这本教科书，作为最新确定的电气信息类专业学生学习高电压技术专业知识的基础教材。

编写中，我们依据全国高等学校电力工程类专业教学指导委员会制定的《高电压技术课程教学基本要求》和高压教学组讨论通过的教材编写大纲，并充分考虑电气信息类宽口径专业人才培养的需要，加强基础，力求知识结构的系统性和完整性，并强调知识的工程实际应用。书中着重阐述有关高电压工程的基础理论知识和基本物理概念。全书共三篇十八章，与以往的《高电压技术》教材相比，增加了"高压电器"一篇，试图使本书尽可能包容高电压工程中的基本知识。为方便学生自学，书中各章附有小结和习题。

本书编者均为武汉大学长期从事高电压技术专业教学和科研工作的教师，其中关根志编写第一～第四章并负责统一全稿、喻剑辉编写第五～第七章、张元芳编写第八～第十一章、鲁铁成编写第十二～第十五章、陈仕修编写第十六～第十八章。在编写过程中，主要以编者多年来讲授高电压技术专业相关课程的讲稿和从事的科研工作经验为基础，同时参考了国内外有关的教材和文献资料。在此，谨向这些参考文献的作者深致谢意。

本书由西安交通大学严璋教授担任主审，他自始至终都对本书的编写工作给予了热情的关心和支持，并为提高本书质量付出了大量精力和劳动，提出了不少指导性意见；清华大学关志成教授、上海交通大学黄镜明教授、华中科技大学姚宗干教授、文远芳教授和武汉大学解广润教授也都对本书的编写给予了热诚的支持和帮助；硕士研究生柴旭峥为书稿的文字输入和校对做了大量工作；中国电力出版社和栾广杰编辑为本书的出版给予了热情的支持并付出了辛劳。在此特向他们表示衷心的感谢。

书中难免有不妥和错误之处，敬请读者批评指正。

编　者
2002 年 8 月

目　　录

第2篇 高电压试验

第3篇 电力系统过电压及保护

第 4 篇　绝缘配合与数值计算

绪　　论

高电压技术的发展始于 20 世纪初，至今已成为电工学科的一个重要分支。随着电力工业的发展，高电压、大功率、远距离电能输送，极大地促进了高电压工程与技术的发展。当今世界已进入了特高压（UHV）输电的新时代，我国也已建成了直流 $\pm 800kV$、交流 1000kV 的特高压输电工程，并率先投入商业运行，现已形成西电东送、南北互供、全国联网的主干网架，装机容量和年发电量均居世界第一位，成为名副其实的世界电力强国。

随着输电电压等级的不断提高，需要生产相应的优质高压电气设备，这就需要对各类绝缘介质的特性及其放电机理进行深入的研究，其中掌握气体放电机理是研究其他绝缘材料放电机理的基础。设备额定电压和容量的提高，使得对绝缘材料和绝缘结构的研究，以及对绝缘参数的测试技术成为很重要的研究内容。为研究各种绝缘材料的电气性能，就必须使用各种高电压和大电流发生装置以及对应的测试技术，高电压试验技术就成为高电压工程领域的重要研究手段。在高电压输电系统中，除了高电压设备之外，还面临着许多高电压工程课题，如高电压输电所面临的复杂环境、不对称故障及输电线路电晕对无线电通信的干扰、高压电磁场对周围环境和人体的影响，以及电力系统本身的电磁兼容问题、电力系统过电压及防护问题等。其中电力系统过电压是危害电力系统安全运行的主要因素之一。特别是随着输电电压等级的进一步提高，内部过电压已成为决定绝缘水平的主要因素。因此，研究电力系统中过电压产生的机理及限制措施，研究新型的限制过电压的方法和设备，已成为建设超高压及特高压电力系统所面临的重要课题。研究"绝缘"与"过电压"这对矛盾统一体是高电压技术永恒的主题。一方面，要求尽可能提高绝缘的抗电强度，如采用各种新技术、新材料、新工艺等；另一方面，要求尽可能将绝缘所要承受的过电压限制在绝缘强度以内，如采用各种措施限制过电压和采用各种新型过电压保护装置，由此使高电压技术领域的研究内容变得十分宽阔和极为丰富。

显然，电力工业的发展离不开高电压工程，电气工程类专业的学生在进入电力行业后，也必然会面对高电压工程方面的诸多生产实际问题。因此，希望学生通过本课程的学习，掌握高电压绝缘的基础理论知识；学会测试电气设备绝缘特性的基本原理和方法；弄清楚高电压和大电流发生装置及测量设备的工作原理；熟悉过电压产生的机理和防护措施；了解采用各种新材料、新工艺和新技术的电气设备的基本性能、原理与特点等。这些无疑将为学生在今后从事高电压工程与设备的设计与计算、安装与调试、运行与维护等方面工作提供良好的理论与技术基础，在面对生产实际所涉及的高电压工程技术问题时一展才华。

随着高电压技术与其他学科的相互交叉和渗透，不断汲取其他科技领域中的新成果，使高电压新技术不断出现，有力地促进了高电压工程技术的自身发展。例如，SF_6 气体绝缘的推广应用，使电气设备的绝缘状况发生了深刻的变化，并由此出现了气体绝缘变电站（GIS），大大提高了设备运行的安全可靠性；合成绝缘子的出现使高压线路绝缘发生了根本性的变化，并为先进的紧凑型输电线路提供了技术支持；交联聚乙烯（XLPE）电缆使高电压直接进入城区的负荷中心；氧化锌避雷器的广泛使用大大提高了电力系统的过电压保护水平；电磁暂态程序（EMTP）的开发和计算机仿真技术使电力系统过电压的计算成为可能；随机信号的处理和概率统计理论使绝缘配合设计达到最优化程度；传感技术、光纤技术、数字化技术和计算机技术的发展正在促进着绝缘在线监测与诊断技术的发展，使高压电气设备正在从传统的计划检修向先进的状态检修过渡；高电压技术的新进展、新方法也在其他诸多科学技术领域中得到广泛应用，并产生了一系列高新成果，如大功率脉冲技术、激光技术、核物理、生态与环境保护、生物医学、通信与数字技术保护、高压静电工业等，显示出强大的发展活力。又如，高电压在电极边缘处会形成高电场，而当绝缘膜极薄时，即使是在低电压下也容易形成高电场，所以在研发超大规模集成电路（ULSI）时也会遇到高电场下的层间绝缘问题。由此可见，高电压技术在一向被视为弱电的信息技术（Information Technology）中也是大有用武之地。因此，掌握高电压工程的基础知识，在众多高科技领域中都是大有可为的。

总之，可以认为电力是现代社会能量供给的基础，电能已与人类的生存、发展和文明进步密切相关，而高电压技术是其中的一个重要知识体系，是支撑电能应用的一根有力的支柱。随着核聚变发电、超导应用、电能储贮、IT 技术等高新技术的发展，高电压工程技术也必将与时俱进，发挥越来越重要、越广泛的作用，新的课题研究必然会对高电压工作者提出更高的技术要求。

此外，高电压技术是一门工程综合性和实践性很强的工程学科。大部分的高电压技术理论都是建立在试验研究的基础上。在工程应用和科学研究中，更是需要通过试验数据来解决问题和说明问题。因此，从某种意义上可以说，高电压技术是一门以实验为基础的科学。学习这门课程必须重视实践，注重提高学生的高电压实验技能和工程应用技能。为此，应围绕该课程内容适当开设若干教学实验，学生应尽可能独立完成这些实验，并在完成这些实验时掌握高电压试验的基本技能和试验安全技术。

第1篇　高　电　压　绝　缘

第1章　电介质的基本电气特性

在高电压工程中所用的各种电介质通常称为绝缘介质（或绝缘材料）。绝缘的作用是将不同电位的导体以及导体与地之间分隔开来，从而保持各自的电位。因此，绝缘是电气设备的重要组成部分。电介质就其形态而言，可分为气体电介质、固体电介质和液体电介质。在实际的电气设备中，绝缘又往往是由各种不同的电介质组合而成。不同的电介质具有不同的电气特性，其基本电气特性可以概括为极化特性、电导特性、损耗特性和击穿特性。表示这些电气特性的基本参数是相对介电常数 ε_r、电导率 γ、介质损耗角正切 $\tan\delta$ 和击穿场强 E_b。

1.1　电　介　质　的　极　化

1.1.1　电介质的极化现象和相对介电常数

在外加电场作用下，电介质中的正、负电荷将沿着电场方向做有限的位移或者转向，形成电偶极矩，这种现象称为电介质的极化。

如图 1-1（a）所示的平行板电容器，当两极板之间为真空时，在极板间施加直流电压 U，这时两极板上则分别充有正、负荷，其电荷量为

$$Q_0 = C_0 U \tag{1-1}$$

式中：C_0 为真空电容器的电容量。

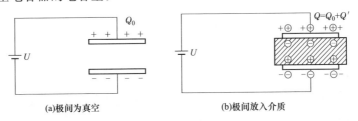

(a)极间为真空　　　　　　　　　　　(b)极间放入介质

图 1-1　电介质的极化

然后在此极板间填充上其他电介质，这时在外加的直流电场作用下，电介质中的正、负电荷将沿电场方向做有限的位移或转向，从而使电介质表面出现与极板电荷相反极性的束缚电荷，即电介质发生了极化，如图 1-1（b）所示。由于外施的直流电压 U 不变，所以为保持极板间的电场强度不变，这时必须再从电源转移一部分电荷 Q' 到极板上，以平衡束缚电荷的作用。由此可见，由于极板间电介质的加入，致使极板上的电荷量从 Q_0 增加到 Q，即

$$Q = Q_0 + Q' = CU \tag{1-2}$$

式中：C 为加入电介质后两极板间的电容量。

显然，这时的电容量 C 比两极板间为真空时的电容量 C_0 增大了。C 与 C_0 的比值称为该电介质的相对介电常数 ε_r，即

$$\varepsilon_r = \frac{C}{C_0} = \frac{\varepsilon}{\varepsilon_0} \tag{1-3}$$

式中：ε 为填充介质的介电常数；ε_0 为真空的介电常数，$\varepsilon_0 = 8.85 \times 10^{-12} \text{F/m}$。

工程上一般采用相对介电常数，电介质的相对介电常数 ε_r 越大，电介质的极化特性越强，由其构成的电容器的电容量也越大，所以 ε_r 是表示电介质极化强度的一个物理参数。

真空的相对介质常数 $\varepsilon_r = 1$，各种气体电介质的 ε_r 都接近于 1，而固体、液体电介质的 ε_r 一般为 2～10。几种常用电介质的相对介电常数列于表 1-1。

表 1-1　　　　　　　　　　　　常用电介质的相对介电常数和电阻率

材料类别		名称	相对介电常数 ε_r [工频（50Hz），20℃]	体积电阻率 ρ_v（Ω·m）
气体介质（标准大气条件）		空气	1.00058	
液体介质	弱极性	变压器油 硅有机液体	2.2 2.2～2.8	$10^{10} \sim 10^{13}$ $10^{12} \sim 10^{13}$
	极性	蓖麻油 氯化联苯	4.5 4.6～5.2	$10^{10} \sim 10^{11}$ $10^{8} \sim 10^{10}$
	强极性	酒精 蒸馏水	33 81	$10^{4} \sim 10^{5}$ $10^{3} \sim 10^{4}$
固体介质	中性或弱极性	石蜡 聚苯乙烯 聚四氟乙烯 松香 沥青	2.0～2.5 2.5～2.6 2.0～2.2 2.5～2.6 2.5～3.0	10^{14} $10^{15} \sim 10^{16}$ $10^{15} \sim 10^{16}$ $10^{13} \sim 10^{14}$ $10^{13} \sim 10^{14}$
	极性	纤维素 胶木 聚氯乙烯	6.5 4.5 3.0～3.5	10^{12} $10^{11} \sim 10^{12}$ $10^{13} \sim 10^{14}$
	离子性	云母 电瓷	5～7 5.5～6.5	$10^{13} \sim 10^{14}$ $10^{12} \sim 10^{13}$

电介质的相对介电常数 ε_r 在工程上具有重要的实用意义，举例如下：

（1）在制造电容器时，应选择适当的电介质。为了追求体积一定、电容量较大的电容器，应选择 ε_r 较大的电介质。

（2）在设计某些绝缘结构时，为了减小通过绝缘的电容电流及由极化引起的发热损耗，这时则不宜选择 ε_r 太大的电介质。

（3）在交流和冲击电压作用下，多层串联电介质中的电场分布与 ε_r 成反比。这是因为在多层串联介质中，电位移连续 $D_1 = D_2$，即 $\varepsilon_0 \varepsilon_{r1} E_1 = \varepsilon_0 \varepsilon_{r2} E_2$，所以 $E_1/E_2 = \varepsilon_{r2}/\varepsilon_{r1}$，即电场分布与 ε_r 成反比。因此，可利用不同 ε_r 的电介质的组合来改善绝缘中的电场分布，使之尽可能趋于均匀，以充分利用电介质的绝缘强度，优化绝缘结构。比如，在电缆绝缘中，由

于电场沿径向分布不均匀，靠近电缆芯线处的电场最强，远离芯线处的电场较弱，因此，应使内层绝缘的 ε_r 大于外层绝缘的 ε_r，这样就可以使电缆芯线周围绝缘中的电场分布趋于均匀。

1.1.2　极化的基本形式

电介质的物质结构不同，其极化形式亦不同。下面介绍电介质极化的几种基本形式。

1. 电子式极化

组成一切电介质的基本粒子不外乎是原子、分子或离子。而原子则是由带正电荷的原子核和围绕核旋转的电子形成的所谓"电子云"构成。当不存在外加电场时，围绕原子核旋转的电子云的负电荷作用中心与原子核所带正电荷的作用中心相重合，如图 1-2 所示。由于其正、负电荷量相等，故此时电偶极矩为零，对外不显示电极性。当外加一电场 E，在电场力的作用下电子的轨道将相对于原子核产生位移，使原子中正、负电荷的作用中心不再重合，形成电偶极矩。这个过程主要是由电子在电场作用下的位移所造成，故称为电子式极化。

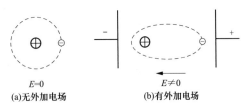

(a)无外加电场　　　(b)有外加电场

图 1-2　电子式极化

电子式极化的特点：

（1）电子式极化存在于所有电介质中。

（2）由于电子异常轻小，因此电子式极化所需时间极短，约为 10^{-15} s，其极化响应速度最快，通常相当于紫外线的频率范围。这种极化在各种频率的交变电场中均能发生，故 ε_r 不随频率而变化；同时温度对其的影响也极小。

（3）电子式极化具有弹性。在去掉外电场作用时，依靠正负电荷之间的吸引力，其正、负电荷的作用中心即刻重合而恢复成中性。

（4）由于电子式极化消耗的能量可以忽略不计，因此称为"无损极化"。

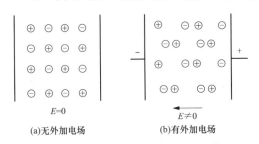

(a)无外加电场　　　(b)有外加电场

图 1-3　离子式极化

2. 离子式极化

在离子式结构的电介质中，无外加电场作用时，由于正、负离子杂乱无章地排列，正负电荷的作用相互抵消，对外不呈现电极性。当有外电场作用时，则除了促使各个离子内部产生电子式极化之外，还将产生正、负离子的相对位移，使正、负离子按照电场的方向进行有序排列，形成极化，这种极化称为离子式极化，如图 1-3 所示。

形成离子式极化的时间也很短，约为 10^{-13} s，其极化响应速度通常在红外线频率范围，也可在所有频率范围内发生；极化也是弹性的；消耗的能量亦可忽略不计，因此离子式极化也属于无损极化。

3. 偶极子式极化

在极性分子结构的电介质中，即使没有外加电场的作用，由于分子中正、负电荷的作用中心已不重合，就其单个分子而言，已具有偶极矩，因此这种极性分子也叫偶极子。但由于分子不规则的热运动，使各极性分子偶极矩的排列没有秩序，从宏观而言，对外并不呈现电极性。当有外电场作用时，偶极子受到电场力的作用而转向电场的方

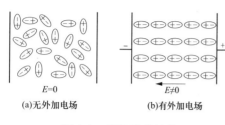

(a)无外加电场　　　(b)有外加电场

图 1-4　偶极子式极化

向，因此，这种极化被称为偶极子式极化，或转向极化，如图 1-4 所示。

由于偶极子的结构尺寸远较电子或离子大，当转向时需要克服分子间的吸引力而消耗能量，因此偶极子式极化属于有损极化；极化时间较长，为 $10^{-6}\sim 10^{-2}$ s，通常认为其极化响应速度在微波范围以下。所以，在频率不高，甚至在工频交变电场中，偶极子式极化的完成都有可能跟不上电场的变化，因此，极性电介质的 ε_r 会随电源的频率而改变，频率增加，ε_r 减小，如图 1-5 所示。

温度对极性电介质的 ε_r 也有很大影响，其关系较为复杂。如图 1-6 所示，当温度升高时，由于分子间的联系力削弱，使极化加强；但同时由于分子的热运动加剧，又不利于偶极子沿电场方向进行有序排列，从而使极化减弱。所以极性电介质的 ε_r 最初随温度的升高而增大，当温度的升高使分子的热运动比较强烈时，ε_r 又随温度的升高而减小。

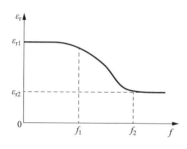

图 1-5　极性电介质 ε_r 与频率的关系

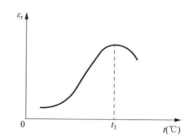

图 1-6　极性介质 ε_r 与温度的关系

顺便指出，人们使用微波炉加热食品就是通过食品中的水分子产生偶极子式极化吸收微波能量来实现的。

4. 空间电荷极化

由于电介质中多少存在一些可迁徙的电子或离子，因而在电场作用下将发生这些带电质点的移动，并聚积在电极附近的介质界面上，形成宏观的空间电荷，这种极化称为空间电荷极化。

空间电荷极化一般进行得比较缓慢，且需要消耗能量，属于有损极化。在电场频率较低的交变电场中容易发生这种极化；而在高频电场中，由于带电质点来不及移动，这种极化难以发生。

5. 夹层极化

夹层极化是在多层电介质组成的复合绝缘中产生的一种特殊的空间电荷极化。在高电压工程中，许多设备的绝缘都是采用这种复合绝缘，如电缆、电容器、电机和变压器绕组等，在两层介质之间常夹有油层、胶层等形成多层介质结构。对于不均匀的或含有杂质的介质，或者受潮的介质，事实上也可以等价为这种夹层介质来看待。

夹层介质在电场作用下的极化称为夹层极化。夹层极化的发生是由于各层电介质的介电常数与其电导率比值的不同所致，当加上直流电压后各层间的电场分布，将会出现从加压瞬时按介电常数成反比分布，逐渐过渡到稳态时的按电导率成反比分布，由此在各层电介质中出现了一个电压重新分配的过程，最终导致在各层介质的交界面上出现宏观上的空间电荷堆积，形成所谓的夹层极化。其极化过程特别缓慢，所需时间由几秒到几十分钟，甚至更长，且极化过程伴随有较大的能量损耗，所以也属于有损极化。

以双层介质为例，详细说明夹层极化的形成过程。图 1-7（a）为双层介质的示意图。图 1-7（b）为双层介质的等效电路，C_1、C_2 分别为介质 I 和 II 的电容，G_1、G_2 分别为其电导。当闭合开关 S 突然加上直流电压 U 的初瞬（$t \to 0$ 时），电压由零很快上升到 U，电导几乎相当于开路，这时两层介质上的电压按电容成反比分布，即

$$\left(\frac{U_1}{U_2}\right)_{t \to 0} = \frac{C_2}{C_1} \tag{1-4}$$

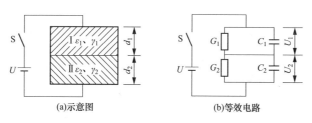

(a)示意图   (b)等效电路

图 1-7 双层介质的极化

在 $t \to \infty$ 时，电容相当于开路，电流全部从电导中流过，这时两层介质上的电压则按电导成反比分布，即

$$\left(\frac{U_1}{U_2}\right)_{t \to \infty} = \frac{G_2}{G_1} \tag{1-5}$$

如果是均匀的单一介质，即 $C_1 = C_2$，$G_1 = G_2$，则 $\frac{C_2}{C_1} = \frac{G_2}{G_1}$，所以 $\left(\frac{U_1}{U_2}\right)_{t \to 0} = \left(\frac{U_1}{U_2}\right)_{t \to \infty}$。也就是说，对均匀介质来说，加上电压后不存在电荷重新分配的过程。

一般来说，$\frac{C_2}{C_1} \neq \frac{G_2}{G_1}$，所以 $\left(\frac{U_1}{U_2}\right)_{t \to 0} \neq \left(\frac{U_1}{U_2}\right)_{t \to \infty}$，这就是说，在两层介质之间有一个电压重新分配的过程。例如，设 $C_1 > C_2$，$G_1 < G_2$，则在 $t \to 0$ 时，$U_1 < U_2$；而在 $t \to \infty$ 时，$U_1 > U_2$。这样，在 $t > 0$ 后，随着时间 t 的增大，U_2 逐渐下降，而 U_1 逐渐升高（因为 $U_1 + U_2 = U$，U 为电源电压，是一定值）。在这种电压重新分配过程中，C_2 上初瞬时获得的部分电荷将通过电导 G_2 放掉。为了保持介质上所加的电压仍为电源电压，所以 C_1 必须通过 G_2 从电源再吸收一部分电荷，这部分电荷称为吸收电荷。这就是夹层介质的分界面上电荷的重新分配过程，即夹层极化过程。应该指出，多层介质的吸收电荷的过程进行得非常缓慢，其时间常数为

$$\tau = \frac{C_1 + C_2}{G_1 + G_2} \tag{1-6}$$

由于介质的电导很小，所以时间常数 τ 很大。当绝缘受潮或劣化时，电导增大，τ 就会大大下降。利用这一特点，人们采用一种称为吸收比测量的试验来检验绝缘是否受潮或严重劣化（将在 1.2 节和 5.1 节中具体介绍）。

1.2 电介质的电导

1.2.1 吸收现象

如图 1-8 （a）所示，当 S2 处于断开状态，合上 S1 直流电压 U 加在固体电介质时，通过介质中的电流将随时间而衰减，最终达到某一稳定值，其电流随时间的变化曲线如图 1-8 （b）所示，这种现象称为吸收现象。

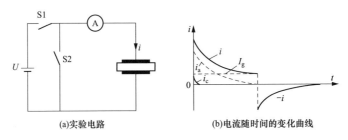

(a)实验电路　　　　　　　　(b)电流随时间的变化曲线

图 1-8 直流电压下流过电介质的电流

吸收现象是由电介质的极化所引起，无损极化产生电流 i_c，有损极化产生电流 i_a，如图 1-8 （b）所示。显然，无损极化迅速完成，所以 i_c 即刻衰减到零；而有损极化完成的时间较长，所以 i_a 较为缓慢地衰减到零，这部分电流称为吸收电流。不随时间变化的稳定电流 I_g 称为电介质的电导电流或泄漏电流。因此，通过电介质的电流由三部分组成，即

$$i = i_c + i_a + I_g \tag{1-7}$$

尚须指出，吸收电流是可逆的，即在图 1-8 （a）的电路中，如断开 S1，除去外加电压，并将 S2 闭合上，使电介质两侧的极板短路，这时会有与吸收电流变化规律相同的电流 $-i$ 反向流过，如图 1-8 （b）所示。

根据上述分析，可画出电介质的三支路并联等效电路，如图 1-9 所示。图中含有电阻 R 的支路代表电导电流支路，含有电容 C 的支路代表无损极化引起的瞬时充电电流支路，而电阻 r 和电容 ΔC 串联的支路则代表有损极化引起的吸收电流支路。

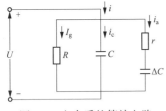

图 1-9 电介质的等效电路

吸收现象在绝缘试验中对判断绝缘介质是否受潮很有用。因为当绝缘受潮时，其电导大大增加，电导电流 I_g 也大大增加，而吸收电流 i_a 的变化相对较小，且通过 r 很快衰减。据此，工程上通过测量加上直流电压后 $t=15\text{s}$ 和 $t=60\text{s}$ 时流过绝缘介质的电流 I 之比来反映吸收现象的强弱，此比值即为介质的吸收比 K，其表达式为

$$K = \frac{I_{15s}}{I_{60s}} = \frac{R_{60s}}{R_{15s}} \tag{1-8}$$

对良好的绝缘，一般 $K \geqslant 1.3$，当绝缘受潮或劣化时 K 值变小。此外，在对吸收现象较显著的绝缘试验中，如电缆、电容器等设备，要特别注意由吸收电流聚积起来的所谓"吸收电荷"对人身和设备安全的威胁。

1.2.2 电介质的电导率

理想的绝缘应该是不导电的，但实际上绝对不导电的介质是不存在的。所有的绝缘材料

都存在极弱的导电性，表示电导特性的物理量是电导率 γ，它的倒数是电阻率 ρ。电工绝缘材料的 ρ 一般为 $10^8 \sim 10^{20}\,\Omega \cdot m$；导体的 ρ 为 $10^{-8} \sim 10^{-4}\,\Omega \cdot m$；介乎二者之间的为半导体，半导体的 ρ 为 $10^{-3} \sim 10^7\,\Omega \cdot m$。可见绝缘与导体只是相对而言，二者之间并无确切的界线，而是人为的划分。几种常用介质的电阻率列于表 1-1。

需要指出，电介质的电导与金属的电导有着本质的区别。气体电介质的电导是由于游离出来的电子、正离子和负离子等在电场作用下移动而造成的；液体和固体电介质的电导是由于这些介质中所含杂质分子的化学分解或热离解形成的带电质点（主要是正、负离子）沿电场方向移动而造成的。因此，电介质的电导主要是离子式电导。金属的电导是金属导体中自由电子在电场作用下的定向流动所造成。所以，金属的电导是电子式电导。此外，电介质的电导随温度的升高近似于指数规律增加，或者说其电阻率随温度的上升而下降，这恰恰与金属导电的情况相反。这是因为，当温度升高时，电介质中导电的离子数将因热离解而增加；同时，温度升高，分子间的相互作用力减小及离子的热运动改变了原有受束缚的状态，从而有利于离子的迁移，所以使电介质的电导率增加。电介质的电导率 γ 与温度 T 之间的关系式为

$$\gamma = A e^{-\frac{B}{T}} \tag{1-9}$$

式中：A、B 为常数；T 为绝对温度。

在实际测试绝缘的电导特性时，通常用电阻来表示，称为绝缘电阻。由于介质中的吸收现象，在外加直流电压 U 作用下，介质中流过的电流 i 是随时间而衰减的，因此，介质的电阻 $R = \dfrac{U}{i}$ 则随时间增加，最后达到某一稳定值 $R = \dfrac{U}{I_g}$。人们将电流达到稳定的泄漏电流 I_g 时的电阻值作为电介质的绝缘电阻。一般情况下，加在绝缘上的直流电压大约经过 60s，泄漏电流即可达到稳定值，因此常用 R_{60s} 的值作为稳态绝缘电阻值 R_∞。固体电介质的泄漏电流，除了通过介质本身体积的泄漏电流 I_v 外，还包含有沿介质表面的泄漏电流 I_s，即 $I = I_v + I_s$。因此，所测介质的绝缘电阻 R 实际上是体积电阻 R_v 和表面电阻 R_s 相并联的等效电阻，即

$$R = \frac{R_v R_s}{R_v + R_s} \tag{1-10}$$

由于介质的表面电阻取决于表面吸附的水分和脏污，受外界条件的影响较大，因此，为消除或减小介质表面状况对所测绝缘电阻的影响，一般应在测试之前首先对介质表面进行清洁处理，并在测量接线上采取一定的措施（将在 5.2 节中具体介绍），以减小表面泄漏电流对测量的影响。

电介质的电导在工程实际中的意义：

（1）在绝缘预防性试验中，通过测量绝缘电阻和泄漏电流来反映绝缘的电导特性，以判断绝缘是否受潮或存在其他劣化现象。在测试过程中应消除或减小表面电导对测量结果的影响，同时还要注意测量时的温度。

（2）对于串联的多层电介质的绝缘结构，在直流电压下的稳态电压分布与各层介质的电导成反比。因此设计用于直流的设备绝缘时，要注意所用电介质的电导率的合理搭配，达到均衡电压分布的效果，以便尽可能使材料得到合理使用。同时，电介质的电导随温度的升高而增加，这对正确使用和分析绝缘状况有指导意义。

（3）表面电阻对绝缘电阻的影响使人们注意到如何合理地利用表面电阻。如果要减小表面泄漏电流，应设法提高表面电阻，如对表面进行清洁、干燥处理或涂敷憎水性涂料等；如

果要减小某部分的电场强度，则需减小表面电阻，如在高压套管法兰附近涂半导体釉，高压电机定子绕组露出槽口的部分涂半导体漆等，都是为了减小该处的电场强度，以消除电晕。

1.3　电介质的损耗

1.3.1　电介质损耗的基本概念

任何电介质在电压作用下都会有能量损耗：一种是由电导引起的所谓电导损耗；另一种是由某种极化引起的所谓极化损耗。电介质的能量损耗简称为电介质损耗。同一介质在不同类型的电压作用下，其损耗也不同。

在直流电压下，由于介质中没有周期性的极化过程，而一次性极化所损耗的能量可以忽略不计，所以电介质中的损耗就只有电导引起的损耗，这时用电介质的电导率即可表达其损耗特性。因此，在直流电压下没有介质损耗这一说法。

在交流电压下，除了电导损耗外，还存在由于周期性反复进行的极化而引起的不可忽略的极化损耗，所以需要引入一个新的物理量来反映电介质的能量损耗特性，即所谓电介质损耗。电介质损耗最终会引起电介质的发热，致使温度升高，温度升高又使介质的电导增大，泄漏电流增加，损耗进一步增大，如此形成恶性循环。长期的高温作用会加速绝缘的老化过程，直至损坏绝缘。因此，介质的损耗特性对其绝缘性能影响极大。

由上述可见，绝缘在交流电压下的损耗远远大于在直流电压下的损耗，这也是绝缘在交流电压下比在直流电压下更容易劣化和损坏的重要原因之一。

1.3.2　介质损耗因数（tanδ）

图 1-9 所示的电介质三支路并联等效电路可以代表任何实际介质的等效电路，不但适用于直流电压，也适用于交流电压。电路中的电阻 R 及 r 是引起有功功率损耗的元件。R 代表电导引起的损耗，r 代表有损极化过程中引起的损耗。在交流电压作用下，电介质等效电路中的电流（或电压）可以归并为有功和无功两个分量。因此，图 1-9 可进一步简化为电阻和电容两个元件并联或串联的等效电路，如图 1-10、图 1-11 所示。

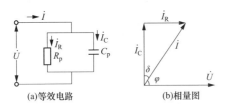

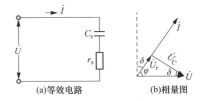

图 1-10　电介质的并联等效电路及相量图　　　图 1-11　电介质的串联等效电路及相量图

在等效电路所对应的相量图中，φ 为通过介质的电流与所加电压间的相位角，即电路的功率因数角；δ 为 φ 的余角，称之为介质损耗角。

需要指出，上述两个等效电路的结构和元件参数各不相同，但这并不影响电路中的电压、电流及其相位关系，这是因为它们是根据等效条件建立起来的。

对于图 1-10 所示的并联等效电路，有

$$\tan\delta = \frac{I_R}{I_C} = \frac{U/R_p}{U\omega C_p} = \frac{1}{\omega C_p R_p} \tag{1-11}$$

电路中的功率损耗为

$$P = UI_{\mathrm{R}} = UI_{\mathrm{C}}\tan\delta = U^2\omega C_{\mathrm{p}}\tan\delta \tag{1-12}$$

对于图 1-11 所示的串联等效电路，有

$$\tan\delta = \frac{U_{\mathrm{r}}}{U_{\mathrm{C}}} = \frac{Ir_{\mathrm{s}}}{I/\omega C_{\mathrm{s}}} = \omega C_{\mathrm{s}} r_{\mathrm{s}} \tag{1-13}$$

电路中的功率损耗为

$$P = I^2 r_{\mathrm{s}} = \left(\frac{U}{Z}\right)^2 r_{\mathrm{s}} = \frac{U^2}{r_{\mathrm{s}}^2 + \left(\frac{1}{\omega C_{\mathrm{s}}}\right)^2} r_{\mathrm{s}} = \frac{U^2\omega^2 C_{\mathrm{s}}^2 r_{\mathrm{s}}}{1 + (\omega C_{\mathrm{s}} r_{\mathrm{s}})^2} = \frac{U^2\omega C_{\mathrm{s}}\tan\delta}{1 + \tan^2\delta} \tag{1-14}$$

因为上述两种等效电路是描述同一介质的不同等效电路，所以其功率损耗应相等。比较式（1-12）和式（1-14）可得

$$C_{\mathrm{p}} = \frac{C_{\mathrm{s}}}{1 + \tan^2\delta} \tag{1-15}$$

此式说明，对同一介质用不同的等效电路表示时，其等效电容是不相同的。所以，当用高压电桥测量绝缘的 $\tan\delta$ 时，电容量的计算公式则与采用哪一种等效电路有关。由于绝缘的 $\tan\delta$ 一般都很小，即 $1 + \tan^2\delta \approx 1$，故 $C_{\mathrm{p}} \approx C_{\mathrm{s}}$，这时功率损耗在两种等效电路中就可用同一公式表示为

$$P = U^2\omega C\tan\delta \tag{1-16}$$

由此可见，介质损耗 P 与外加电压 U 的平方成正比，与电源的角频率 ω 成正比，且与电容量成正比。所以，为了控制绝缘的损耗功率，减少其发热，延缓介质的老化，应避免绝缘长期在高于其额定电压及高于额定频率的电源下工作。通常，对于电气设备而言，额定工作电压及电源频率均为定值，由于绝缘结构一定，C 也一定，因此 P 最后取决于 $\tan\delta$，即 P 与 $\tan\delta$ 成正比，所以 $\tan\delta$ 的大小将直接反映介质损耗功率的大小。因此，在高电压工程中常将 $\tan\delta$ 作为衡量电介质损耗特性的一个物理参数，称之为介质损耗因数或介质损耗角正切。

需要说明，用 $\tan\delta$ 表示电介质的损耗特性要比直接用损耗功率 P 方便得多，这是因为：

（1）P 值与试验电压、试品尺寸均密切相关，因此不能对不同尺寸的同一绝缘材料进行比较。

（2）$\tan\delta = \dfrac{I_{\mathrm{R}}}{I_{\mathrm{C}}}$ 是一个比值，无量纲，它与材料的几何尺寸无关，只与材料的品质特性有关。因此，可以直接根据 $\tan\delta$ 的值对电介质的损耗特性作出评价。

在表 1-2 中列出了一些常用液体和固体电介质在工频电压下 20℃ 的 $\tan\delta$ 值。

表 1-2　　　　　　　　　常用液体和固体电介质在工频电压下 20℃ 的 $\tan\delta$ 值

电介质	$\tan\delta$（%）	电介质	$\tan\delta$（%）
变压器油	0.05～0.5	聚乙烯	0.01～0.02
蓖麻油	1～3	交联聚乙烯	0.02～0.05
沥青云母带	0.2～1	聚苯乙烯	0.01～0.03
电瓷	2～5	聚四氟乙烯	<0.02
油浸电缆纸	0.5～8	聚氯乙烯	5～10
环氧树脂	0.2～1	酚醛树脂	1～10

1.3.3　影响电介质损耗的因素

（1）不同的电介质，其损耗特性也不同。气体电介质的损耗仅由电导引起，损耗极小（$\tan\delta < 10^{-8}$），所以常用气体（空气、N_2 等）作为标准电容器的介质。但当外加电压 U 超过气体的起始放电电压 U_0 时，将发生局部放电，这时气体的损耗将急剧增加，这在高压输电线上是常见的，称为电晕损耗。此外，当固体电介质中含有气隙时，在一定的电场强度下，气隙中将产生局部放电，也会使损耗急剧增加，使固体绝缘逐渐劣化，因此常采用干燥、浸油或充胶等措施来消除气隙。对固体电介质和金属电极接触处的空气隙，经常采用短路的办法，使气隙内电场为零。例如，在 35kV 纯瓷套管的内壁上涂半导体釉或喷铝，并通过弹性铜片与导电杆相连。液体和固体电介质的损耗特性比较复杂，因为不同的物质结构具有不同的极化特性，不同的极化特性自然会影响到介质的损耗特性。

（2）中性或弱极性介质的损耗主要由电导引起，$\tan\delta$ 较小。损耗与温度的关系和电导与温度的关系相似，即 $\tan\delta$ 随温度的升高也是按指数规律增大。例如，变压器油在 20℃时的 $\tan\delta \leqslant 0.5\%$，70℃时 $\tan\delta \leqslant 2.5\%$。

（3）对于极性液体介质，由于偶极子转向极化引起的极化损耗较大，所以 $\tan\delta$ 较大，而且 $\tan\delta$ 与温度、频率均有关，如图 1-12 所示。以曲线 1 为例介绍，当温度 $t < t_1$ 时，由于温度较低，电导损耗和极化损耗都很小。随着温度的升高，材料的黏滞性减小，有利于偶极子的转向极化，使极化损耗显著增大，同时电导损耗也随温度的升高而有所增大，所以在这一范围内 $\tan\delta$ 随温度的升高而增大。当 $t_1 < t < t_2$ 时，随着温度的升高，分子的热运动加快，从而又妨碍了偶极子在电场作用下进行有规则的排列，因此极化损耗随温度升高而减小。由于这一温度范围内极化损耗的减小要比电导损耗的增加更快，所以总的 $\tan\delta$ 曲线随温度的升高而减小。当 $t > t_2$ 时，由于电导损耗随温度的升高而急剧增加，极化损耗相对来说已不占主要部分，因此 $\tan\delta$ 重新又随温度的升高而增大。

（4）对于油纸组合绝缘介质，其 $\tan\delta$ 值的大小与油纸的老化程度和温度均有关。由于随着油纸绝缘老化程度的加深，绝缘纸内部含有的纤维素小分子链、水分、纤维素降解产物（低分子酸等）以及绝缘油老化生成的酸等弱极性或极性物质会增多，导致油纸绝缘单位体积内带电粒子数目增多。因此，在交变电场的作用下，老化的油纸绝缘极化损耗会增大，使得油纸绝缘的 $\tan\delta$ 值随着老化程度的加深而增大，且其 $\tan\delta$ 值与温度、频率的关系和极性液体相似，表现为 $\tan\delta$ 先随温度的升高而增大，当温度升高到一定程度时又随温度的升高而减小，如图 1-13 所示。

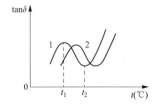 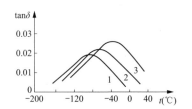

图 1-12　极性液体介质 $\tan\delta$ 与温度和频率的关系（$f_1 < f_2$）　　图 1-13　干纸的 $\tan\delta$ 与温度的关系

1—对应于频率 f_1 的曲线；2—对应于频率的 f_2 曲线　　　1—$f=1$kHz；2—$f=10$kHz；3—$f=100$kHz

（5）从图 1-12 还可以看出，当 $f_2 > f_1$，即电源频率增高时，$\tan\delta$ 的极大值出现在较高的温度。这是因为电源频率增高时，偶极子的转向来不及充分进行，要使极化进行得充分，就必须减小黏滞性，也就是说要升高温度，所以使整个曲线往右移。$\tan\delta$ 与温度 t 的关系曲线在工程上具有重要实用意义。例如，配制绝缘材料时，应适当选择配方的比例，使所配制的绝缘材料在其工作温度范围之内 $\tan\delta$ 的值最小（如 t_2 点），而避开 $\tan\delta$ 的最大值（如 t_1 点）。

（6）电场对电介质的 $\tan\delta$ 有直接的影响。当电场强度较低时，电介质的损耗仅有电导损耗和一定的极化损耗，且处于某一较为稳定的数值。当电场强度达到某一临界值后，会使电介质中产生局部放电，损耗急剧增加。在不同电压下测量绝缘的 $\tan\delta$，作出的 $\tan\delta$ 与电压的关系曲线，如图 1-14 所示。由图可见，当外加电压 U 超过某一电压 U_0 时 $\tan\delta$ 急剧上升。U_0 便是介质产生局部放电的起始电压。工程上常以此来判断介质中是否存在局部放电现象。

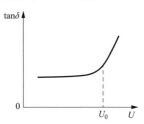

图 1-14　含有气隙的介质的
$\tan\delta$ 与电压的关系

1.4　电介质的击穿

电介质作为绝缘材料是针对一定的电压而言的。在一定电压下，当介质呈现出极微弱的导电性能，其绝缘电阻值很高，通过介质的泄漏电流极小时，介质是绝缘的。但是，随着外施电压的升高到某一临界值后，电介质的电导则显著增大，泄漏电流急剧增加，发生放电现象，使电介质丧失其原有的绝缘性能，将这种放电现象称为电介质的击穿，将发生击穿时的电压称为击穿电压。显而易见，电介质的击穿特性是电介质作为绝缘介质的一个极为重要的特性。通常用击穿场强 E_b(kV/cm) 来表示，也称为绝缘抗电强度或简称绝缘强度。

高电压与绝缘既是对立的，又是统一的，二者的对立为高电压技术工作者提供了非常丰富的研究内容：一是要分析研究、合理利用各种绝缘材料的绝缘特性，研制各种高抗电强度的新材料等；二是要研究各种过电压的产生机理，以及采用各种限制过电压的方法和过电压保护措施，使过电压降低或被限制到绝缘的抗电强度以内，最终求得高电压与绝缘的完美统一，实现最优的绝缘配合，以保证电气设备的安全可靠运行。

为了提高电介质的绝缘强度，就必须分析和研究各种介质在各种不同电压作用下的击穿机理和耐受电压的规律。由于不同的介质在不同的电压作用下的击穿机理各不相同，影响电介质击穿的因素又是多种多样，随机性极强，因此使得对电介质的击穿特性的研究变得极为复杂，致使各种形态的电介质的放电机理至今尚未完全被人们所揭示，绝缘理论还有待进一步完善，许多实际的绝缘问题还必须通过高电压试验来解决。比如，绝缘的抗电强度目前就只能用高电压试验的方法才能予以确定。而这些正是以后各章具体分析和研究的内容。

小　结

（1）电介质的基本电气特性表现为极化特性、电导特性、损耗特性和击穿特性，相应的物理参数为相对介电常数 ε_r、电导率 γ、介质损耗因数 $\tan\delta$ 和击穿场强 E_b。电介质的这些基本特性在高电压工程中都具有重要的实际意义。

（2）电介质的极化可分为无损极化和有损极化两大类。无损极化包括电子式极化和离子式极化，有损极化包括偶极子式极化和空间电荷极化。夹层极化是空间电荷极化的一种特殊形式，在工程实践中具有重要意义。多层介质相串联的绝缘结构，再加上直流电压的初瞬（$t \to 0$），各层介质中的电场分布与介质的相对介电常数成反比；稳态时（$t \to \infty$）的电场分布则与介质的电导率成反比，在此过程中存在吸收现象。

（3）电介质的电导与金属的电导有着本质的区别。电介质电导属于离子式电导，随温度的升高按指数规律增大；金属电导属于电子式电导，随温度的升高而减小。

（4）电介质在电场作用下存在损耗，其中气体电介质的损耗可以忽略不计。在直流电压作用下电介质的损耗仅为由电导引起的电导损耗，而交流电压作用下电介质的损耗既有电导损耗，又有极化损耗。因此，电介质在交流电压下的损耗远大于其直流电压下的损耗。

习　题

1-1　电介质有哪些基本电气特性？表示这些基本电气特性的物理参数是什么？

1-2　举例说明介电常数在工程实际中有何意义。

1-3　什么是吸收现象？研究吸收现象有何实际意义？

1-4　电介质电导与金属电导有何不同？

1-5　直流电压和交流电压在多层介质中的电压分布规律有什么不同？

1-6　电介质在直流电压和交流电压作用下的损耗是否相同？为什么？

1-7　为什么在高电压工程中，绝缘的损耗特性通常用 $\tan\delta$ 来表示？

1-8　为什么一些电容量较大的设备如电容器、电力电缆等经过直流高电压试验后，要用接地棒将其两电极间短路放电长达 5～10min？

1-9　为什么测量高压电气设备的绝缘电阻时，需要记录测量时的温度？

1-10　一双层介质绝缘结构的电缆，第一层（内层）和第二层（外层）介质的电容和电阻分别为 $C_1 = 4000\text{pF}$、$R_1 = 1500\text{M}\Omega$；$C_2 = 3000\text{pF}$、$R_2 = 2000\text{M}\Omega$。当加 50kV 直流电压时，试求：

（1）当 $t = 0$ 合闸初瞬，C_1、C_2 上的电荷；

（2）从 $t \to \infty$ 时，流过绝缘的电导电流，以及 C_1、C_2 上的电荷。

1-11　已知某高压电气设备的 $\tan\delta = 0.01$，电容量为 3500pF，当对其施加 50kV 的交流电压时，试求：

（1）该设备绝缘所吸收的无功功率和所消耗的有功功率；

（2）分别用串联等值电路和并联等值电路来表示该绝缘时，等值电路中的各元件参数值。

第 2 章　气体放电的基本理论

　　气体在正常状态下是不导电的，是良好的绝缘介质。但当作用在气体上的电压或者电场强度超过某一临界值时，气体就会突然失去绝缘性能而发生放电，导致气体间隙短路，称为气隙的击穿。当气压较低，流过气隙的电流较小时，气隙间的放电则表现为充满整个间隙的辉光放电；在大气压下或者更高气压下，放电则表现为跳跃性的火花，称为火花放电。当电源容量较大且内阻较小时，放电电流较大，并出现高温的电弧，称为电弧放电。在极不均匀电场中，还会在间隙击穿之前，只在局部电场很强的地方出现放电，但这时整个间隙并未发生击穿，这种放电称为局部放电。高压输电线路导线周围出现的电晕放电就属于局部放电。

　　此外，在气体放电中还有一种特殊的放电形式，即在气体介质与固体介质的交界面上，沿着固体介质的表面而发生在气体介质中的放电称之为沿面放电。当沿面放电发展到使整个极间发生沿面击穿时称为沿面闪络。例如，当输电线路上出现雷电过电压时，常常会引起沿绝缘子表面的闪络。固体电介质中如果发生放电将会使绝缘造成不可自行恢复的破坏，而气体电介质中发生放电则只会引起绝缘的暂时丧失，一旦放电结束，气体介质又可以自行恢复其绝缘性能。因此，气体绝缘又称为自恢复绝缘，固体绝缘则称为非自恢复绝缘，液体绝缘也属于自恢复绝缘。利用气体介质的自恢复绝缘特性，在绝缘子的结构设计中，总是使其沿面闪络电压低于固体介质的击穿电压（如低 50%），以便在出现过电压时使其发生闪络，避免造成绝缘子的永久性破坏。

　　在各种绝缘介质中，人们对气体绝缘放电特性的研究相对于固体、液体绝缘来说更加深入，也更加富有成效，形成了一系列关于气体放电的基本理论。研究气体放电不仅是为了更好地利用气体绝缘，而且气体中的各种放电形式在很多领域中有着广泛的应用，如电火花加工、电弧冶炼、电晕除尘、水果及蔬菜保鲜、污水及废气的净化处理，等等。

　　气体为何会发生放电，又为何能自行恢复其绝缘性能，这与气体中带电粒子的产生与消失密切相关。

2.1　气体中带电粒子的产生与消失

　　气体中产生带电粒子的过程称为电离或者游离，气体分子发生电离所需的能量称为电离能。不同气体的电离能不同，一般为 $10\sim15eV$。当中性气体分子或原子接受外界的能量大于其电离能时，即发生电离。气体电离有四种基本形式，下面分别进行介绍。

1. 碰撞电离

　　由于受紫外线、宇宙射线及来自地球内部辐射线的作用，通常气体中总存在一些自由的电子或离子。在电场作用下，这些自由的带电粒子被加速而获得动能，当它们的动能积累到一定数值后，在和中性的气体分子发生碰撞时，有可能使后者发生电离，这种电离过程称为碰撞电离。

电子或离子在电场作用下加速所获得的动能 $\frac{1}{2}mv^2$ 与质点电荷量 (e)、电场强度 (E) 以及碰撞前的行程 (x) 有关，即

$$\frac{1}{2}mv^2 = eEx \qquad (2-1)$$

高速运动的带电粒子与中性原子或分子碰撞时，如果原子或分子获得的能量等于或大于其电离能，则会发生电离。因此，发生碰撞电离的条件为

$$eEx \geqslant W_i \qquad (2-2)$$

或

$$x \geqslant \frac{U_i}{E} \qquad (2-3)$$

式中：U_i 为气体分子的电离电位；W_i 为气体的电离能。

几种气体的电离能列于表 2-1。

表 2-1　　　　　　　　　　　　　几 种 气 体 的 电 离 能

气体	电离能 $W_i(eV)$	气体	电离能 $W_i(eV)$
N_2	15.6	CO_2	13.7
O_2	12.5	H_2O	12.8
H_2	15.4	SF_6	15.6

式（2-3）表明为产生碰撞电离，带电粒子在碰撞前必须行经一定距离（行程）。增大气体中电场强度 E 可以使行程减小，增大带电离子的行程或提高外施电压可使碰撞电离的概率增大。需要指出的是在碰撞电离中，由于电子的尺寸小、质量轻，其平均自由行程（一个质点在每两次碰撞之间自由通过的距离称为自由行程）也较大，在电场中容易被加速而积累起碰撞电离所需的能量，因此电子是碰撞电离中最活跃的因素。电子在强电场中产生的这种碰撞电离是气体放电中带电粒子极为重要的来源。

2. 光电离

由光辐射引起的气体分子电离称为光电离。光是频率不同的电磁波辐射，并以光子的形式发出。频率为 ν 光子的能量为

$$W = h\nu \qquad (2-4)$$

式中：ν 为光子的频率；h 为普朗克常数 $h = 6.63 \times 10^{-34} J \cdot s = 4.13 \times 10^{-15} eV \cdot s$。

发生空间光电离的条件应为

$$h\nu \geqslant W_i \qquad (2-5)$$

或

$$\lambda \leqslant \frac{hc}{W_i} \qquad (2-6)$$

式中：λ 为光的波长，m；c 为光速，$c = 3 \times 10^8 m/s$。

由式（2-6）可见，光子的能量与光的波长有关，波长越短，能量越大。各种短波长的高能辐射线如宇宙射线、γ 射线、X 射线以及短波紫外线等都具有较强的电离能力。在高电压工程中常用紫外线照射气隙以产生光电离而引发气隙放电。

3. 热电离

因热运动状态引起的气体分子电离称为热电离。所有的气体在一定的热状态下都存在热辐射，在高温下热辐射光子的能量达到一定数值即可造成气体分子的热电离。

　　热电离和碰撞电离及光电离实质上是一致的，都是要求能量超过某一临界值才会使分子发生电离，只是直接的能量来源不同而已。在实际的气体放电过程中，这三种电离形式往往会同时存在，并相互作用，只是各种电离形式表现出的强弱不同。比如，在电场作用下，总会有碰撞电离发生。在放电过程中，当处于较高能级的激发态原子回到正常状态，以及异号带电粒子复合成中性粒子时，又都会以光子的形式放出多余的能量，而导致光电离；同时产生热能而引发热电离，高温下的热运动则又加剧碰撞电离过程。

　　4. 表面电离

　　气体中的电子也可在电场作用下由金属表面逸出，称为金属电极表面电离。从金属电极表面逸出电子同样需要一定的能量，称为逸出功。不同的金属有不同的逸出功（见表 2-2），一般在 10eV 以内。可见，金属的逸出功要比气体的电离能小得多，所以从金属电极表面发射电子要比直接使气体分子电离容易。可以用各种不同的方式向金属电极提供能量，如对阴极加热，或正离子对阴极碰撞，短波光照射及强电场都可以使阴极发射电子。各种电子管就是利用在电场作用下通过加热金属阴极来发射电子的。

表 2-2　　　　　　　　　　　　　　某些金属的逸出功

金属	逸出功（eV）	金属	逸出功（eV）
铝（Al）	1.8	铜（Cu）	3.9
银（Ag）	3.1	氧化铜（CuO）	5.3
铁（Fe）	3.9	铯（Cs）	0.7

　　当气体中发生放电时，除了有不断产生带电粒子的电离过程外，还存在着一个相反的过程，即去电离过程。它将使带电粒子从电离区域消失，或者削弱产生电离的作用。当引起气体电离的因素消失后，由于去电离过程，会使气体还原成中性状态，而恢复其绝缘性能，这就是气体具有自恢复绝缘特性的本质所在。

　　气体去电离的基本形式有：

　　(1) 带电粒子向电极定向运动并进入电极形成回路电流，从而减少了气体中的带电粒子。

　　(2) 带电粒子的扩散。由于热运动，气体中带电粒子总是会从气体放电通道中的高浓度区向周围的空间扩散，从而使气体放电通道中的带电粒子数目减少。

　　(3) 带电粒子的复合。气体中带异号电荷的粒子相遇时，有可能发生电荷的传递而互相中和，从而使气体中的带电粒子减少。但需指出，带电粒子的复合会发生光辐射，这种光辐射在一定条件下又会导致其他气体分子电离，从而使气体放电呈现出跳跃式的发展。

　　(4) 吸附效应。某些气体的中性分子或原子对电子具有较强的亲和力，当电子与其碰撞时，便被吸附其上形成负离子，同时放出能量，这种现象称为吸附效应。吸附效应能有效地减少气体中的自由电子数目，从而对碰撞电离中最活跃的电子起到强烈的束缚作用，大大抑制了电离因素的发展，因此将吸附效应也看作是一种去电离的因素。容易吸附电子形成负离子的气体称为电负性气体，如氯、氟、水蒸气和六氟化硫（SF_6）等。其中 SF_6 的吸附效应最为强烈，所以其电气强度远大于一般气体，因而被称为高电气强度气体。

　　气体中电离与去电离这对矛盾的发展过程将决定气体的状态。当电离因素大于去电离因素时，气体中带电粒子会越来越多，最终将导致气体击穿；当去电离因素大于电离因素时，则气体中的带电粒子将越来越少，最终使气体放电过程消失而恢复成绝缘状态。因此，在生产实际中，可以根据需要人为地控制电离或去电离因素。比如，在高压断路器中，为了迅速开断电路，就需要加强电弧通道中的去电离因素，采取各种措施增大带电粒子的扩散能力和带电离子的复合速度，以及采用吸附效应强烈的 SF_6 高电气强度气体等。

2.2 汤逊气体放电理论

气体放电的形式是多种多样的，气体放电现象及其发展规律与气体的种类、气压的高低、气隙中的电场形式以及电源的容量等一系列因素有关。20 世纪初英国人汤逊 (Townsend) 根据实验事实，提出了比较系统的气体放电理论，阐述了气体放电的过程，并确定出放电电流和击穿电压之间的函数关系。尽管汤逊理论只对低气压短间隙均匀电场中的气体放电现象比较适用，但其中所描述的气体放电的基本物理过程却具有普遍意义。

2.2.1 汤逊放电实验

汤逊放电实验原理如图 2-1 所示。在空气中放置一对平行板电极，极间电场是均匀的。在两电极上施加可调节的直流电压，当电压从零逐渐升高时，观察电路中电流变化的情况，从而得到两电极间的电流和电压关系如图 2-2 所示。由图可见，平行板电极间（均匀电场）气体中的电流 I 和所加电压 U 之间的关系（伏安特性）并不是一个简单的线性关系。

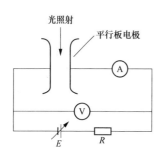
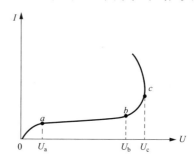

图 2-1　汤逊放电实验原理图　　　　图 2-2　空气隙中电流和电压的关系

（1）线性段 $0a$：在 $0a$ 段，U 值不大，但 I 随 U 增加基本上呈线性增大的趋势。这是因为，在空间宇宙射线的作用下，大气中不断有电离产生，同时又不断地有带电粒子的复合，当这两种过程达到某种动态平衡时，致使大气中有一定数量散的正负带电粒子存在（每立方厘米的常态空气中存在有 500～1000 对正、负带电粒子）。当极板上加上直流电压后，这些带电粒子分别向两极移动，形成电流。起初，随着电压的升高，带电粒子的运动速度增大，电流随之增大，二者基本呈线性关系，所以将 $0a$ 段称为线性段。

（2）饱和段 ab：当电压升高至 a 点时，电压继续升高，电流不再随之成正比增大，而是基本上维持在某一数值。这是因为此时在单位时间内由外界电离因素所产生的有限带电粒子已全部参与了导电，电流无明显增加，故而趋于饱和，所以将 ab 段称为饱和段。饱和段的电流密度仍极小，一般只有 $10^{-19}\,\mathrm{A/cm^2}$ 数量级，因此这时气隙仍处于良好的绝缘状态。

（3）电离段 bc：当到达 b 点以后，电流又重新随着电压的升高而增大，这说明气隙中出现了新的带电粒子参与导电。新的带电粒子从何而来？汤逊认为，随着电压的升高，间隙中的电场强度增加，气体中已开始出现新的电离因素，即电子的碰撞电离。电压越高，碰撞电离越强，产生的电子越多，电流也越大，直到 c 点，因此 bc 段也称为汤逊放电阶段。

（4）自持放电段（c 点以后）：当达到 c 点以后，随着电压的升高，电流将急剧增大，且此时若外加电压稍有减小，电流却不减小。这是因为强烈的碰撞电离过程所产生的热和光进一步增强了气体的电离因素，以至于电离过程达到了自我维持的程度，而不再依靠外界电离因素，仅由电场作用就能维持放电过程，这种放电称为自持放电，而在 c 点之前的放电则称为非自持放电。气体放电一旦进入自持放电，即意味着气隙已被击穿。

2.2.2　电子崩

在解释气体放电的物理过程中，汤逊引入了"电子崩"的概念。电子在电场作用下从阴极奔向阳极的过程中，与中性分子发生碰撞引起中性分子电离，电离的结果会产生出新的电子，新生电子又与初始电子一起继续参与中性分子的碰撞电离，从而使气体中的电子数目由 1 变为 2，又由 2 变为 4 而急剧增加，这种迅猛发展的碰撞电离过程犹如高山上发生的雪崩一样，被形象地称之为电子崩。上述汤逊放电过程就是由于碰撞电离引起电子崩的结果。电子崩的形成和带电粒子在电子崩中的分布如图 2-3 所示。

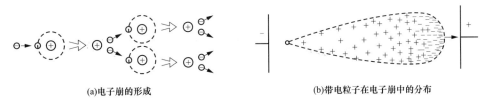

(a)电子崩的形成　　　　　　　　　(b)带电粒子在电子崩中的分布

图 2-3　电子崩及其带电粒子分布示意图

为了分析电子崩中电子数目的增长过程，需要引入电子碰撞电离系数 α。α 表示一个电子在沿电场方向运动 1cm 的行程中所完成的碰撞电离次数的平均值。在图 2-4 所示的平行板电极气隙中，假设由于外界射线的作用，有一个散在的初始电子从阴极向阳极运动，并撞击气体分子发生电离。经过距离 x 后，由于碰撞电离使气隙中的电子增加到 n，这 n 个电子再经过距离 $\mathrm{d}x$ 又会碰撞电离出 $\mathrm{d}n$ 个电子。

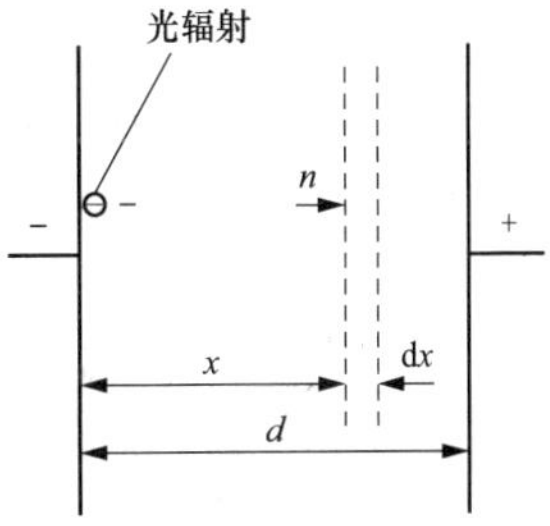

图 2-4　均匀电场中电子崩
电子数的计算

根据碰撞电离系数 α 的定义，可以得到

$$\mathrm{d}n = \alpha n\, \mathrm{d}x \qquad (2\text{-}7)$$

或写成

$$\frac{\mathrm{d}n}{n} = \alpha\, \mathrm{d}x$$

积分后得到

$$n = \mathrm{e}^{\int_0^x \alpha \mathrm{d}x} \qquad (2\text{-}8)$$

在均匀电场中，气隙中各点的电场强度相同，α 为常数，所以上式可写成

$$n = \mathrm{e}^{\alpha x} \qquad (2\text{-}9)$$

这就是一个电子从阴极向阳极运动过程中，由于碰撞电离形成的电子崩中的电子数目。因此，抵达阳极的电子也可表示为

$$n = \mathrm{e}^{\alpha d}$$

此间新增加的电子数（或产生的正离子数）为

$$\Delta n = e^{\alpha d} - 1 \tag{2-10}$$

下面分析碰撞电离系数 α 的影响因素。根据 α 的定义可知，α 取决于两个因素的乘积：①电子在单位距离内产生平均碰撞的次数，它等于电子平均自由行程 λ 的倒数 $1/\lambda$；②每次碰撞产生电离的概率，这个概率与电子在场强 E 作用下走过自由行程 x 所积累的能量 $q_e E x$（q_e 为电子的电荷量）有关，即要产生碰撞电离，此能量至少应等于或大于气体分子的电离能 W_i，即

$$q_e E x \geqslant W_i \tag{2-11}$$

或

$$E x \geqslant U_i \tag{2-12}$$

式中：U_i 为气体分子的电离电位。

上式还可改写为

$$x \geqslant x_i = \frac{U_i}{E} \tag{2-13}$$

这就是说，电子走过的自由行程 x 至少应等于临界自由行程 x_i 才能产生电离。当电子的平均自由行程为 λ，其自由行程 x 等于或大于 x_i 的概率为 $\dfrac{n}{n_0} = e^{-\frac{x_i}{\lambda}}$，其中 n_0 是粒子总数，n 是自由行程大于或等于 x_i 的数目。n 及 n_0 都以单位长度的粒子行程为准，这是因为在 $x = 0$ 处，有 n_0 个粒子进入气体；经过距离 x 之后，剩下的未经碰撞的粒子数 n 将随距离的增加而呈指数式下降，如图 2-5 所示，经过 λ 之后 $\dfrac{n}{n_0}$ 就只剩下 37% 了。所以，可以得到碰撞电离系数 α 等于电子行经单位距离碰撞次数与每次碰撞产生电离的概率相乘积，即

$$\alpha = \frac{1}{\lambda} e^{\frac{x_i}{\lambda}} = \frac{1}{\lambda} e^{\frac{U_i}{E\lambda}} \tag{2-14}$$

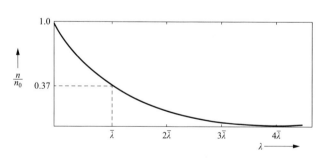

图 2-5   自由行程的分布

当气体温度不变时，平均自由行程 λ 与气压 p 成反比，$\dfrac{1}{\lambda} = Ap$（A 为与气体种类有关的比例常数）。代入式（2-14），并令 $AU_i = B$，可以得到

$$\alpha = Ap e^{-\frac{Bp}{E}} \tag{2-15}$$

表 2-3 中列出了一些气体的系数 A 和 B 的经验数据。实验证实在一定的 E/p 范围内，A 和 B 的取值合适时，式（2-15）成立。由式（2-15）还可以看出，α/p 是 E/p 的函数。α/p 反映电子每次碰撞电离所产生的自由电子数，E/p 则反映电子在其平均自由行程中从电场获得的动能。

表 2-3 　　　　　　　　　　　　式 （2-15） 中系数 *A* 和 *B* 的经验数据 （20℃ ）

气体	E/p $[(\mathrm{V \cdot cm^{-1}}) \cdot (133Pa)^{-1}]$	系数 *A* $[\mathrm{(cm \cdot 133Pa)^{-1}}]$	系数 *B* $[(\mathrm{V \cdot cm^{-1}}) \cdot (133Pa)^{-1}]$
空气	100～800	15	365
N_2	100～600	12	342
CO_2	500～1000	20	466

由式 （2-15） 可见，当电场强度 *E* 增大时，α 急剧增大；当气压 *p* 很大或 *p* 很小时，α 都比较小。这是因为 *p* 很大 （高气压） 时气体的密度会很大，则 λ 会很小，尽管电子通过单位长度行程时的碰撞次数会增加，但由碰撞引起电离的概率却很小。反之，λ 很大 （很低气压） 时，由于气体密度极小，虽然电子很容易积累足够的动能，但由于总的碰撞次数太少，α 也不会大。因此，高气压或真空都不利于碰撞电离的发展，这时气隙均具有较高的电气绝缘强度。

2.2.3 汤逊自持放电条件

汤逊根据对放电过程的实验研究，认为要使气隙中的放电由非自持放电转变为自持放电必须在气隙中能够连续地形成电子崩，才能使极间电流维持下去。这就要求电子崩发展到贯通两极后，在电子进入阳极且正离子返回阴极时，必须要能够在阴极上产生二次电离过程，以取得在气隙中形成后继电子崩所必需的二次电子，否则电子崩就会中断，气体放电就无法自行维持。因此，从阴极获取二次电子是气体放电由非自持放电转为自持放电的关键。

汤逊自持放电条件的具体表述：在均匀电场中，一个初始电子从阴极向阳极运动，由于碰撞电离使电子数增为 $e^{\alpha d}$ 个 （*d* 为极间距离），除去初始电子本身，新产生的电子或正离子数为 （$e^{\alpha d} - 1$） 个。如果每个正离子返回阴极时，由于其具有的位能 （电离能） 及动能，能够使得阴极表面逸出 γ 个二次电子 （γ 为阴极表面电离系数，$\gamma < 1$，取决于电极材料及其表面状况以及气体的种类，同时与 E/p 值有关），因此，（$e^{\alpha d} - 1$） 个正离子能从阴极释放出的电子数即为 γ （$e^{\alpha d} - 1$），显然，只要满足关系式

$$\gamma(e^{\alpha d} - 1) \geqslant 1 \tag{2-16}$$

则原有的初始电子就可以得到接替，使后继电子崩就不再需要依靠其他外界电离因素而靠放电过程本身就能自行得到发展。所以，将式 （2-16） 称为均匀电场中气隙的自持放电条件。

放电由非自持转为自持时的电场强度称为起始放电场强，相应的电压称为起始放电电压。在均匀电场中，它们就是气隙的击穿场强和击穿电压 （即起始放电电压等于击穿电压）。在不均匀电场中，电离过程仅仅存在于气隙中电场强度等于或大于起始场强的区域，即使该处的放电能自持，但整个气隙仍未击穿，所以在不均匀电场中起始放电电压低于击穿电压。电场越不均匀，二者的差值就越大。

2.2.4 巴申定律

由汤逊理论推出巴申定律，也是汤逊理论的一个重要部分。在均匀电场中，根据式 （2-16） 可得

$$d \geqslant \frac{1}{\alpha} \ln\left(1 + \frac{1}{\gamma}\right) \tag{2-17}$$

式中：碰撞电离系数 α 的值由式 （2-15），即 $\alpha/p = f(E/p)$ 可求得。

同时也假设 γ 是 E/p 的函数，即 $\gamma = g(E/p)$，则上式可写成

$$d \geqslant \frac{1}{pf(E/p)} \ln\left(1 + \frac{1}{g(E/p)}\right) \tag{2-18}$$

又因为在均匀电场中，气隙的击穿电压 U_b 与起始放电电压 U_0 相等，则 $E = \dfrac{U_0}{d} = \dfrac{U_b}{d}$。因此，自持放电的条件可以写为

$$pd \geqslant \frac{1}{f(E/p)}\ln\left(1 + \frac{1}{g(E/p)}\right) = \frac{1}{f(U_b/pd)}\ln\left[1 + \frac{1}{g(U_b/pd)}\right] \qquad (2\text{-}19)$$

经过换算可得

$$U_b = \frac{B(pd)}{\ln\left[\dfrac{A(pd)}{\ln\left(1 + \dfrac{1}{\gamma}\right)}\right]} \qquad (2\text{-}20)$$

式中：A、B、γ 都为常数；p、d 总是以乘积的形式出现。

在均匀电场中气隙的击穿电压 U_b 与起始放电电压相等，因此，可以写成

$$U_b = f(pd) \qquad (2\text{-}21)$$

上式说明，均匀电场气隙的击穿电压 U_b 是气压 p 与极间距离 d 的乘积的函数。也就是说，如果在改变 p 的同时改变 d，而使乘积 pd 保持不变，则 U_b 不变。这是由汤逊理论推导出的气体放电的相似定律之一。这个规律早在汤逊理论（1903 年）提出之前就已由物理学家巴申（Paschen）于 1889 年从实验中总结出来，故称为巴申定律。

气体间隙的 U_b 与 pd 的关系曲线又称为巴申曲线。由式（2-20）可知，当 pd 值比较大时，它的变化在分母中的影响不大，U_b 按 pd 将近似直线地改变。在小 pd 范围内，U_b 又将上升。因此 U_b 经过一个最小值，如图 2-6 所示。曲线呈 U 形，分左右两部分，并在某个 pd 值下，U_b 有最小值。

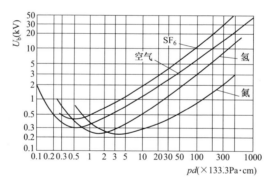

图 2-6   均匀电场中几种气体的击穿电压 U_b 与 pd 的关系

巴申曲线的这一特性可解释为：设 d 不变，改变气压 p，当 p 增大时，碰撞次数将增加，然而碰撞电离的概率却减小，电离仍不易进行，所以 U_b 必然增大；反之，当 p 减小，这时虽然碰撞电离的概率增大了，但碰撞的次数却减小了，因此 U_b 也会增大。所以在这二者之间总有一个合适的 p 值对造成碰撞电离最为有利，此时则 U_b 为最小。同样，如假设 p 不变，d 增大，欲得到一定的电场强度，电压就必须增大；当 d 值减小时，电场强度增大，但电子在走完全程中所发生的碰撞次数却减小，同样也会使 U_b 增大，所以在这二者之间也同样存在一个 d 值对造成碰撞电离最为有利，此时的 U_b 最小。

上述巴申曲线特性对提高气隙的击穿电压具有十分重要的实用意义。例如对充气的高压断路器，为了提高气体的电气绝缘强度，所充气体往往不是一个大气压力，而是施加一定的

气压。真空断路器则是利用高度真空来提高断路器断口的击穿电压。

以上的分析都是在假定气体温度不变的情况下作出的。为了考虑温度变化的影响，巴申定律更普遍的形式是以气体的密度代替压力。对空气来说可表示为

$$U_b = f(\delta d) \tag{2-22}$$

式中：δ 为空气的相对密度，即实际的空气密度与标准大气条件下的密度之比，即

$$\delta = \frac{p}{T} \times \frac{T_0}{p_0} = \frac{p}{p_0} \times \frac{273 + t_0}{273 + t} = \frac{2.89p}{273 + t} \tag{2-23}$$

式中：p_0 标准大气条件下的气压，101.3kPa；t_0 标准大气条件下的温度，$t_0 = 20℃$；p 实际大气条件下的气压，kPa；t 实际大气条件下的温度，℃。

通过巴申定律公式可以求出空气间隙 U_b 的最小值约为 327V，相应的 δd 值为 0.75×10^{-3} cm。

巴申曲线的右半部分所示 U_b（或 E_b）与 δd 的关系，可用下面的经验公式表示为

$$U_b = 24.5\delta d + 6.4\sqrt{\delta d} \tag{2-24}$$

或

$$E_b = 24.5\delta + 6.4\sqrt{\delta/d} \tag{2-25}$$

式中：电压的单位为 kV（峰值），距离 d 的单位为 cm。

由上式可以看出，当空气的相对密度不变时，击穿场强将随间隙距离缩短而增大。由式（2-25）可以计算出，当空气的相对密度 $\delta = 1$ 时，均匀电场下 1cm 的空气间隙的击穿场强 $E_b = 30.9$kV/cm。

2.3　流 注 放 电 理 论

汤逊放电理论能够较好地解释均匀电场中低气压短间隙（$\delta d < 0.26$cm）的气体放电过程，并利用这一理论推导出有关均匀电场中气隙的击穿电压及其影响因素的一些实用性结论。但是，汤逊放电理论也有局限性，特别对于高气压长间隙（$\delta d \gg 0.26$cm）和不均匀电场中的气体放电现象，无法作出圆满的解释。比如，根据汤逊理论，气体放电应在整个间隙中均匀连续地发展，这在低气压下确实如此，如放电管中的辉光放电。然而，在大气压力下长间隙的击穿却往往带有许多分枝的明亮细通道，如天空中发生的雷电放电现象即是如此。对此，由 Raether、Meek 和 Loeb 等人在实验基础上，建立起的流注放电理论，能较好地解释高气压长间隙以及不均匀电场中的气体放电现象。

流注理论与汤逊理论的不同之处在于：前者认为电子的碰撞电离和空间光电离是形成自持放电的主要因素，后者则没有考虑放电本身所引发的空间光电离对放电过程的重要作用。同时，流注理论特别强调空间电荷对电场的畸变作用。

2.3.1　流注放电的形成与发展过程

如图 2-7（a）所示，当外电场足够强时，一

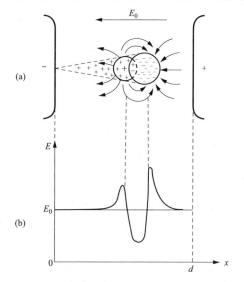

图 2-7　电子崩中的空间电荷对均匀电场的畸变

个由外界电离因素产生的初始电子，在从阴极向阳极运动的过程中产生碰撞电离而发展成电子崩，这种电子崩称为初始电子崩。由于电子崩中电子的迁移率远大于正离子，所以绝大多数电子都集中在电子崩的头部，而正离子则基本上停留在产生时的位置上，因而在电子崩的头部集中了大部分的正离子和几乎全部的电子。这些电子崩中的正、负空间电荷则会使原有的均匀场强 E_0 发生很大的变化，如图2-7（b）所示。其结果使电子崩的头部和尾部电场都增强了，而在这两个强场区之间出现了一个电场强度很小的区域，该区域中电子和正离子的浓度却最大，所以会在此区域中产生强烈的复合，并向四周放射出大量光子，从而引发新的空间光电离，进而产生二次电子（光电子）。这些二次电子在电场的作用下，又会在气隙中引发二次电子崩。

流注放电的形成与发展如图2-8所示。图2-8（a）为初始电子崩（简称初崩）。图2-8（b）表示初崩头部成为引发新的空间光电离的辐射源后，它们所造成的二次电子崩将以更大的电离强度向阳极发展。与此同时，电离出的新生电子迅即跑向初崩的正离子群中与之汇合，形成充满正负带电粒子的等离子通道，这个通道称为流注。流注的导电性能良好，端部又有二次崩留下的正电荷，因此大大加强了前方的电场，促使更多的新电子崩相继产生并与之汇合，从而使流注迅速向前发展，这一过程称为流注发展阶段［见图2-8（c）］。一旦流注将两极接通［见图2-8（d）］就将导致间隙的完全击穿，这一击穿过程称为流注放电的主放电阶段。

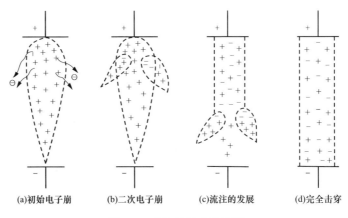

(a)初始电子崩　　(b)二次电子崩　　(c)流注的发展　　(d)完全击穿

图2-8　流注的形成及发展

由上可知，形成流注放电的条件是初始电子崩头部的空间电荷数量必须达到某一临界值，才能使电场得到足够的畸变和加强，并造成足够的空间光电离。一般认为，当 $\alpha d \approx 20$（或 $e^{\alpha d} \approx 10^8$）时便可满足上述条件而形成流注。一旦形成流注，即可转入自持放电，因此出现流注的条件也就是自持放电的条件，随着流注的发展完成整个放电过程。

应当指出，当两极间所加电压大大超过自持放电的起始电压 U_0 时，初崩就不需要跑完整个间隙，其头部的电子数即可达到足够的数量，这时流注会以更快的速度发展，同时放电通道会出现更为明显的分枝，长间隙的雷电放电即属这种情况。对于极短间隙，由于初始电子不可能在穿越极间距离时完成足够多的碰撞电离次数，因而难以积聚到形成流注所要求的临界空间电荷数，这样就不可能出现流注，这时放电的自持就只能依靠阴极上的 γ 过程，即汤逊自持放电条件。

2.3.2 流注击穿判据

根据在电离室中进行的放电发展实验研究结果，雷特（Raether）和米克（Meek）分别提出了考虑空间电荷作用的流注击穿机制。在流注放电模型中，假设电子崩发展到一定强度后，崩头附近的场强受空间电荷的影响增强，同时崩头内部的场强被削弱，使得正离子和电子复合释放出光子产生光电离。光电离产生的二次电子在崩头附近的畸变电场作用下形成二次电子崩。由于光子以光速传播，所以流注过程的发展很快，约为 10^{-8} s；加上光子产生的光电离在空间上是随机的，形成的二次电子崩在方向上也是随机的，二次电子崩与流注通道的汇合也就随机，所以在长间隙下流注放电通道呈现随机分枝形状；最后，流注放电形成的高温等离子体，在放电路径上表现出明亮的通道。这就是雷云放电为什么表现出路径随机、树枝形状和明亮耀眼的原因。流注理论提供了较高 pd 值下间隙击穿时间很短的解释。

1. 雷特判据

在实验观察和一些简单假设的基础上，雷特提出了流注击穿判据的经验公式，称为雷特判据，其形式为

$$\alpha x_c = 17.7 + \ln x_c + \ln \frac{E_r}{E} \tag{2-26}$$

假设电子都集中在电子崩头部的一个球中，如图 2-9 所示，式（2-26）中的 E_r 是电子崩头部产生的电场；E 是外部施加场强；x_c 为电子崩发展到流注时的临界长度。

在电子崩头部的合成场强为 $E + E_r$，而正好在头部之后的阳离子区域电场则减小为 $E - E_r$。空间电荷会随着电子崩长度的增大而增加。

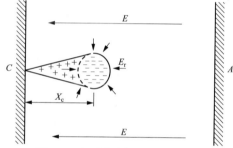

图 2-9　电子崩头部的空间电荷场

由电子崩转化到流注的条件假设为空间电荷场强 E_r 接近于外部施加场强 $E_r \approx E$，则击穿判据式（2-26）变为

$$\alpha x_c = 17.7 + \ln x_c \tag{2-27}$$

根据流注放电理论，在均匀电场中，临界电子崩将引起流注的形成，后者又常常发展为击穿。如果流注总是引起击穿，则 x_c 可以用极距代替，即 $x_c = d$。因此，在这种状况下雷特的经验表达式为

$$\alpha d = 17.7 + \ln d \tag{2-28}$$

或

$$\frac{\alpha}{p} pd = 17.7 + \ln d \tag{2-29}$$

因此，流注理论中的间隙击穿仅在临界长度 $x_c \geqslant d$ 时才产生，且条件 $x_c = d$ 给出了产生流注击穿时 α 的最小值。

为了将击穿电压的计算值和实验结果比较，看它们是否相符，式（2-29）可以写成

$$f\left(\frac{U_b}{pd}\right) pd = 17.7 + \ln d \tag{2-30}$$

在大距离 d 时，式（2-30）和巴申定律有分歧，击穿电压不只是 pd 的函数，而且也是 d 的函数。

2. 米克判据

从电子崩到流注的转化的另一个相似的判定公式由米克发现，被称为米克判据。米克提出由电子崩头部之后的正离子产生的径向场的计算式为

$$E_r = 5.3 \times 10^{-7} \frac{\alpha e^{\alpha x}}{\left(\dfrac{x}{p}\right)^{1/2}} (\text{V/cm}) \tag{2-31}$$

式中：x 电子崩的长度，cm；p 为气体的压力（1Torr 表示标准大气压下 1mm Hg 柱产生的压强，约等于 133Pa）；α 为电子碰撞电离系数。

与雷特判据一样，假设最小击穿电压相当于电子崩贯穿长度为 d 的间隙并且空间电荷场强 E_r 接近于外电场强 E 时的情况。用 $E_r = E$，$x = d$ 代入式（2-31），并重新整理，可得到

$$\alpha d + \ln \frac{\alpha}{p} = 14.5 + \ln \frac{E}{p} + \frac{1}{2} \ln \frac{d}{p} \tag{2-32}$$

式（2-32）可以通过逐次逼近法求解。先假设一个间隙一定气压下的 E 值，再从实验数据中查到对应 E/p 值的 α/p 值代入上式，直至等式成立。

表 2-4 比较了根据式（2-32）所得空气中 U_b 计算值与测量值。由于米克判据推导过程中，为了确定电子崩头部半径和电荷密度所做的一些简化处理和假设与实际有些不符，计算值与测量值之间存在一些偏差。尽管如此，在间隙的火花击穿电压预测和 pd 值大于 200（cm·Torr）的流注击穿解释中，米克判据与雷特判据仍然可用作对汤逊放电理论的补充。

表 2-4　　　　　　　　　米克判据和雷特判据的计算值与实测值比较

极距（cm）	击穿场强 E_b [kV/cm]		
	实测值	式（2-30）	式（2-32）
2.0	29.8	28.9	29.0
6.0	27.4	25.7	25.8
10.0	26.4	24.9	24.9
16.0	25.8	24.1	23.8

2.4　不均匀电场中气隙的放电特性

汤逊实验中的均匀电场是一种少有的特例，实际电力设施中常见的是不均匀电场。与均匀电场相比，不均匀电场中气隙的放电具有一系列特点，因此研究不均匀电场中气体放电的规律具有很重要的实际意义。

2.4.1　不均匀电场中气隙的放电特征

不均匀电场气隙中的最大电场强度 E_{max} 通常出现在曲率半径小的电极表面附近。电极的曲率半径越小，E_{max} 就越大，电场越不均匀。极不均匀电场的典型实例是棒—板间隙和棒—棒间隙。在这种间隙中，由于有曲率半径极小的棒电极存在，所以在棒电极表面的电场强度最大。当所加电压达到某一临界值时，致使棒电极附近空间的电场强度首先达到起始放电场强 E，因而在这个局部区域中首先出现碰撞电离和电子崩，甚至出现流注，并发展成为自持放电。但是，由于离棒电极较远处的电场强度仍很低，所以自持放电只能局限在棒电极附近一个不大的区域中发生，将这种局部放电称为电晕放电，将开始出现电晕放电的电压称为电晕起始电压。

电晕放电的外观表现为环绕棒电极表面的紫蓝色光晕，并伴有"咝咝"的响声。通常放电电流较小，仅为微安级或毫安级，所以此时间隙并未击穿。要使间隙击穿，必须继续提高外加电压，因此不均匀电场气隙的电晕起始电压低于其击穿电压。电场越不均匀，其电晕起始电压越低，击穿电压也越低，这是极不均匀电场中气隙放电的一个重要特征。

2.4.2　极不均匀电场中气隙放电的极性效应

在极不均匀电场中，虽然放电总是从曲率半径较小的电极表面开始，而与该电极的极性（电位的正负）无关，但后来的放电发展过程和气隙的击穿电压却与该电极的极性密切相关，即极不均匀电场中的放电存在着明显的极性效应。极不均匀电场气隙电压的极性为曲率半径较小的那个电极的极性，如棒—板间隙即以棒电极电位的极性为极性。如果两个电极的几何形状相同，如棒—棒间隙则以不接地的那个电极的极性为极性。

下面以电场最不均匀的棒—板间隙为例，从流注理论出发说明其放电的发展过程及极性效应。

1. 正极性

如图 2-10（a）所示，当棒电极为正极性时，在电场强度最大的棒电极附近首先形成电子崩。由于电子的迁移速率要比离子高约两个数量级，因而在较短时间间隔内，电子沿着电场方向发生明显的移动，而离子可近似认为静止。电子崩的电子迅速进入棒电极，留下来的正空间电荷则削弱棒电极附近的电场，从而使电晕起始电压有所提高。然而正空间电荷却加强了正离子外部空间的电场，如图 2-10（b）所示。当电压进一步提高，随着电晕放电区域的扩展，强电场区也将逐渐向板电极方向推进，与板电极之间的电场进一步加强，一些电子崩形成流注，并向间隙深处迅速发展。因此，棒—板间隙的正极性击穿电压较低，而其电晕起始电压相对较高。

2. 负极性

如图 2-11 所示，当棒电极为负极性时，电子崩将由棒电极表面出发向外发展。电子崩中的电子向板电极运动，滞留在棒电极附近的正空间电荷虽然加强了棒电极表面附近的电场，但却削弱了外面空间朝向板电极方向的电场，使电晕区不易向外扩展，放电发展比较困难，因此棒—板间隙的击穿电压较高。然而，由于正空间电荷加强了棒电极表面附近的电场，所以使棒—板间隙的电晕起始电压相对较低。

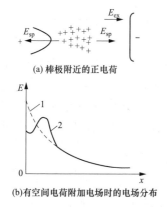

图 2-10　正极性棒—板气隙中的电场

1—外加电场；2—有空间电荷附加电场时的电场分布

E_{ex}—外电场；E_{sp}—空间电荷电场

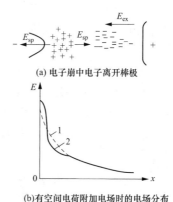

图 2-11　负极性棒—板气隙中的电场

1—外加电场；2—有空间电荷附加电场时的电场分布

E_{ex}—外电场；E_{sp}—空间电荷电场

2.4.3　长间隙放电特性

当间隙距离较长（$d \geqslant 1\text{m}$）时，在放电发展过程中，从棒电极开始的流注通道发展到足够长度后，流注与对面板电极间的电场大大增强，从而出现新的强电离过程，并使温度升高到足以出现热电离的程度，这个具有热电离过程的通道称为先导通道。先导通道中带电粒子的浓度远大于流注通道时，通道的电导大增，进一步加强了头部前沿区域的电场强度，引起新的流注，使先导进一步向前伸展，逐级推进。当先导通道发展到接近对面电极时，余下小间隙中的场强达到极大，地面电极附近会发生十分强烈的放电过程，致使产生更炽热、更耀眼的高浓度等离子通道，它将沿着先导通道以极快的速度反方向扩展到棒电极，同时中和先导通道中多余的空间电荷，这个过程称为主放电过程。主放电过程使贯穿两极间的通道最终成为温度很高、电导很大、轴间场强很小的等离子体火花通道，这时的间隙接近于被短路，使气隙完全失去了绝缘性能，至此即完成了长间隙的击穿。自然界中的雷电放电即属于典型的长间隙放电。

由于长间隙放电开始是发展先导过程，随后是主放电过程，间隙越长则先导过程和主放电过程就发展得越充分，所以间隙越长，其平均击穿场强就越低。

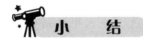

（1）绝缘介质通常有气体、液体和固体三种形态，其中气体和液体电介质属于自恢复绝缘，固体电介质属于非自恢复绝缘。

（2）气体放电的根本原因在于气体中发生了电离的过程，在气体中产生了带电粒子；而气体具有自恢复绝缘特性的根本原因在于气体中存在去电离的过程，使气体中的带电粒子消失。电离和去电离这对矛盾的存在与发展状况决定着气体介质的电气特性。

（3）在气体电离的四种基本形式中，碰撞电离是最基本的一种电离形式。而在碰撞电离中电子是最活跃的因素。

（4）"电子崩"的概念是汤逊气体放电理论的基础。汤逊理论是建立在均匀电场、短间隙、低气压的实验条件下，因此它不适合解释高气压、长间隙、不均匀电场中的气体放电现象。对于后者只能用流注放电理论予以解释。

（5）阐述气隙击穿电压与气压 p 和极间距离 d 之间的关系的定律是巴申定律。巴申定律也只适合于均匀电场。

（6）流注放电理论与汤逊放电理论的根本不同点在于流注理论认为电子的碰撞电离和空间光电离是形成自持放电的主要因素，并强调空间电荷畸变电场的作用。

（7）与均匀电场相比，不均匀电场中气隙的放电具有一系列自身的特点，如间隙击穿前有局部放电的存在，棒—板间隙的放电存在极性效应，长间隙的平均击穿场强比短间隙的平均击穿场强低等。

习　题

2-1　试述气体电离和去电离的基本形式。

2-2　什么是吸附效应？为什么将吸附效应也看作是一种去电离因素？

2-3　汤逊理论与流注理论的根本区别是什么？这两种理论各适合于什么场合？

2-4　在气隙为 1cm 的平行板电极之间，有 100 个初始电子在电场作用下从阴极表面出发向阳极运动，已知其碰撞电离系数 $\alpha = 11\text{cm}^{-1}$。求到达阳极的电子崩中的电子数和正离子数。

2-5　解释汤逊自持放电条件的物理含义。

2-6　解释巴申曲线为什么会有最小值。由巴申定律公式求当 δd 为何值时 U_b 最小，并求出此时的 $U_{b\min}$ 值。

2-7　为什么长间隙的平均击穿场强要比短间隙的平均击穿场强低？

2-8　棒—板间隙极性不同时电晕起始电压和击穿电压有何不同？为什么？

2-9　为什么在工频交流电压作用下棒—板间隙的击穿总是发生在棒电极为正的半周期内？

第 3 章　气体电介质的击穿特性

根据气体放电理论，可以说明气体放电的基本物理过程，有助于分析各种气体间隙在各种高电压下的放电机理和击穿规律。但是，由于气体放电的发展过程比较复杂，影响因素较多，气隙击穿的分散性较大，所以要想利用理论计算的方法来获取各种气隙的击穿电压相当困难。因此，通常都是采用实验的方法来得到某些典型电极结构所构成的气隙（如棒—板间隙、棒—棒间隙、球间隙及同轴圆筒间隙等）在各种电压下的击穿特性，以满足工程设计的需要。

气隙的电场形式对气隙的击穿特性影响很大，气隙所加电压的类型对气隙的击穿特性也有较大影响。在电力系统中，常见的电压类型归纳起来主要有四种：工频交流电压、直流电压、雷电冲击电压和操作冲击电压。工频交流电压和直流电压都是持续作用于气隙上的电压，所以通常称为稳态电压；存在时间极短、变化速率很大的雷电冲击电压和操作冲击电压，也称为暂态电压。气隙在稳态电压作用下的击穿电压也称为静态击穿电压 U_0。

3.1　稳态电压下气隙的击穿特性

3.1.1　均匀电场下的击穿特性

严格来说，均匀电场只有一种情况，即无限大平行板电极之间的电场，这在工程实际中是无法见到的。工程上所使用的平行板电极一般都是采用了消除电极边缘效应的措施（比如将板电极的边缘弯曲成曲率半径比较大的圆弧形，高压静电电压表的两个电极就是如此处理的），这时当两平行板电极间的距离相对于电极尺寸比较小时，即可将这两个电极间的电场视为均匀电场。

由于均匀电场的两个平板电极的形状完全相同，且平行布置，因而气隙的放电不存在极性效应，而且也不存在电晕现象。一旦气隙放电就会引起整个气隙的击穿，所以其直流、工频交流和冲击电压作用下的击穿电压都相同，放电的分散性也很小，击穿电压与电压作用时间基本无关。

均匀电场下气隙的击穿电压遵从巴申定律。

3.1.2　稍不均匀电场下的击穿特性

稍不均匀电场气隙在稳态电压下的击穿特性与均匀电场相似，典型的稍不均匀电场实例有高电压试验中使用的球间隙，以及 SF_6 封闭式组合电器（GIS）中的分相母线圆筒等。

需要注意，球隙电场的均匀程度随着球间距离 d 与球电极直径 D 之比（d/D）而变，不同球隙的击穿特性曲线如图 3-1 所示。由图可见，只有当 $d/D \leqslant 0.5$ 时，球隙的击穿特性才接近于均匀电场气隙的击穿特性，即此时才可将球隙电场视为稍不均匀电场，所以球隙一般应设置在 $d/D \leqslant 0.5$ 的范围内工作。需要指出，球隙的工频击穿电压通常都是指工频电压的峰值电压，这是因为工频击穿都是发生在峰值电压附近。因此，当用球隙测量工频电压时，测得的是工频电压的峰值。

实验结果表明，像 SF$_6$ 组合电器中的分相封闭母线与其圆筒外壳所构成的同轴圆筒间隙电场的均匀程度，具有与球间隙相似的特点。也就是，只有当内筒外半径 r 与外筒内半径 R 之比（r/R）大于 10％时，其电场才接近于均匀电场，且气隙击穿电压的最大值出现在 $r = \frac{1}{3}R$ 左右，所以通常在同轴圆筒的绝缘设计中将 r 设计在 R 的 25％～40％范围内。

3.1.3　极不均匀电场下的击穿特性

棒—板间隙和棒—棒间隙是典型的极不均匀电场，前者具有最大的不对称性，后者则具有完全的对称性，其他类型的极不均匀电场气隙的击穿特性均介于这两种典型气隙的击穿特性之间。在工程上对于实际的不均匀电场往往按其电极的对称程度，分别选用棒—板间隙或棒—棒间隙这两种典型气隙的击穿特性曲线来估计所遇到的气隙的击穿特性，以确定该气隙的电气强度。比如输电线路的导线与大地之间就可看作是棒—板间隙，导线与导线之间则可看作是棒—棒间隙。

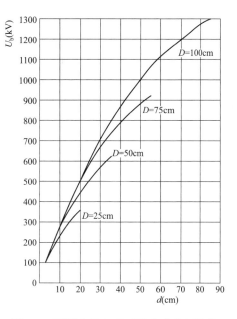

图 3-1　不同直径 D 的球隙击穿电压峰值 U_b 与球隙距离 d 的关系

1. 直流电压作用下

由实验获得的棒—板和棒—棒气隙在直流电压下的击穿特性曲线如图 3-2 所示。如第 2 章所述，在直流电压下棒—板间隙的击穿特性具有明显的极性效应。在所测的极间距离范围内（$d = 10$cm），负极性击穿场强约为 20kV/cm，而正极性击穿场强只有 7.5kV/cm，相差较大。棒—棒间隙由于两极对称，所以无明显极性效应，其击穿特性介于棒—板间隙在两种极性下的击穿特性之间。

为了进行超高压直流输电线路的绝缘设计，则需要研究长间隙棒—板气隙的直流击穿特性。300cm 以内的棒—板气隙的实验结果如图 3-3 所示，这时负极性的平均击穿场强降至 10kV/cm 左右，而正极性的击穿场强约为 4.5kV/cm，与均匀电场中大约 30kV/cm 的击穿场强相比，相差甚大。

2. 工频交流电压作用下

由于极性效应，在工频交流电压下，棒—板间隙的击穿则总是发生在棒极为正极性的半周期内的峰值电压附近。棒—板间隙和棒—棒间隙在极间距离小于 2.5m 的击穿特性曲线如图 3-4 所示。与图 3-3 相比，其工频击穿电压的峰值还稍低于其直流击穿电压，这是因为前半周期留下的空间电荷对

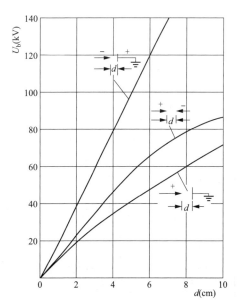

图 3-2　棒—板气隙和棒—棒气隙的直流击穿特性曲线

U_b—击穿电压；d—间隙距离

于棒电极前方的电场有所加强的缘故。同时，在 $d<1m$ 的范围内，棒—棒与棒—板间隙的工频击穿特性几乎一样，但随着 d 的增大，二者的差别越来越大。棒—棒间隙的击穿电压相对较高，这是由于棒—棒间隙作为对称电场，比棒—板间隙要均匀一些，前者的最大场强是分散在靠近两棒极处，而后者的最大场强则集中在棒电极附近。当间隙距离大于 40cm 时，棒—棒和棒—板间隙的工频交流击穿电压（幅值）可分别采用相应的近似计算公式进行估算。

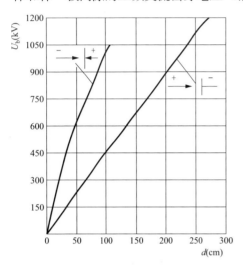

图 3-3　棒—板长气隙的直流电压击穿特性曲线

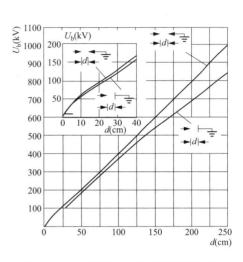

图 3-4　棒—棒和棒—板气隙的工频击穿电压与气隙距离的关系

棒—棒间隙

$$U_b = 70 + 5.25d \tag{3-1}$$

棒—板间隙

$$U_b = 40 + 5d \tag{3-2}$$

式中：U_b 为击穿电压（幅值），kV；d 为间隙距离，cm。

长气隙棒—板和棒—棒间隙的击穿特性曲线如图 3-5 所示，随着气隙长度的增大，棒—板间隙的平均击穿场强明显降低，即存在"饱和"现象，显然这时再增大棒—板间隙的长度已不能有效地提高工频击穿电压，这是一个应该引起注意的问题。

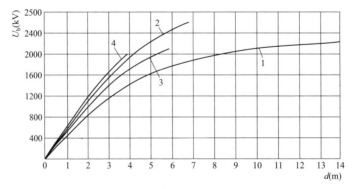

图 3-5　各种长空气间隙的工频击穿特性曲线

1—棒—板间隙；2—棒—棒间隙；3—导线对杆塔；4—导线对导线

3.2　雷电冲击电压下气隙的击穿特性

3.2.1　雷电冲击电压波形

雷电冲击电压由自然界中的雷电放电或实验室中的模拟雷电放电所产生，电力系统中的雷电过电压是由大气中的雷电放电引起的。大气中的雷电放电包括雷云对大地、雷云对雷云和雷云内部的放电，其中雷云对大地的放电是造成电力系统中雷害事故的主要因素。

按照雷电发展的方向可区分为上行雷和下行雷两种。上行雷是指由接地物体顶部激发起向雷云方向发展的雷电放电，下行雷是指在雷云中产生并向大地发展的雷电放电。人们通常看到的雷电放电绝大多数是下行雷。根据雷电放电从雷云流入大地的电荷的极性不同，又可将雷电分为正极性雷和负极性雷。实测表明，90%的雷是负极性雷，因此在防雷设计中一般都采用负极性雷。

统计结果显示，雷电放电所形成的电压具有单次脉冲性质，通常称之为雷电冲击电压。在高电压试验中是用冲击电压发生器来产生这种雷电冲击电压的。尽管大自然中雷电冲击电压的波形各异，但为了统一实验结果，并对实验作出统一的评价，人们根据统计规律将雷电冲击电压波形理想化、标准化。

国际电工委员会（IEC）和我国国家标准（GB）规定的标准雷电冲击电压波形如图 3-6 所示。图中，$T_1 = 1.2\mu s$（视在波前时间），容许偏差 $\pm 30\%$；$T_2 = 50\mu s$（视在半峰值时间），容许偏差 $\pm 20\%$；$0'$ 为视在原点。T_1 和 T_2 统称为波形参数，简写成 $T_1/T_2 = 1.2/50\mu s$，并可在前面加上正、负号以标明其极性。T_1 和 T_2 通常也分别称为波前时间和半峰值时间。U_m 为雷电冲击电压的峰值，通常即用此值来表示雷电冲击电压的大小。

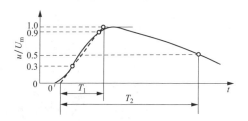

图 3-6　标准雷电冲击电压波形
T_1—视在波前时间；T_2—视在半峰值时间；
U_m—雷电冲击电压峰值；$0'$—视在原点

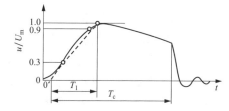

图 3-7　雷电冲击电压截波
T_1—波前时间；T_c—截断时间；
U_m—雷电冲击电压截波峰值

当雷电冲击电压施加于绝缘介质上，在某一时间发生击穿或闪络（如避雷器放电），波形即被截断，被截断的雷电冲击电压波称为雷电冲击电压截波，如图 3-7 所示。截波由于变化速率大，对有绕组的设备（如变压器、发电机）的危害极大，因此截波更引起人们的关注。IEC 标准和 GB 标准规定的标准雷电冲击电压截波参数为：$T_1 = 1.2\mu s$，容许偏差为 $\pm 30\%$；$T_c = 2\sim 5\mu s$，称为截断时间，也可写成 $T_1/T_c = 1.2/(2\sim 5)\mu s$。

3.2.2　雷电冲击电压下气隙的击穿特性

1. 放电时间

由于雷电冲击电压的持续时间极短（几微秒至几十微秒），已可与气隙击穿所需的时间相比较，所以使气隙的击穿特性受到影响，不像直流和工频交流等持续电压的作用时间远

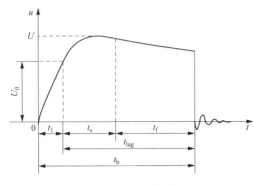

图 3-8　冲击电压下气隙的击穿

远大于气隙击穿所需要的时间。

图 3-8 表示冲击电压作用在气隙上的电压波形，从冲击电压加上的瞬间经过 t_1 时间，电压由零升到气隙的静态击穿电压 U_0，但这时气隙并未击穿。这是因为要引起放电必须在阴极附近出现一个能引起初始电子崩并能导致间隙击穿的电子，称为有效电子。由于有效电子的出现具有随机性，且需要一定的时间，所以 t_s 称为统计时延。当有效电子出现到发展电子崩直至气隙击穿还需要一定的放电发展时间 t_f，称之为放电形成时延，它也具有统计性。因此，整个放电时间 t_b 由三部分组成，即

$$t_b = t_1 + t_s + t_f \tag{3-3}$$

式中：t_1 称为电压上升时间；$t_s + t_f$ 总称为放电时延 t_{lag}。

放电时延与许多不能准确估算的因素有关，如宇宙射线辐射产生的电离情况，气隙去电离的情况等。因此，放电时延具有分散性，并与所加电压大小有关。总的趋势是电压越高，所需放电时间越短；电场越均匀，放电时间的分散性越小；电场越不均匀，放电时间的分散性则越大。

2. 50% 冲击击穿电压（$U_{50\%}$）

由于气隙冲击击穿电压的分散性，所以很难确定气隙的冲击击穿电压的准确值。在工程上采用 50% 冲击击穿电压（$U_{50\%}$）作为气隙的冲击击穿电压值。也就是说，在气隙上加 N 次同一波形及峰值的冲击电压，可能只有 n 次发生击穿，这时的击穿概率 $P = \dfrac{n}{N} \times 100\%$。如果增大或减小外施电压的峰值，则击穿概率也随之增加或减小。当击穿概率等于 50% 时的电压即称为气隙的 50% 击穿电压，写为 $U_{50\%}$。对击穿分散性的大小，则用标准偏差 σ 表示。标准偏差 σ 能够反映一个数据集的偏离程度，σ 越小，说明这些数据偏离其算术平均值越小，反之亦然。显然，确定 $U_{50\%}$ 时所施加电压的次数 N 越多，得到的 $U_{50\%}$ 越准确，但工作量也越大。在实际中，通常以施加 10 次电压中有 4~6 次击穿，即可认为这一电压就是气隙的 50% 冲击击穿电压。

工程设计上，如果采用 $U_{50\%}$ 来决定所用气隙长度时，必须考虑一定的裕度，裕度的大小取决于该气隙冲击击穿电压的分散性大小。在均匀和稍不均匀电场中，冲击击穿电压的分散性很小，其 $U_{50\%}$ 与静态击穿电压 U_0 几乎相同。$U_{50\%}$ 与 U_0 之比称为冲击系数 β。均匀和稍不均匀电场的 $\beta \approx 1$，由于放电时延短，在 50% 击穿电压下，击穿通常发生在波前峰值附近。在极不均匀电场中，由于放电时延较长，击穿电压分散性较大，其冲击系数 $\beta > 1$，标准偏差可取为 3%，在 50% 击穿电压下，击穿通常发生在波尾部分。

3. 伏秒特性

由于气隙在冲击电压下的击穿存在时延现象，所以其冲击击穿特性不仅与冲击电压的大小有关，还与放电时间有关。工程上用气隙击穿期间出现的冲击电压的最大值和放电时间的关系来表征气隙在冲击电压下的击穿特性，称为伏秒特性。表示击穿电压和放电时间关系的曲线称为伏秒特性曲线，如图 3-9 所示。

伏秒特性曲线通常用实验的方法得到，保持加在气隙上的冲击电压波形不变（如 $1.2/50\mu s$ 标准雷电冲击电压波），依次提高冲击电压的峰值。当电压较低时，击穿一般发生在波尾部分。当在波尾击穿时，不能用击穿时的电压作为气隙的击穿电压，因为在击穿过程中起决定作用的应是曾经作用过的冲击电压的峰值，所以这时应把该峰值电压作为气隙的击穿电压，它与放电时间的交点 p_1 才是伏秒特性的一个点。当电

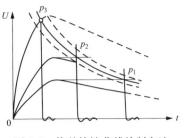

图 3-9 伏秒特性曲线绘制方法

压较高时，放电时间大大缩短，击穿发生在波前部分。在波前击穿时，即以击穿时的电压作为气隙的击穿电压值，它与放电时间的交点 p_3 为伏秒特性的一个点。如此作出一系列的点，依次连接 p_1、p_2、p_3……各点得到的曲线即为所要作的伏秒特性曲线。

实际上，由于放电时间的分散性，在每一电压下可得到一系列放电时间，所以伏秒特性曲线是一个带状区域。图 3-9 中虚线是其上、下包络线，实线则是平均伏秒特性曲线或 50% 伏特秒性曲线，通常使用的是平均伏秒特性曲线。

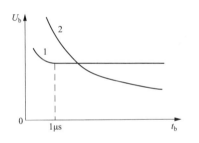

图 3-10 均匀和不均匀电场气隙的伏秒特性曲线
1—稍不均匀电场；2—极不均匀电场

气隙的伏秒特性形状与极间电场的分布情况有关，如图 3-10 所示，均匀或稍不均匀电场气隙的伏秒特性比较平坦，其放电形成时延较短，也比较稳定，只在放电时间小于 $1\mu s$ 左右时略向上翘，这是因为放电时间小于 $1\mu s$ 左右时，t_s 的缩短需要提高电压的缘故。极不均匀电场气隙的伏秒特性比较陡峭。

伏秒特性在绝缘配合中有重要的实用意义。如用作过电压保护的设备（避雷器或间隙），则要求其伏秒特性尽可能平坦，并位于被保护设备的伏秒特性之下，且二者永不相交。只有这样，被保护设备才能免遭冲击过电压的侵害。

显然，用伏秒特性来表征一个气隙的冲击击穿特性是比较全面和准确的，但获得伏秒特性的工作比较繁琐。因此，在某些工程中不用伏秒特性，而是前述的"50% 冲击击穿电压"和击穿概率为 50% 的"$2\mu s$ 冲击击穿电压"，这两个特定的冲击击穿电压值近似地表征气隙的冲击击穿特性。前者主要反映伏秒特性的平缓部分，后者反映伏秒特性的陡峭部分，两者相差越大，则表明伏秒特性越陡峭；反之，表明越平缓。

4. 气隙的雷电冲击击穿特性

在标准雷电冲击电压作用下，当间隙距离 $d < 250\text{cm}$ 时，棒—板及棒—棒气隙的 50% 冲击击穿电压与气隙距离的关系如图 3-11 所示。由图可见，棒—板气隙有明显的极性效应；棒—棒气隙也有不大的极性效应，这是由于大地的影响，使不接地的棒极附近电场增强的缘故。同时还可以看出，棒—棒间隙的击穿特性介于棒—板间隙两种极性的击穿特性之间。

气隙长度 d 更大的实验结果如图 3-12 所示。由图可见，击穿电压和气隙距离呈直线关系。在确定气隙的雷电冲击击穿电压时，可以采用上述的各种实验曲线，也可以利用某些经验公式。表 3-1 列出了空气中棒间隙的雷电冲击 50% 击穿电压的经验计算公式。

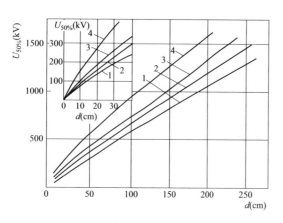

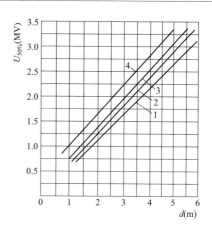

图 3-11　d<250cm 的棒气隙雷电冲击 50%击穿
电压与极间距离的关系

1—棒—板正极性；2—棒—棒正极性；

3—棒—棒负极性；4—棒—板负极性

图 3-12　棒—板和棒—棒长气隙的
雷电冲击击穿特性

1—棒—板正极性；2—棒—棒正极性；

3—棒—棒负极性；4—棒—板负极性

表 3-1　　　　　　　空气中棒间隙的雷电冲击 50%击穿电压的近似计算公式

（标准大气条件，间隙距离 d>40cm）

气隙	电压类型	近似计算公式 [d(cm)，U_b(kV)]	气隙	电压类型	近似计算公式 [d(cm)，U_b(kV)]
棒—棒	正极性雷电冲击	$U_b = 75 + 5.6d$	棒—板	正极性雷电冲击	$U_b = 40 + 5d$
	负极性雷电冲击	$U_b = 110 + 6d$		负极性雷电冲击	$U_b = 215 + 6.7d$

3.3　操作冲击电压下气隙的击穿特性

3.3.1　操作冲击电压波形

用来等效模拟电力系统中操作过电压的电压波形，一般采用双指数脉冲波。IEC 标准和我国国家标准规定，波前时间 T_{cr}=250μs±20%，半峰值时间 T_2=2500μs±60%，写成 T_{cr}/T_2=250/2500μs，如图 3-13（a）所示。当在试验中采用上述标准操作冲击电压波形不能满足要求或不适用时，推荐采用 100/2500μs 和 500/2500μs 冲击波。此外，还可采用一种衰减振荡波，如图 3-13（b）所示。图中第一个半波的持续时间在 2000～3000μs 之间，极性相反的第二个半波的峰值约为第一个半波峰值的 80%。

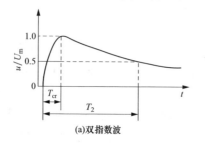

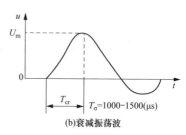

（a）双指数波　　　　　　　　（b）衰减振荡波

图 3-13　操作冲击电压波形的规定

3.3.2　操作冲击电压下气隙击穿的特点

1. 操作冲击电压波形对气隙击穿电压影响

实验结果表明，气隙的 50% 操作冲击击穿电压 $U_{50\%}$ 与波前时间 T_{cr} 的关系呈 U 形曲线，如图 3-14 所示。在某一最不利的波前时间 T_c（称为临界波前时间）下，$U_{50\%}$ 有最小值，且 T_c 的值随气隙长度 d 的增加而增大。在工程实际所遇到的气隙长度 d 范围内，T_c 值在 $100\sim500\mu s$ 之间，这正是将标准操作冲击电压波的波前时间 T_{cr} 规定为 $250\mu s$ 的主要原因，图 3-14 中虚线表示不同长度气隙的最小值 $U_{50\%}$ 与 T_c 的关系。

上述现象可以用前面介绍的气体放电理论予以解释。任何气隙的击穿过程都需要一定的时间，当波前时间 T_{cr} 较小时，说明电压上升极快，击穿电压将会超过静态电压许多，所以击穿电压较高；当波前时间 T_{cr} 较大时，说明电压上升较慢，使极不均匀电场长间隙中的冲击电晕和空间电荷都有足够的时间形成和发展，从而使棒极附近的电场变得较小，使整个气隙电场的不均匀程度降低，从而使击穿电压稍有提高。而 T_{cr} 处在 $100\sim500\mu s$ 范围内时，既保障了击穿所需的时间，又不至于减小棒极附近的电场，所以此时的击穿电压最低。

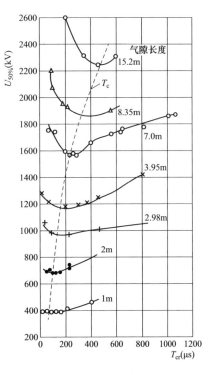

图 3-14　棒—板气隙正极性操作冲击
$U_{50\%}$ 击穿电压与波前时间的关系

2. 气隙的操作冲击击穿电压有可能低于工频击穿电压

实验表明，在某些波前时间范围内，气隙的操作冲击击穿电压甚至比工频击穿电压还低，在确定电气设备的空气间距时，必须考虑这一重要情况。因此，在额定电压大于 220kV 的超高压及特高压输电系统中，往往按操作过电压下的电气特性进行绝缘设计；超高压及特高压电气设备的绝缘也应采用操作冲击电压进行试验，而不宜像一般高压电气设备那样用工频交流电压作等效性试验。

棒—板气隙的 50% 操作冲击击穿电压的最小值 $U_{50\%}(\min)$ 的经验公式为

$$U_{50\%}(\min) = \frac{3.4 \times 10^3}{1 + \dfrac{8}{d}} \quad (\text{kV}) \tag{3-4}$$

式中：d 为气隙长度，m。

上式适用于 $d=2\sim15\text{m}$ 的气隙。当 $15\text{m} < d < 27\text{m}$ 时，经验公式为

$$U_{50\%}(\min) = (1.4 + 0.055d) \times 10^3 \quad (\text{kV}) \tag{3-5}$$

3. 长间隙操作冲击击穿的"饱和"效应

极不均匀电场长间隙的操作冲击击穿特性具有显著的"饱和"效应，这一现象的出现与间隙击穿前先导阶段能较为充分的发展有关。比如用上述的经验公式可以算得，当 $d=10\text{m}$ 时，气隙的平均击穿场强已不到 2kV/cm；当 $d=20\text{m}$ 时，更降低到 1.25kV/cm。也就是气隙的增大并不能有效地提高其击穿电压，尤以正极性棒—板间隙的"饱和"现象最为严重。

当气隙长度大于5m以后，就开始明显地表现出"饱和"现象，如图3-15所示，这对发展特高压输电技术是一个极为不利的制约因素。

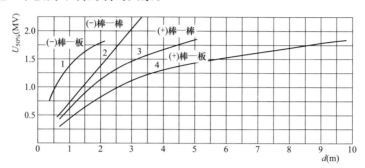

图 3-15 棒间隙在操作冲击电压（500/5000μs）下的击穿特性

4. 操作冲击击穿电压的分散性大

操作冲击电压下的气隙击穿电压和放电时间的分散性均比雷电冲击电压下大得多，此时极不均匀电场气隙的相应标准偏差σ值可达5%～8%。

3.4 不同大气条件下气隙的击穿电压

通常所说的大气条件是指大气的压力、温度和湿度。不同的大气条件，同一气隙的击穿电压也不同。从气体放电的基本理论可知，由于气压、温度和湿度都会影响空气的密度、电子的自由行程、碰撞电离及吸附效应，所以必然会影响气隙的击穿电压。海拔高度的影响也与此相类似，海拔高度的增加，空气的压力和密度均下降。因此，为了对不同大气条件和海拔高度所得出的击穿电压实测数据进行分析和比较，就必须将大气条件换算到标准大气条件。

我国国家标准 GB/T 16927.1—2011《高电压试验技术 第1部分：一般定义及试验要求》规定的标准大气条件为：气压 $p_0 = 101.3$kPa（760mmHg），温度 $t_0 = 20℃$ 或 $T_0 = 293$K，绝对湿度 $h_c = 11$g/m³。

在实际试验条件下的气隙击穿电压 U 与标准大气条件下的击穿电压 U_0 之间可以通过相应的校正系数进行如下换算

$$U = K_d K_h U_0 \tag{3-6}$$

式中：K_d 为空气密度校正系数；K_h 为湿度校正系数。

上式不仅适用于气隙的击穿电压，也适用于外绝缘的沿面闪络电压。需要指出，书中所引用的有关空气间隙击穿电压的曲线和数据，除特别注明者外，一般都是指标准大气条件的情况。下面将分别就各个校正系数的取值加以讨论。

（1）空气密度校正系数。空气密度与压力和温度有关。空气的相对密度为实际气体密度与标准大气条件下的密度之比，即

$$\delta = \frac{p}{p_0} \frac{T_0}{T} = \frac{p}{p_0} \frac{273 + t_0}{273 + t} = \frac{2.89p}{273 + t} \text{ 或 } \delta = 2.89 \frac{p}{T} \tag{3-7}$$

式中：δ 为空气的相对密度；p 为气压，kPa；t 为试验时摄氏温度，℃；t_0 为标准摄氏温度，℃；T 为试验时绝对温度，K；T_0 为标准绝对温度，K。

由巴申定律可知，在大气条件下，气隙的击穿电压随 δ 的增大而升高。实验表明，当 δ 处于 0.95～1.05 的范围内，气隙的击穿电压几乎与 δ 成正比，即此时的空气密度校正系数可取为 $K_d = \delta$，因而有

$$U = \delta U_0 \tag{3-8}$$

当气隙距离不超过 1m 时，上式无论对于均匀电场或不均匀电场，还是直流、工频或冲击电压都适用。

当利用球隙测量击穿电压时，如果空气的相对密度 δ 与 1 相差较大时，可用表 3-2 中的校正系数 K_d 来校正击穿电压值。

表 3-2　　　　　　　　　　　　　　空气密度校正系数 K_d

空气相对密度 δ	0.70	0.75	0.80	0.85	0.90	0.95	1.00	1.05	1.10
空气密度校正系数 K_d	0.72	0.77	0.81	0.86	0.91	0.95	1.00	1.05	1.09

对于更长的空气间隙，其击穿电压与大气条件变化并不是简单的线性关系，而是随电极形状、电压类型和气隙长度而变化的复杂关系，这时需要使用空气密度校正系数 K_d，其表达式为

$$K_d = \delta^m \tag{3-9}$$

$$\delta = \frac{p}{p_0} \times \frac{273 + t_0}{273 + t}$$

式中：指数 m 与电极形状、气隙长度、电压类型及其极性有关，其值在 0.4～1.0 的范围内变化，具体取值可参阅 GB/T 16927.1—2011。

空气密度校正系数 K_d 的数值在 0.8～1.05 范围内时是可靠的。

（2）湿度校正系数。由于吸附效应，大气中所含水汽的分子对气隙的放电过程起着抑制的作用，所以大气的湿度增大，气隙的击穿电压也随之提高。不过在均匀或稍不均匀电场中，放电开始时整个气隙电场强度都较大，电子的运动速度较快，不易被水汽分子吸附，因而湿度对击穿电压的影响可以忽略不计。例如用球隙测量电压时，只需根据空气相对密度校正其击穿电压，而不必考虑湿度的影响。在极不均匀电场中，一般都需要对湿度进行校正，这时湿度校正系数可表示为

$$K_h = k^\omega \tag{3-10}$$

式中：k 与绝对湿度、空气相对密度和电压类型有关；指数 ω 的值与电极形状、气隙长度、电压类型及其极性有关，具体取值亦可参阅 GB/T 16927.1—2011。

（3）海拔校正系数。随着海拔高度的增加，空气逐渐变得稀薄，大气压力及密度减小，因而空气的电气强度也随之降低。

GB/T 311.1—2012《绝缘配合　第 1 部分：定义、原则和规则》规定，对用于海拔在 1000～4000m 地区的设备及电力设施的外绝缘，在海拔低于 1000m 的地区进行耐压试验时，其试验电压 U 应按规定的标准大气条件下平原地区外绝缘耐受电压 U_p 乘以海拔校正系数 K_a 校正，即

$$U = K_a U_p \tag{3-11}$$

而

$$K_a = e^{q(H-1000)/8150} \tag{3-12}$$

式中：H 为设备使用地点海拔，m；q 为海拔校正因子，工频、雷电冲击试验 $q = 1.0$，操作冲击试验 $q = 0.75$。

3.5　提高气隙击穿电压的方法

从实用的角度出发，提高气隙的击穿电压可以有效地减小电气设备的气体绝缘间隙距离，使整个电气设备的尺寸缩小。综合前面所述影响气隙击穿电压的各种因素，提高气隙击穿电压的具体方法可归纳为以下几种。

3.5.1　改善电场分布

电场分布越均匀，气隙的平均击穿场强越大。因此，可以通过改进电极形状或采用屏蔽罩来增大电极的曲率半径，对电极表面进行抛光，除去毛刺和尖角等，来减小气隙中的最大场强，改善电场分布，使之尽可能趋于均匀，从而提高气隙的电晕起始电压和击穿电压。

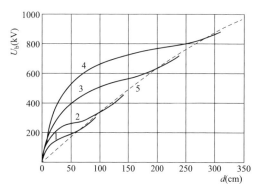

图 3-16　球—板间隙的工频击穿电压有效值与
气隙长度的关系

1—D=12.5cm；2—D=25cm；3—D=50cm；
4—D=75cm；5—棒—板间隙（虚线）

利用球形屏蔽罩来增大电极的曲率半径是一种常用的方法。以棒—板间隙为例，如果在棒极端部加装一只直径适当的球形屏蔽罩，就能有效地提高气隙的击穿电压。图 3-16 表示采用不同直径（D）的屏蔽罩对提高气隙击穿电压的不同效果。由图可见，对于极间距离为 100cm 的棒—板间隙，当在棒电极上加装一直径为 75cm 的球形屏蔽罩时，可使气隙的击穿电压提高 1 倍左右。

许多高压电气设备的高压引线端部具有尖锐的形状，如高压套管的接线端子。为了降低引线端子附近的最大电场强度，往往就需要加装球形屏蔽罩。屏蔽罩尺寸的选择应使其在最大对地工作电压 U_{gmax} 下不发生电晕。

需要指出，与利用改进电极形状来改善电场分布相类似，还可利用空间电荷来改善电场分布。比如，导线—平板或导线—导线的电极布置方式，当导线直径减小到一定程度后，气隙的工频击穿电压反而会随导线直径的减小而提高，这种现象称为细线效应。其原因在于细线引起的电晕放电所形成了围绕细线的均匀空间电荷层，相当于扩大了细线的等值半径，改善了气隙中的电场分布。

3.5.2　采用绝缘屏障

由于气隙中的电场分布和气体放电的发展过程都与带电粒子在气隙中的产生、运动和分布情况密切相关，所以在气隙中放置形状适当、位置合适、能有效阻拦带电粒子运动的绝缘屏障能有效地提高气隙的击穿电压。比如，在棒—板气隙中放置一块与电力线相垂直的薄片固体绝缘材料，如图 3-17 所示，则棒电极附近由电晕放电产生的与棒电极同号的空间电荷，在向板极方向运动中会被放置的屏障所阻拦，而聚积在薄片固体绝缘材料的左侧上面，并由于同性电荷之间的相斥力，使其比较均匀地分布在屏障上。显然，这些空间电荷削弱了棒极与屏障间的电场，提高了其抗电强度，这时虽然屏障与板极之间的电场强度增大了，但其间的电场已变得接近于两平行板间的均匀电场，因此也提高了其抗电强度，从而使整个气隙的击穿电压得到提高。

带有绝缘屏障的气隙击穿电压与屏障的位置有很大关系，如图 3-18 所示。对棒—板间隙，屏障与棒极距离等于气隙距离的 1/5～1/6 时击穿电压提高得最多。当棒极为正时可达无屏障时的 2～3 倍，但棒极为负时只能略微提高气隙的击穿电压（约为 20%）。而且棒极为负时屏障远离棒极，击穿电压反而会比无屏障时还要低。这主要是由于聚集在屏障上的负电荷，一方面使部分电场变得均匀，另一方面聚集的负电荷所形成的空间电荷又有加强与板极间电场的作用，而当屏障离棒极较远时，后一种作用占优势的缘故。在工频电压下，因为击穿总是发生在棒极为正的半周期内，所以设置屏障后击穿电压的提高同直流下正棒极时一样。在雷电冲击电压下，由于屏障上来不及聚积起显著的空间电荷，因此屏障的作用要小一些。

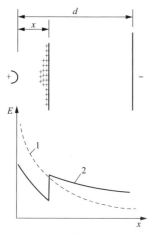

图 3-17　在正棒—负板气隙中
设置屏障前后的电场分布
1—无屏障；2—有屏障

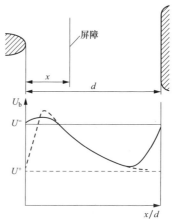

图 3-18　屏障位置对棒—板气隙直流击穿电压的影响
虚线—棒极为正极性；实线—棒为负极性；
U^+、U^-—无屏障时击穿电压

在棒—棒间隙中，因为两个电极都将发生电晕放电，所以应在两个电极附近设置屏障，也可以获得提高击穿电压的效果。显然，屏障在均匀或稍不均匀电场的场合就难以发挥作用了。

3.5.3　采用高气压

由巴申定律可知，提高气体压力可以提高气隙的击穿电压。因为气压提高后气体的密度增大，减少了电子的平均自由行程，从而削弱了电离过程。比如早期的压缩空气断路器就是利用加压后的压缩空气作内部绝缘的，在高压标准电容器中也有采用加压后的空气或氮气作绝缘介质的，在 SF_6 电气设备中则是用加压后的 SF_6 气体作绝缘介质。图 3-19 为不同绝缘介质的绝缘强度比较。由图可见，2.8MPa（1 个标准气压为 0.1MPa）的压缩空气已具有很高的耐电强度，但采用这样高的气压会对电气设备外壳的密封性和机械强度提出很高的要求。如果采用高耐电强度的 SF_6 气体来代替空气，要达到同样的电气强度，则只需采用 0.7MPa 左右的气压就够了。

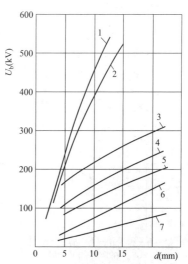

图 3-19　不同绝缘介质的绝缘强度比较
1—2.8MPa 空气；2—0.7MPa SF_6；3—真空；
4—变压器油；5—电瓷；6—0.1MPa SF_6；
7—0.1MPa 空气

3.5.4　采用高耐电强度的气体

在气体电介质中，有一些含卤族元素的强电负性气体，如六氟化硫（SF_6）、氟利昂（CCl_2F_2）等，因其具有强烈的电子吸附效应，在相同的压力下具有比空气高得多的耐电强度，为此被称为高耐电强度的气体。显然，采用这些高耐电强度的气体来替代空气，可以大大提高气体间隙的击穿电压。

3.5.5　采用高真空

依据巴申曲线，采用高度真空可以大大减弱间隙中的碰撞电离过程，而显著地提高间隙的击穿电压。真空间隙的击穿电压大致与间隙距离的平方根成正比。真空间隙的击穿电压与电极材料、表面光洁度和纯净度等多种因素有关，因而分散性较大。真空不但绝缘性能较好，而且具有良好的灭弧能力，因此在配电型真空断路器中得到了广泛的应用。

3.6　SF_6 气体特性

SF_6 气体的电气强度约为空气的 2.5 倍，以高耐电强度气体而著称，目前它是除空气以外应用得最为广泛的气体介质。目前，SF_6 气体已不仅应用于一些单一的电气设备（如 SF_6 断路器、变压器、避雷器等）中，而且被广泛应用于全封闭组合电器（Gas Insulated Switchgear，GIS）或气体绝缘变电站（Gas Insulated Substation，GIS）中。

3.6.1　SF_6 气体的理化特性

气体作为绝缘介质应用于工程实际，不但要求具有比较高的耐电强度，而且还要求具备良好的理化特性。SF_6 气体之所以被广泛应用于电气设备的绝缘，这与其良好的理化特性分不开。

SF_6 气体是一种人工合成、无色、无味、无臭、无毒、不燃的气体，其分子结构简单和对称，化学稳定性高，在不太高的温度下，接近惰性气体的稳定性。在 500K 温度的持续作用下，一般不会分解，也不会与其他材料发生化学反应。只有在电弧或局部放电的高温作用下，SF_6 气体才会产生热离解或碰撞分离，生成低氟化物，同时低氟化物会与杂质气体中的氧气作用生成含氧化合物，有的分解物有毒。通常采用活性氧化铝和分子筛等吸附剂，以吸附其分解物及水分。当气体中含有水分时，出现的低氟化物还会与水反应生成腐蚀性很强的氢氟酸或硫酸等，对其他绝缘材料或金属材料造成腐蚀，使沿面闪络电压大大降低，对局部放电水平也有影响，这是应该引起注意的问题。为此，应严格控制 SF_6 气体中所含的水分和杂质气体。国标规定，设备中 SF_6 气体的水分容许含量（体积比）的交接验收值在有电弧分解物的隔室为 150×10^{-6}，无电弧分解物的隔室为 500×10^{-6}。此外，SF_6 的分子量为 146，密度大（为空气的 5 倍），属重气体。在通常使用条件（$-40℃ \leqslant \theta \leqslant 80℃$，$p < 0.6MPa$）下，主要呈现为气体。比如，在 20℃，充气压力为 0.75MPa（相当于断路器中常用的工作压力），所对应的液化温度为 $-25℃$，如果 20℃时的充气压力为 0.45MPa，则对应的液化温度为 $-40℃$，所以一般不存在液化问题。只有在高寒地区才需要

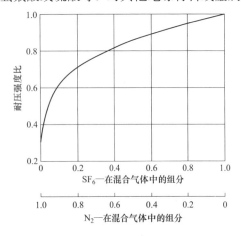

图 3-20　SF_6-N_2 混合气体的相对耐电强度

考虑采取加热措施来防止其液化，或采用 SF_6-N_2 混合气体（通常混合气体的体积比为 1：1 左右）降低液化温度，这样还会使气体的费用大约减少 40%，具有显著的经济效益和工程实用意义。SF_6-N_2 混合气体的相对耐电强度（以纯 SF_6 气体的耐电强度为基准）如图 3-20 所示。

3.6.2 SF_6 气体的绝缘特性

虽然 SF_6 气体的电气强度比空气高得多，但是电场的不均匀程度对 SF_6 电气强度的影响却远比空气为大。因此，SF_6 优异的绝缘性能只有在比较均匀的电场中才能得到充分的发挥。

1. 均匀电场中 SF_6 气体的击穿

均匀电场中，SF_6 气体的击穿特性同样遵从巴申定律，只是由于其强烈的吸附效应，在碰撞电离过程中，使碰撞电离系数 α 大打折扣，折扣率用电子附着系数 η 来表示。η 表示一个电子沿电场方向运动单位距离的行程中所发生的电子附着次数的平均值。如此考虑，在电负性气体中的有效碰撞电离系数 $\bar{\alpha}$ 应为

$$\bar{\alpha} = \alpha - \eta \tag{3-13}$$

对于 SF_6 气体，其击穿电压的经验计算公式为

$$U_b = 88.5pd + 0.38(kV) \tag{3-14}$$

式中：p 为气压，MPa；d 为极间距离，mm。

由式（3-14）计算可得，SF_6 气体在一个大气压（0.1MPa）下的击穿场强 $E_b \approx 88.5kV/cm$，几乎是空气的 3 倍。

2. 极不均匀电场中 SF_6 气体的击穿

对一般气体，电场越不均匀，提高气压对提高气隙击穿电压的作用越小，对 SF_6 气体更是如此，并且在一定的气压范围里，气隙的击穿电压与气压的关系存在异常的低谷。同时，在 0.1～0.2MPa 的区段内还存在雷电冲击击穿电压明显低于静态击穿电压的异常现象，其冲击系数低至 0.6，如图 3-21 所示。这种异常现象与空间电荷的运动状态有关。因此，在进行充有 SF_6 气体的绝缘结构设计时应尽可能避免极不均匀电场的情况。

此外，SF_6 气隙的极性效应与空气间隙相同，即曲率半径小的电极为负极性时其起晕电压低于正极性，而气隙的击穿电压高于正极性。

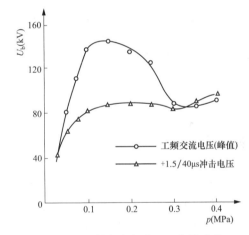

图 3-21　不均匀电场中 SF_6 气隙击穿
电压与气压的关系

（针—球气隙，针尖曲率半径为 1mm，球直径为 100mm）

与空气间隙相比，SF_6 气隙的伏秒特性在短时（$t<5\mu s$）范围内上翘较少。所以，用避雷器来保护具有 SF_6 气体绝缘的设备时，应特别注意在上述短时范围内的保护配合。

总之，电场不均匀对 SF_6 气体的绝缘特性是极为不利的。因此，要求 SF_6 气体绝缘的电气设备，其电场设计应尽可能均匀，对电极的要求较高，要做到表面光滑，没有缺陷。

3. 全封闭组合电器（GIS）

全封闭组合电器（Gas Insulated Switchgear，GIS）是由断路器、隔离开关、接地开关、互感器、避雷器、母线、连线和出线终端等组合而成，全部封闭在充有一定压力的 SF_6 气体

的金属外壳中，构成封闭式组合电器，组成一个气体绝缘变电站。与传统的敞开式变电站相比，GIS 具有下列突出优点：

（1）大大节省占地面积，额定电压越高，节省越多。例如，110kV 电压等级，GIS 占地仅为敞开式的 1/10，500kV 的 GIS 占地则为敞开式的 1/50。如果以变电站所占空间的大小来比较，GIS 所占空间更小。因此，GIS 特别适用于深山峡谷中的水电站、地下变电站及城市中心变电站等。

（2）由于 GIS 的全部电气设备都密封在接地金属外壳中，不受恶劣的大气条件的影响，所以运行安全可靠，且占用空间小、噪声小、无电磁辐射，有利于环境保护。

（3）安装成套性好，维护工作量小。

鉴于上述优点，GIS 已在世界各国得到广泛应用，我国已有 110～1000kV 电压等级的 GIS 在电网中运行。但对于 GIS 的绝缘检测，由于其封闭性而显得更为困难和重要。

尚需指出，由于 SF_6 气体的温室效应非常严重，其全球温暖化潜能值（GWP）是 CO_2 的 23900 倍，1997 年的《京都议定书》将 SF_6 气体列为全球限制使用的六种气体之一。因此，近几十年来，研究者在积极寻求 SF_6 的替代气体，一类为 SF_6 混合气体替代，通过添加其他环保气体（如 SF_6/N_2、SF_6/CO_2、$SF_6/$空气、$SF_6/$氟碳气体等）并提升气体压强，从而满足绝缘要求，达到减少 SF_6 气体用量的目的。另一类为 SF_6 气体完全替代，即新型绝缘介质及其混合气体，如 C_3F_8、$c\text{-}C_4F_8$、CF_3I、C_4F_7N 和 $C_5F_{10}O$ 等。虽然目前科研人员已经测试了上千种气体，但都在绝缘性能或理化性能等方面还远不如 SF_6 气体，满足不了电力行业的要求，至今尚无一种气体配方可以完全与 SF_6 媲美。因此，在相当长的一段时间内，SF_6 还将作为主流的气体绝缘介质在电力领域得到使用，寻求完全替代 SF_6 气体绝缘的研究工作仍然是电力行业关注的热点。

3.7 电 晕 放 电

电晕放电是极不均匀电场中特有的一种气体自持放电形式。它与其他形式的放电的区别，主要在于电晕放电电流并不是取决于电源电路中的阻抗，而是取决于电极外气体空间的电导。因此，电晕放电取决于外加电压、电极形状、极间距离、气体的性质和密度等。

电晕放电对超高压和特高压输电线路具有特殊的重要性，与这些线路的导线选择、电能平衡和环境保护等均有密切的关系。

3.7.1 电晕放电的基本特性

电晕放电主要是指电气设备高电压端外绝缘稳定的局部放电，且有明显的极性效应。以棒—板间隙为例，当棒电极为负极性时，电压升到一定值，电晕平均电流接近微安级时，开始出现有规则的重复电流脉冲。电压继续升高时，电流脉冲幅值基本不变，但频率增高，重复脉冲的频率最高可达 MHz。电压继续升高到一定值时，电晕电流则会失去有规则高频脉冲的性质而转变成持续电流。电压再进一步升高，就会出现电流幅值大得多的刷状放电。刷状放电是一种比电晕更为强烈的局部放电，往往出现刷状放电后，电压再升高气隙会很快击穿。

当棒电极为正极性时，电晕电流也具有重复脉冲的性质，但没有整齐的规则。当电压继续升高，电流的脉冲特性变得越来越不显著，以至基本上转为持续电流。电压再继续升高，就会出现幅值大得多的不规则的刷状放电。

不同极性的电晕放电电流波形示于图 3-22 和图 3-23。电晕放电具有下列几种效应：

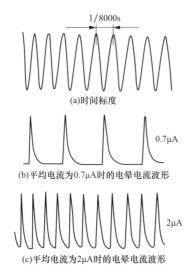

图 3-22　棒极为负时的电晕电流波形

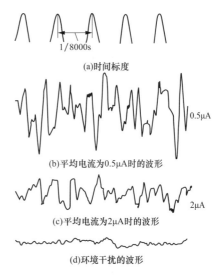

图 3-23　棒极为正时的电晕电流波形

（1）具有声、光、热等效应。放电的"咝咝"声造成可闻的环境噪声，同时有紫蓝色的光晕，引起发热并使周围的气体温度升高，造成能量损耗。

（2）在尖端或电极的某些凸起处，电子和离子在局部强场的驱动下高速运动并与气体分子交换动量，形成所谓的"电风"，引起电极或导线的振动。

（3）电晕产生的高频脉冲电流会造成对无线电的干扰。

（4）在空气中产生臭氧 O_3 及 NO 或 NO_2，在其他气体中也会产生许多化学反应。O_3 是强氧化剂，对金属及有机绝缘物有强烈的氧化作用。NO 或 NO_2 会与空气中的水分合成硝酸类，具有强烈的腐蚀性。所以，电晕是促使有机绝缘老化的重要因素之一。

（5）上述电晕的某些效应也有可利用的一面。比如电晕造成的损耗可削弱输电线上的雷电冲击电压波的幅值和陡度；电晕放电还可改善电场的分布；也可利用电晕制造除尘器、消毒柜和对废气、废水进行处理及对水果、蔬菜进行保鲜等。

需要指出，我国超特高压输电线路的设计和运行经验表明，可闻环境噪声已成为超特高压输电线路的一个重要控制因素；而对于无线电干扰也是超特高压输电线路需要控制的重要指标，具体可参见 GB/T 15707—2017《高压交流架空输电线路无线电干扰限值》。

3.7.2　输电线上的电晕放电

对于半径为 r、离地高度为 h 的单根导线，导线表面的电场强度 E 与导线对地电压 U 的关系式为

$$E = \frac{U}{r\ln\dfrac{2h}{r}} \tag{3-15}$$

当平行导线间的距离 D 远大于导线半径 r 时，线间电压为 U，可求得导线表面的电场强度 E 为

$$E = \frac{U}{r\ln\dfrac{D}{r}} \tag{3-16}$$

导线表面起晕场强 E_c 可按下述经验公式（皮克公式）进行近似计算，即

$$E_c = 30\delta m_1 m_2 \left(1 + \frac{0.3}{\sqrt{r\delta}}\right) \tag{3-17}$$

式中：E_c 单位为 kV（峰值）/cm；r 为起晕导线的半径，cm；δ 为空气的相对密度；m_1 为导线表面光洁度（光滑导线 $m_1 \approx 1$，绞线 $m_1 \approx 0.8 \sim 0.9$）；m_2 为气象系数（根据不同气象情况，在 $0.8 \sim 1.0$ 范围内）。

若三相导线对称排列，则导线的起晕临界电压 U_c（对地）有效值为

$$U_c = 21.4\delta m_1 m_2 \left(1 + \frac{0.3}{\sqrt{r\delta}}\right) r \ln \frac{D}{r} \tag{3-18}$$

式中：U_c 单位为 kV；D 为线间距离，cm；δ 为导线半径，cm。

导线水平排列时，式（3-18）中的 D 应以 D_m 代替，D_m 为三相导线的几何平均距离，即

$$D_m = \sqrt[3]{D_{ab} D_{bc} D_{ca}} \tag{3-19}$$

式中：D_{ab}、D_{bc}、D_{ca} 分别为 A-B、B-C、C-A 相间的距离。

输电线上电晕损耗功率的经验公式为

$$P = \frac{241}{\delta}(f + 25)\sqrt{\frac{r}{D_m}}(U - U_0)^2 \times 10^{-5} \tag{3-20}$$

式中：P 单位为 kW/km；f 为电源频率，Hz；U 和 U_0 为相电压有效值，此处 U_0 仅为一具有计算意义的电压值，约为 70kV。

实验表明，式（3-20）只适用于 220kV 及以下线路电晕损耗较大的情况，而不适用于较好的天气情况和光滑导线以及超高压大直径导线的情况。

研究表明，对于 $500 \sim 750$kV 超高压输电线路，在晴好天气时的电晕损耗一般不超过几个 kW/km，而在雨天时可高达 100kW/km 以上。

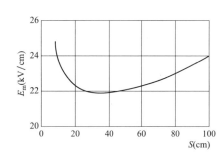

图 3-24　500kV 线路三分裂导线的最大
场强与分裂间距的关系

从式（3-16）可以看出，要降低导线表面场强可用两种办法：①增大线间距离 D；②增大导线半径 r。增大 r 的通用办法是采用分裂导线。分裂导线在保持同样截面的条件下，导线表面积比单导线时增大，但导线的电容及电荷都增加得很少，这就使导线表面场强得以降低。图 3-24 给出了 500kV 线路的三分裂导线表面最大场强 E_m 与分裂间距 S 的关系。同时，通过对分裂导线的合理布置，还可以有效地改善线路参数，增大线路电容，减小线路电感，实现阻抗匹配，达到提高线路输送功率的目的，这就是现代紧凑型输电线路的基本原理。

我国有关规程规定，在海拔不超过 1000m 的地区，如导线直径不小于表 3-3 所列的数值，一般不必验算电晕。此时，导线表面工作场强已低于电晕起始场强。

表 3-3   **不必验算电晕的导线最小直径（海拔不超过 1000m）**

额定电压（kV）	60 以下	110	154	200	330	
导线外直径（mm）	—	9.6	13.7	21.3	33.2	2×21.3

3.8　沿面放电与污秽闪络

3.8.1　沿面放电基本特性

沿面放电是指沿着固体绝缘表面的放电。在固体介质和空气的交界面上产生的沿面放电，一旦发展到使整个极间沿面击穿时，称为沿面闪络。沿面闪络电压不仅比固体介质本身的击穿电压低很多，而且比纯空气间隙的击穿电压也低得多，并受绝缘表面状态、电极形式、污染程度以及气候条件等因素影响较大。电力系统中外绝缘事故多半是由沿面放电所造成。由此可见，固体绝缘实际耐受电压的能力并非取决于固体介质本身的击穿电压，而是取决于它的沿面闪络电压，所以后者在确定输电线路和变电站外绝缘的绝缘水平时起着决定性的作用。

1. 均匀电场中的沿面放电

如在均匀电场中放置圆柱形的固体介质，使柱面完全与电场中的电力线平行，这时从宏观上看，固体圆柱的存在，似乎并不影响极间气隙的电场，气隙的击穿电压应保持不变。然而，此时气隙的击穿总是以沿着固体介质表面闪络的形式完成，并且沿面闪络电压总是显著地低于纯气隙的击穿电压。其主要原因是：

（1）固体介质表面不可能绝对光滑，其微观上的凹凸不平造成介质表面电场不均匀，表面凸起部分的电场强度比其他部分大。

（2）固体介质表面会或多或少地吸收一些空气中的水分，水分中的离子在电场作用下向两极移动引起介质表面电场的畸变，或者由于固体介质表面电阻的不均匀造成电场分布变形。

（3）固体介质与电极的接触如不十分紧密，存在有极小的气隙，其中的电场强度将会大很多，造成局部放电引起电离，电离产生的带电粒子迁移到固体介质表面后，使介质表面的电场发生畸变。

2. 不均匀电场中的沿面放电

不均匀电场中的沿面放电有两种情况。一种是电场强度的方向大体上平行于固体电介质的表面，即介质表面电场的切线分量 E_t 远大于法线分量 E_n，如图 3-25（a）所示的支柱绝缘子。这种情况的沿面放电与均匀电场中的沿面放电大体相似，只是由于电场本身已经是不均匀的了，所以任何其他使电场不均匀性增大的因素，对击穿电压的影响都不会像在均匀电场中那样显著，其沿面闪络电压较之均匀电场明显降低。为了提高沿面闪络电压，可适当改变电极的形状，如采用屏蔽电极。另一种是电介质表面的场强具有较大的垂直于固体电介质表面的法线分量，如图 3-25（b）所示的高压套管。下面分析高压套管沿面放电的规律。

由于套管法兰附近的电力线最密、电场最强，所以当所加电压还不太高时，此处可能首先出现电晕放电，如图 3-26（a）所示。随着外加电压的升高，放电逐渐变成由许多平行的火花细线组成的光带，称为刷状放电，如图 3-26（b）所示，这时放电通道中的电流密度还不大，仍属于辉光放电。当电压超过某一临界值后，放电的性质发生变化，个别火花细线则会突然迅速伸长，转变为分叉的树枝状明亮火花通道在不同位置上交替出现，称为滑闪放电，它是高压套管沿面放电的一种特有放电形式，如图 3-26（c）所示。滑闪放电通道中的电流密度较大，这时电压的微小升高就会导致放电火花伸长到另一电极，造成套管的沿面闪络。

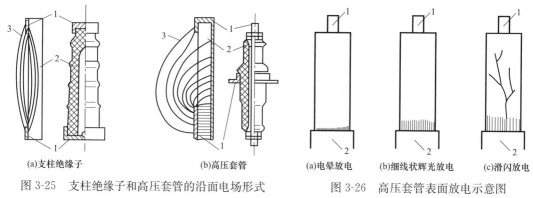

图 3-25　支柱绝缘子和高压套管的沿面电场形式
1—电极；2—固体介质；3—电力线

图 3-26　高压套管表面放电示意图
1—导电杆；2—法兰

上述现象可以用图 3-27 所示的等效电路加以解释。图 3-27（b）中，r 表示固体介质单位面积的表面电阻，而 C_0 则表示介质表面单位面积对导电杆的电容。

图 3-28 表示按图 3-27 所示等效电路计算的沿介质表面的电压分布。在工频交流电压作用下，导电杆与法兰两电极之间流过的主要是电容电流，沿着套管表面经过 r 的电流使套管表面的电压分布不均匀。由于靠近法兰 F 处沿介质表面的电流密度最大，在该处介质表面电阻 r 上所形成的电位梯度也最大，如图 3-28 所示。当这个电位梯度大到足以造成气体电离的数值时，该段固体介质表面的气体即发生电离，产生大量的带电粒子，它们在很强的电场垂直分量的作用下，将紧贴固体介质表面运动，从而使某些地方发生局部温度升高。当局部温升引起气体分子的热电离时，火花通道内的带电粒子剧增，电阻骤减，火花通道头部的电场强度变大，火花通道迅速向前延伸，即形成所谓滑闪放电。所以，滑闪放电是以气体分子的热电离为特征，只发生在具有强垂直分量的极不均匀电场的情况下。

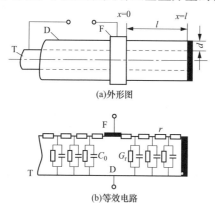

图 3-27　高压实心套管的外形图等效电路

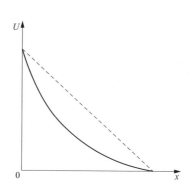

图 3-28　介质表面的电压分布
（虚线为 $r \to 0$ 时或 $C_0 \to 0$ 时的电压分布）

由滑闪放电引起的套管闪络电压 U_f 的估算经验公式为

$$U_f = kl^{0.2} \left(\frac{d}{\varepsilon_r}\right)^{0.4} \tag{3-21}$$

式中：l 为极间沿固体介质表面的距离，m；d 为介质厚度，m；ε_r 为介质的相对介电常数；k 为由实验确定的系数。

由式（3-21）可知，增加套管的长度对提高闪络电压的作用很小。这是因为套管长度增加时，通过固体介质体积内的电容电流和漏导电流将随之有很快的增加，使沿面电压分布的不均匀性进一步增强。而增大套管在法兰附近的直径，可以有效地减小芯线与表面间的电容，从而提高套管的闪络电压，这就是高压套管大多采用能有效调节径向和轴向电场分布的电容式结构的原因所在。

固体介质的表面电阻（特别是靠近法兰 F 处）的适当减小（如涂半导体漆或半导体釉），可使沿面的最大电位梯度降低，以防止滑闪放电的出现，从而使沿面闪络电压得到提高。为了防止套管导电杆与瓷套内表面之间存在的气隙在强电场下的电离，一般应在瓷套的内壁上喷铝，以消除气隙两侧的电位差，从而防止气隙中出现放电现象。

不同固体介质的沿面闪络电压也不同，如图 3-29 所示，这主要取决于固体介质的亲水性或憎水性。

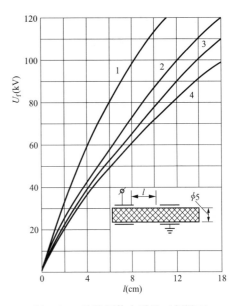

图 3-29　几种固体介质的工频沿面
闪络电压（峰值）
1—空气间隙；2—石蜡；3—胶木纸筒；4—瓷和玻璃

3.8.2　悬式绝缘子串的电压分布及闪络特性

我国 35kV 及以上的高压线路大多使用由盘形悬式绝缘子组成的绝缘子串作为线路绝缘。绝缘子串中绝缘子片数的多少决定线路的绝缘水平。一般 35kV 线路用 3 片，110kV 用 7 片，220kV 用 13 片，330kV 用 19 片，500kV 用 28 片，用于耐张杆塔时通常增加 1~2 片。在机械负荷很大的场合，可用几串同型号和长度的绝缘子串并联使用。

1. 电压分布

悬式绝缘子串在线路上工作时，由于其金属部分与接地铁塔或带电导线间存在电容，使绝缘子上的电压分布不均匀。为了说明这个问题，可以利用图 3-30 的等效电路。图中 C 为每片绝缘子自身的电容，为 50~75pF；C_E 为每片绝缘子的对地（铁塔）电容，为 3~5pF；C_L 为每片绝缘子对导线的电容，单导线时为 0.3~1.5pF，分裂导线时，C_L 增大；R 为每片绝缘子的绝缘电阻。在 50Hz 工频电压作用下，干燥绝缘子的绝缘电阻比其容抗约大一个数量级，故干燥时，R 的影响可以略去不计。

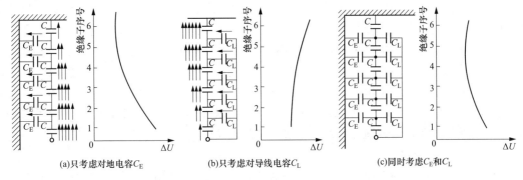

(a)只考虑对地电容C_E　　(b)只考虑对导线电容C_L　　(c)同时考虑C_E和C_L

图 3-30　悬式绝缘子串的等效电路及其电压分布曲线

如果只考虑 C_E 的存在，显然，由于 C_E 的分流，使靠近导线的绝缘子上承受的电压大于远离导线的绝缘子，如图 3-30（a）所示。如果只考虑 C_L 的存在，其作用正好相反，如图 3-30（b）所示。实际上二者同时存在，各绝缘子上承受的电压 ΔU 如图 3-30（c）所示。显而易见，在工频电压下悬式绝缘子串的电压分布是不均匀的。实际上由于 $C_E > C_L$，绝缘子串中靠近导线的绝缘子上的电压降最大。

随着线路电压的升高和每串绝缘子片数的增多，电压分布的不均匀系数 $K = \dfrac{\Delta U_{max}}{\Delta U_{min}}$ 将增大，这就使 ΔU_{max} 的绝对数值可能达到相当大。一般盘式绝缘子的起晕电压（有效值）为 $22 \sim 25\text{kV}$，一旦绝缘子承受的电压 ΔU 超过此值，就会发生电晕。电晕会使单片绝缘子的干闪络电压降低 25%～35%，湿闪络电压降低 40%～47%。所以，单片绝缘子上允许承受的最大电压主要由避免出现显著的电晕这一条件所决定。

为了改善绝缘子串的电压分布，通常可在绝缘子串连接导线的一端安装均压环，以加大绝缘子对导线侧的电容 C_L。可以想象，使 C_L 的值越接近 C_E 的值，电压分布将变得越均匀。通常对电压等级为 330kV 及以上的线路才考虑使用均压环。均压环对悬挂导线的金具还起到屏蔽作用，能有效地抑制这些连接金具处电晕的产生。

在工程实际中，类似于悬式绝缘子串电压分布不均匀的例子还很多。如变电站中的避雷器由多个元件组合而成，为了改善其电压分布常常也加装均压环。实测一支 3.3m 高的避雷器绝缘外套的闪络电压为 588kV，当顶端装上直径为 1.5m 的圆形均压环后闪络电压可提高到 834kV，增加约 42%，效果十分显著。工程中还有用加装适当的并联阻抗元件的方法强制均压，或用半导体材料来调整电压分布。

2. 闪络特性

绝缘子的电气性能通常用闪络电压来衡量。干闪电压是指表面清洁、干燥的绝缘子的闪络电压，它是反映户内绝缘子绝缘性能的重要参数。湿闪电压是指洁净的绝缘子在淋雨情况下的闪络电压。为了使试验结果能够进行比较，必须规定一定的淋雨条件。我国国家标准规定的淋雨条件为：平均淋雨率的垂直分量和水平分量均为 $1.0 \sim 1.5\text{mm/min}$，淋雨角为 $45°$，人工雨水的电阻率为 $100 \pm 15\Omega \cdot \text{m}$（$20℃$时）。

为了避免在淋雨情况下整个绝缘子表面都被雨水淋湿，设计时都将绝缘子的形状做成伞状；且为了增大沿面闪络距离，在其下表面做成几个凸起的棱。这样在淋雨时，只会在绝缘子串的上表面形成一层不均匀的导电水膜，而下表面仍保持干燥状态，绝大部分外加电压将由干燥的表面所承受，因此绝缘子的湿闪电压将显著地低于干闪电压。绝缘子伞裙突出主干直径的宽度与伞间距离之比通常为 $1:2$，即使伞裙宽度进一步增大，湿闪电压也不会有显著提高，因为这种情况下放电已离开瓷表面而在伞边缘的空气间隙中发生。

由于在淋雨状态下沿绝缘子串的电压分布（主要按电导分布）比较均匀，所以绝缘子串的湿闪电压基本上按绝缘子串的长度呈线性增加。此外，由于干燥情况下绝缘子串电压分布不均匀，绝缘子串的干闪电压梯度将随绝缘子串长度增加而下降。因此，随着绝缘子串长度的增加，其湿闪电压将会逐渐接近甚至超过其干闪电压。

3.8.3 污秽闪络的过程

户外绝缘子常会受到工业污秽或自然界的盐碱、粉尘及鸟粪的污染。在干燥情况下，这种污秽尘埃电阻一般都很大，对运行没有什么大的危害。但当大气湿度较高，尤其在毛毛雨、雾、露、雪等不利的天气条件下（大雨会冲洗掉积污），绝缘子表面污秽尘埃被湿润，表面电导剧增，使绝缘子在工频和操作冲击电压下的闪络电压大大降低，甚至可以在其工作电压下发生绝缘闪络，称为污秽闪络（简称污闪）。

污闪事故往往造成大面积停电，检修恢复时间长，严重影响电力系统的安全运行。污秽闪络过程与清洁表面的闪络过程有很大不同，下面以常用的悬式绝缘子为例予以分析。

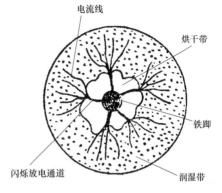

污秽绝缘子被湿润后，污秽层中的可溶性物质便溶解于水分中，成为电解质，在绝缘子表面形成一层薄薄的导电膜，使污层的表面电阻大大下降，绝缘子的泄漏电流剧增。如图 3-31 所示，在金属帽附近，因直径最小，电流密度最大，发热最甚，该处表面被逐渐烘干。由于烘干，使该区域的表面电阻率大增，迫使原来流经该区域表面的电流转移到与该区域相并联的两侧湿膜上，使流经这些湿膜的电流密度增大，加快了湿膜的烘干过程。如果继续发展下去，在铁帽周围便很快会形成一个环形烘干带。烘干带具有很大的电阻，使整个绝缘子上的电

图 3-31 悬式绝缘子湿污闪发展过程示意图

压几乎都集中到烘干带上，加上烘干带本身范围并不大，所以其电场强度可达到相当大的数值，以致引起表面的空气发生电离，在铁帽周围开始电晕放电或局部沿面放电。由于这种局部沿面放电具有不稳定且时断时续的性质，所以也称之为闪烁放电。于是，大部分泄漏电流经闪烁放电的通道流过，很容易使之形成局部电弧。随后局部电弧处及附近的湿污层被很快烘干，使得干区扩大，电弧被拉长。若此时电压尚不足以维持局部电弧的燃烧，局部电弧即熄灭。加之交流电流每一周波都有两次过零，更促使局部电弧呈现"熄灭—重燃"或"延伸—收缩"的交替变化现象。一圈烘干带意味着多条并联的放电路径，当一条电弧因拉长而熄灭时，又会在另一条距离较短的旁路上出现，所以就外观而言，好像电弧在绝缘子的表面上不断旋转，这样的过程在雾中可能持续几个小时，还不会造成整个绝缘子的沿面闪络。绝缘子表面这种不断延伸发展的局部电弧现象俗称爬电。一旦局部电弧达到某一临界长度时，电弧通道温度已很高，弧道的进一步伸长就不再需要更高的电压，而由热电离予以维持，直到延伸到贯通两极，完成污秽状态下的沿面闪络。

由此可见，在污秽闪络过程中，局部电弧不断延伸直至贯通两极所必需的外加电压值，只要能维持弧道就够了，而不必像干净表面的闪络需要很高的电场强度来使空气发生激烈的碰撞电离才能出现。这就是为什么有些已经通过干闪和湿闪试验，沿面放电电压梯度可达每米数百千伏的户外绝缘，一旦污秽受潮后，在工作电压梯度只有每米数十千伏的情况下却会发生污秽闪络的原因。

绝缘污秽度不仅与积污量有关，而且还与污秽的化学成分有关。通常采用"等值附盐密度"（简称等值盐密）来表征绝缘子表面的污秽度，它指的是每平方厘米表面上沉积的等效氯化钠（NaCl）毫克数。等值的方法是：除铁脚和铁帽的黏合水泥面上的污秽外，将所有表面上沉积的污秽收集起来，然后将其溶于 300ml 的蒸馏水中，测出在 20℃ 水温时的电导率；再在另一杯 20℃、300ml 的蒸馏水中加入 NaCl，直到其电导率等于污秽溶液的电导率时，所加入的 NaCl 毫克数，即为等值盐量，再除以绝缘子的表

面积即可得到等值盐密（mg/cm²）。我国国家标准（GB/T 26218—2010）将污区按照污秽严重程度分为 a、b、c、d、e 五个等级，各级对应的等值盐密范围列于表 3-4 中。

表 3-4　　　　　　　　　　　　　　五级污秽分级的各级等值盐密范围

污秽分级	a（很轻）	b（轻）	c（中等）	d（重）	e（很重）
等值盐密（mg/cm²）	<0.025	0.025～0.05	0.05～0.1	0.1～0.25	>0.25
统一爬电比距（mm/kV）	22.0	27.8	34.7	43.3	53.7

3.8.4　防止绝缘子污闪的措施

1. 增加爬电比距

污秽等级越重的地区，需配置的绝缘子串总爬电距离就越大。为了便于对不同参数的绝缘子进行选取，通常采用"统一爬电比距"这一参数。统一爬电比距为绝缘子串的爬电距离与绝缘子串承受的最高工作电压的均方根值之比，单位为 mm/kV。各级污区使用的陶瓷和玻璃绝缘子最小统一爬电比距列于表 3-4 中。"所谓爬电比距是指绝缘的"相对地"之间的爬电距离（cm）与系统最高工作（线）电压（kV，有效值）之比。

由于爬电比距值是以大量的实际运行经验为基础而规定出来的，所以一般只要遵循规定的爬电比距值来选择绝缘子串的总爬距和片数，即可保证必要的运行可靠性。

2. 选用新型的合成绝缘子

合成绝缘子出现于 20 世纪 60 年代末期，我国在 70 年代研制出 110kV 合成绝缘子，接着又研制成功 220kV 及 500kV 交、直流合成绝缘子。图 3-32 为合成绝缘子结构示意图。纵向玻璃钢芯是用玻璃纤维束沿其纵向经树脂浸渍后通过引拔模加热固化而成，具有很高的抗拉、抗磨强度。其伞裙和护套是由硅橡胶材料一次注塑而成，具有很高的电气强度、很强的憎水性和很好的耐电弧性能。由于其憎水性极强，所以其耐污性能极好，已成为抗污秽绝缘子的首选产品。此外，合成绝缘子的质量仅为同等级瓷绝缘子的 1/10，所以又称为轻型绝缘子。目前合成绝缘子已得到了广泛的应用。

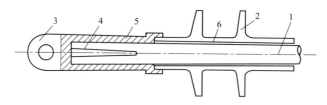

图 3-32　棒型合成绝缘子的结构示意图
1—芯棒；2—护套；3—金属附件；4—楔子；5—黏接剂；6—填充层

3. 清洗

定期对绝缘子进行清扫，或采取带电水冲洗的方法清洗。

4. 涂覆防污涂料

在绝缘子表面涂憎水性的防污涂料，如有机硅脂、地蜡涂料和室温硫化硅橡胶等，使绝缘子表面不易形成连续的水膜。

5. 采用半导体釉绝缘子

半导体釉层的表面电阻率为 $10^6 \sim 10^8 \Omega \cdot m$，在运行中因通过电流而发热，使表面保持干燥，同时使表面电压分布较为均匀，从而能保持较高的闪络电压。

6. 增大爬电距离

加强绝缘（如增加绝缘子片数）或使用大爬电距离的所谓防污绝缘子。在增加绝缘子片数时会增加整个绝缘子串长度，从而减小了风偏时的空气间距，为此可采用 V 形串来固定导线。

小　结

（1）气体介质的击穿特性不仅与电场形式有关，而且与所加电压的类型有关。均匀电场气隙的击穿电压高于不均匀电场中相同气隙的击穿电压。气隙的冲击击穿电压高于其静态击穿电压。

（2）均匀电场中气隙的击穿电压稳定，既不存在极性效应，又不存在电晕现象。球间隙当满足 $\dfrac{d}{D} \leqslant 0.5$ 时，可视为稍不均匀电场，其击穿特性与均匀电场相似。极不均匀电场的棒—板间隙的击穿具有明显的极性效应。不均匀电场长间隙的击穿电压随间隙距离的增大存在"饱和"现象。

（3）标准雷电冲击电压的波形参数为 $T_1/T_2 = \pm 1.2/50\mu s$。

（4）雷电冲击电压下气隙的击穿特性与电压作用时间有关。气隙的冲击击穿电压通常用 $U_{50\%}$ 表示。描述气隙冲击击穿电压与击穿时间的关系通常用的是伏秒特性。均匀电场气隙的伏秒特性曲线比较平坦，而不均匀电场气隙的伏秒特性曲线比较陡峭。在绝缘配合中必须考虑保护设备与被保护设备之间伏秒特性的配合。

（5）操作冲击电压下气隙的击穿存在临界波头时间；极不均匀电场长间隙的操作冲击击穿特性具有显著的"饱和"效应。

（6）大气条件对气隙击穿电压的影响可以通过校正公式统一换算到标准大气条件下气隙的击穿电压来反映，以便对不同大气条件下气隙的击穿电压作出一致性评价。

（7）SF_6 气体以其具有强烈的吸附效应而成为高电气强度气体。SF_6 气体的优良绝缘性能只有在比较均匀的电场中才能得到充分发挥。SF_6 气隙的极性效应与空气相同。

（8）电晕放电是一种局部放电。减少输电线路电晕的有效途径是增大导线间距和增大导线半径，后者通常是通过采用分裂导线的方法来达到。

（9）固体介质的沿面闪络电压低于相同距离的气隙的击穿电压。高压套管的沿面闪络常常是由"滑闪放电"引起。防止滑闪放电的有效方法不是增加套管的长度，而是增大套管在法兰附近的直径。

（10）悬式绝缘子串由于杆塔及导线之间杂散电容的影响，使得在工频交流电压作用下沿绝缘子串的电压分布不均匀，呈 U 形分布曲线。靠近导线的绝缘子承受的电压最高。

（11）绝缘子的闪络电压区分为干闪电压、湿闪电压和污闪电压，通常 $U_干 > U_湿 > U_污$。

（12）污闪具有与干闪不同的过程和机理。污闪不仅与积污量有关，而且与污秽的化学成分及气候条件有关。

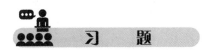 习　题

3-1　分析比较均匀电场和不均匀电场气隙的击穿特性有何不同？

3-2   为什么使用球隙时要规定 $d/D \leqslant 0.5$？为什么用球间隙测量工频交流电压时测出的是交流电压的峰值？

3-3   气隙在冲击电压下的击穿有何特点？其冲击电气强度通常如何表示？

3-4   均匀电场和不均匀电场气隙的伏秒特性曲线有何不同？为什么？

3-5   保护设备的伏秒特性与被保护设备的伏秒特性应如何配合才能达到可靠保护？

3-6   为什么在超高压输电系统中应按操作过电压的电气特性进行绝缘设计？

3-7   为什么要对气隙的击穿电压进行大气条件校正？

3-8   试述提高气隙击穿电压的方法。

3-9   高海拔地区的高压输电线路与平原相同电压等级的线路相比较，为什么前者的线间距离明显要大，且绝缘子串的片数也要多？

3-10   有一球隙在工频交流电压试验时的击穿电压有效值为 500kV，试验时的气压为 100kPa，气温 28℃，湿度为 $20g/cm^3$，计算该球隙在标准大气条件下的工频击穿电压应为多少？

3-11   为什么大气的湿度增大时，空气间隙的击穿电压会增高，而绝缘子的沿面闪络电压会下降？

3-12   简述污闪的发展过程及防污措施。

第4章　固体电介质和液体电介质的击穿特性

固体电介质和液体电介质的电气强度一般都比空气的电气强度高得多，其用作内绝缘可以大大减小电气设备的结构尺寸，因此被广泛用作电气设备的内绝缘和绝缘支撑等。最常见的固体电介质有绝缘纸、环氧树脂、玻璃纤维板、云母、电瓷、硅橡胶及塑料等，应用得最多的液体电介质是变压器油。固体电介质和液体电介质与气体电介质的电气特性有很大不同。首先固体及液体的有机介质在运行过程中会逐渐发生老化，从而影响绝缘的电气强度和寿命；其次固体电介质一旦发生击穿即对绝缘造成不可逆转的永久性破坏，故称其为非自恢复绝缘；固体电介质和液体电介质的击穿机理与气体电介质也不同。虽然目前人们对固体和液体电介质击穿过程的理解不如气体的那么清楚，但已经提出了几种不同的击穿机理。

4.1　固体电介质的击穿机理

在电场作用下，固体电介质的击穿可能会因电的作用、热的作用或电化学的作用所引起，因此击穿过程比较复杂。

4.1.1　电击穿

固体电介质的电击穿是指仅由于电场的作用而直接造成固体绝缘击穿的物理现象。

关于固体电介质电击穿的机理有种种理论和假设，归结起来即认为在强电场下固体电介质内部存在的少量带电粒子作剧烈的运动，与固体电介质晶格结点上的原子发生碰撞电离，形成电子崩，从而破坏了固体介质的晶格结构，使电导增大而导致击穿。

电击穿的主要特点是击穿电压与周围环境温度无关，与电压作用时间也关系不大，介质发热不显著；但电场的均匀程度对击穿电压影响很大。电击穿所需的场强比较高，一般可达 $10^5 \sim 10^6 \, \text{kV/m}$。当介质的电导很小，又有良好的散热条件以及介质内部不存在局部放电时，固体电介质所发生的击穿一般为电击穿。

4.1.2　热击穿

热击穿是由于电介质内部的热不稳定所造成的。当固体电介质较长时间地处在外电压作用下，由于介质内部的损耗而发热，致使温度升高，从而使介质的电导和 $\tan\delta$ 都增大，这反过来又使温度进一步升高。若到达某一温度后，发热量等于散热量，介质的温度则停止上升而处于热稳定状态，这时将不致引起绝缘强度的破坏。然而，这种热稳定状态不是在任何情况下都能建立的。如果散热条件不好，或电压达到某一临界值，使绝缘的发热量总是大于散热量，这时将会使介质的温度不断升高，直至介质分解、熔化、碳化或烧焦，造成热破坏而丧失其绝缘性能，这就是热击穿的过程。

在交流电压作用下，单位体积介质的功率损耗 P 随温度的升高增大，且关系式为

$$P = \omega C U^2 (\tan\delta_0) e^{a(t-t_0)} \tag{4-1}$$

式中：$\tan\delta_0$ 为温度 t_0 时的介质损耗角正切；t 为温度；a 为与介质有关的系数；C 为绝缘结

构的电容；U 为外加电压。

单位时间产生的热量 Q_1 与介质损耗功率 P 成正比，即

$$Q_1 = AU^2 e^{\alpha(t-t_0)} \tag{4-2}$$

即

$$Q_1 = \frac{AP}{\omega C(\tan\delta_0)} \tag{4-3}$$

式中：A 为比例常数。

假定产生的热量只能从电极两边散出，则单位时间内散出的热量 Q_2 为

$$Q_2 = \sigma(t - t_0)S \tag{4-4}$$

式中：σ 为散热系数；S 为散热面积。

Q_1 和 Q_2 与温度的关系可用图 4-1 来表示。由于固体电介质的 $\tan\delta$ 随温度按指数规律上升，故 Q_1 也随温度按指数规律上升（图 4-1 中曲线 1～3），Q_2 则与温度呈线性关系（见图 4-1 中曲线 4）。在不同的外加电压下，可画出不同的发热曲线 $Q_1(U_1)$、$Q_1(U_2)$、$Q_1(U_3)$，此处 $U_1 < U_2 < U_3$。显然，只有发热量和散热量处于热平衡状态时，即 $Q_1 = Q_2$，介质才会处于热稳定状态，具有某一稳定的工作温度，不会发生热击穿。

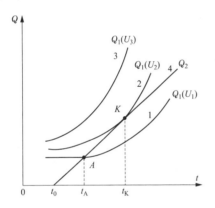

图 4-1　介质的发热和散热与温度的关系

由图 4-1 可见，当电压为较低值 U_1 时，相应的发热曲线 $Q_1(U_1)$ 与 Q_2 相交于 A 点，对应的温度为 t_A，A 点为稳定的工作点。一旦介质温度上升，$t > t_A$，则由于散热量大于发热量，将使温度下降到 t_A；$t < t_A$，则由于发热量大于散热量又会使温度再回升到 t_A，所以介质就有一个稳定的工作温度 t_A，不会引发热击穿。

当电压升高到 U_2 时，相应的发热曲线 $Q_1(U_2)$ 与 Q_2 相切于 K 点，对应于 K 点的温度为 t_K，K 点是不稳定的热平衡点，仅仅在 $t = t_K$ 时才达到热平衡。如果有偶然因素使介质温度略有升高，则由于 $Q_1 > Q_2$ 而使温度继续升高，直到发生热击穿。因此，可以将电压 U_2 看作是发生热击穿的临界电压值。这是因为当 $U > U_2$ 时，曲线 $Q_1(U_3)$ 不再与 Q_2 有交点，这时不论在什么温度下总是发热大于散热，使介质的温度不断上升，必然会造成热击穿。

热击穿的主要特点是击穿电压随环境温度的升高呈指数规律下降，击穿电压直接与介质的散热条件相关。由于厚度大的介质散热困难，所以热击穿电压并不随介质厚度成正比增加。热击穿需要热量的积累，而热量的积累需要时间，因此加压时间短时，热击穿电压将增高。此外，电压频率或介质的 $\tan\delta$ 增大，都会使介质发热量增大，导致热击穿电压下降。

4.1.3　电化学击穿

固体电介质在长期工作电压作用下，由于介质内部发生局部放电，产生活性气体 O_3、NO、NO_2，对介质产生氧化和腐蚀作用，同时产生热量引起局部发热，以及在局部放电过程中带电粒子的撞击作用，导致绝缘劣化或损伤，使其电气强度逐步下降并引起击穿的现象称为电化学击穿。电化学击穿是一个复杂而缓慢过程，在临近最终击穿阶段，可能因劣化处损耗增加，温度过高而以热击穿形式完成；也可能因介质劣化后电气强度下降，而以电击穿形式完成。

在电化学击穿中，还有一种树枝状或丛状放电的情况，这通常是发生在有机绝缘材料（如交联聚乙烯）的场合。当有机绝缘材料中因小曲率半径电极、微小空气隙、杂质等因素而出现高场强区时，往往在此处先发生局部的树枝状或丛状放电，并在有机固体介质上留下纤细的放电痕迹，这就是树枝状放电劣化。在交流电压下，树枝状放电劣化是局部放电产生的带电粒子冲撞固体介质引起电化学劣化的结果。在冲击电压下，则可能是局部电场强度超过了材料的电击穿场强所致。

4.2　影响固体电介质击穿电压的因素

影响固体电介质击穿电压的因素很多，下面仅对其主要影响因素作一些介绍。

4.2.1　电压作用时间

以常用的油浸电工纸板为例，如图 4-2 所示，以其 1min 工频击穿电压（峰值）为基准值（100%），纵坐标用标幺值表示。电击穿与热击穿的分界点时间在 $10^5 \sim 10^6 \mu s$ 之间，电压作用时间大于此值后的击穿为热击穿，小于此值的击穿则属于电击穿。由图可见，电压作用时间越长，击穿电压越低，1min 击穿电压与更长时间的击穿电压已相差不大。所以，通常可将 1min 工频试验电压作为基础来估计固体电介质在工频电压作用下长期工作时的热击穿电压。尚需指出，许多有机绝缘材料的短时间电气强度虽然很高，但由于它们耐局部放电的性能较差，以致其长时间电气强度较低，这一点必须予以重视。在那些不可能用油浸等方法来消除局部放电的绝缘结构中（如旋转电机），就必须采用云母等耐局部放电性能好的无机绝缘材料。

由图 4-2 还可以看出，在电击穿区域内，在较宽的时间范围内油浸电工纸板击穿电压与电压作用时间几乎无关，只有在时间小于微秒级时击穿电压才随电压作用时间减小而升高，这一点与气体放电的伏秒特性很相似。其雷电冲击击穿电压约为工频击穿电压的 3 倍。

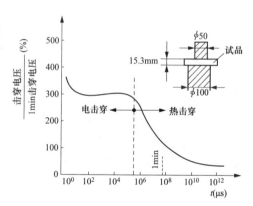

图 4-2　油浸电工纸板击穿电压与电压作用时间的关系（25℃时）

4.2.2　电场均匀程度

均匀、致密的固体介质如处于均匀电场中，其击穿电压往往比较高，且击穿电压随介质厚度的增加近似地呈线性增加。若在不均匀电场中，则击穿电压较均匀电场中降低，且随着介质厚度的增加使电场更不均匀，击穿电压也不再随介质厚度的增加而线性增加。当介质厚度的增加使散热困难时，又会促使发生热击穿，这时靠增加介质厚度来提高击穿电压就没有多大的意义。

4.2.3　温度

固体介质电击穿的场强很高，而与温度几乎无关，但其热击穿电压则随温度的升高而降低。由于环境温度高不利于固体介质的散热，会使热击穿电压下降。所以，用固体介质作绝缘材料的电气设备，如果某处局部温度过高，在工作电压下就会有热击穿的危险。为了降低绝缘的温度，常采取一些散热措施，如加强风冷、油冷及加装散热器等。

4.2.4　受潮

固体介质受潮会使击穿电压大大降低，其降低程度与介质的性质有关。对于不易吸潮的材料，如聚乙烯、聚四氟乙烯等中性介质，受潮后击穿电压仅降低一半左右；对于易吸潮的材料，如棉纱、纸等纤维材料，吸潮后的击穿电压可能只有干燥时的百分之几或更低，这是因为电导率和介质损耗均大大增加的缘故。所以高压绝缘结构不但在制造时要注意除去水分，在运行中也要注意防潮，并定期检查受潮情况，一旦受潮必须进行干燥处理。

4.2.5　累积效应

固体介质在不均匀电场中，或者在雷电冲击电压下，其内部可能出现局部放电或者损伤，但并未形成贯穿性的击穿通道，但在多次冲击或工频试验电压作用下，这种局部放电或者伤痕会逐步扩大，这称为累积效应。显然，由于累积效应会使固体介质的绝缘性能劣化，导致击穿电压下降。因此，在确定电气设备试验电压和试验次数时应充分考虑固体介质的这种累积效应，在设计固体绝缘结构时亦应保证一定的绝缘裕度。

4.3　固体电介质的老化

电介质在电场的长时间作用下，会逐渐发生某些物理化学变化，从而使介质的物理、化学性能产生不可逆转的劣化，导致电介质的电气及机械强度下降，介质损耗及电导增大等，这一现象称为绝缘的老化。

引起绝缘老化的原因很多，主要有热的作用、电的作用、机械力的作用以及周围环境因素的影响，如受潮、氧、臭氧、氮氧化物、各种射线以及微生物的作用等。各种不同的因素除了本身能对绝缘产生老化作用外，还常常互相影响，加速老化过程。尽管老化过程是一个非常复杂的物理化学变化过程，但从老化的特征上可将其大体划分为电老化和热老化两大类型。

4.3.1　固体介质的电老化

电老化主要是由于电场的作用所产生。根据电老化的性质不同，又可分为电离性老化、电导性老化和电解性老化。

1. 电离性老化

电离性老化主要指绝缘内部存在的气隙或气泡在较强电场下发生电离而产生局部放电所引起的绝缘老化。

局部放电引起绝缘老化的机理被认为是：带电粒子对介质的撞击可使有机介质主链断裂，使高分子解聚或部分变成低分子；局部放电引起局部过热，高温使绝缘材料产生化学分解；局部放电产生的活性气体 O_3、NO、NO_2 对介质的氧化和腐蚀，以及由局部放电产生的紫外线或 X 射线使介质分解和解聚；随后放电道通沿电场方向逐渐向绝缘深处发展，在某些高分子有机绝缘中常发展成树枝状，称为"电树枝"。电树枝的不断发展最终将导致绝缘击穿。因此，许多高压电气设备都将局部放电水平作为检验其绝缘质量的重要指标。

绝缘中气隙或气泡引起局部放电的机理可以这样来解释：当固体介质内部含有气隙时，气隙及与其相串联的固体介质中的场强分布是与它们的介电常数成反比。气体介质的介电常数比固体介质的介电常数小得多，因此气隙中的电场强度要比固体介质中的电场强度高得多，而气体的电气强度又较固体介质低，所以当外加电压还远小于固体介质的击穿电压时，气隙中的气体就首先发生电离而产生局部放电。

下面对局部放电的发展过程作简单分析。

固体介质内部有单个小气隙时的等效电路如图 4-3 所示。图中，C_g 为气隙的电容，C_b 是与气隙串联的固体介质的电容，C_a 是固体介质其余完好部分的电容，Z 为气隙放电脉冲的电源阻抗。一般情况下气隙较小，所以 $C_b \ll C_g$，且 $C_b \ll C_a$。

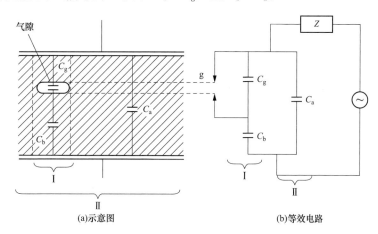

图 4-3　固体介质发生局部放电示意图及其等效电路图

将瞬时值为 u 的交流电压施加在固体介质时，C_g 上分得的电压为

$$u_g = u \frac{C_b}{C_b + C_g} \tag{4-5}$$

当 u_g 随 u 增大到气隙的放电电压 U_s 时，气隙放电。放电产生的正负电荷在外加电场作用下分别聚积在气隙与固体介质的上下交界面上，它们建立的电场与外加电场方向相反，从而使 C_g 上的电压急剧下降到剩余电压 U_r，放电熄灭。但由于外加电压 u 还在上升，C_g 上的电压又随外加电压 u 充电到 U_s，开始第二次放电。同理，第二次放电产生的正负电荷所建立的电场与外加电场方向相反，所以 C_g 上的电压会再次下降到剩余电压 U_r，放电熄灭。当外加电压 u 不断下降时，气隙界面电荷产生的附加电场会超过外加电场，导致反向放电发生。依此类推，可以推出第四次、第五次、第六次等放电出现的位置与放电的极性，如图 4-4（a）所示。因此，随着 C_g 的充放电过程使局部放电重复发生，从而在电路中产生由局部放电引起的脉冲电流，如图 4-4（b）所示，其频率范围在 $200 \sim 400 \mathrm{kHz}$。

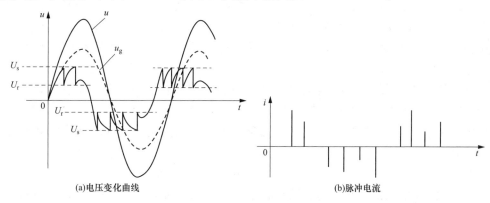

图 4-4　交流电压下气隙放电时的电压和脉冲电流

C_g 每次放电时，其放电电荷量为

$$q_r = \left(C_g + \frac{C_a C_b}{C_a + C_b} \right)(U_s - U_r) \approx (C_g + C_b)(U_s - U_r) \tag{4-6}$$

其中：q_r 为真实放电量。由于 C_g、C_b 和 C_a 实际上都是无法测定的，所以 q_r 也无法测定。但是气隙放电引起的电压变动 $(U_s - U_r)$ 会按反比分配在 C_b、C_a 上（因从气隙两端看 C_b、C_a 是相串联的）。设在 C_a 上的电压变动为 Δu，则有

$$\Delta u = \frac{C_b}{C_a + C_b}(U_s - U_r) \tag{4-7}$$

这就是说，当气隙放电时，固体介质两端的电压也会产生电压降落 Δu，这相当于固体介质放掉电荷 q，即

$$q = (C_a + C_b)\Delta u = C_b(U_s - U_r) \tag{4-8}$$

其中：q 为视在放电量。

通过电源充电在回路中形成电流脉冲。Δu 和 q 的值都是可以测量的，因此，通常将 q 作为度量局部放电强度的参数。从以上各式可以看出，q 既是发生局部放电时试品电容所放掉的电荷，也是电容 C_b 上的电荷增量。比较式（4-6）和式（4-8）可得

$$q = \frac{C_b}{C_g + C_b} q_r \tag{4-9}$$

即视在放电量通常比真实放电量小得多，但 q 与 q_r 呈线性关系，因此通过测量 q 可以相对地反映出 q_r 的大小。

实验研究表明，视在放电量、放电重复率和一次放电所消耗的能量是反映局部放电强弱的三个基本参数。

如前所述，在交流电压下，当外加电压较高时，局部放电在半周期内可以重复多次发生，而在直流电压下情况就不一样。由于直流电压的大小和方向均不变，所以一旦气隙产生放电，所产生的空间电荷建立的附加电场会使气隙中的电场削弱，导致放电熄灭，直到空间电荷通过介质内部的电导消散，使附加电场减小到一定程度后，才能开始第二次放电。由于电介质的电导很小，所以空间电荷的消散速度极慢。因此，在其他条件相同的情况下，直流电压下单位时间内的放电次数一般要比交流电压下小 3～4 个数量级，从而使得介质在直流电压下的局部放电所产生的破坏作用远比交流电压下小。

2. 电导性老化

电导性老化指某些高分子有机合成绝缘材料内部存在某些液态的导电物质（最常见的是水分或制造过程中残留的某些电解质溶液），在电场强度超过某一定值时，这些导电液就会沿电场方向逐渐深入到绝缘层中去，形成近似树枝状的痕迹，称为"水树枝"，使介质的绝缘特性老化。

"水树枝"是由于水或其他电解液中的离子在交变电场作用下往复冲击介质，使其疲劳损伤和化学分解，随之逐渐渗透扩散到介质深处所形成的。实践表明，产生"水树枝"所需的电场强度要比产生"电树枝"所需的场强低得多；"水树枝"一旦产生其发展速度也比"电树枝"快。

3. 电解性老化

电解性老化指在所加电压还远低于局部放电起始电压的情况下，由于介质内部进行的化学过程（尤其在直流电压下最为严重）造成对介质的腐蚀、氧化，使介质逐渐老化。当有潮

气侵入电介质时，由于水分本身就能离解出 H^+ 和 O^- 离子，则会加速电解性老化。随着温度的升高，化学反应速度加快，电解性老化的速度也随之加快。

4.3.2　固体电介质的热老化

固体电介质的性能在长期受热的情况下逐渐劣化，失去原来的优良性能，称为热老化。热老化的主要过程为热裂解、氧化裂解以及低分子挥发物的逸出。热老化的特征大多数是使介质失去弹性、变硬、变脆，机械强度降低，也有些介质表现为变软、发黏、变形，失去机械强度，与此同时介质的电导变大，介质损耗增加，击穿电压降低，绝缘性能变坏。

由于温度的升高将使热老化过程加速，所以根据热老化决定的绝缘寿命与绝缘的工作温度密切相关。国际电工委员会将各种电工绝缘材料按其耐热性能划分等级，并确定各级绝缘材料的最高持续工作温度，见表 4-1。

表 4-1　　　　　　　　　　　　电工绝缘材料的耐热等级

耐热等级	最高持续工作温度（℃）	绝缘材料
Y	90	木材、纸、纸板、棉纤维、天然丝；聚乙烯、聚氯乙烯；天然橡胶
A	105	油性树脂漆及其漆包线；矿物油和浸入其中或经其浸渍的纤维材料
E	120	酚醛树脂塑料；胶纸板、胶布板；聚酯薄膜；聚乙烯醇缩甲醛漆
B	130	沥青油漆制成的云母带、玻璃漆布、玻璃胶布板；聚酯漆；环氧树脂
F	155	聚酯亚胺漆及其漆包线；改性硅有机漆及其云母制品及玻璃漆布
H	180	聚酰亚胺漆及漆包线；硅有机漆及其制品；硅橡胶及其玻璃布
C	>180	聚酰亚胺漆及薄膜；云母、陶瓷、玻璃及其纤维；聚四氟乙烯

使用温度超过表 4-1 的规定，绝缘材料将迅速老化，寿命大大缩短。实验表明，A 级绝缘的工作温度超过规定值 8℃，则寿命大约缩短一半，这通常称为热老化的 8℃ 规则。实际上对其他各级绝缘的温度规定值并不都是 8℃，如 B 级绝缘为 10℃，H 极绝缘为 12℃ 等。

有机绝缘材料在热的作用下发生着各种化学变化，包括氧化、热裂解和缩聚等，这些化学反应的速率决定了材料的热老化寿命。因此，可应用化学反应动力学推出材料寿命和温度的关系。在温度低于绝缘材料的上限工作温度时，有机绝缘由热老化所决定的绝缘寿命的近似计算式为

$$T = Ae^{-\alpha(\theta-\theta_0)} = Ae^{-\alpha\Delta\theta} \tag{4-10}$$

式中：T 为实际使用温度下的绝缘寿命；A 为标准使用温度下的绝缘寿命；θ 为绝缘的实际使用温度；θ_0 为绝缘的标定使用温度；α 为热老化系数，由绝缘的性质、结构等因素决定，对 A 级绝缘 α 在 0.065～0.12 范围内。

为了获得最佳的经济技术效益，在当今的技术经济条件下，对大多数电气设备（如发电机、变压器、电动机等）绝缘的正常使用寿命一般认定为 20～25 年，由此就可以确定出该设备的标准使用温度。

4.4　液体电介质的击穿机理

液体电介质主要有天然矿物油和人工合成油以及蓖麻油（植物油）。目前用得最多的是从石油中提炼出的矿物油，通过不同程度的精炼，可得到分别用于变压器、断路器、电缆及电容器等高压电气设备中的各种液体电介质，相应称为变压器油、电缆油和电容器油。液体电介质

除用作电气设备的绝缘介质外，还用作冷却介质（如在变压器中）或灭弧介质（如在断路器中）。

目前人们对液体电介质击穿机理的研究远不及对气体电介质的研究那么充分，这是因为纯净的液体电介质和通常含有某些杂质（如水分、空气、微粒及纤维等）的液体电介质的击穿特性存在着很大差异。液体电介质分为两大类，即纯净的和工程用的（不很纯净的）。在高电压工程中应用最多的液体电介质是各种各样的绝缘油，其中尤以变压器油使用的最为广泛，故在下文的讨论中，将以变压器油为主要对象。

一般认为，变压器油的击穿存在两种形式：一种是纯净的变压器油主要发生电击穿，另一种是含有水蒸气或其他悬浮杂质的工程用变压器油则主要发生热击穿。

4.4.1 纯净液体电介质的击穿机理

纯净液体电介质的击穿机理与气体电介质的击穿机理类似。因为在液体电介质中，也总是会由于外界的高能射线或局部强电场的作用或阴极上的强电场发射等原因，使介质中存在有一些初始电子，这些电子在电场的作用下，向阳极作加速运动，产生碰撞电离，形成电子崩，导致液体电介质的击穿。但由于液体电介质的密度远较气体的大，电子的自由行程很小，所以纯净液体电介质的击穿强度大大超过气体的击穿强度（约大一个数量级）。

4.4.2 含气泡液体电介质的击穿机理

当液体电介质中存在气泡时，在交流电压下，气泡中的电场强度与油中的电场强度按各自的介电常数成反比分布，从而在气泡上分配到较大的场强，但气体的击穿场强又比液体电介质的击穿场强低得多，所以气泡必先发生电离。气泡电离后温度上升，体积膨胀，密度减小，促使电离进一步发展。电离产生的带电粒子撞击油分子，使之又分解出气体，导致气体通道进一步扩大。如果许多电离的气泡在电场中排列成连通两电极的所谓"小桥"，击穿就可能在此通道中发生。

气泡击穿理论依赖于气泡的形成、发热膨胀、气体通道的扩大并排列成"小桥"，有热的过程，所以属热击穿的范畴。

4.4.3 工程用变压器油的击穿机理

气泡击穿理论可以推广到由其他悬浮杂质引起的击穿，比较好地解释工程用变压器油的击穿过程。

工程用变压器油属于不很纯净的液体介质，即使将极为纯净的油注入电气设备中，也难免在注入过程中会有杂质混入。比如，注油时油的搅动会有空气混入；油与大气接触时也会发生氧化，并从中吸收气体和水分；运行中油本身也会老化，分解出气体、水分和聚合物；以及各种纤维从固体绝缘材料上脱落到油中，使油中总含有少量的杂质，等等。这些杂质的介电常数和电导与油本身的相应参数不相同，这就必然会在这些杂质附近造成局部强电场。在电场力的作用下，这些杂质很容易沿电场方向极化定向，并排列成杂质"小桥"，如果杂质"小桥"贯穿于两电极之间，由于组成"小桥"的纤维及水分的电导较大，发热增加，促使水分汽化，形成气泡"小桥"连通两极，导致油的击穿。即使杂质"小桥"尚未贯通两极，但在各段杂质"小桥"的端头，其电场强度也会增大很多，使该处的油发生电离而分解出气体，使"小桥"中气泡增多，促使电离过程增强，最终也将出现气泡"小桥"连通两极而使油击穿。由于这种击穿依赖于"小桥"的形成，所以也称此为解释变压器油热击穿的所谓"小桥"理论。

变压器油也具有自恢复绝缘的特性，这是因为由"小桥"引起的火花放电会使纤维烧毁，水滴汽化，油的扰动以及油具有一定的灭弧能力等，使得电介质的绝缘强度得以恢复。

4.4.4　变压器油的电气强度

由于液体电介质击穿理论很不成熟，只能在一定程度上定性地解释其击穿的规律性，因此对变压器油的电气强度也需通过试验予以确定。

工程上用标准油杯按照标准试验方法来测定变压器油的工频击穿电压。我国采用的标准油杯如图4-5 所示。图中，极间距离为 2.5mm，电极是直径为 25mm、厚度为 4mm 的一对圆盘形铜电极，电极与油杯杯壁及试油液面的距离不小于 15mm。为了减弱其边缘效应，电极的边缘被加工成半径为 2.5mm 的半圆，使电极间的电场近乎均匀。

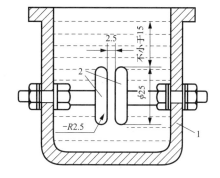

图 4-5　我国采用的标准油杯（单位：mm）
1—绝缘油杯；2—黄铜电极

试验时由于油击穿的分散性，应取 5 次击穿电压的平均值，且每次击穿电压与平均值的偏差不超过±25％；否则应继续试验，直到获得 5 个不超过平均值±25％的数值为止。以这5 次击穿电压的平均值作为被试油样的工频击穿电压值（kV），或换算成击穿场强（kV/cm）。

我国规定不同电压等级电气设备中变压器油的电气强度应符合表 4-2 的要求。

由表 4-2 可见，变压器油在标准油杯和标准试验条件下的击穿电压在 20～60kV 之间，相应的击穿场强有效值为 80～240kV/cm，约为空气击穿场强的 4～10 倍。顺便指出，工程用变压器油作冷却介质时，油的凝固点至关重要，因此按照油的凝固点不同将油分为各种不同的牌号。比如，25 号变压器油即其凝固点温度为－25℃。由此可见，高寒地区运行的变压器应选用高牌号的变压器油。

表 4-2　　　　　　　　　不同电压等级电气设备中变压器油的电气强度要求

额定电压等级（kV）	用标准油杯测得的工频击穿电压有效值（kV）		额定电压等级（kV）	用标准油杯测得的工频击穿电压有效值（kV）	
	新油，不低于	运行中的油，不低于		新油，不低于	运行中的油，不低于
15 及以下	25	20	330	50	45
20～35	35	30	500	60	50
63～220	40	35			

4.5　影响液体电介质击穿电压的因素

4.5.1　水分及其他杂质

水分在变压器油中可以三种状态存在：①以分子状态溶解于油中；②以小水珠状态悬浮于油中；③水分过多，以至于有水分沉淀在油的底部。实验表明，以分子状态溶解于变压器油中的水分对油的击穿电压影响不大。对变压器油的击穿危害最大的是悬浮于油中的小水珠，因为这种小水珠在电场作用下会发生极化而沿电场方向伸长，并在极间排列成导电"小桥"。图 4-6 为在标准油杯中测出的变压器油的工频击穿电压与含水量的关系。由图可见，在常温下，只要变压器油中含有 0.01％的水分，就会使油的击穿场强下降到干燥时的 15％～30％。当水分含量超过 0.02％时，多余的水分即沉淀到变压器油的底部，因此油的击穿电压不再降低。但是这种沉淀水对变压器油的绝缘性能的危害不可忽视，因为沉淀状的水随着温度

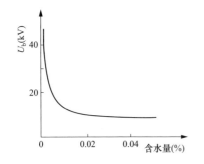

图 4-6 变压器油的工频击穿电压有效值
（标准油杯中）与含水量的关系

及其他条件的变化随时都可以转化为悬浮状的水分。

由"小桥"理论可知，其他固体杂质也会使油的击穿电压下降。特别是一些极性的纤维介质，极易吸潮，并沿电场方向极化而形成杂质"小桥"，使油的击穿电压大大下降。然而，从油中分解出来的碳粒却对油的击穿电压影响较小，所以在油断路器中允许用油既作灭弧介质，又作绝缘介质。但是，碳粒的沉淀形成油泥则易造成油中沿固体表面的放电，同时也影响散热。然而，在冲击电压下，由于电压作用时间极短，以至于杂质来不及形成"小桥"，所以杂质对油的冲击击穿电压的影响也不大。

4.5.2 电压作用时间

电压作用时间对油的击穿电压影响很大，击穿电压会随电压作用时间的增加而下降。电压作用时间还会影响油的击穿性质。如图 4-7 所示，当电压作用时间极短（小于毫秒级）时，如雷电冲击电压的作用，则油的击穿纯属电击穿，击穿电压比较高，且击穿电压随时间的变化规律与气体介质的伏秒特性相似。当电压作用时间大于毫秒级以后，则呈现为热击穿的性质，且随着电压作用时间的增长，击穿电压显著下降。

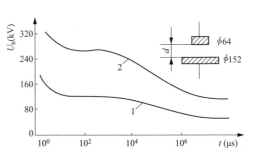

图 4-7 变压器油的击穿电压峰值与
电压作用时间的关系
1—$d=6.35$mm；2—$d=25.4$mm

4.5.3 电场的均匀程度

对于纯净变压器油，如电场比较均匀则可以大大提高油的工频击穿电压和冲击击穿电压。对于含有杂质的变压器油，由于其击穿电压主要取决于杂质"小桥"的形成，所以电场的均匀程度对击穿电压的影响相对减小。

4.5.4 温度的影响

变压器油的击穿电压与油温的关系比较复杂，随电场的均匀程度、油的纯净程度以及电压类型的不同而不同。

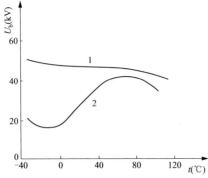

图 4-8 标准油杯中变压器油
工频击穿电压有效值与温度的关系
1—纯净油；2—有水分的油

标准油杯中变压器油工频击穿电压有效值与温度的关系如图 4-8 所示。图中，曲线 1 为纯净油，油温升高，有利于碰撞电离，所以击穿电压略有下降；曲线 2 为有水分的油，视温度对水分存在状态的影响情况而异。比如，油温从 0℃ 开始升高，有利于悬浮状的水滴在油中的溶解，所以击穿电压随之升高。但油温超过 80℃，水分开始汽化，产生气泡，则又会使油的击穿电压降低。由图 4-8 可见，变压器油温在 60～80℃ 范围内，击穿电压出现最大值；油温在 0～5℃ 范围内，全部水分转化为乳浊状态，导电"小桥"最易形成，出现击穿电压最小值；油温低于 0℃ 时，则水滴结成冰粒，油的密度变大，其击穿电压又会升高。

在极不均匀电场中，随着油温的上升工频击穿电压稍有下降，水滴等杂质对极不均匀电场下变压器油的工频击穿电压影响较小，这是因为不均匀电场中的电晕会引起杂质的扰动。应该指出，不论在均匀电场还是不均匀电场中，随着温度的上升，冲击击穿电压均单调地稍有下降，这可借助电子碰撞电离理论予以解释。

4.5.5　压力的影响

不论电场是否均匀，当压力增加时，工程用变压器油的工频击穿电压都会随之升高，只是在均匀电场中，这个关系更为明显些。但如果将变压器油中所含气体处理干净，则压力对油隙的击穿电压就几乎没有什么影响了。分析认为，压力的影响主要是因为变压器油中所含气体的放电电压随压力的增大而增大，但压力对油的击穿电压的影响远不如气体那样显著。

由于变压器油中气体等杂质不影响冲击击穿电压，所以压力也不影响冲击击穿电压。

4.5.6　面积效应及体积效应的影响

与气体电介质相类似，液体电介质的击穿电压也会受到面积效应的影响。也就是，当电极面积越大时，电极表面严重的突出物和一些影响击穿电压的偶然因素出现的概率也越大，因而会导致击穿电压下降。另外，与固体电介质类似，绝缘油的击穿还受到体积效应的影响。当油的体积增大后，绝缘缺陷出现的概率增大，导致击穿场强降低。

4.5.7　变压器油的老化

1. 变压器油老化的特征

变压器油的老化可以大大降低油的击穿电压，油的老化主要是热老化。以变压器油为例，其老化具有下列特征：

(1) 颜色逐渐深暗，从淡黄色变为棕褐色，从透明变为混浊。

(2) 黏度增大，影响散热；闪点降低；灰分和水分增多。

(3) 酸价增加，油中所含的低分子酸量增加，腐蚀性增大。

(4) 绝缘性能变坏，表现为电阻率降低，介质损耗增大，击穿电压降低。

(5) 出现沉淀物，影响绕组的冷却。

变压器油老化的机理主要是油的氧化。新绝缘油在与空气接触的过程中逐渐吸收氧气，初期吸收的氧气与油中的不饱和碳氢化合物起化学反应，形成饱和的化合物，这段时期称为初期。此后油再吸收氧气，就生成稳定的油的氧化物和低分子量的有机酸（如蚁酸、醋酸等），也有部分高分子有机酸（如脂肪酸、沥青酸等），使油的酸价增高。这种油对绕组绝缘和金属都有较强的腐蚀作用，这段时期称为中期。此后，绝缘油进一步氧化，油中酸性产物达一定浓度时，便产生加聚和缩聚作用，生成中性的高分子树脂及沥青等，使油呈混浊的胶凝状态，最后成为固体的油泥沉淀。在此加聚和缩聚过程中，同时析出水分，这段时期称为后期。生成的油泥如沉淀在绕组上，将影响绕组的散热。劣化到一定程度的油，就不能再继续使用，用物理方法也不能使其恢复，必须予以更换，或另行再生处理。

由上可见，温度是影响变压器油老化的主要因素之一。试验表明：当温度低于 $60\sim70℃$ 时，油的氧化作用很小，高于此温度时，油的氧化作用就开始显著了；此后，大约是温度每增高 10℃，油的氧化速度就增大 1 倍；当温度超过 $115\sim120℃$ 时，其情况又大有不同，不仅出现氧化的进一步加速，还可能伴随有油本身的热裂解，这一温度称为油的临界温度。随着油的来源、成分和精炼程度不同，其临界温度也稍有差别。为此，在油的运行中或油的处理过程中（如加热干燥等），都应该避免油温过高，一般规定最高不允许超过115℃。

此外，光照和电场也都会加速变压器油的老化。

2. 延缓绝缘油老化的方法

（1）装设扩张器。其作用是供油热胀冷缩，使油与空气接触面减小，且扩张器内油温较低，吸氧量小。例如在油扩张器中设置隔气胶囊，则可供油自由胀缩，并将油与大气隔绝。

（2）在油呼吸器通道中装设吸收氧气和水分的过滤器。用氯化钙、硅胶、氧化铝等吸收水分；用粉末状的铜、氯化铵、纯洁的铁屑等吸收氧气。

（3）用氮气来排挤出油内吸收的空气。有的变压器或高压套管采用密闭并充氮的方法来防止油的氧化。

（4）掺入抗氧化剂，以提高油的稳定性。抗氧化剂只有在新油或再生过的油中有效，因为它只能延长前述初期的时间，既不能阻止氧化过程的进行，更不能使已氧化的油还原。

（5）将已老化的变压器油进行再生处理。

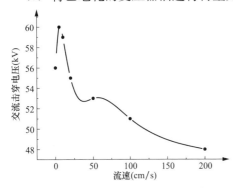

图4-9 变压器油流速对击穿电压的影响

4.5.8 变压器油流速的影响

在大型电力变压器的实际运行中，由于强制油循环或者不同部位油温差造成的自然对流，都使绝缘油处于流动状态。油的流动会影响杂质"小桥"的形成，因而其击穿特性与静止状态下有较大不同，如图4-9所示。油流速的增加会阻碍"小桥"的形成，使得击穿电压有所升高。但当油流速进一步增大后，体积效应会起主导作用，即单位时间内通过高电场区域的油体积增大，出现绝缘缺陷的概率升高，导致击穿电压下降。

4.5.9 提高变压器油击穿强度的常用措施

油中杂质是降低油的工频击穿电压的决定性因素。因此，设法减少油中杂质，提高油的品质，是提高工程用变压器油击穿电压的首要措施。

（1）通过过滤提高油的品质。常用的方法是采用加热式真空过滤，可以有效地驱除油中所含的气体、水分及其他固体杂质。

（2）在绝缘结构设计中采用对金属电极覆盖一层很薄（小于1mm）的固体绝缘层。覆盖可以有效地隔断杂质小桥连通电极，减小回路流经杂质小桥的电导电流，阻碍热击穿过程的发展。而且油的品质越差，此法提高击穿电压的效果越显著。

（3）包绝缘层。如果把上述的覆盖层加厚到几毫米甚至几十毫米的绝缘层，利用绝缘层的介电常数比油的大，可有效地使被覆盖的电极附近的电场强度减弱，减少电极附近油的局部放电，从而提高油的击穿电压。

（4）采用极间障（绝缘屏障）。与提高气隙击穿电压所使用的绝缘屏障相类似，在油间隙中也可以设置极间障来提高油隙的击穿电压。通常是用电工厚纸板或胶布层压板做成，形状可以是平板或圆筒，视具体情况而定，厚度通常为2~7mm。

极间障的作用：①阻隔杂质小桥的形成；②在不均匀电场中利用极间障一侧所聚积的均

匀分布的空间电荷使极间障另一侧油隙中的电场变得比较均匀，从而提高油隙的击穿电压。

在油间隙中，有时甚至设置几个极间障，可以使油隙的击穿电压提高更多。在变压器和充油套管中经常采用多个极间障，如此处理可将油的击穿电压提高 30% 以上。

4.6　组合绝缘的击穿特性

高压电气设备绝缘必须具有优异的电气性能外，还要求具有良好的热性能、机械性能及其他物理化学性能，单一的电介质往往难以同时满足这些要求，所以实际中绝缘一般采用多种电介质的组合。

4.6.1　组合绝缘的配合原则

电气设备的绝缘通常都不是由单一的电介质所构成，而是由多种电介质组合而成。例如，变压器的外绝缘是由套管的瓷套与周围的空气所组成，其内绝缘则是由纸、布带、胶木筒、变压器油等多种固体介质和液体介质组合而成。组合绝缘的电气强度不仅取决于所用各种电介质的电气特性，而且还与所用各种电介质相互之间的配合是否合理有密切关系，其配合原则如下：

（1）由多种介质构成的层叠绝缘，应尽可能使组合绝缘中各层介质所承受的电场强度与其耐电强度成正比。此时，使各种绝缘材料利用得最合理、最充分，整个组合绝缘的电气强度也最高。

例如，在直流电压下，各层介质承受的电压与其电导成反比；但在交流和冲击电压下，各层介质承受的电压则与其介电常数成反比。因此，在直流电压下应将电气强度高、电导率大的绝缘材料用在电场最强的地方；而在交流电压下，应将电气强度高、介电常数大的介质用在电场最强的地方。显然，这种配合有利于均匀电场分布，使原来电场强度较强的地方此时电场强度相对减小。

（2）在组合绝缘中，各部分的温度也可能存在较大的差异，所以在设计组合绝缘结构时，还要注意温度差异对各层介质的电气特性和电压分布的影响（因为温度升高，介质的电导增大）。

（3）将多种介质进行组合应用时，应尽可能使它们各自的优缺点进行互补，扬长避短，从而使总体的电气强度得到加强。例如，绝缘纸或纸板含有大量的空隙，所以在一般情况下纸的电气强度是不高的，但通过真空干燥和用油浸渍后所形成的纸与油的组合绝缘却可以使这两种介质的优势互补，大大提高整体的绝缘性能，其短时击穿场强可高达 500～600kV/cm，大大超过各自单一介质的电气强度（油的击穿场强为 200kV/cm，纸的击穿场强为 100～150kV/cm）。这种油纸组合绝缘广泛用于电缆、电容器、电容式套管和变压器等电气设备中。

（4）采取合理工艺，处理好每层介质的接缝及介质与电极界面的过渡处理。因为，叠层式组合绝缘有很多是每层由绝缘纸带或胶带进行缠绕，这时要求每层缠绕时要有一定的搭接长度（一般为 50%，即上层带的中间正好压在下层带的缝隙上），以充分排除气隙，并防止沿绝缘带的边沿发生局部放电。在介质与电极的交界面上，由于电极表面的凹凸不平导致局部强电场，为此常常采用半导体屏蔽层作为过渡层以均匀电场，实现电场强度的平稳过渡，消除局部放电。

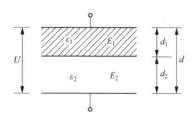

图 4-10 均匀电场中的双层介质

4.6.2 组合绝缘中的电场

以两种介质的组合绝缘为例，为了分析简单起见，设电极形式为平行板电极，极间双层绝缘的交界面可与等位面重合或与等位面斜交。

（1）双层绝缘的交界面与等位面重合，如图 4-10 所示。在平行板电极间，电场是均匀的，双层介质的交界面与等位面相重合，这时两层介质中的电场强度 E_1 和 E_2 分别为

$$E_1 = \frac{U}{\varepsilon_1 \left(\dfrac{d_1}{\varepsilon_1} + \dfrac{d_2}{\varepsilon_2} \right)} \tag{4-11}$$

$$E_2 = \frac{U}{\varepsilon_2 \left(\dfrac{d_1}{\varepsilon_1} + \dfrac{d_2}{\varepsilon_2} \right)} \tag{4-12}$$

式（4-11）和式（4-12）表明，在极间绝缘距离 $d = d_1 + d_2$ 不变的情况下，增大 ε_2 时会使 E_2 减小，但却使 E_1 增大，这一点进行组合绝缘设计时是值得注意的。比如，在电场比较均匀的油间隙中放置多个屏障会使油中的电场强度明显增大。

（2）双层绝缘的交界面与等位面斜交，在这种情况下，电场与界面之间的角度不是 90°，因此电力线会在第二种介质中发生折射，如图 4-11 所示。电力线入射角 α_1 与折射角 α_2 的关系为

$$\frac{\tan\alpha_1}{\tan\alpha_2} = \frac{\dfrac{E_{t1}}{E_{n1}}}{\dfrac{E_{t2}}{E_{n2}}} = \frac{E_{n2}}{E_{n1}} = \frac{\varepsilon_1}{\varepsilon_2} \tag{4-13}$$

图 4-12 为此时电力线与等位面的分布示意图，由图可见，界面上某些地方（如 P_1 点）的等位面受到压缩，从而使这些地方的场强大大增加，这在绝缘设计时应予以注意。但另一方面在某些地方（如 P_2 点）等位面受到扩展，使这一点的电场强度有所减小。因此，适当调节入射角和折射角亦可对绝缘结构的电场作某些调整。

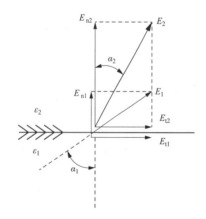

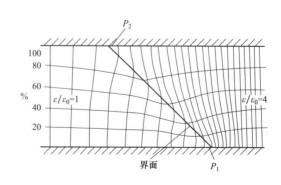

图 4-11 电力线在双层介质
中的折射

图 4-12 平行板电极间两种不同介质界面与电极
表面斜交时电力线与等位面的分布

4.6.3　油纸电缆绝缘的击穿特性

1. 工频交流电压下的击穿特性

油纸电缆是典型的多层油纸组合绝缘。工作在交流电压下的电缆，如果只采用均匀的介质，那么在靠近电缆芯线的内层绝缘所分配到的场强，会比靠近电缆护套侧的外层绝缘所分配到的场强高得多。这样，外层绝缘就不能得到充分利用。为此，高压电力电缆的绝缘都是采用分阶绝缘结构。例如，电缆的内层绝缘采用高密度的薄纸缠绕，这种纸的纤维含量高，质地致密，故介电常数较大，耐受场强也较大；外层绝缘则采用密度较低、厚度较大的纸缠绕，这种纸的介电常数较小，耐受场强也较小。适当设计分阶绝缘的参数，可使各阶绝缘强度具有接近相同的利用率。同时，在电缆芯线外及靠金属护套的最外层绝缘层上加包一层半导体屏蔽层，以消除芯线和护套内壁粗糙突出处的电场集中，消除芯线凹槽油隙及护套内壁间隙上的电位差，使电缆绝缘的工频耐压和局部放电起始电压大幅度提高。由于绝缘层的缝隙都互相交错压接，所以绝缘击穿总是沿绝缘层呈阶梯状通过缝隙向绝缘深处发展，往往在轴向延伸很长一段距离后才完成，因此这种击穿过程需要较长的时间。如果电压作用时间不够，就只能产生局部放电，或某几层被击穿而其余绝缘仍是完好的。

2. 直流电压作用下的击穿特性

（1）在相同条件下，含有气隙或气泡的固体介质在直流电压下单位时间内所产生的局部放电次数远远小于交流下的放电次数，因此介质在直流下局部放电所产生的破坏作用远比交流下小，对于电缆绝缘亦是如此。图 4-13 为油纸电缆的交流和直流击穿场强与电压作用时间的比较。由图可见，直流电压下短时击穿场强为交流时的 2 倍以上，长时间击穿场强则为交流时的 3 倍以上。

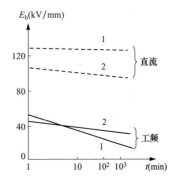

图 4-13　油纸电缆的交流与直流击穿场强
与电压作用时间的关系
1—黏浸渍电缆；2—充油电缆

（2）在直流电压下，绝缘只存在较小的电导损耗；而在交流电压下，既有电导损耗，又有反复进行的极化所引起的极化损耗，使介质损耗大大增加，温度升高，使击穿电压降低。

（3）在直流电压下，油纸组合绝缘的直流电压分布与油和纸的电导率成反比，而油浸渍过的纸的电导率远小于油的电导率，所以纸中的电场强度远大于油中的电场强度，而油浸渍过的纸的绝缘强度也远高于油。可见，在直流电压下，油纸绝缘的电场分布是合理的，也是有利的。此外，绝缘的电导率与温度密切相关，电缆芯线温度比护套温度高，随着此温差的逐渐增大，绝缘层中最大电场强度将由靠近芯线侧向护套侧转移（由于电导率随温度的变化而引起）。这样，在直流电压作用下的最大电场强度和最高温度，不再像工频交流电压作用时那样总是重合在绝缘的内侧，而是分别错开在绝缘的两侧，因此可以在一定程度上抑制热击穿的发展。

由于上述原因，使得同样一根电缆在直流下的耐压远高于其交流耐压。采用油纸组合绝缘的电容器、套管亦是如此。

小　结

（1）固体电介质和液体电介质的绝缘强度一般比空气的绝缘强度高很多。在实际的电气设备中采用由固体和液体介质构成的组合绝缘具有更优良的绝缘特性。

（2）固体电介质的击穿按其形成机理不同可分为电击穿、热击穿和电化学击穿。

（3）气隙和潮气是影响固体介质击穿电压的重要因素，因此应对固体介质进行真空干燥和浸油处理。

（4）固体电介质与气体电介质不同，有机固体电介质会发生老化。根据老化的机理不同，可分为电老化和热老化。老化的结果使固体电介质的击穿电压下降，使用寿命缩短。固体介质热老化遵循8℃规则。

（5）液体电介质击穿理论有电击穿理论和热击穿理论，二者适合解释不同品质的液体介质的击穿。

（6）杂质（特别是气泡、水分和纤维）是影响液体介质击穿电压的重要因素，因此要求对液体介质必须进行净化处理和保持干燥。

（7）组合绝缘可以做到各种介质优势互补，但要求设计必须遵从一定的原则，使不同介质有一个合理搭配和合理结构，才能充分发挥组合绝缘的优良特性。

习　题

4-1　分析比较气体、固体和液体电介质击穿过程的异同。

4-2　固体电介质的热击穿和电击穿有什么区别？

4-3　固体电介质内部产生局部放电的原因是什么？在交流电压下和直流电压下的局部放电，哪一种的后果比较严重？

4-4　试述工业用变压器油击穿的"小桥"理论。

4-5　影响液体介质击穿的主要因素是什么？

4-6　下列双层介质串联在交流电压下工作，哪一种介质承受的场强较大？哪一种介质比较容易击穿？为什么？

（1）固体介质和薄层空气串联；

（2）纸和油层串联。

4-7　同一绝缘的直流耐压强度与其交流耐压强度相比，哪一种耐压强度高？为什么？

4-8　平行板电容器电极间采用双层介质串联，介质界面和电极平行。其中一层为厚度 $d_1 = 10mm$，$\varepsilon_{r1} = 4$，$\rho_1 = 10^{16}\,\Omega \cdot cm$ 的固体介质；一层为厚 $d_2 = 5mm$，$\varepsilon_{r2} = 2$，$\rho_2 = 5 \times 10^{15}\,\Omega \cdot cm$ 的液体介质。试计算在电容器两电极间分别施加 20kV（有效值）的工频交流电压和 20kV 的直流电压时，两层介质中的电场强度。

4-9　一充油的均匀电场间隙距离为 30mm，极间施加工频电压 300kV。若极间分别放置一个厚度为 3mm 的屏蔽及三个这样的屏蔽，求油中电场强度分别比没有屏蔽时提高多少倍？（设油的 $\varepsilon_{r1} = 2$，屏蔽的 $\varepsilon_{r2} = 4$。）

第2篇　高电压试验

第5章　电气设备绝缘特性的测试

电气设备绝缘特性的优良与否直接影响到电气设备的安全可靠运行。据统计，电力系统中60％以上的事故都是由绝缘故障所引发，即是由绝缘的老化及击穿而引起的事故。由于设备运行中不可避免会出现绝缘缺陷或绝缘老化，因此人们通常需要通过各种形式的试验来监测电气设备的绝缘状况。目前，电力系统中普遍推行的 DL/T 596—1996《电力设备绝缘预防性试验规程》就是保证电气设备安全可靠运行的重要技术措施之一。

绝缘预防性试验分为两大类。一类是通过测试绝缘的某些特性参数来判断绝缘的状况，称为检查性试验。这类试验一般是在较低电压下进行的，不会对绝缘造成损伤，因此亦称为非破坏性试验。另一类是通过对绝缘施加各种较高的试验电压来考核其电气强度，称为耐压试验。由于这类试验所加电压一般都高于设备的实际工作电压，试验中可能会对绝缘造成某种程度的损伤，比如试验导致绝缘发生某种电离或使局部放电进一步扩大，甚至造成绝缘的直接击穿等，因此将这类试验又称为破坏性试验。

绝缘缺陷往往是引发设备绝缘故障的主要原因。绝缘缺陷通常可以分为两大类：一类是集中性的缺陷，如悬式绝缘子的瓷质开裂，发电机绝缘局部磨损、挤压破裂等；另一类是分布性的缺陷，这是指电气设备整体绝缘性能下降，如电机、变压器、套管等绝缘中的有机材料的受潮、老化、变质，等等。绝缘内部有了上述这两类缺陷后，它的特性往往会发生一定的变化，这样就可以通过相应试验将隐藏的缺陷检查出来。

本章主要介绍几种常用非破坏性试验的基本原理和测试方法。在具体判断某一电气设备的绝缘状况时，应注意对各项试验结果进行综合判断，并采用将试验数据与同一设备的历次试验数据相比较（纵向比较）及与同类设备试验数据相比较（横向比较）的分析方法。

5.1　绝缘电阻和吸收比测量

5.1.1　多层介质的吸收现象及吸收比测量

许多电气设备的绝缘都是多层的，如电机绝缘中的云母带就是用胶将纸或绸布和云母片黏合而制成的，变压器绝缘中用的油和纸等。参考图 1-7（b），用绝缘电阻 R 代替电导 G 后的等效电路如图 5-1 所示，它可以描绘在测量多层介质绝缘电阻时遇到的吸收现象。

合上 S 将直流电压 U 加到绝缘上后，电流表 PA 的读数变化如图 5-2 中曲线所示，开始电流很大，以后逐渐减小，最后趋向于稳定值 I_g。图中用斜线表示出的面积为介质在充电过程中逐渐"吸收"的电荷 Q_a，这种逐渐"吸收"电荷的现象称为"吸收现象"。有关这一现象的物理解释在 1.2 节中已有叙述，这里将联系吸收曲线作进一步的分析。

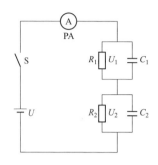
图 5-1　双层介质的等效电路

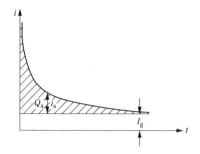
图 5-2　吸收曲线

由电路可知，当 S 合上时各介质上有一个很大的电压变化，在极短的时间内（$t \approx 0$）将介质 1 和介质 2 分别充电到

$$U_1 = U \frac{C_2}{C_1 + C_2} \tag{5-1}$$

$$U_2 = U \frac{C_1}{C_1 + C_2} \tag{5-2}$$

当达到稳态以后，回路电流将只通过电阻，此时回路电流为

$$I = I_g = \frac{U}{R_1 + R_2} \tag{5-3}$$

而

$$U_1 = U \frac{R_1}{R_1 + R_2} \tag{5-4}$$

$$U_2 = U \frac{R_2}{R_1 + R_2} \tag{5-5}$$

所以，$t > 0$ 后一般有一个过渡过程。例如，当式（5-4）中的 U_1 比式（5-1）中的 U_1 小时，在过渡过程中 C_1 就要放电，同时 C_2 要进一步充电。

在过渡过程中，电压 U 由起始电压 U_0 逐渐过渡到稳态电压 U_∞，即

$$u_{1,2} = U_\infty + (U_0 - U_\infty) e^{-\frac{t}{\tau}} \tag{5-6}$$

即

$$u_1 = U \frac{R_1}{R_1 + R_2} + U \left(\frac{C_2}{C_1 + C_2} - \frac{R_1}{R_1 + R_2} \right) e^{-\frac{t}{\tau}} \tag{5-7}$$

$$u_2 = U \frac{R_2}{R_1 + R_2} + U \left(\frac{C_1}{C_1 + C_2} - \frac{R_2}{R_1 + R_2} \right) e^{-\frac{t}{\tau}} \tag{5-8}$$

如果电源内阻可以不计，故回路过渡过程的时间常数 τ 为

$$\tau = (C_1 + C_2) \frac{R_1 R_2}{R_1 + R_2} \tag{5-9}$$

τ 越大，表示上述过渡过程进行得越慢。

过渡过程中流过 C_2 的充电电流 i_{C2} 为

$$i_{C2} = C_2 \frac{du_2}{dt} = U \frac{C_2 (R_2 C_2 - R_1 C_1)}{(C_1 + C_2)^2 R_1 R_2} e^{-\frac{t}{\tau}} \tag{5-10}$$

同时，流过 R_2 的电流 i_{R2} 为

$$i_{R2} = \frac{U_2}{R_2} = \frac{U}{R_1 + R_2} - \frac{U(R_2C_2 - R_1C_1)}{(C_1 + C_2)(R_1 + R_2)R_2}e^{-\frac{t}{\tau}} \qquad (5\text{-}11)$$

流过外电路的电流，即流过电流表 PA 的电流 i 为

$$i = i_{C2} + i_{R2} = \frac{U}{R_1 + R_2} + \frac{U(R_2C_2 - R_1C_1)^2}{(C_1 + C_2)^2(R_1 + R_2)R_1R_2}e^{-\frac{t}{\tau}} \qquad (5\text{-}12)$$

令

$$i = I_g + i_a \qquad (5\text{-}13)$$

故

$$i_a = \frac{U(R_2C_2 - R_1C_1)^2}{(C_1 + C_2)^2(R_1 + R_2)R_1R_2}e^{-\frac{t}{\tau}} \qquad (5\text{-}14)$$

i_a 为吸收电流，其大小与试品绝缘的均匀程度密切相关。如果绝缘比较均匀，或 $R_1C_1 \approx R_2C_2$，则吸收电流小，吸收现象看不出来。如果试品绝缘很不均匀，或 R_1C_1 与 R_2C_2 相差较大，则吸收现象将十分明显。

图 5-3 所示为某 30MVA、10.5kV 同步电机定子绕组的充电电流随时间的变化曲线。

此外，从式（5-9）和式（5-12）还可知，如果被试绝缘受潮严重，或是绝缘内部有集中性导电通道，由于绝缘电阻值显著降低，I_g 将大大增加，i_a 将迅速衰减。

当试验电压 U 一定时，试品的绝缘电阻 R 即与 i 成反比。因此，由式（5-12）即可得到此情况下被试品的绝缘电阻 R 随时间的变化规律。当

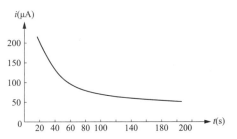

图 5-3　某 30MVA、10.5kV 同步电机定子绕组吸收曲线（干燥状态）

式（5-12）中的 t 以不同的加压时间代入，例如以 t 为 15、60s 代入，即可分别得到加电压后 15s 时的绝缘电阻值 $R_{15''}$ 和 60s 时的绝缘电阻值 $R_{60''}$，将 $R_{60''}$ 和 $R_{15''}$ 之比定义为吸收比 K，通常用于反映绝缘的吸收现象。其表达式为

$$K = \frac{R_{60''}}{R_{15''}} = \frac{i_{15''}}{i_{60''}} \qquad (5\text{-}15)$$

对于大型电机或大型电力变压器以及电容器等设备，由于吸收现象特别严重，时间常数较大，应采用 10min 和 1min 时的绝缘电阻值之比（极化系数）来判断绝缘的状况。

对于多层绝缘结构，如果绝缘状况良好，吸收现象将很明显，K 值便远大于 1。如果绝缘受潮严重或是内部有集中性的导电通道，由于 I_g 大增，i_a 迅速衰减，当 $t = 15''$ 和 $60''$ 时，使 $\frac{i_{15''}}{i_{60''}}$ 或 K 值接近于 1。所以，利用绝缘的吸收曲线的变化或 K 值的变化，有助于判断设备整体受潮或有集中贯穿性绝缘缺陷的状况。

显然，只是当被试品电容比较大时，吸收现象才明显，才能用来判断绝缘状况。

通常在绝缘预防性试验中，为方便起见，不是直接测量电流，而是用兆欧表测量被试品绝缘电阻的变化，即 $R_{15''}$ 和 $R_{60''}$ 的值，并由式（5-15）计算出 K 值的大小。

5.1.2　兆欧表工作原理

兆欧表又称绝缘电阻表，它是测量绝缘电阻的专用仪器设备。由于绝缘电阻数值较大，

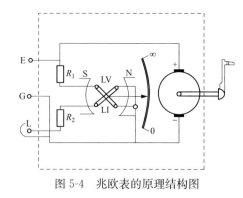

图 5-4　兆欧表的原理结构图

所以兆欧表的指示刻度都是以（MΩ）兆欧为单位，故此而得名。图 5-4 所示为兆欧表的原理结构图。

兆欧表利用流比计原理构成，它有两个相互垂直并固定在一起的线圈，即电压线圈 LV 和电流线圈 LI，它们处在同一个永久磁场中。由于两个线圈都没有弹簧游丝，当没有电流通过时，指针可停在任意偏转角位置。测量时端子 E 接被试品的接地端、外壳或法兰等处，端子 L 接被试品的另一极（绕组、芯柱或其他）。摇动发电机手柄，产生一定的直流电压。于是在电压线圈 LV 中将流过正比于直流电压的电流（电压线圈 LV 的内阻恒定），而由接线端 E 经被测绝缘流到接线端 L 的电流将流过电流线圈 LI，这个电流反映了被测绝缘中的泄漏电流，它与设备的绝缘电阻和直流电压有关。这两个电流流经各自的线圈时所产生的转矩的方向是相反的，在两转矩差值的作用下，线圈带动指针旋转，直到两个转矩平衡为止。此时，指针偏转角度只与两电流的比值$\left(\dfrac{I_{\mathrm{LV}}}{I_{\mathrm{LI}}}\right)$有关，因外施电压 U 为同一直流电压，所以偏转角就反映了被测绝缘电阻的大小。设 M_{V}、M_{I} 分别代表电流流过线圈 LV、线圈 LI 时产生的力矩 $M_{\mathrm{V}}=I_{\mathrm{LV}}F_{\mathrm{V}}(\alpha)$，$M_{\mathrm{I}}=I_{\mathrm{LI}}F_{\mathrm{I}}(\alpha)$，其中 F_{V}，F_{I} 随指针转动角度 α 而变，与气隙中磁通密度的分布有关。平衡时 $M_{\mathrm{V}}=M_{\mathrm{I}}$，故 $\dfrac{I_{\mathrm{LV}}}{I_{\mathrm{LI}}}=\dfrac{F_{\mathrm{I}}(\alpha)}{F_{\mathrm{V}}(\alpha)}=F(\alpha)$，或 $\alpha=f\left(\dfrac{I_{\mathrm{LV}}}{I_{\mathrm{LI}}}\right)$。由 $I_{\mathrm{LV}}=\dfrac{U}{R_1}$、$I_{\mathrm{LI}}=\dfrac{U}{R_2+R_{\mathrm{X}}}$（其中 R_1 和 R_2 分别为电压线圈和电流线圈的电阻，一般为定值；R_{X} 为试品绝缘电阻）可得

$$\alpha = f\left(\frac{I_{\mathrm{LV}}}{I_{\mathrm{LI}}}\right) = f\left(\frac{R_2+R_{\mathrm{X}}}{R_1}\right) = f'(R_{\mathrm{X}}) \tag{5-16}$$

即指针读数反映 R_{X} 的大小。

接线端子 G 称为屏蔽端。当希望单独测量体积绝缘电阻时，可以在需屏蔽的位置设置一个金属屏蔽环极，并将此环极接到兆欧表的端子 G。这样使沿绝缘表面的漏导电流到了屏蔽环极后就经由端子 G 直接流回发电机负极，从而只有通过体积绝缘电阻的漏导电流才流经电流测量线圈而反映到指针的偏转中去。图 5-5 为测量套管的绝缘电阻时使用屏蔽端 G 的接线图。

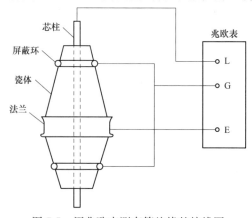

图 5-5　用兆欧表测套管绝缘的接线图

5.1.3　绝缘电阻测量的工程意义

兆欧表的额定直流输出电压有 500、1000、2500、5000V 等不同规格，对于额定电压为 1kV 及以上的电气设备一般选用 2500V 的兆欧表，1kV 及以下设备常用 1000V 或 500V 的兆欧表。用兆欧表进行绝缘电阻测量时，规定以加电压 60s 时测得的数值为该试品的绝缘电阻。这是因为一般认为加压 60s 时，通过绝缘的吸收电流已衰减至接近于零。

（1）当被试品绝缘中存在贯通的集中性缺陷时，反映 I_g 的绝缘电阻往往明显下降，用兆欧表检查时便可以发现。例如，变电站常用的针式支柱绝缘子，最常见缺陷为瓷质开裂，开裂后绝缘电阻值明显下降，用兆欧表可以直接检测出来。

但对于许多电气设备（如电机），反映 I_g 的绝缘电阻往往变动甚大，这与被试品的形状及尺寸都有关系，往往难以给出一定的绝缘电阻判断标准。通常是将处于同样运行条件下的不同相的绝缘电阻进行比较，或是将这一次测得的绝缘电阻和过去对它测出的绝缘电阻进行比较来发现问题，但要注意到绝缘电阻还随温度上升而有所下降。

（2）对于电容量较大的设备，如电机、变压器、电容器等，利用上述吸收现象来测量这些设备的绝缘电阻随时间的变化，即吸收比 K 值的大小，可以更有利于判断绝缘的状态。

以发电机为例，其定子绝缘的吸收现象是十分明显的。而且由于吸收比 K 值是两个绝缘电阻的比值，它和电气绝缘的尺寸没有关系，只取决于绝缘本身的特性，所以可以更有利于反映绝缘的状态。例如，对于 B 级绝缘的发电机定子绕组，如果绝缘干燥，则在 10～30℃ 时测出的吸收比 K 均远大于 1.3；如果 $K < 1.3$，则可判断为绝缘可能受潮；如果绝缘受潮严重，则 60s 时的电流基本等于 15s 时的电流，或 $R_{60''} \approx R_{15''}$，因此 K 值将大大下降，$K \approx 1$。

有时当绝缘有严重集中性缺陷时，K 值也可以反映出来。例如，当发电机定子绝缘局部发生裂纹，变压器绝缘纸板、支架、线圈上沉积有油泥时，形成了局部性传导电流较大的通道，于是 K 值便大为降低而近于 1。

使用兆欧表测量绝缘电阻判断绝缘状态是一种简单而有一定效果的方法，故使用十分普遍。需要注意的是，当某些集中性缺陷虽已发展得很严重，以至在耐压试验中被击穿，但耐压试验前测出的绝缘电阻值和吸收比仍可能很高。这是因为这些缺陷虽然严重，但还没有贯通，而兆欧表的额定电压较低又不足以使其击穿的缘故。因此，只凭绝缘电阻的测量来判断绝缘是不可靠的。

5.2　直流泄漏电流的测量

在直流电压作用下测量通过被试品的泄漏电流，实际上也是测量其绝缘电阻。不同的是加在被试品上的电压较高，并可测出泄漏电流随试验电压的变化曲线。经验表明：当所加的直流电压不高时，由泄漏电流换算得到的绝缘电阻值与兆欧表所测值极为接近，此时测泄漏电流并不比兆欧表测绝缘电阻能获得更多的信息；但当用较高的电压来测泄漏电流时，就有可能发现兆欧表所不能发现的绝缘损坏或弱点。如图 5-6 所示，当 $u < U_{cr}$ 时，泄漏电流 i_{lk} 与所加电压 u 接近成正比；当 $u > U_{cr}$ 时，泄漏电流增长较快，这就表示该绝缘不宜长时间承受高于 U_{cr} 的电压。当然在较高的试验电压作用下，能发现

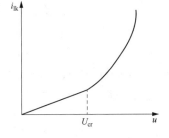

图 5-6　绝缘泄漏电流与所加电压的关系

被试品中一些尚未完全贯通的集中性缺陷，因此比兆欧表更有效。

在标准规定的试验电压作用下，一般要求读取泄漏电流值的时间为到达试验电压后 1min。

测量泄漏电流时，除了和测量绝缘电阻时一样需要注意温度、时间和表面泄漏的影响外，还应注意下列问题：

（1）电压的稳定性。一般都用从交流电压通过整流来获得直流电压，直流电压的脉动系数不大于 3%。

（2）测量仪表的保护。可采用图 5-7 所示电路。电阻 R 的取值是考虑电流表 PA 所允许的最大电流在电阻 R 上的压降应稍大于放电管（可以是试电笔中用的氖管）的起始放电电压。并联电容 C 的作用不仅使电流表的读数稳定，更重要的是使作用在放电管 P 上的电压陡波前能有足够的平缓，使 P 来得及动作，故其电容量应较大（>1μF）。在加压过程中电流表被旁路开关 K 短接，只在需要读数时才将 K 打开。

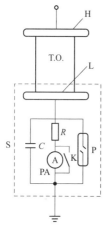

图 5-7   测量泄漏电流电路图
H—高压电极；T.O.—试品；
L—低压电压；S—法拉第笼（虚线方框）

（3）电晕造成的误差。为了观察的方便，通常将测量仪表接在低电位侧，如果高压连线上或被试品高压极（H）上发生电晕，将会形成电晕电流，将使仪表指示的电流值比实际流经被试绝缘的泄漏电流大很多，所以要求直流高压部分不发生电晕。如果做不到这一点，则应将被试品的低压极（L）和测量机构用法拉第笼 S 屏蔽起来，并将法拉第笼接地，如图 5-7 所示。

（4）被试品的接地。在图 5-7 中，被试品两端均不允许接地。但有时，特别是已经安装在现场的设备，或是埋入地中的电缆，常常是无法做到对地绝缘，此时应将测量系统串接在高压侧电路中。由于测量系统包含有仪表及其他辅助元件，不易做到防电晕，故应将测量系统放在金属屏蔽盒中，并尽可能将被试品的高压极和引线也屏蔽起来。这时屏蔽层应与直流高压电源的高压引线相连，从而使屏蔽盒及引线屏蔽对地的电晕电流和泄漏电流不通过测量仪表，因此也就不会造成误差了。由于此时测量仪表接在高压侧，观察时应特别注意试验安全。

5.3   介质损耗角正切（tanδ）的测量

5.3.1   tanδ 测量原理

在交流电压作用下，介质内不仅有电导电流引起的损耗，还有各种极化带来的损耗。一定条件下介质中能量损耗的大小是衡量介质性能的重要指标。具有损耗的绝缘材料或绝缘设备，常采用电阻与电容相并联的等效电路来简单代表，如图 5-8 所示。

在交流电压 U 作用下，通过介质的电流 I 包含与电压同相的有功分量 I_R 及超前 U 90°的无功分量 I_C。此时介质中的功率损耗为

$$P = UI_R = UI_C \tan\delta$$

$$\tan\delta = \frac{UI_R}{UI_C} = \frac{I_R}{I_C} = \frac{1}{\omega CR} \tag{5-17}$$

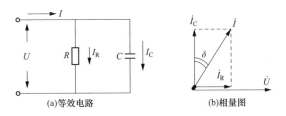

图 5-8 有损介质的简化等效电路及电压、电流的相量图

上式中的 δ 称为介质损耗角，其正切值 tanδ 称为损耗因数，等于损耗功率与无功功率之比，或有功电流分量与无功电流分量之比，它是反映绝缘特性的一个重要参数。测量 tanδ 的值是判断电气设备绝缘状态的一种灵敏有效的方法，它的数值能够反映绝缘的整体劣化或受潮以及小电容试品中的严重局部缺陷；但对大型设备（如大容量变压器）绝缘中的局部缺陷（如变压器的套管）却不能灵敏发现，这时应对其进行分解试验，即分别测量各部分的 tanδ 值。

良好的绝缘材料和正常的电气设备的介质损耗因数都是很小的。处在高电压下，即使无功分量可能很大，有功分量还是很小的。如果用瓦特表来测量介质损耗，要求用功率因数非常低的瓦特表。通常介质损耗角都在 1° 以内，即功率因数角在 89° 以上，若相角上稍有误差，可使损耗的误差达几倍甚至几十倍。这种高压瓦特表的制造很复杂，目前都采用高压交流电桥（即西林电桥）来测量绝缘的介质损耗因数。

5.3.2 西林电桥测量 tanδ

西林电桥是一种交流电桥，可以在高电压下测量绝缘的电容值和介质损耗角正切值。配以合适的标准电容器，西林电桥还可以在额定电压下测量电气设备的电容值和介质损耗角正切值。QS1 型西林电桥的基本回路如图 5-9 所示。

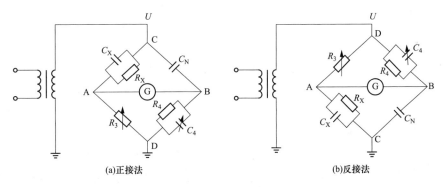

图 5-9 QS1 型电桥的基本接线图

西林电桥有四个桥臂。其中两个为高压桥臂：一个代表被试品的阻抗 Z_X，一个是无损耗标准电容 C_N。另两个为低压桥臂：处在电桥本体内，一个是可调无感电阻 R_3，一个是无感电阻 R_4 和可调电容 C_4 的并联回路。在图 5-9（a）中，被试品处于高电位侧且两端均不接地，而西林电桥的两个低压桥臂处于低电位侧，这种接线方式称为正接线法。

在选择电桥的低压桥臂参数时，考虑到在正常情况下出现在 R_3、R_4 和 C_4 上的压降不超过几伏，但如果被试品或标准电容发生闪络或击穿时，在 A、B 点可能出现高电位。为此，可在 A、B 点对地之间并联一个放电管以作保护。这种放电管的放电电压为 100～200V，A、B 上电位达到放电管的放电起始电压值，管子放电，使 A、B 和接地点 D 相连，保护试验操作者免受电击。

　　电桥的平衡是靠调节 R_3 和 C_4 来获得的。电桥平衡时，A、B 两点电位相等，检流计 G 指零，此时流过 Z_X 的电流等于流过 R_3 的电流，流过 C_N 的电流等于流过 R_4 和 C_4 并联电路的电流。由此可得出电桥的平衡条件为

$$Z_X Z_4 = Z_N Z_3 \tag{5-18}$$

在图 5-9 的电路中有

$$Z_X = \frac{R_X \dfrac{1}{j\omega C_X}}{R_X + \dfrac{1}{j\omega C_X}}, \; Z_4 = \frac{R_4 \dfrac{1}{j\omega C_4}}{R_4 + \dfrac{1}{j\omega C_4}}, \; Z_N = \frac{1}{j\omega C_N}, \; Z_3 = R_3$$

将上述各式代入式（5-18）并展开，将实数部分和虚数部分列出，可求得

$$1 - \omega^2 R_X C_X R_4 C_4 = 0 \tag{5-19}$$

$$C_N R_X R_4 = R_3 (R_X C_X + R_4 C_4) \tag{5-20}$$

由式（5-19）可得

$$\tan\delta = \frac{1}{\omega C_X R_X} = \omega C_4 R_4 \tag{5-21}$$

由式（5-20）并分别以 $R_X = \dfrac{1}{\omega C_X \tan\delta}$，$R_4 C_4 = \dfrac{\tan\delta}{\omega}$ 代入，可得

$$C_X = \frac{C_N R_4}{R_3} \frac{1}{1 + \tan^2\delta} \approx \frac{C_N R_4}{R_3} \quad （当\ \tan\delta \ll 1\ 时） \tag{5-22}$$

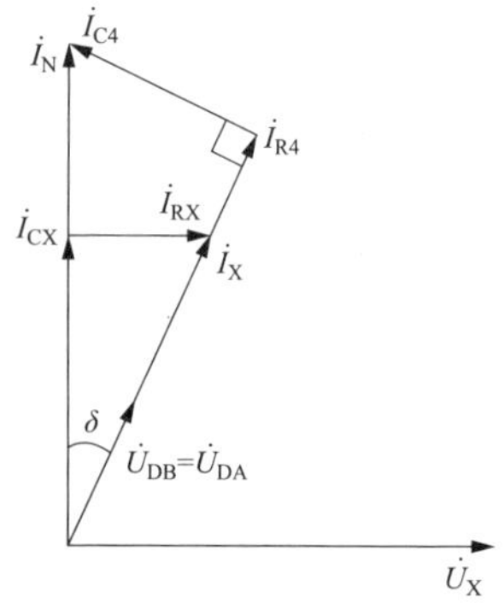

　　图 5-10 绘出了电桥平衡时的各相量。图中以被试品上的电压 $\dot{U}_X$ 作为参考相量，由各相量的相互关系可以写出

$$\tan\delta = \frac{I_{RX}}{I_{CX}} = \frac{I_{C4}}{I_{R4}} = \frac{U_{BD}\omega C_4}{U_{BD}/R_4} = \omega C_4 R_4 \tag{5-23}$$

为了计算方便，令西林电桥中的 $R_4 = \dfrac{10^4}{\pi}\Omega$。电源为工频时，$\omega = 100\pi$，由式（5-21）可得

$$\tan\delta = 100\pi \times \frac{10^4}{\pi} \times C_4 = 10^6 C_4 \tag{5-24}$$

如 C_4 以微法计，则在数值上，有 $\tan\delta = C_4$。

图 5-10　电桥平衡时的各相量

　　现场电气设备的外壳有时是直接接地的，故被试品的一端无法对地绝缘，这时可采用图 5-9（b）所示反接线法测量 $\tan\delta$，即将电桥的 D 点连接到电源的高压端，而将 C 点接地。在这种接线中，被试品始终处于接地端，调节元件 R_3、C_4 处于高压端，因此电桥本体的全部元件对机壳必须具有足够的绝缘强度并采取可靠的保护措施，以保证试验人员的人身安全。

5.3.3　外界电源对电桥的干扰

　　在现场测量 $\tan\delta$，特别是在 110kV 及以上的变电站进行测量时，被试品和桥体往往处在周围带电部分的电场作用范围之内。虽然电桥本体及连接线都采用了前面所述的屏蔽，但对被试品通常无法做到全部屏蔽，如图 5-11 所示。这时等效干扰电源电压 U' 就会通过与被试品高压电极间的杂散电容 C' 产生干扰电流 I'，因而影响测量的准确性。当电桥平衡时，流过

检流计的电流 $I_G=0$，此时检流计支路可看作开路，干扰电流 I' 在通过 C' 以后分成两路，一路经 C_X 入地，另一路经 R_3 及试验变压器的漏电抗入地。由于前者的阻抗远大于后者，故可以认为 I' 实际上全部流过 R_3。

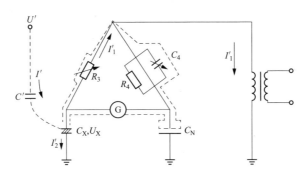

图 5-11　外界电源引起的电场干扰

　　在没有外电场干扰的情况下，电桥平衡时流过 R_3 的电流即为流过被试品的电流 $\dot{I}_X$，相应的介质损耗角为 δ_X，如图 5-12 所示。有干扰时，由于干扰电流流过 R_3，改变了电桥的平衡条件，这时要保持电桥平衡就必须将 R_3 和 C_4 调整到新的数值。由于 C_4 数值的改变，测得的损耗角 δ_X' 已不同于没有干扰时的实际损耗角 δ_X 了。因此，流过 R_3 的电流已变成 $\dot{I}_X'$，即相当于在 $\dot{I}_X$ 上叠加一个干扰电流 $\dot{I}'$，$\dot{I}_X'$ 与 $\dot{I}_N$ 的夹角就是 δ_X'。同时，R_3 值的改变也引起了测得的 C_X 值改变。$\dot{I}'$ 引起 $\tan\delta$ 和 C_X 测量值的变化将随 $\dot{I}'$ 的数值和相位而定。在干扰源的相位连续变化时，$\dot{I}'$ 相量端点的轨迹为一圆。在某些情况下，当干扰结果使 $\dot{I}'$ 的相量端点落在阴影部分的圆弧上时，$\tan\delta$ 值将变为负值，这时电桥在正常接线下已无法达到平衡，只有将 C_4 从桥臂 4 换接到桥臂 3 与 R_3 并联，才能使电桥平衡，并按照新的平衡条件计算出 $\tan\delta$ 值。当 $\dot{I}'$ 的相量端点落在图 5-12 中的 A、B 点，即干扰电流 $\dot{I}'$ 与 $\dot{I}_X$ 同相或反相时，$\tan\delta$ 值不变，但此时的 $\dot{I}_X$ 值变大或变小，将引起测得的 C_X 值变大或变小。

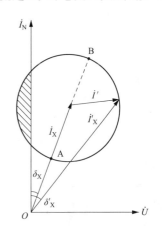

图 5-12　有电场干扰时的相量

　　为了避免测量时的干扰，消除或减小由电场干扰所引起的误差，可采取下列措施。

　　(1) 加设屏蔽。尽量远离干扰源。在无法远离时，加设屏蔽，例如用金属屏蔽罩或网将被试品与干扰源隔开，并将屏蔽罩与电桥的屏蔽相连，以消除 C' 的影响，但这在实际中往往不易做到。

　　(2) 采用移相电源。由图 5-12 可看出，在有干扰的情况下，只要使 $\dot{I}'$ 与 $\dot{I}_X$ 同相或反相，测得的 $\tan\delta$ 值不变。干扰电流 $\dot{I}'$ 的相位一般是无法改变的，但可以通过改变试验电源电压的相位来改变 $\dot{I}_X$ 的相位以达到上述目的。应用移相电源消除干扰时，在试验前先将 Z_4 短接，将 R_3 调到最大值，使干扰电流尽量通过检流计（因其内阻很小），并调节移相电源的相角和电压幅值，使检流计指示为最小，这表明 $\dot{I}_X$ 与 $\dot{I}'$ 相位相反，移相任务已经完成。这时可撤去电源电压，保持此移相电源相位，拆除 Z_4 间的短接线，然后正式开始测量。若在电源电压正、反相两种情况下测得的 $\tan\delta$ 值相等，说明移相效果良好，此时测得的 $\tan\delta$ 为真实值。但正、反相两次所测得的电流分别为 I_{OA} 和 I_{OB}，因此被试品电容的实际值应为正、反相两次测得的平均值。采用移相法基本上可以消除同频率的电场干扰所造成的测量误差。

（3）采用倒相法。倒相法是一种比较简便的方法。测量时，将电源按照正接线和反接线各测一次，得到二组测量结果 $\tan\delta_1$、C_1 和 $\tan\delta_2$、C_2，然后进行计算求得 $\tan\delta$ 值和 C_X 值。

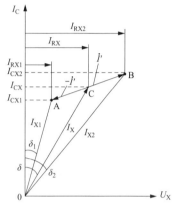

图 5-13　被试品电流和干扰电流向量图

图 5-13 所示为被试品电流 $\dot{I}_X$ 和干扰电流 $\dot{I}'$ 的相量图。图中，当电源反相时，实际上就相当于将干扰电流反相变成 $-\dot{I}'$，而其余相量不动，故在图中用反相 $\dot{I}'$ 来代替反相 $\dot{I}_X$，这样使分析比较方便，而其结果是一样的。由图 5-13 可得到

$$\tan\delta = \frac{C_1 \tan\delta_1 + C_2 \tan\delta_2}{C_1 + C_2} \tag{5-25}$$

$$C = \frac{C_1 + C_2}{2} \tag{5-26}$$

当干扰不大，即 $\tan\delta_1$ 与 $\tan\delta_2$ 相差不大、C_1 与 C_2 相差不大时，式（5-25）可简化为

$$\tan\delta = \frac{\tan\delta_1 + \tan\delta_2}{2} \tag{5-27}$$

即可取两次测量结果的平均值作为被试品的介质损耗角正切值。

在现场进行测量时，不但受到电场的干扰，还可能受到磁场的干扰。一般情况下磁场的干扰较小，而且电桥本体都有磁屏蔽，不会引起大的干扰电流。但当电桥靠近电抗器等漏磁通较大的设备时，磁场的干扰较为显著。通常这一干扰主要是由于磁场作用于电桥检流计内的电流线圈回路所引起，这时可以将检流计的极性转换开关置于断开位置，此时如果光带变宽，即说明有此种干扰。为了消除干扰的影响，可设法将电桥移到磁场干扰范围以外。若不能做到，则可以改变检流计极性开关进行两次测量，用两次测量的平均值作为测量结果，以减小磁场干扰的影响。

近年来，以数字技术为基础的各种 $\tan\delta$ 测量仪器相继问世，这些仪器的最大特点是采用了数字滤波技术，通过对时域信号分析或转换成频谱后对频域信号分析，滤除干扰信号，计算出 $\tan\delta$ 真实值。数字技术也为仪器的操作自动化和智能化奠定了坚实的基础。非工频电压的试验（也称异频试验）由于试验电压的频率与工频之比值不为整数，当仪器锁定试验频率时，工频下的干扰电压对 $\tan\delta$ 测量值已无影响。为正确反映被试品在正常工作电压下的绝缘特性，试验电源频率不能偏离工频太大，其比值宜小于 3。

5.4　局部放电的测量

常用的固体绝缘总不可能做得十分纯净致密，总会不同程度地包含一些分散性的异物，如各种杂质、水分和小气泡等。有些是在制造过程中未除净的，有些是在运行中因绝缘老化

和分解所产生的。由于这些异物的电导和介电常数不同于所用的绝缘,故在外施电压作用下,这些异物附近将具有比周围更高的场强。当这些部位的场强超过了该处杂质的游离场强,就会产生游离放电,即发生局部放电(Partial Discharge,PD)。由于局部放电是分散地发生在极微小的空间内,所以它几乎不影响当时整体绝缘的击穿电压。但这种在正常工作电压下的局部放电,会在其工作期间持续发展,加速绝缘的老化和破坏,发展到一定程度时,就可能导致绝缘的击穿。所以,测定绝缘在不同电压下局部放电强度的规律,能预示绝缘的状况,也是估计绝缘电老化速度的重要根据。

局部放电发生过程中,除了产生电磁辐射外,还伴随声、光、热以及化学反应等多种物理化学现象,因此可分别利用上述效应对局部放电进行检测。根据检测信息量的不同,局部放电检测方法总体上可以分为电检测法和非电检测法两大类。电检测法包括脉冲电流检测法、射频电流检测法、特高频检测法和地电波检测法等;非电检测法通常包括声检测法、光检测法、温度检测法和化学分析检测法等。不同的局部放电检测方法各有优缺点,应用的场合也有所不同,其中以脉冲电流检测法和特高频检测法应用最为广泛。

5.4.1　脉冲电流检测法

局部放电发生过程中伴随着电荷的转移,会在外部电路中产生电流脉冲,脉冲电流检测法正是针对这一电流脉冲设计而成。它的检测频率一般在 10MHz 以内,适合测量 PD 频谱中的较低频段成分,并且还可以对测量回路进行校准,从而对视在放电量进行定量。脉冲电流检测法是局部放电检测应用最为广泛的方法,包括直接法和平衡法。

1. 直接法

图 5-14(a)、(b)所示为直接法的两种基本电路。图 5-14(a)中 Z_M 直接与被试品并联,称为并联测试回路;图 5-14(b)中 Z_M 与被试品串联,称为串联测试回路。其工作原理都是要使被试品 Z_X 局部放电时产生的脉冲电流作用到检测阻抗 Z_M 上,然后将 Z_M 上的电压经放大后送到测量仪器 M 中去,根据 Z_M 上的电压可推算出局部放电视在电荷量。图中,耦合电容 C_K 为脉冲电流提供低阻抗通道,低通滤波器 Z 只允许工频电流通过而阻塞局部放电所产生的高频脉冲电流。

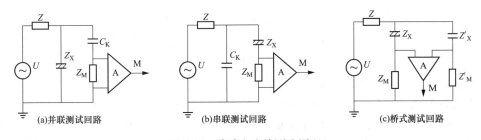

(a)并联测试回路　　　(b)串联测试回路　　　(c)桥式测试回路

图 5-14　脉冲电流检测法原理

不难看出并联、串联测试回路对高频脉冲电流的回路是相同的,都是串联地流经 Z_X、C_K 和 Z_M 三个元件;在理论上两者的灵敏度是相等的。直接法缺点是抗干扰性能较差。

2. 平衡法

为了提高抗干扰的能力,可以采用电桥平衡原理来检测脉冲电流,如图 5-14(c)所示。图中,Z_X 为被试品。由于干扰频率分布很宽,如要求桥路对很宽的干扰频率都能平衡,最方便的办法是用与被试品完全相同的器件或设备来作为辅助桥臂 Z_X'，于是 Z_X 与 Z_X' 也就应该相等。理论上，此时电桥对所有频率都能平衡，由此即可消除干扰的影响。

当被试品 Z_X 发生局部放电时，平衡条件被破坏，通过检测电路即可测出此不平衡脉冲电压。为了能确定被检测出的放电脉冲信号是由被试品发出的，应避免辅助桥臂在试验电压下产生局部放电。试验时可采用窄带选频放大器，以避开干扰较强的频率区域；同时，在高压电源电路中的滤波器 Z 也采用窄带选频阻波器，其阻频带正好与选频放大器的通频带相对应，这可取得更好的抗干扰效果。

脉冲电流检测法由于能实现视在放电量的定量测量，且回路接线简单和操作方便，尤其对于发现绝缘中某些内在的局部缺陷（特别是在程度上尚较轻时），有着很高的灵敏度，因此已经广泛应用于实验室研究和电力生产的各个环节中，包括电气设备的出厂试验、交接试验和预防性试验等。由于该试验方法基本成熟，我国在高压电器生产标准中已将用该方法测试局部放电列入例行试验的项目。

例如，DL/T 596—1996《电力设备预防性试验规程》中对互感器和套管进行局部放电试验的规定如下：

（1）固体绝缘互感器：电压为 $1.1U_m/\sqrt{3}$ 时，放电量不大于 100pC。U_m 为设备的最高运行电压。

（2）充油互感器：电压为 $1.1U_m/\sqrt{3}$ 时，放电量不大于 20pC。

（3）110kV 及以上新套管的放电量：油纸电容式，不大于 20pC；胶纸电容式，不大于 400pC。

环境噪声的干扰常常是影响脉冲电流检测法效果的重要因素，这往往限制了此法在高压变电站等现场测试中的应用。

5.4.2 特高频检测法

1. 特高频检测法原理

电气设备中局部放电产生的电流脉冲具有很陡的上升沿（ns 量级），其频率成分从低频到微波频段，最高频率分量可达数 GHz，以电磁波形式向外传播。特高频（Ultra High Frequency，UHF）检测法就是利用传感器检测这种电磁波信号，从而实现局部放电的检测目的。目前，用特高频检测法测量 GIS 设备中局部放电的有效性和可靠性已得到广泛认同，这是因为 GIS 具有金属同轴结构，相当于一个良好的波导，局部放电产生的特高频信号可以有效地沿其轴向传播，便于传感器获取局部放电信号。

特高频法检测的关键是传感器。目前，用于特高频法检测局部放电信号的传感器主要分为内置和外置两大类，如图 5-15 所示。内置传感器主要有圆盘传感器和圆环传感器，通常装在 GIS 法兰和维修手孔处，天线尺寸要尽量小，以免影响 GIS 的正常运行；外置传感器主要安装在盆式绝缘子连接处，其结构设计灵活多变，种类也较为丰富，主要包括螺旋传感器、振子传感器、屏蔽谐振环传感器、微带传感器和单极子天线传感器等。

（1）内置传感器检测原理。安装在 GIS 设备内部的传感器可以视为一个接收天线，局部放电源可以看成一个发射天线，如图 5-15（a）所示。局部放电特高频信号通过二者之间的介质（SF_6 气体）进行传播，在传播途径中的各种情况对于电磁波的传播会产生不同的影响，如折射、反射及入射等。为此，安放在 GIS 设备内部的传感器可以收到不同方式到达的电磁波信号。

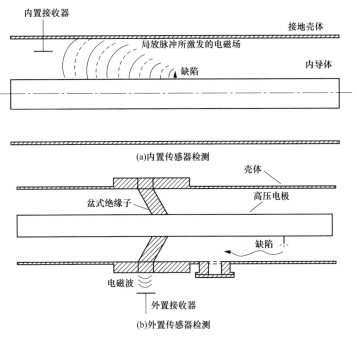

图 5-15　特高频传感器检测法原理

（2）外置传感器检测原理。为了满足运输、安装和运行维护的要求，GIS 设备不是完全金属封闭体，而是由许多个间隔组成的，间隔之间采用盆式绝缘子来封闭和连接，如图 5-15（b）所示。盆式绝缘子断面形成了同轴波导的开口面，电磁波就可以从此处向外泄漏。因此，运用安装设备外壳盆式绝缘子断面处的外置传感器，用天线原理可对 GIS 设备内部产生的局部放电信号进行检测。

2. 特高频检测法的优、缺点

特高频检测法能够在设备运行时实现局部放电的在线监测或者带电检测，总的来说具有以下显著优点：

（1）检测灵敏度高。局部放电产生的特高频电磁波信号在 GIS 传播时衰减较小，如果不计绝缘子等处的影响，1GHz 的特高频电磁波信号衰减仅为 3～5dB/km。而且，由于电磁波在 GIS 中绝缘子等不连续处反射，还会在 GIS 腔体中引起谐振，使局部放电信号振荡时间加长，便于检测。

（2）现场抗干扰能力强。由于变电站存在着大量的电气干扰，给局部放电检测带来了一定的难度。高压线路与设备在空气中的电晕放电干扰是现场最为常见的干扰，其放电辐射出的电磁波频率集中在 200MHz 以下。特高频检测法的频段一般为 300MHz～3GHz，有效地避开了电晕干扰。

（3）能够实现局部放电定位。局部放电产生的电磁波信号在 GIS 腔体中传播近似为光速，其到达不同特高频传感器的时间与其传播距离直接相关。因此，可根据特高频电磁波信号到达其附近两侧特高频传感器的时间差，计算出局部放电源的具体位置，实现绝缘缺陷定位。

（4）有利于绝缘缺陷类型识别。不同类型绝缘缺陷产生的局部放电特高频信号具有不同的频谱特征，因此，除了可利用信号的时域分布特征以外，还可以结合特高频信号频域分布特征进行局部放电类型识别。

特高频检测法的不足之处在于现场定量放电量检测比较困难，因为检测的特高频电磁波信号传播路径复杂，难以确定。因此，在现场使用中，对测得的特高频信号都是采用与历史数据相比较、参考相邻同类设备测量结果进行比较判断。

5.5 变压器油中溶解气体分析

变压器中广泛存在液体和固体复合绝缘系统，前者由石油经过蒸馏、精炼而得，主要包括烷烃、环烷烃、芳香烃等烃类组分；后者主要指绝缘纸、层压纸板等，主要成分为纤维素。这些绝缘材料在长期运行过程中受电场、温度和催化剂等多种因素作用，会分解产生一些特征气体。溶解于变压器油的特征气体种类、含量等特性的变化与变压器内部故障类型、发展程度有着密切关系，因此，可通过对油中溶解气体的定性、定量分析，诊断运行中的变压器内部是否正常，并及时发现变压器内部存在的潜伏性故障。

5.5.1 变压器油中气体的产生

一般情况下，正常运行的变压器油中气体主要是 O_2（氧气）和 N_2（氮气），它们来源于空气对油的溶解。因为 O_2 在油中的溶解度大于 N_2，导致油中 N_2 含量为 71%（空气中 N_2 含量为 78%），O_2 含量为 28%（空气中 O_2 含量为 21%），其他气体为 1%。对于新投运的变压器，由于制造工艺或所用绝缘材料材质等原因，运行初期有时油中会出现 H_2（氢气）、CO（一氧化碳）和 CO_2（二氧化碳）等组分含量增加较快的现象，但增长到一定值后会趋于稳定或逐渐降低。在长期运行过程中，变压器绝缘材料受到电场、热场、水分、氧及金属催化剂的作用，会发生缓慢老化，除产生一些固态或液态的劣化产物外，还会产生 H_2、低分子烃类气体和碳的氧化物，这些气体含量相对较低。

当变压器内部发生局部过热性或局部放电性故障时，故障点附近的液体和固体绝缘材料会裂解产生数量较为显著的特征气体。长期的运行经验表明，对故障诊断有价值的特征气体主要包括 H_2、CH_4（甲烷）、C_2H_2（乙炔）、C_2H_4（乙烯）、C_2H_6（乙烷）、CO 和 CO_2 共七种。一般将局部过热性故障分为低温过热（小于 300℃）、中温过热［300°～700℃］和高温过热（大于 700℃），局部放电性故障分为局部放电、火花放电（低能放电）和电弧放电（高能放电）。在不同的故障类型下，产生的特征气体种类和含量会有所不同。

1. 低温过热

低温过热通常由于应急性负载造成的过负荷，油道堵塞导致散热不良、层间绝缘不良、轻微漏磁等原因引起。在低温过热时，总烃的主要成分为 CH_4 和 C_2H_6，分别占总烃量的约 30% 和 65%～70%，温度较高时有微量 C_2H_4，不会产生 C_2H_2。当故障涉及固体绝缘材料时，还会产生较多的 CO 和 CO_2。低温过热时一般会出现变压器油温报警，短时间内不会造成变压器损坏。

2. 中温过热

造成中温过热故障的主要原因有分接开关接触不良、涡流引起铜过热、铁心漏磁、铁心多点接地等。中温过热时，H_2 和总烃中 C_2H_4、C_2H_6、CH_4 均会出现明显增长；当故障涉及固体绝缘时，CO 和 CO_2 的含量也会出现较大增长。所有特征气体中以 C_2H_4、CH_4、CO_2 为主，C_2H_6、H_2、CO 含量次之，H_2 通常占氢烃总量的 27% 以下，C_2H_4 气体产生速率要明显高于 CH_4。中温过热会造成绝缘油的快速劣化甚至结焦，当涉及固体绝缘时还会造成固体绝缘材料的迅速破坏。

3. 高温过热

高温过热与中温过热起因类似。发生高温过热故障时，变压器油中溶解的 C_2H_4、C_2H_6、CH_4、H_2 等气体成分浓度不断增加；当故障涉及固体绝缘时，仍会产生大量的 CO 和 CO_2。产生的特征气体中以 C_2H_4、CH_4 和 H_2 为主，C_2H_6、CO_2 和 CO 次之。此时，CH_4、C_2H_4、H_2 的含量之和占氢烃总量的 80% 以上。

4. 局部放电

变压器内部局部放电主要来源于油纸中气泡、接地不良产生的悬浮电位、金属毛刺等绝缘缺陷。局部放电的特征气体组分含量会根据放电能量的密度不同而发生变化，放电能量密度不高时，主要成分为 H_2，占氢烃总量的 90% 以上；总烃中 CH_4 含量最高，占总烃的 90% 以上。当放电能量密度较高时，也会出现少量 C_2H_2，但在总烃中所占比例一般小于 2%。

5. 火花放电

变压器内部火花放电主要出现在绕组中相邻的线饼或导体间、夹件间、套管与箱壁、高压线圈与地端等。当发生火花放电时，油中溶解气体的故障特征以 C_2H_2、H_2 为主，其次是 CH_4 和 C_2H_4。C_2H_2 在总烃中所占比例可达 25%～90%，C_2H_4 约占总烃的 20% 以下，H_2 占氢烃总量的 30% 以上。当涉及固体绝缘时，也会产生 CO 和 CO_2。

6. 电弧放电

电弧放电能量密度大，产气急剧而且量大，多数无先兆现象，一般难以预测。变压器内，电弧放电主要发生在低压对地、接头之间、线圈之间、绕组和铁心之间等位置，会造成绝缘纸穿孔、烧焦或碳化，或使金属材料变形、融化、烧毁，严重时造成设备烧坏，甚至发生爆炸事故。发生电弧放电故障时，油中产生的特征气体主要是 H_2、C_2H_2，一般 C_2H_2 占总烃 20%～70%，H_2 占氢烃总量的 30%～90%；其次是 C_2H_4、CH_4、C_2H_6，绝大多数情况下 C_2H_4 含量高于 CH_4。如果电弧放电涉及固体绝缘时油中还会产生较多的 CO 和 CO_2。

5.5.2　变压器油中溶解气体的气相色谱分析检测技术

气相色谱法是色谱法的一种，是以气体为流动相，采用冲洗法的柱色谱分离检测技术。由于该方法具有分离效能高、选择好、灵敏性高、分析速度快和样品用量少等诸多优点，已在变压器油中气体检测中得到广泛应用。特别是这一检测技术可以在不停电时进行，且不受外界强电磁干扰因素的影响，因此可以用于对变压器内部状况的定期诊断，确保设备的安全可靠运行。

气相色谱法首先要求将样品混合气体中的各组分彼此分离，然后再对分离后的单个组分进行定性和定量检测。

1. 分离原理

气相色谱分离是利用被测混合气体在色谱柱中的流动相和固定相之间的分配系数存在差异这一特点来对混合气体进行分离。当两相做相对运动时，样品各组分在两相间进行反复多次的分配。不同分配系数的组分在色谱柱中运动速度不同，滞留时间也就不一样，分配系数小的组分会较快流出色谱柱。分配系数越大的组分就越易滞留在固定相内，流过色谱柱的速度较慢。这样，经过一定的柱长后，样品中各组分彼此分离，按先后顺序离开色谱柱进入检测器。

样品在色谱柱中的分离情况可以用以下形象化的比喻来描述：许多运动员（相当于样品中的多个组分）进行 110 米栏比赛，信号枪响后（相当于打进样品），运动员从同一起跑线上开始起跑（即样品进入色谱柱），由于各运动员的体力和跨栏的技术不同，因而各人的速度也不同（各组分的沸点和极性不同，在色谱柱中的运动速度也不同），经过一段规定的距离（一定的柱长），运动员们到达终点的时间（组分的保留时间）就不同，从而分出运动员的先后名次（各组分的出峰顺序和保留时间的长短）。

2. 检测过程

气相色谱仪是一个载气连续运行、自动记录的系统，如图 5-16 所示。首先高压钢瓶中的载气经稳压阀、流量计控制、计量，之后以稳定的压力和精确的流速进入汽化室。样品在汽化室内可瞬间汽化，之后被载气带入色谱柱中进行分离。色谱柱是一根金属或玻璃管子，内装固定相，恒温箱则为色谱柱提供一个恒定的或程序可控的温度环境。样品中的混合物经色谱柱分离后，再由载气送入检测器，将各组分浓度大小的变化转变为电信号。最后，电信号由放大器放大，由记录仪记录。

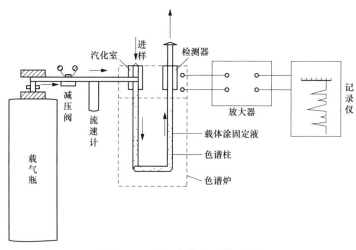

图 5-16   气相色谱仪工作过程

5.5.3   基于变压器油中溶解气体的故障诊断方法

利用气相色谱法对变压器油中溶解气体进行检测和分析，其目的是为了判断设备内部是否存在故障及故障的性质，并预测故障的发展趋势。在进行判断时，首先根据油中溶解气体含量和产气速率来判断设备内部是否存在故障，若认为可能存在故障，再根据产气的特征性来判断故障性质或类型。

1. 有无故障判断

利用油色谱分析进行变压器故障诊断，实际上很难制定出能区分是否存在故障的正常值或异常值，现有的国家标准仅给出了变压器油中溶解气体含量的注意值，见表 5-1。当气体含量超过注意值时，需要引起注意和重视，并不表明设备就一定存在故障，这时需要结合气体组分的产气速率作进一步判断。

表 5-1　　　　　　　　　　　　　　**变压器油中溶解气体含量注意值**

气体组分	注意值（μL/L）	
	330kV 及以上	220kV 及以下
总烃	150	150
C_2H_2	1	5
H_2	150	150

产气速率与故障消耗能量大小、故障部位、故障点的温度等情况有直接关系，主要有两种方式来表示产气速率。

（1）绝对产气速率。一段时间内每运行日产生某种气体的平均值为

$$\gamma_a = \frac{c_{i2} - c_{i1}}{\Delta t} \times \frac{m}{\rho} \qquad (5-28)$$

式中：γ_a 为绝对产气速率，mL/d；c_{i2} 为第二次取样测得某气体浓度，μL/L；c_{i1} 为第一次取样测得某气体浓度，μL/L；Δt 为两次取样时间间隔中的实际运行时间，天；m 为变压器总油量，t；ρ 为变压器油密度，t/m³。

变压器绝对产气速率的注意值列于表 5-2。

表 5-2　　　　　　　　**变压器绝对产气速率的注意值**（单位：mL/d）

气体组分	总烃	C_2H_2	H_2	CO	CO_2
开放式	6	0.1	5	50	100
隔膜式	12	0.2	10	100	200

（2）相对产气速率。某种气体含量相对增加值除以每运行月的平均值，即

$$\gamma_r = \frac{c_{i2} - c_{i1}}{c_{i1}} \times \frac{1}{\Delta t} \times 100\% \qquad (5-29)$$

式中：γ_r 为相对产气速率，%/月；Δt 为两次取样时间间隔中的实际运行时间，月。

当总烃的相对产气速率大于 10%/月时，应引起注意。

2. 故障类型判断

利用油中溶解气体进行变压器内部故障类型判断时，需要综合考虑特征气体的种类、含量和相互关系等。表 5-3 归纳了不同故障类型下的气体特征，对于多数典型的故障，利用特征气体能快速地对故障性质作出准确判断。但在实际使用过程中，特征气体法有时较难区分主要气体组分和次要气体组分的界限，对电弧放电和火花放电也较难区分。

表 5-3　　　　　　　　　　　**不同故障类型产生的特征气体**

故障类型	主要气体组分	次要气体组分
油过热	CH_4，C_2H_4	H_2，C_2H_6
油和纸过热	CH_4，C_2H_4，CO，CO_2	H_2，C_2H_6
油纸绝缘中局部放电	H_2，CH_4，CO	C_2H_2，C_2H_6，CO_2
油中火花放电	H_2，C_2H_2	CH_4，C_2H_4
油中电弧	H_2，C_2H_2	CH_4，C_2H_4，C_2H_6
油和纸中电弧	H_2，C_2H_2，CO，CO_2	CH_4，C_2H_4，C_2H_6

根据热动力学原理，特征气体组分之间的浓度比值与故障温度或故障类型间存在着相互依赖关系，采用几组气体组分浓度比值的大小来判断故障类型，即比值法。比值法有多种，在我国使用最为广泛的是改良三比值法。表 5-4 和表 5-5 分别为 DL/T 722—2014《变压器油中溶解气体分析和判断导则》推荐的改良三比值法的编码规则和故障类型判断方法。改良三比值法原理简单、计算简便且有较高的准确率，在现场得到了广泛应用。

表 5-4　　　　　　　　　　　　　　　改良三比值法的编码规则

气体比值范围	比值范围编码		
	C_2H_2/C_2H_4	CH_4/H_2	C_2H_4/C_2H_6
比值<0.1	0	1	0
0.1≤比值<1	1	0	0
1≤比值<3	1	2	1
比值≥3	2	2	2

表 5-5　　　　　　　　　　　　　　　改良三比值法的故障类型判断

编码组合			故障类型
C_2H_2/C_2H_4	CH_4/H_2	C_2H_4/C_2H_6	
0	0	1	低温过热（低于 150℃）
	2	0	低温过热（150～300℃）
	2	1	中温过热（300～700℃）
	0，1，2	2	高温过热（高于 700℃）
	1	0	局部放电
2	0，1	0，1，2	低能放电
	2	0，1，2	低能放电兼过热
1	0，1	0，1，2	电弧放电
	2	0，1，2	电弧放电兼过热

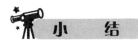

小　结

（1）常用兆欧表来测量被试品的绝缘电阻。在单独测量体积绝缘电阻时，可在需屏蔽位置设置屏蔽环，并连接到兆欧表的 G 端子，使绝缘表面的漏导电流经端子 G 直接流回发电机负极。

（2）吸收比 $K=\dfrac{R_{60''}}{R_{15''}}$，它可以反映绝缘的整体状况。当 K 值接近于 1 时，表明绝缘受潮严重或内部存在集中性的导电通道。

（3）在较高的直流电压作用下测量流过被试品绝缘的泄漏电流时，能发现被试品中一些尚未贯通的集中性缺陷，但应注意试验时电晕造成的测量误差。

（4）用西林电桥测量 $\tan\delta$ 时可以采用正接线法或反接线法。当有外界电场干扰时，现场常采用倒相法，干扰不大时，可取两次测量结果的平均值作为被试品的介质损耗角正切值。

（5）通常利用脉冲电流法测定的局部放电量是视在放电量，常用的有三种基本测量回路，如图 5-14 所示。图中，耦合电容 C_K 为高通阻抗，Z 为低通阻抗，Z_M 为检测阻抗。为了提高抗干扰能力可以采用电桥平衡原理来检测。

（6）特高频法多用于 GIS 设备的局部放电检测，其检测的特高频信号频段一般为 300MHz～3GHz，具备检测灵敏度高、现场抗干扰能力强、能够实现局部放电定位和有利于绝缘缺陷类型识别等优点。

（7）基于变压器油中溶解气体进行变压器内部故障类型判断，主要利用 H_2、CH_4、C_2H_2、C_2H_4、C_2H_6、CO 和 CO_2 七种特征气体来对变压器内部的热性和电性故障进行。首先根据油中溶解气体含量和产气速率来判断设备内部是否存在故障，若认为可能存在故障，再利用特征气体法或三比值法确定故障性质或类型。

习　　题

5-1　总结比较各种非破坏性试验方法的功能（包括能检测出的绝缘缺陷的种类、检测灵敏度、抗干扰能力等）。

5-2　在绝缘电阻测量时，什么情况下应考虑使用屏蔽环？

5-3　用什么指标来反映固体电介质的整体绝缘状况？

5-4　测量泄漏电流时造成测量误差的主要原因是什么？

5-5　在强干扰电场作用下，用高压西林电桥测量 $\tan\delta$ 时，必须将 C_4 并接到 R_3 上才能进行，试计算电桥平衡时的 $\tan\delta'$ 之值。

5-6　图 5-17 所示为 M 型介质试验器（不平衡电桥）原理图，其中 $R_A \ll X_{Cn}$，$R_B \ll Z_X$，当调节 R_A 使 $U_C = U_{BA}$ 最小时，用矢量图证明 $\tan\delta \approx \dfrac{U_{C,min}}{U_B}$。

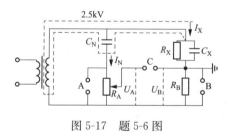

图 5-17　题 5-6 图

5-7　利用脉冲电流法进行局部放电测量时，若取消低通滤波器的话，将会对测量结果产生什么影响？

5-8　局部放电特高频检测法的特点有哪些？

5-9　可用于变压器油中溶解气体进行变压器内部故障诊断的气体种类有哪些？三比值法的编码规则是什么？

第6章　高电压试验与测量技术

为了检验电气设备的绝缘强度，保证其不仅能在正常的工作电压下安全可靠地运行，而且具备耐受一定大小的各种过电压的能力，需要使用交流高电压、直流高电压、冲击高电压和冲击大电流等各种形式的高电压和大电流对电气设备的绝缘进行耐受试验。绝缘耐压试验的结果与使用的电压、电流波形有密切关系，因此应尽可能将所产生的试验电压和电流波形中的不利成分限制在容许范围以内，如交流高电压中的高次谐波、直流电压中的脉动分量、冲击高电压与冲击大电流中的振荡分量等。

除了要产生高电压和大电流，还要准确测量这些电压和电流大小及波形。由于一般的测量仪表受绝缘或发热条件的限制，往往不能直接用于测量高电压和大电流，而要与能耐高电压或能通过大电流的转换装置配合才能使用。这类转换装置在承受高电压或通过大电流时，能按一定比例输出一个减小的低电压或小电流信号，供低压仪表进行测量。根据仪表的读数和比例系数，即可确定被测高电压或大电流之值。

根据目前高电压和大电流测量技术能达到的水平，我国国家标准和国际电工委员会的推荐标准都规定：对于高电压和冲击大电流的测量，除某些特殊情况外，其误差应在±3%以内。在高电压测量中要达到这个要求并不是轻而易举的，因此必须对测量系统的每个环节的误差加以控制，所用的低压指示仪表的准确度至少为0.5级。

本章介绍产生交流高电压、直流高电压、冲击高电压和冲击大电流四类试验设备，并按不同的测试对象讲述相应的测试方法。

6.1　工频交流高电压试验

工频交流高电压试验是检验电气设备绝缘强度最有效和最直接的方法。它可用来确定电气设备绝缘的耐受水平，判断电气设备能否继续运行，是避免在运行中发生绝缘故障的重要手段。因此在进行工频耐压试验时，对电气设备绝缘施加比工作电压高得多的试验电压，这些试验电压反映了电气设备的绝缘水平。耐压试验能够有效地发现导致绝缘强度降低的各种缺陷。为避免试验时损坏设备，工频耐压试验必须在一系列非破坏性试验之后进行，只有经过非破坏性试验合格后，才允许进行工频耐压试验。

对于220kV及以下的电气设备，一般用工频耐压试验来考验其耐受工作电压和操作过电压的能力，用全波雷电冲击电压试验来考验其耐受雷电过电压的能力。但必须指出，确定这类设备的工频试验电压时，需同时考虑内部过电压和雷电过电压的作用。由于工频耐压试验比较简单，已被列为大部分电气设备的出厂试验；在交接和绝缘预防性试验中也都需要进行工频耐压试验。

在工频耐压试验中，如何选择恰当的试验电压值是一个重要的问题。若试验电压过低，无法起到检测设备绝缘耐受能力的作用；若试验电压选择过高，则在试验时发生击穿的可能性以及产生的累积效应都将增加，会对设备绝缘造成一定损伤，影响其正常运行。一般要综合考虑运行中绝缘的老化及累积效应和过电压的大小，对不同设备需加以区别对待，这主要由运行经验来决定。我国有关国家标准以及 DL/T 596—1996《电力设备预防性试验规程》中，对各类电气设备的试验电压都有明确的规定。按国家标准规定，进行工频交流耐压试验时，在绝缘上施加工频试验电压后，要求持续 1min，这个时间一是保证全面观察被试品的情况，同时也能使设备隐藏的绝缘缺陷来得及暴露出来。该时间也不宜太长，以免引起不应有的绝缘损伤，使本来合格的绝缘发生热击穿。运行经验表明，凡经受住 1min 工频耐压试验的电气设备，一般都能保证安全运行。

6.1.1　工频耐压试验

对电气设备进行工频耐压试验时，常利用工频试验变压器来获得工频高电压，其接线如图 6-1 所示。

在工频耐压试验下，通常被试品都呈电容性负载，试验时应利用调压器将电压从零开始逐渐升高。这是因为，如果在工频试验变压器一次绕组上电压不是由零逐渐升高，而是突然施加，则由于励磁涌流会在被试品上产生过电压；如果在试验过程中突然将电

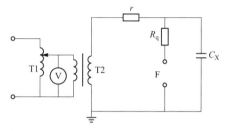

图 6-1　工频耐压试验接线

源切断，这相当于切除空载变压器，当试品电容较小时也将引起过电压。试验时如果被试品突然击穿或放电，工频试验变压器不仅由于短路会产生过电流，而且还将由于绕组内部的电磁振荡在工频试验变压器匝间或层间绝缘上引起过电压。为此，在工频试验变压器高压出线端串联一个保护电阻 r，其作用一是限制短路电流，二是阻尼放电回路的振荡过程。保护电阻 r 的数值不宜太大或太小，阻值太小短路电流会过大，起不到应有的保护作用；阻值太大会在正常工作时由于负载电流而有较大的电压降和功率损耗，从而影响加在被试品上的电压值。r 的数值一般可按将回路放电电流限制到工频试验变压器额定电流的 $1\sim4$ 倍来选择，通常取 $0.1\Omega/\text{V}$。另外，保护电阻还应有足够的热容量和足够的长度，以保证当被试品击穿时不会发生沿面闪络。

6.1.2　试验变压器的结构形式及容量

高压试验变压器大多采用油浸式变压器，这种变压器有金属壳和绝缘壳（筒）两类。金属壳变压器又可分为单套管和双套管两种。单套管试验变压器的高压绕组一端可与外壳直接相连，但为了测量上的方便，常将此端经一个几千伏的小套管引到外面再与外壳一起接地，如有必要可经过测量仪表后再与外壳一起接地。这种结构多用于 300kV 以下的试验变压器中。图 6-2 为一双套管试验变压器的结构示意，高压绕组分成两部分绕在铁心上，中点与铁心相连，两端点各经过一只套管引出，X 端接地。因此，高压绕组和套管对铁心、外壳的绝缘只需按全电压的一半来考虑，变压器外壳对地的绝缘也按全电压的一半来考虑。这种结构大大减轻了变压器

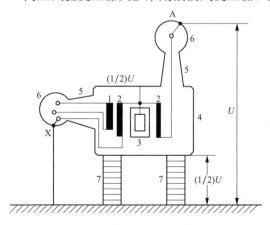

图 6-2　双套管试验变压器
1—低压绕组；2—高压绕组；3—铁心；4—油箱；
5—瓷套管；6—屏蔽电极；7—瓷支柱

内绝缘的负担，从而大大降低绝缘的成本和制造难度，特别适用于 1000～1500kV 以上串级试验变压器所构成的交流高电压试验装备。

绝缘壳式试验变压器是以绝缘壳（通常为环氧玻璃布筒或瓷套）来作为容器，同时又用它作为外绝缘，以省去高压引出套管。其铁心和绕组与双套管金属壳变压器相同，只是铁心的两柱常常是上下排列的（也有左右排列的）。铁心需要用绝缘支撑起来，高压绕组的高压端 A 从绝缘壳上端穿出，与金属上盖连在一起，接地端 X 以及低压绕组两端则从绝缘壳下端的适当位置引出。这种结构体积小、质量轻、成本也低，有显著的优点。

由于被试品大多为电容性，已知被试品的电容量（参见表 6-1）及所加的试验电压值时，便可计算出试验电流及试验所需的变压器容量，即

$$I = 2\pi fCU \times 10^{-9} \quad \text{(A)} \tag{6-1}$$

$$P = 2\pi fCU^2 \times 10^{-9} \quad \text{(kVA)} \tag{6-2}$$

式中：U 为试验电压（有效值），kV；C 为试品电容量，pF；f 为电源频率，Hz。

表 6-1　　　　　　　　　　　　　常 见 试 品 的 电 容 量

试品名称	线路绝缘子	高压套管	高压断路器、电流互感器、电磁式电压互感器	电容式电压互感器	电力变压器	电力电缆（m）
电容值（pF）	<50	50～600	100～1000	3000～5000	1000～15000	150～400

当单台试验变压器的电压超过 500kV 时，制造成本随电压的上升而迅速增加，同时在机械结构和绝缘设计上都有很大困难，此外运输与安装亦有困难。所以，目前单台试验变压器的额定电压很少超过 750kV。需要 1000kV 以上的电压时，常采用几台变压器串接的方法，即将几台变压器高压绕组的电压相叠加，从而使单台变压器的绝缘结构大为简化。

图 6-3 所示为一种常用的三级串级试验变压器的连接方式。图中后一级的变压器励磁电流是由前一级的变压器来供给。设该装置输出的额定试验容量为 3UI，则最后一级变压器 T3 的高压绕组额定电压为 U，额定电流为 I，装置的额定容量为 UI。中间一级变压器 T2 的装置额定容量为 2UI，这是因为 T2 除了要直接供给负荷 UI 的容量外，还得供给最后一级变压器 T3 的励磁容量 UI。同理，最前面一台变压器 T1 应具有的装置额定容量为 3UI。所以，每级试验变压器的装置容量是不相同的。如上例所述，当串级数为 3 时，则串级变压器的输出额定总容量为 $P_{ST} = 3UI$，而整套设备的装置总容量应为各变压器装置容量之和，即

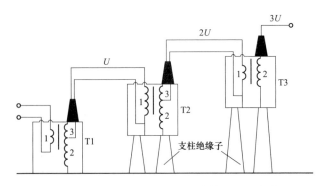

图 6-3　三台工频试验变压器串接的原理接线

1—低压绕组；2—高压绕组；3—供给后一级的励磁绕组

$$P_{SZ} = UI + 2UI + 3UI = 6UI \tag{6-3}$$

所以，试验容量 P_{ST} 与装置总容量 P_{SZ} 之比为 $1/2$。

由图 6-3 还可以看出，T2 和 T3 的外壳对地电位分别为 U 和 $2U$，因此二者应分别用绝缘水平为 U 和 $2U$ 的支撑绝缘子或瓷套将其支撑起来，保持对地绝缘。

6.1.3　试验变压器的调压装置

供给交流高压试验变压器电源的调压装置有自耦式调压器，移卷式调压器，感应式调压器和电动—发电机组。

自耦式调压器调压的特点为调压范围广、功率损耗小、漏抗小，对波形的畸变少，体积小，价格低廉。当试验变压器的功率不大时（单相不超过 10kVA），这是一种被普遍应用得很好的调压方式。但当试验变压器的功率较大时，由于调压器滑动触头的发热、部分线匝被短路等所引起的问题较严重，这种调压方式就不适用。

移卷式调压器不存在滑动触头及直接短路线匝的问题，故容量可做得很大，且可以平滑无级调压。但因移卷式调压器的漏抗较大，且随调压过程而变，这样会使空载励磁电流发生变化，试验时有可能出现电压谐振现象，出现过电压。这种调压方式被广泛地应用在对波形的要求不十分严格、额定电压为 100kV 及以上的试验变压器上。

特制的单相感应式调压器性能与移卷式调压器相似，但对波形的畸变较大，本身的感抗也较大，且价格较贵，故一般很少采用。

电动—发电机组调压方式能得到很好的正弦交流电压波形和均匀的电压调节，且不受电网电压质量的影响，可用于大容量试验变压器的调压。如果采用直流电动机作为原动机，则还可以调节试验电压的频率。但这种调压方式所需的投资及运行费用很大，运行和管理的技术水平也要求较高，故这种调压方式只适宜对试验要求很严格的大型试验基地应用。

6.2　直流高电压试验

电气设备常需进行直流高电压下的绝缘耐受试验，也称直流耐受试验，如测量设备的泄漏电流就需要施加直流高电压。另外，一些电容量较大的交流设备，如电力电缆，需用直流高电压试验来代替交流高电压试验；对于超特高电压直流输电设备，则更需要进行直流高电压试验。此外，一些高电压试验设备，如冲击高电压试验设备，也需用直流高电压作电源。因此，直流高电压试验设备是进行高电压试验的一项基本设备。

6.2.1　直流高电压试验的特点

直流耐压试验与测量直流泄漏电流的试验在方法上是一致的，但从试验的作用来看则有所不同，前者是试验绝缘强度，其试验电压较高；后者是检查绝缘情况，试验电压较低。目前在发电机、电动机、电力电缆、电容器等设备的绝缘预防性试验中广泛地应用直流耐压试验。它与交流耐压试验相比，主要有以下一些特点：

（1）在进行工频耐压试验时，试验设备的容量 $P = \omega C_X U^2$，对于试验电容量较大的试品时，需要较大容量的试验设备，这在一般情况下不容易办到。而在直流电压作用下，没有电容电流，故进行高压直流耐压试验时，只需供给较小的毫安级泄漏电流，试验设备可以做得体积小而且比较轻巧，适用于现场预防性试验的要求。

（2）在进行直流耐压试验时，可以同时测量泄漏电流，并根据泄漏电流随所加电压的变化特性来判断绝缘的状况，以便及早地发现绝缘中存在的局部缺陷。

（3）直流耐压试验比交流耐压试验更能发现电机端部的绝缘缺陷。其原因是交流电压作用下，绝缘内部的电压分布是按电容分布的，电机绕组绝缘的电容电流流向接地的定子铁心，使得离铁心越远的绕组绝缘上承受的电压越低。而在直流电压下，没有电容电流流经线棒绝缘，端部绝缘上的电压与所加电压相一致，有利于发现绕组端部的绝缘缺陷。

（4）直流耐压试验对绝缘的损伤程度比交流耐压小。交流耐压试验时产生的介质损耗较大，容易引起绝缘发热，促使绝缘老化变质，对被击穿的绝缘，其击穿损伤部分面积大，增加修复的困难。

（5）由于直流电压作用下在绝缘内部的电压分布和交流电压作用下的电压分布不同，因此不能用直流耐压试验完全代替交流耐压试验，在实际工作中应根据具体情况合理选择使用。

（6）直流耐压试验时，试验电压值的选择是一个重要的问题。如前所述，由于直流电压下的介质损耗小，局部放电的发展也远比交流耐压试验时弱，因此在直流电压作用下绝缘的击穿强度比交流电压作用下高。在选择直流耐压的试验电压值时，必须考虑到这一点，并主要根据运行经验来确定。例如对发电机定子绕组，按不同情况，其直流耐压试验电压值分别取 2～3 倍额定电压。直流耐压试验时的加压时间也应比交流耐压试验要长一些。如发电机试验电压是以每级 0.5 倍额定电压分阶段升高的，每阶段停留 1min，读取泄漏电流值。电力电缆试验时，在试验电压下持续 5min，以观察试验现象并读取泄漏电流值。

需要指出，一般直流高电压试验如同雷电冲击耐压一样通常都采用负极性试验电压。

6.2.2　直流高电压的产生

直流高电压试验设备的基本技术参数有三个：输出的额定直流电压平均值 U_{av}，相应的额定直流电流平均值 I_{av}，以及电压脉动系数 S（电压脉动幅值 δU 与直流电压平均值 U_{av} 之比）。根据相关规程规定，S 应不大于 3%。

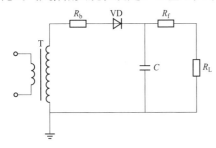

图 6-4　基本的半波整流回路

一般用整流设备来产生直流高电压，常用的整流设备是高压硅整流器（俗称高压硅堆）。图 6-4 所示为由高压硅堆组成的半波整流电路。它的原理和接线与电力电子技术中常用的低压半波整流电路基本一样，只是增加了一个保护电阻 R_b。这是为了限制试品（或电容器 C）发生击穿或闪络时，以及当电源向电容器 C 突然充电时通过高压硅堆和变压器的电流，以免损坏高压硅堆和变压器。对于在试验中因瞬态过程引起的过电压，R_b 和 C 也起抑制作用。R_b 阻值的选择应保证流过硅堆的短路电流（最大值）不超过允许的瞬时过载电流 I（最大值）。

如果没有负载（$R_L = \infty$），并忽略电容器 C 的泄漏电流，则充电完毕后，电容器 C 两端维持恒定电压 U_C，并等于变压器高压侧交流电压的最大值 U_m，即 $U_C = U_m$。而整流元件 VD 两端承受的反向电压 u_D 等于电容器 C 两端电压加上变压器高压侧交流电压，即 $u_D = U_C + U_m \sin\omega t$，如图 6-5 中的影线所示。最大反向电压为 $U_D = 2U_m$，显然整流元件能耐受的电压应大于 $2U_m$。

当接上负载后，在一个周期内，电容 C 的电荷变

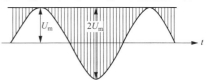

图 6-5　整流元件承受的反向电压

化量为零，平均电流为零，而通过负载的电荷 Q 是由充电电源经过整流元件 VD 供给的，所以通过整流元件的平均电流等于负载的平均电流。

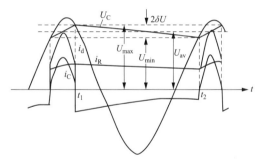

图 6-6　有负载时的半波整流回路的电压和电流波形

从图 6-6 可以看出，接上负载后，输出电压不再维持恒定，而是具有一定的电压脉动 $2\delta U$。

通常负载电阻 R_L 远大于保护电阻 R_b，为了便于分析起见，可忽略 R_b。设电容 C 的平均电压为 U_{av}（亦即负载的平均电压），负载的平均电流为 I_{av}，$I_{av} = \dfrac{U_{av}}{R_L}$，则在 $t_1 \sim t_2$ 电容放电期间，电容 C 通过负载放掉的电荷为

$$Q = I_{av}(t_2 - t_1) \approx I_{av}T = I_{av}\frac{1}{f} = \frac{U_{av}}{R_L}\frac{1}{f} \tag{6-4}$$

式中：T、f 分别为充电电源的周期和频率。

电容 C 因放掉电荷 Q 而产生的电压脉动为

$$2\delta U \approx \frac{I_{av}}{Cf} = \frac{U_{av}}{R_L Cf} \tag{6-5}$$

电压脉动系数为

$$S = \frac{\delta U}{U_{av}} \approx \frac{1}{2R_L Cf} \tag{6-6}$$

可见，电压脉动随负载电流增加而增大，增大电容量 C 或提高充电电源的频率 f 可以成比例地减小电压脉动。

充电电源对电容 C 和负载 R_L 供电时，会在保护电阻 R_b 上产生电压降（忽略变压器绕组电阻和整流元件的正向电阻压降），所以输出的直流电压将低于充电电压的幅值 U_m。电压降落的平均值为 $\Delta U_{av} = U_m - U_{av}$。

在进行直流高电压试验时，常在 C 和 R_L 之间再串联一个数千欧的电阻 R_f，这是为了限制 R_L 发生闪络或击穿时电容 C 的放电电流。

6.2.3　倍压整流

如欲得到更高的电压并充分利用变压器的功率，可采用图 6-7 所示的倍压整流电路。可以看出，图 6-7（a）所示倍压整流电路实质上是两个半波整流电路的叠加，近年来这种电路广泛地作为绝缘芯变压器直流高电压装置的基本单元。图 6-7（b）中，负半波期间充电电源经 VD1 向 C_1 充电达 U_m，正半波期间充电电源与 C_1 串联起来经 VD2 向 C_2 充电达 $2U_m$，这是目前直流高电压发生器中应用较多的基本倍压整流电路。图 6-7（c）所示为一种需两端绝缘的电源变压器的三倍压整流回路。

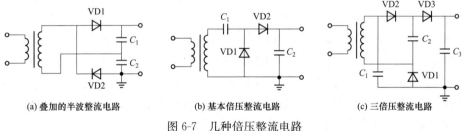

(a) 叠加的半波整流电路　　　　(b) 基本倍压整流电路　　　　(c) 三倍压整流电路

图 6-7　几种倍压整流电路

为了获得更高的直流电压，可以利用图 6-7（b）所示的倍压整流电路为基本单元组成串级直流高压发生装置，如图 6-8 所示。下面简要地阐述这种电路的工作原理。当 1 点电位为负时，整流元件 VD2 闭锁，VD1 导通；电源经 VD1 向电容 C_1 充电，3 端为正，1 端为负；电容 C_1 上最大可能达到的电位差为接近于 U_m；此时 3 点的电位接近于地电位。当电源电压由 $-U$ 逐渐升高时，3 点的电位也随之被抬高，此时 VD1 便闭锁。当 3 点的电位比 2 点高时（开始时 C_2 尚未充电，2 点电位为零），VD2 导通，电源经 C_1、VD2 向 C_2 充电，2 点电位逐渐升高（对地为正），电容 C_2 上最大可能达到的电位差为接近于 $2U_m$。当电源电压由 $+U$ 逐渐下降，3 点电位即随之降落。当 3 点电位低于 2 点电位时，整流元件 VD2 闭锁，VD3 导通，C_2 经 VD3 向 C_3 充电。当 1 点电位继续下降到对地为负时，电容 C_3 上最大可能达到的电位差为接近于 $2U_m$。当电源电压再次变正后，电源电压和 C_1 与 C_3 上的电压串联通过 VD4 向 C_4 充电，使电容 C_4 上最大可能达到的电位差为接近于 $2U_m$。之后重复上述过程。图 6-9 所示为各节点的对地电压波形。如果负荷电流为零，且略去整流元件的压降，则理论上最后 5 点电位将在 $(+2\sim+4)U_m$ 范围内变化，而 4 点的输出直流电压可达 $+4U_m$。

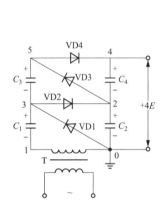 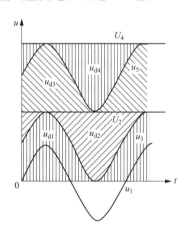

图 6-8　两级串级直流高压装置接线图　　图 6-9　各节点对地电压波形

采用上述单元电路串接起来可以实现多倍压整流电路。当这种电路串接级数增加时，电压降落和脉动度增大甚烈。

6.3　冲击高电压试验

电力系统中的高电压电气设备，除了承受长时间的工作电压作用外，在运行过程中还可能会承受短时的雷电过电压和操作过电压的作用。冲击高电压试验就是用来检验高压电气设备在雷电过电压和操作过电压作用下的绝缘性能或保护性能。由于冲击高电压试验本身的复杂性等原因，电气设备的交接及预防性试验中，一般不要求进行冲击高电压试验。

雷电冲击电压试验采用全波冲击电压波形或截波冲击电压波形，这种冲击电压持续时间较短，约数微秒至数十微秒，它可以由冲击电压发生器产生。操作冲击电压试验采用操作冲击电压波形，其持续时间较长，数百至数千微秒，它可利用冲击电压发生器产生，也可利用变压器产生。现代冲击电压发生器一般既可以产生雷电冲击电压波，也可以产生操作冲击电压波。本节仅对产生全波的冲击电压发生器进行简单介绍。

6.3.1 冲击电压的产生

产生冲击电压的原理电路如图 6-10 所示。图中，主电容 C_1 在被间隙 G 隔离的状态下由整流电源充电到稳态电压 U_0。间隙 G 被点火击穿后，电容 C_1 上的电荷一边经电阻 R_2 放电，同时也经 R_1 对 C_2 充电。因被试品的电容可以等效地并入电容 C_2 中（C_2 也称为负荷电容），故此时在被试品上形成上升的电压波头。C_2 上电压被充到最大值后，反过来经 R_1 与 C_1 一起对 R_2 放电，在被试品上形成下降的电压波尾。一般选择 R_2 比 R_1 大得多，这样就可以在 C_2 上得到所要求的波前较短（波前时间常数 $\tau_1 \approx R_1 C_2$ 较小）而波长较长（波尾时间常数 $\tau_2 \approx R_2 C_1$ 较大）的冲击电压波形。输出电压峰值 U_m 与 U_0 之比，称为冲击电压发生器的利用系数 η，由于 U_m 不可能大于由冲击电容上的起始电荷 $U_0 C_1$ 分配到 $C_1 + C_2$ 后所决定的电压，即

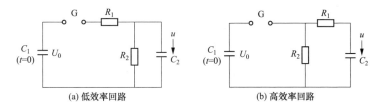

图 6-10 产生冲击电压的原理电路

$$U_m \leqslant U_0 \frac{C_1}{C_1 + C_2} \tag{6-7}$$

所以

$$\eta = \frac{U_m}{U_0} \leqslant \frac{C_1}{C_1 + C_2} \tag{6-8}$$

可见，为了提高冲击电压发生器的利用系数，应该选择 C_1 远大于 C_2。

如上所述，由于一般选择 $R_2 C_1 \gg R_1 C_2$，在图 6-10（b）中，在很短的波前时间内，C_1 对 R_2 放电时，对 C_1 上的电压没有显著影响，所以图 6-10（b）的利用系数主要决定于上述电容间的电荷分配，即

$$\eta_b \approx \frac{C_1}{C_1 + C_2} \tag{6-9}$$

在图 6-10（a）中，除了电容上的电荷分配外，影响输出电压幅值 U_m 的还有在电阻 R_1、R_2 上的分压作用。因此，图 6-10（a）的利用系数可近似地表示为

$$\eta_a \approx \frac{R_2}{R_1 + R_2} \frac{C_1}{C_1 + C_2} \tag{6-10}$$

比较式（6-9）及式（6-10）可知，$\eta_b > \eta_a$。所以，图 6-10（a）称为低效率回路，图 6-10（b）称为高效率回路。其中图 6-10（b）应用较多，为冲击电压发生器的基本接线方式。

下面以图 6-10（b）为基础来分析电路元件与输出冲击电压波形的关系。

为使问题简化，在决定放电波前时，可忽略 R_2 的作用，即将图 6-10（b）简化成如图 6-11（a）所示电路。这样 C_2 上的电压可表示为

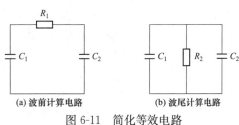

图 6-11 简化等效电路

$$u(t) = U_m(1 - e^{-\frac{t}{\tau_1}}) \tag{6-11}$$

$$\tau_1 = R_1 \frac{C_1 C_2}{C_1 + C_2} \tag{6-12}$$

根据标准冲击电压波形的定义，当 $t = t_1$ 时，$u(t_1) = 0.3U_m$；$t = t_2$ 时，$u(t_2) = 0.9U_m$，即

$$0.3U_m = U_m(1 - e^{-\frac{t_1}{\tau_1}}) \tag{6-13}$$

$$0.9U_m = U_m(1 - e^{-\frac{t_2}{\tau_1}}) \tag{6-14}$$

波前时间为

$$T_1 = 1.67(t_2 - t_1) = 1.67\tau_1 \ln 7 = 3.24R_1 \frac{C_1 C_2}{C_1 + C_2} \tag{6-15}$$

由于对 R_2 放电的存在，实际的放电波前时间将比式（6-15）所示的值稍小一些。

当负荷电容 C_2 上的电压被充到峰值后，放电波前阶段即告结束；接着是 C_1 和 C_2 共同对 R_2 放电，开始进入放电波尾阶段。由于 $C_1 \gg C_2$，故对 R_2 放电电流中的主要分量是由 C_1 提供的。对于图 6-11（b）所示等效电路，C_2 上电压随时间的变化可用近似表达为

$$u(t) = U_m e^{-\frac{t}{\tau_2}} \tag{6-16}$$

$$\tau_2 = R_2(C_1 + C_2) \tag{6-17}$$

根据标准冲击电压波形的定义

$$0.5U_m = U_m e^{-\frac{T_2}{\tau_2}} \tag{6-18}$$

得到半峰值时间为

$$T_2 = \tau_2 \ln 2 = 0.7\tau_2 = 0.7R_2(C_1 + C_2) \tag{6-19}$$

应该说，对图 6-10（a）或（b）所示电路进行精确计算也是不难做到的，但得到的结果仍只能是参考值。获得满足要求的冲击放电波形还必须有待于实测，并根据实测结果进一步调整放电回路中的某些参数。这是因为放电回路中还存在各种寄生电感，等效电路中 C_2 的值包括被试品电容、测量设备电容、连线电容等。特别是被试品电容会经常改变，其变化幅度也可能较大；各级间隙电弧的电阻也未计入。显然，这些影响因素都很难准确估计，所以上述的近似计算可认为是简易和工程可行的。

6.3.2 多级冲击电压发生器

想要利用上述单级电路获得几百千伏以上的冲击电压是有困难的，也是不经济的。改进的办法是采用多级回路，使多级电容器在并联接线下充电，然后设法将各级电容器在某瞬间串联起来放电，即可获得很高的冲击电压。适当选择放电回路中各元件的参数，即可获得所需的冲击波形。

多级冲击电压发生器的基本电路如图 6-12 所示（以三级为例）。先由变压器 T 经整流元件 VD 和充电电阻 R_{ch} 使并联的各级主电容 C_1、C_2、C_3 充电，达稳态时，点 1、3、5 的对地电位为零，点 2、4、6 的对地电位为 $-U_0$。充电电阻 $R_{ch} \gg$ 波尾电阻 $R_2 \gg$ 阻尼电阻 R_g。各级球隙 G1~G4 的击穿电压调整到稍大于 U_0。充电完成后，使间隙 G1 触发击穿（触发点火装置见后述），此时点 2 的电位由 $-U_0$ 突然升到零，主电容 C_1 经 G1 和 R_{ch1} 放电。由于 R_{ch1} 的阻值很大，故放电进行得很慢，且几乎全部电压都降落在 R_{ch1} 上，使点 1 的对地电位上升到 $+U_0$。当点 2 的电位突然升到零时，经 R_{ch4} 也会对 C_{p4} 充电，但因 R_{ch4} 的值很大，在极短时间内，经 R_{ch4} 对 C_{p4} 的充电效应是很小的，点 4 的电位仍接近为 $-U_0$，于是间隙 G2 上的电位

差就接近于 $2U_0$，促使 G2 击穿。接着主电容 C_1 通过串联电路 G1—C_1—R_{g2}—G2 对 C_{p4} 充电；同时又串联 C_2 后对 C_{p3} 充电；由于 C_{p4}、C_{p3} 的充电几乎是立即完成的，点 4 的电位立即升到 $+U_0$，而点 3 的电位立即升到 $+2U_0$；与此同时，点 6 的电位却由于 R_{ch6} 和 R_{ch5} 的阻隔，仍接近维持在原电位 $-U_0$；于是间隙 G3 上的电位差就接近于 $3U_0$，促使 G3 击穿。接着主电容 C_1、C_2 串联后经 G1、G2、G3 电路对 C_{p6} 充电；再串联 C_3 后对 C_{p5} 充电；由于 C_{p6}、C_{p5} 极小，R_{g2}、R_{g3} 也很小，故可以认为 C_{p6} 和 C_{p5} 的充电几乎是立即完成的；也即可以认为 G3 击穿后，点 6 的电位立即升到 $+2U_0$，点 5 的电位立即升到 $+3U_0$。P 点的电位显然未变，仍为零。于是间隙 G4 上的电位差接近于 $3U_0$，促使 G4 击穿。这样各级电容 $C_1 \sim C_3$ 就被串联起来，并经各级阻尼电阻 R_g 和波尾电阻 R_2 放电，形成主放电回路；同时串联电容 C 经 R_1 对负荷电容 C_X 充电，形成冲击电压波前。

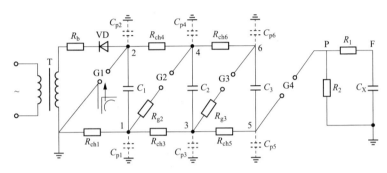

图 6-12　多级冲击电压发生器的基本电路

T. O.—试样

与此同时也存在各级主电容经充电电阻 R_{ch}、阻尼电阻 R_g 和中间球隙 G 的内部放电。由于 R_{ch} 的值足够大，这种内部放电的速度比主放电的速度慢很多，因而可以认为对主放电没有明显的影响。

中间球隙击穿后，主电容对相应各点杂散电容 C_p 充电的回路中总存在某些寄生电感，这些杂散电容的值又极小，这就可能引起一些局部振荡。这些局部的振荡将叠加到总的输出电压波形上去。欲消除这些局部振荡，就应在各级放电回路中串入阻尼电阻 R_g，主放电回路也应保证不产生振荡。

应用最多的点火触发方法是采用三电极球间隙，如图 6-13 所示。调节主间隙的击穿电压略大于上球的充电电压，在下球针极上施加一点火脉冲，其极性与上球充电电压极性相反，此脉冲不仅增强了主间隙的场强，而且使针极与球极之间击穿燃弧，有效地触发主间隙击穿。

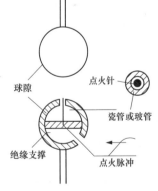

图 6-13　点火球隙

6.4　冲击大电流试验

电气设备遭受雷击过电压或者操作过电压时，不仅由于高电场会使设备的绝缘部件击穿，而且流过的大电流引起的焦耳热和电动力作用也会对材料造成破坏。所以，需要产生这些大电流的试验设备，即冲击电流发生器，用来检验电气设备耐受实际雷电流或操作波电流的热和电动力的能力。通常这些设备的容量不是很大，冲击电流的幅值为几千安或者几十千安。除了电工领域，冲击电流发生器在核物理、加速器、激光、脉冲功率等领域也得到了广泛的应用。而且在这些领域中，对冲击电流幅值的要求更高，可达几百千安甚至兆安。

根据 IEC 和我国相关标准规定，标准冲击电流波形分为指数波和方波两类，如图 6-14 所示。指数波以波前时间/半峰值时间（T_f/T_t）表示，有 $1/20\mu s$、$4/10\mu s$、$8/20\mu s$ 和 $30/80\mu s$ 四种。方波以峰值持续时间（T_d）表示，有 500、1000、2000μs 及 2000～3200μs 四种。对于指数型冲击电流波的峰值、波前时间和半峰值时间的容许偏差均为 ±10% 以内，而方波冲击电流的峰值及峰值持续时间 T_d 的容许偏差为 0%～20%。

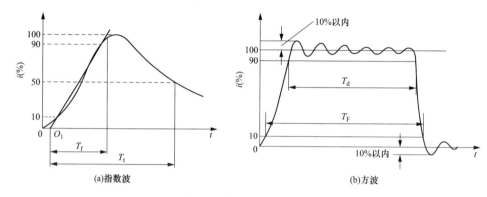

(a)指数波   (b)方波

图 6-14   标准冲击电流波形

6.4.1   冲击电流发生器的基本原理

图 6-15 为冲击电流发生器的基本原理图。图中，C 为多个并联电容器的电容总值；L 和 R 为包括电容器、回路连线、分流器、球隙以及试品上火花在内的电感及电阻值，在某些情况下也包括为了调波所外加的电感和电阻值；G 为点火球隙，VD 为硅堆，r 为保护电阻，T 为充电变压器，T.O. 为试品，S 为分流器，C_1 和 C_2 为分压器，CRO 为示波器。分压器用来测量试品上的电压；分流器实际上是个无电感的小电阻，用于测量流经被试品的电流。

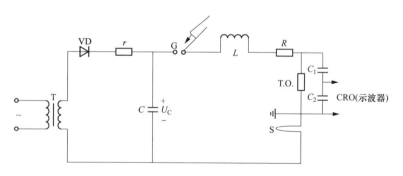

图 6-15   冲击电流发生器基本原理图

冲击电流发生器的作用原理与单级冲击电压发生器基本相同。工作时先由整流电源向电容器组充电到所需电压，然后送一触发脉冲到三电极球间隙 G，使 G 击穿，于是电容器组 C 经 L、R 及被试品放电。根据充电电压的高低和回路参数的大小，可产生不同大小的脉冲电流。

由图 6-15 可知，冲击电流发生器实质上是个 RLC 放电回路，其 R 表示放电时回路中所有元件的电阻值总和。由电路原理可知，按回路阻尼条件的不同，放电可分为三种情况：

（1）过阻尼情况，即 $R>2\sqrt{L/C}$，此时放电电流为非周期脉冲电流，有

$$i(t)=\frac{U_\mathrm{c}}{\sqrt{\alpha^2-1}}\sqrt{\frac{C}{L}}\mathrm{e}^{-\alpha(t/\sqrt{LC})}\sinh\left(\sqrt{\alpha^2-1}\,\frac{t}{\sqrt{LC}}\right) \qquad (6-20)$$

$$I_\mathrm{m}=\sqrt{\frac{2W}{L}}f(\alpha) \qquad (6-21)$$

$$\left(\frac{\mathrm{d}i}{\mathrm{d}t}\right)_{\max}=\left(\frac{\mathrm{d}i}{\mathrm{d}t}\right)_{t=0}=\frac{U_\mathrm{c}}{L} \qquad (6-22)$$

$$\alpha=\frac{R}{2}\sqrt{\frac{C}{L}},\ W=\frac{1}{2}U_\mathrm{c}^2 C,\ f(\alpha)=\mathrm{e}^{\left(\frac{-\alpha}{\sqrt{\alpha^2-1}}\mathrm{arctanh}\frac{\alpha}{\sqrt{\alpha^2-1}}\right)}$$

（2）欠阻尼情况，即 $R<2\sqrt{L/C}$，此时放电电流为衰减的周期性振荡电流，有

$$i(t)=\frac{U_\mathrm{c}}{\sqrt{1-\alpha^2}}\sqrt{\frac{C}{L}}\mathrm{e}^{-\alpha(t/\sqrt{LC})}\sin\left(\sqrt{1-\alpha^2}\,\frac{t}{\sqrt{LC}}\right) \qquad (6-23)$$

$$I_\mathrm{m}=\sqrt{\frac{2W}{L}}f(\alpha) \qquad (6-24)$$

$$\left(\frac{\mathrm{d}i}{\mathrm{d}t}\right)_{\max}=\left(\frac{\mathrm{d}i}{\mathrm{d}t}\right)_{t=0}=\frac{U_\mathrm{c}}{L} \qquad (6-25)$$

$$f(\alpha)=\mathrm{e}^{\left(\frac{-\alpha}{\sqrt{1-\alpha^2}}\arctan\frac{\sqrt{1-\alpha^2}}{\alpha}\right)}$$

（3）临界阻尼情况，即 $R=2\sqrt{L/C}$，此时放电电流为非周期性脉冲电流，有

$$i(t)=\frac{U_\mathrm{c}}{L}t\,\mathrm{e}^{-t/\sqrt{LC}} \qquad (6-26)$$

$$I_\mathrm{m}=\mathrm{e}^{-1}\sqrt{\frac{2W}{L}} \qquad (6-27)$$

$$\left(\frac{\mathrm{d}i}{\mathrm{d}t}\right)_{\max}=\left(\frac{\mathrm{d}i}{\mathrm{d}t}\right)_{t=0}=\frac{U_\mathrm{c}}{L} \qquad (6-28)$$

由上述分析，可以得到如下两点：

（1）无论放电电流是周期性的还是非周期性的，脉冲电流的幅值 I_m 都与电容器组 C 中储存的能量 W、放电回路中的电感 L 有关。因此，要增加脉冲电流的幅值，可以增加电容器组中储存的能量，即提高电容器组的充电电压 U_c 和增加电容器组的数量，也可以减小 L。另外，$f(\alpha)$ 随放电回路电阻 R 减小而增加，为了增加脉冲电流幅值，也应尽可能减小 R。

（2）在上述三种情况下，脉冲电流的最大陡度相同，且只取决于充电电压 U_c 和电感 L，与电阻 R 无关。因此，为了提高电流陡度，应适当提高充电电压，尽量减小 L。

6.4.2　冲击电流发生器的结构

冲击电流发生器靠多个电容器并联放电来产生大电流，产生的冲击电流应从地上回路流归电容器，如有部分电流经接地系统流归电容器，将使地电位升高，引起安全事故或测量上的困难。因此，放电回路必须一点接地。通常为了测量和试验的方便，将被试品一端接地（见图 6-15），电容器组对地绝缘。此外，若试验中，电容器组要求有较高的充电电压，而单台电容器的额定电压不能满足要求时，可考虑将电容器分成若干个组，每组由多台电容器并联组成，但可根据试验要求，使几组串联放电。如图 6-16（a）中三组电容器是并联放电的，

而在图 6-16（b）中三组电容器串联放电，输出电压提高了 3 倍。这时各组电容器的电位不同，必须使电容器对地绝缘和组间绝缘。由此可见，在设计冲击电流发生器时，将电容器分组，并使组间对地绝缘，可增加设备的灵活性，但也难免会增大回路电感。

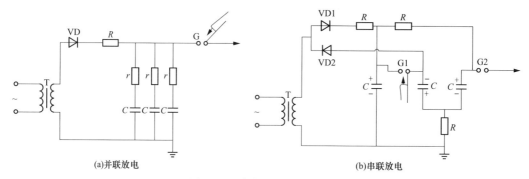

(a)并联放电   (b)串联放电

图 6-16   冲击电流发生器回路

根据前面的分析可知，为了使产生的冲击电流有尽可能大的幅值和陡度，在设计冲击电流发生器时，要尽量减小回路电感。回路总电感包括电容器中的残余电感、连线电感、球隙电感和被试品中的电感。减小电容器的电感，除了选用电感较小的脉冲电容器外，还可增加电容器的并联台数以减小连线电感；同时需要保证连线尽可能短；电流同向的连线应尽可能远离，使互感尽可能小；电流异向的连线尽可能靠近，使互感尽可能大。一般可选用同轴电缆做连线，或大的铝板做连线。减小球隙的电感，应缩小球隙的尺寸和火花的长度。

冲击电流发生器在布置电容器时大致可分环形排列和母线式排列两种形式。环形排列是将许多电容器均匀地排列成一个不闭口的圆环或方框，如图 6-17（a）、（b）所示，被试品在中心位置时，连线呈放射状，电容器出线至被试品的距离都相等或近似相等。这样可使电容器组对被试品的放电电流能在同一瞬间到达，叠加起来可产生最大的电流幅值。但这种布置方式占地面积较大，对试验大尺寸被试品很不方便。母线式排列是将电容器组按行列排列，如图 6-17（c）所示，电容器组与被试品之间的连线长度差别很大，电流不可能同时到达，但试区面积不受限制。

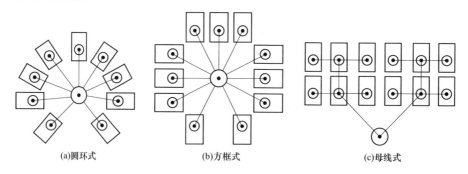

(a)圆环式   (b)方框式   (c)母线式

图 6-17   冲击电流发生器回路

6.5   稳态高电压的测量

由于在进行工频交流高电压或直流高电压试验时，施加电压的高低和波形通常处于相对稳定状态，即不发生电磁暂态过程，因此又将工频交流高电压和直流高电压称为稳态高电压。本章介绍的测量装置和方法也以适应这两种试验电压为主，但是在有些方面也可用于高频高电压或脉动分量较大的直流高电压测量。

国家标准对高电压测量的准确度要求为：

（1）交流高电压峰值或有效值的测量误差不大于±3％；

（2）直流电压平均值的测量误差不大于±3％；

（3）谐波电压的测量误差不大于实际谐波幅值的 10％ 及基波幅值的 1％ 这两数值中的较大者。

常用的稳态高电压测量的装置主要有静电电压表、分压器和球隙等。

6.5.1　静电电压表

图 6-18 为静电电压表的原理示意图。两个带电荷的板极之间存在着静电力。如果使一个带电极板固定，另一个可动，则在静电力的作用下，可动带电极板发生运动。如果用某种方式加外力于可动的带电极板，使之能与静电力平衡，就可由所加外力的大小知道在两个带电极板之间静电力的大小。通

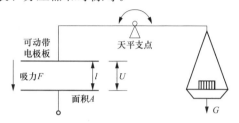

图 6-18　静电电压表的原理示意图

常用两个相互绝缘的金属电极作为带电极板，加电压于两电极间，则两电极上带有相反极性的电荷。在上述平衡状态下，静电力的大小与电极上的电荷多少有关，因而与电极间的电压大小有关。因此，测定了平衡力就能知道电压的大小。

假设有一对平行平板电极，其面积为 A，距离为 l，加在两电极间的电压为 U。忽略边缘效应，电极间为均匀电场，则两极板间的能量为

$$W = \frac{1}{2}CU^2 = \frac{\varepsilon}{2}\frac{A}{l}U^2 \tag{6-29}$$

如此时电极间的吸力为 F，则极板由于吸力而移动 $\mathrm{d}l$ 时所做的功为 $F\mathrm{d}l$，它在数值上等于极板间电能的增量 $\mathrm{d}W$。在保持电压 U 不变的情况下有

$$\mathrm{d}W = \frac{\varepsilon A}{2}U^2\left(\frac{1}{l-\mathrm{d}l} - \frac{1}{l}\right) \tag{6-30}$$

在 $\mathrm{d}l$ 甚小时有

$$\mathrm{d}W \approx \frac{\varepsilon A}{2}U^2\left[\frac{1}{l}\left(1+\frac{\mathrm{d}l}{l}\right) - \frac{1}{l}\right] = \frac{\varepsilon A}{2}U^2\frac{\mathrm{d}l}{l^2} \tag{6-31}$$

由上述可得

$$F\mathrm{d}l = \mathrm{d}W = \frac{\varepsilon A}{2}\frac{U^2}{l^2}\mathrm{d}l \tag{6-32}$$

故

$$F = \frac{\varepsilon A}{2}\frac{U^2}{l^2} \tag{6-33}$$

此时，F 在数值上和外施的平衡力相等。如果测定了平衡力，即可求出电压为

$$U = l\sqrt{2F/\varepsilon A} = \sqrt{2Fl/C} \tag{6-34}$$

式中：ε 为介电常数；C 为极板间的电容。

由式（6-33）可以看出，电极上所受的力和电压的平方成正比。由测量仪表的一般原理可知，此时平衡力（也就是仪表的指示）反映的是电压的有效值。如果电压是纯粹的直流，

则仪表的指示就是直流电压的大小。测量带脉动的直流电压时，如果它的平均值为 U_{av}，脉动分量的幅值为 δU，则仪表的指示值为脉动分量有效值的平方加上 U_{av}^2 后的平方根。一般说脉动分量不是正弦值。为简单计，仅考虑其正弦基波分量，并认为其幅值就是 δU，则脉动分量的有效值为 $\delta U/\sqrt{2}$，因此仪表指示的电压为

$$U = \sqrt{U_{av}^2 + (\delta U/\sqrt{2})^2} = \sqrt{U_{av}^2 + (\delta U)^2/2} \qquad (6\text{-}35)$$

显然 U 与 U_{av} 不相等。但当 $\delta U/U_{av}$ 较小时，二者的差别很小。对于符合规定的试验用直流电压，$\delta U/U_{av}$ 应不大于 0.03。以 $\delta U/U_{av} = 0.03$ 计，由式（6-35）可得 $U/U_{av} = \sqrt{1^2 + 0.03^2/2} = 1.0004$。因此，用静电电压表来测量符合标准的直流电压，其指示值实际上等于直流电压平均值，即使 $\delta U/U_{av} = 0.2$，U 与 U_{av} 之差也不大于 U_{av} 的 1%。但如 $\delta U/U_{av}$ 再大，就不能不考虑指示值的误差了。

　　静电电压表高低压电极之间的电容不大，为 5～50pF，极间绝缘电阻很高，因此其内阻极高，在测量工频交流电压时的吸收功率极小，表计的接入一般不会引起被测电压的变化。但如果电源内阻很大，容量很小，如测很小的电容上的电压时，就要考虑表计接入的影响。由于静电电压表的容抗是随频率升高而减小的，在测量高频电压时，表计的影响也不能忽视。

6.5.2　电阻分压器

　　电阻分压器的高压臂电阻是一个能承受高电压且数值稳定的大电阻，由多个电阻元件串联而成，装在一个绝缘支架上，上端接高电压，下端接低压臂电阻。

　　高压臂电阻存在着对地电容，并沿电阻高度按一定规律分布，整个电阻分压器是一个由电阻和电容构成的复杂阻抗。当工频交流高压作用于分压器时，输入与输出的关系不仅在数值上与纯电阻不同，而且还存在相位差，且阻值越大，或对地电容越大，测量误差也越大。对地电容的数值还和电阻体的高度有关，测量的电压越高，电阻值越大，高度也增加，测量误差变大。

　　为了减少误差，可用较低阻值的电阻，增加流过分压器的电流，降低对地电容的影响。另外，还可以将高压臂电阻分段屏蔽起来，由辅助电阻对各段屏蔽供电，也可使通过电阻的电容电流大为减少，误差也随之减小。考虑到上述原因，一般情况下用电阻分压器测量工频交流高压的范围在 100kV 以内。实际测量中，交流高压臂电阻用得并不多。

　　直流高压的测量接线如图 6-19 所示。被测电压为

$$U_1 = U_2 \frac{R_1 + R_2}{R_2} \qquad (6\text{-}36)$$

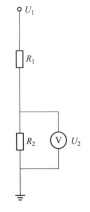

图 6-19　直流高压的测量接线

其中，$(R_1 + R_2)/R_2$ 为电阻分压器的分压比。使用电阻分压器时，应选用内阻极高的电压表，如静电电压表、晶体管电压表、数字电压表或示波器等，以免由于表计的接入而改变电阻分压器的分压比。

　　由于高压直流电源的容量较小，为了使 R_1 的接入不致影响其输出电压，也为了使 R_1 本身不致过热而造成高压臂电阻值的不稳定，通过 R_1 的电流不应太大。此外，这一电流也不应太小，以免由于电晕放电和绝缘支架的漏电流而造成测量误差。一般按照通过 R_1 的电流为 0.1～1mA 来选取 R_1 值。将 R_1 放在绝缘筒中，并充以绝缘油，可以抑制或消除电晕放电和表面泄漏以及降低温升，从而提高 R_1 阻值的稳定性。

6.5.3　电容分压器

测量工频高电压常采用电容分压器。其测量电路由高压臂电容 C_1 和低压臂电容 C_2 串联而成，如图 6-20 所示。图中，C_2 的两端为输出。

为了防止外电场对测量电路的影响，通常用高频同轴电缆来传输分压信号。当然该电缆的电容应计入低压臂的电容量中。

测量仪表在被测电压频率下的阻抗应足够大，至少要比分压器低压臂的阻

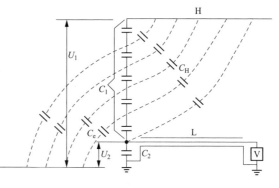

图 6-20　工频分压器测量电路

抗大几百倍。为此最好采用高阻抗的静电式仪表或电子式仪表（包括示波器、峰值电压表等）。

若略去杂散电容的影响不计，则电容分压器的分压比为

$$K = \frac{U_1}{U_2} = \frac{C_1 + C_2}{C_1} \tag{6-37}$$

由于分压器各部分总是存在对地杂散电容（C_e）和对高压端杂散电容（C_H），会在一定程度上影响其分压比，因此测量时会产生一定的幅值误差。不过只要周围环境不变，这种影响就将是固定的，并不随被测电压的幅值、频率、波形或大气条件等因素而变。所以，对一定的环境，只要一次准确地测出其分压比，则此分压比即可适用于各种工频高电压的测量。虽然如此，人们仍然希望尽可能使各种杂散电容的影响减小，为此对无屏蔽的电容分压器应适当增大高压臂的电容值。建议以 pF 计的分压器其总电容数值不小于（30～40）h，这里 h 为分压器的高度，以 m 计。

电容分压器的另一个优点是几乎不吸收有功功率，不存在温升和随温升而引起的各部分参数的变化，因而可以用来测量很高的电压。当然应该注意高压部分的电晕放电，为此应在分压器的顶部加装均压罩，各电容相连接的法兰处加装均压环。

6.5.4　球隙

由第三章知道，较均匀电场短间隙的伏秒特性在 $t \geqslant 1\mu s$ 范围内几乎是一条水平直线，且分散性较小，不同的间隙距离具有一定的与之相对应的击穿电压。球隙就是利用这个原理

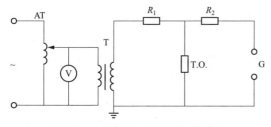

图 6-21　球隙测量交流电压接线图

来测量各种类型的高电压。用球隙测量交流电压的接线图如图 6-21 所示。图中，AT 为调压器，T 为试验变压器，R_1 为保护变压器用的防振电阻，R_2 是与球隙串联的保护电阻，G 为球隙。

国际电工委员会对测量用球隙的结构、布置、连接和使用制定了标准。标准球隙包括两个直径相等的金属球电极、适当的球杆、操动机构、绝缘支撑物以及连接被测电压的引线。整体球隙测量装置可以垂直布置，也可以水平布置，但水平布置球隙的球径不超过 25cm。球电极一般都用紫铜或黄铜制造，球面要光滑，曲率要均匀。

国际电工委员会制定了标准球隙的距离与工频击穿电压（峰值）在标准大气条件下的关

系表，如附录所示，其误差不超过 3%。

用球隙测工频电压，应取连续三次击穿电压的平均值，相邻两次击穿间隔时间不得小于 1min，各次击穿电压与平均值之间的偏差不得大于 3%。

如测量时的大气条件不同于标准大气条件，则应按第三章中所述方法予以校正。当球隙击穿时，为了限制流过球隙的工频电流不致灼伤球面，仅靠前述的变压器保护电阻 R_1 是不够的，必须另串联一个球隙保护电阻 R_2。R_2 的另一个作用是防止由于球隙击穿而产生极陡的截波电压和瞬时振荡电压加在被试品上。

从上述作用出发，要求 R_2 的值要尽量大一些，但也应照顾到在球隙击穿以前流过球隙电容的电流在此电阻上的压降不能太大，以免影响测量的准确度，即此电压降不应超过被测电压的 1%。R_2 的数值一般在 100～1000kΩ 范围内，如电压高、球径大，阻值应取大一些；反之，则应取小一些。

6.6　冲击高电压的测量

由于冲击高电压（雷电冲击和操作冲击高电压）是一种非周期性快速变化的脉冲高电压，又可称为暂态高电压，因此测量冲击高电压的仪表和测量系统必须具有良好的瞬变响应特性。冲击高电压的测量包括峰值测量和波形记录两个方面，目前最常用的测量冲击高电压的装置有：冲击分压器加示波器、冲击分压器加峰值电压表和测量球隙。

冲击分压器峰值电压表和测量球隙只能测量冲击高电压峰值；冲击分压器加示波器则能记录波形，即不仅指示峰值而且能显示电压随时间的变化规律。

6.6.1　冲击分压器加示波器测量系统

冲击分压器加示波器测量系统是测量冲击高电压的主要装置，不仅能测出冲击高电压的峰值，还能显示及记录其波形。整个测量系统包括：从被试品到分压器高压端的高压引线、分压器，以及将分压器与示波器连接起来的同轴电缆和示波器。如果只要求测量冲击高电压的峰值，则可用冲击峰值电压表代替示波器。

1. 测量系统响应特性要求

冲击高电压测量系统性能的好坏，除了对幅值测量准确度的要求外，还要对波形测量的准确性做要求，即频率响应特性。通常用方波响应来对冲击高电压测量系统的频率响应进行评价。当在测量系统输入端施加一个单位方波电压时，在系统的输出端得到一个输出电压，这时输出电压波形即称为方波响应。方波响应反映了该测量系统对外施方波电压的畸变程度，直观地表达了该系统性能的好坏。根据方波响应，通过计算能够求出该系统在测量某一波形的试验电压的幅值误差和时间误差。

由于测量系统本身以及外界影响因素的差别，测量系统的方波响应可以有不同的形状，但大体上可分为两类：一类是非振荡型或 RC 型的，如图 6-22（a）所示；另一类是振荡型或 RLC 型的，如图 6-22（b）所示。方波响应的重要参数之一是响应时间 T，其定义如图 6-22 所示，它是以幅值为 1 的方波和响应波形 $g(t)$ 之间包围的面积来表示，即

$$T = \int_0^\infty [1 - g(t)] dt \tag{6-38}$$

在图 6-22（b）所示的 RLC 型方波响应波形中，位于最终幅值线上面的部分（T_2、T_4

等）应取负值，所以

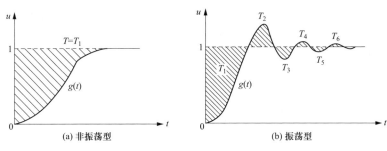

图 6-22 方波响应

$$T = T_1 - T_2 + T_3 - \cdots \tag{6-39}$$

式中：T_1 为部分响应时间。在 RC 型方波响应中，$T = T_1$。

响应时间 T 的大小反映测量系统误差的大小。为保证冲击测量的误差不超过规定值，GB/T 16927.2—2013 规定对测量系统方波响应的要求见表 6-2。

表 6-2	对测量系统方波响应的要求
被测冲击波	要求
$1.2/50\mu s$ 雷电冲击全波及在峰值或波尾处截断的雷电冲击全波	$\lvert T \rvert \leqslant 0.2\mu s$
线性上升的雷电冲击波	$\lvert T \rvert \leqslant 0.05 T_R$ 且 $\lvert T \rvert \leqslant 0.2\mu s$

注 T_R 为上升时间，上升部分从幅值的 0.1～0.9 间所需时间。

表 6-2 中，$\lvert T \rvert = 0.2\mu s$ 仅适用于非振荡型方波响应的系统。若测量系统的方波响应具有振荡时，应使部分响应时间 $T_1 = 0.2\mu s$，过冲限制在 20% 以内，否则应设法消除其振荡。当测量较陡的冲击高电压时尤需注意。

通常高电压冲击测量系统的尺寸都较大，引线较长，当测量变化非常快的电压时，由于波在其中传播需要一定的时间，必须知道包括分压器及引线在内的整个测量系统的响应特性。但在测量常见的雷电冲击高电压及操作冲击高电压时，测量系统的冲击响应特性主要决定于分压器的性能。因此，在下面只限于讨论冲击分压器的两种最重要的基本类型——电阻分压器和电容分压器的有关特性。

2. 电阻分压器加示波器测量系统

电阻分压器测量系统典型电路如图 6-23 所示。由于测量和安全方面的原因，示波器和分压器要隔开一段距离，一般从几米到几十米。为了避免输出波形受到周围电磁场的干扰，通常要用高频同轴电缆将分压器的低压臂和示波器连接起来。在电缆末端与示波器并联一个数值等于电缆波阻抗 Z 的匹配电阻 R_4，以避免波到达末端时发生反射。电缆波阻抗 Z 与分压器低压臂电阻 R_2 相并联，低压臂的等效电阻 $R = \dfrac{R_2 Z}{R_2 + Z}$，实际分压比为 $N = \dfrac{u_1}{u_4} = \dfrac{R_1 + R}{R}$。

电阻分压器的高压臂 R_1 通常用康铜或镍铜电阻丝以无感绕方式制成。它的高度应能承受

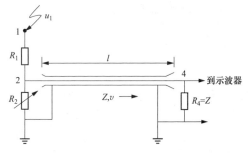

图 6-23 电阻分压器测量系统典型电路
Z—波阻抗；v—波的传播速度

冲击高电压最大值而不发生沿面闪络,在空气中能承受电压通常为 3～4kV/cm。由于高度较高,对地杂散电容的影响是使分压器响应特性变坏的主要原因。这个影响可以近似地用一个接在 R_1 中点的等效对地电容 C_{de} 来代表,如图 6-24 (a) 的等效电路所示。显然,其等效电路的方波响应属于 RC 型,可表示为

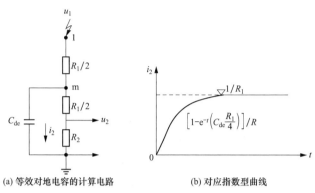

(a) 等效对地电容的计算电路　　　　　(b) 对应指数型曲线

图 6-24　分布电容对电阻分压器的影响

$$g(t) = 1 - e^{-\frac{t}{T_R}} \tag{6-40}$$

由于 $R_1 \gg R_2$,令 $R = R_1 + R_2 \approx R_1$,可求得时间常数 T_R 为

$$T_R \approx \frac{1}{4} R C_{de} \tag{6-41}$$

$g(t)$ 对应于图 6-24 (b) 所示的指数型曲线。利用式 (6-41) 可求得响应时间 T 即等于时间常数 T_R。假设分压器对地杂散电容 C_e 沿分压器高度均匀分布,C_e 为对地杂散总电容值,可以证明 $C_{de} = \frac{2}{3} C_e$,由此可得

$$T \approx \frac{1}{6} R C_e \tag{6-42}$$

对于垂直圆筒型分压器,C_e 可以取 15～20pF/m。以一个高 3m,$R = 10\text{k}\Omega$ 的 1MV 电阻分压器为例,对地杂散电容约为 60pF,于是响应时间 $T = 0.1\mu s$。由此可见,电阻分压器会使冲击高电压测量产生一定的波形误差,从而使其应用受到限制。

电阻分压器由于其结构简单、易于制作,在测量 1MV 及以下的冲击高电压时,采取一定的措施能达到较高的测量准确度,因此在 1MV 及以下的冲击高电压测量中使用还比较普遍。

3. 电容分压器加示波器测量系统

电容分压器测量系统典型电路如图 6-25 所示。分压器的高压臂为电容 C_1 (数值一般为数百至数千微法),通常由多个电容器串联叠装组成。低压臂为电容 C_2 (数值视所需分压比而定)。该典型电路中,不能像电阻分压器一样在测量电缆末端接上 $R_4 = Z$ 的匹配电阻,因为电缆波阻抗 Z 一般等于 50～100Ω,当冲击高电压到达幅值后,由于电压变化缓慢,并联的低值电阻 R 将使 C_2 很快放电,使所测到的波形畸变,造成误差。图 6-25 中的做法是在电缆入口处串接一电阻 $R_3 = Z$,这时进入电缆并向末端传播的电压等

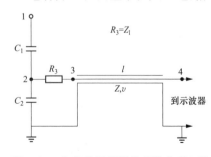

图 6-25　电容分压器测量系统典型电路

于 C_2 上电压的一半，波到达电缆末端后发生全反射，示波器记录到的电压增大一倍，刚好等于 C_2 上的电压。因此，分压比为

$$N_0 = \frac{u_1}{u_4} = \frac{C_1 + C_2}{C_1} \tag{6-43}$$

当反射电压波回到电缆首端时，由于在高频下 C_2 相当于短路，可认为首端所接就是与其匹配的电阻 R，从而避免或大大削弱了多次反射所造成的波形畸变。

以上的分析是电压波开始在电缆中传播时发生的过程。经过一定的时间后，即接近稳态时，电缆可看成是一个集中电容 C_K，且并联接在 C_2 上。因此，在稳态下的分压比为

$$N_\infty = \frac{u_1}{u_4} = \frac{C_1 + C_2 + C_K}{C_1} \tag{6-44}$$

通常 $C_K \ll C_2$，从而可以忽略 C_K 对分压比的影响。

与电阻分压器相同，电容分压器也有对地杂散电容存在。但由于分压器本体也是电容，对地电容的影响只会造成幅值误差而不会使波形畸变。为了减弱或消除杂散电容的影响，可以选用较大的高压臂电容并按实际条件校正分压器的刻度因数，且保证在测试时保持和校正时同样的环境条件。

顺便指出，目前在工程实际中还广泛采用一种并联阻容分压器，它是将电容分压器的每个电容元件上都并联一个相应的电阻，如图 6-26 所示。显然，这种分压器兼具电容分压器和电阻分压器的一些特点。如果阻容分压器的方波响应满足表 6-2 要求，一般情况下它既可测稳态高电压（直流高电压和交流高电压），又可测量冲击高电压，因此又称之为通用分压器。其在测量冲击高电压时的测量回路与电阻分压器相同。

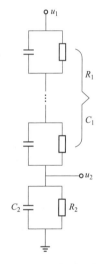

图 6-26　并联阻容分压器

脉冲示波器是用来记录迅速变化的一次过程的示波器，具有很高的记录速度。随着现代电子技术的高速发展，储存示波器在本领域得到广泛应用。存储示波器分为绝缘栅模拟存储示波器和数字式存储示波器两大类。

（1）绝缘栅模拟存储示波器。它是在荧光屏面板上增加了一块带绝缘栅的金属电极，当电子射线打到绝缘栅上时，对应该点的电位将被保持。需要显示被测波形时，启动示波管内设置的阅读枪。只要绝缘栅上的电位不会衰减，对应的波形信号将始终保持在示波器上而实现存储功能。

（2）数字式存储示波器。当脉冲电压输入时，由脉冲信号启动示波器的高速模拟/数字转换电路（A/D），转换后的数字量进入计算机数字存储单元并同时将记录的波形显示在荧光屏上。由于采取调用存储数字的显示方式，波形显示单元的工作原理与普通示波器相同，并且能使波形稳定地显示在荧光屏上。目前这一类存储示波器已得到广泛应用。

如果只需要测量冲击高电压的峰值，可以使用冲击峰值电压表代替示波器。峰值电压表是将被测信号经整流后向电容器充电，再经过脉冲延时和保持电路，由指示仪表读出被测信号的峰值。实际峰值与指示读数间的误差与波形有关，波越陡越短，误差越大。为防止干扰，要有良好的屏蔽，并通过同轴电缆与分压器相连。

6.6.2　用球隙测量冲击高电压峰值

前面已经提到，球隙在一定间隙距离和被测信号频率 MHz 范围内，有较平滑的伏秒特性，

不仅可以用来测量交流电压和直流电压，还可以用来测量冲击高电压。测量交直流电压时的许多规定，仍可用于冲击高电压测量。这里只介绍将球隙用于冲击高电压测量时的一些特点。

球隙可以测量正、负极性的雷电冲击高电压和长波尾冲击高电压。负极性冲击高电压与交流高电压、正负直流高电压共用一张冲击放电电压表格，正极性冲击高电压单独使用一张放电电压表格，见附录中的附表 1 和附表 2。从表中数据可知，球隙的正极性冲击放电电压值略高于负极性冲击放电电压值。此外，由于球隙放电有一定的时延，用球隙只能测量冲击全波或在波尾截断的截波峰值。如果波形更陡更短，上述标准放电电压表就不再适用了。

6.7 冲击大电流测量

冲击大电流测量包括电流峰值和波形的确定。高电压工程中常见的冲击大电流的峰值高达几千安到几百千安。波形通常为脉冲指数波和方波，属于暂态信号，指数波波前时间在微秒级，而最短的方波波前时间可达纳秒级，要准确测量高峰值和陡波前的冲击电流并不容易。目前，主要的测量方法为分流器与数字示波器（或数字记录仪）所组成的测量系统，也常用罗戈夫斯基线圈（Rogowski Coil）作为转换装置。

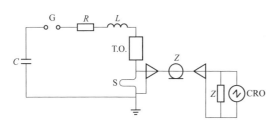

图 6-27 分流器与数字示波器组成的
冲击电流的测量电路

T. O.—试品；S—分流器；CRO—示波器；
Z—电缆及其匹配电阻

6.7.1 分流器加示波器测量法

图 6-27 所示为分流器与数字示波器组成的冲击电流测量系统的电路。分流器实际上是一个具有超低阻值（$0.1 \sim 10 \mathrm{m\Omega}$）和极低电感值的电阻器，能测量的冲击电流范围为几千安至几十千安，它的接入不应使放电回路内的冲击电流发生明显变化。示波器测得的是冲击电流流过分流器时产生的压降 $u(t)$，即

$$u(t) = R_S i(t) \qquad (6\text{-}45)$$

当 R_S 为纯电阻时，$u(t)$ 的波形代表 $i(t)$ 的波形，$u(t)$ 的幅值除以 R_S 即可得 $i(t)$ 的幅值。

实际中，理想的纯电阻并不存在。在冲击大电流通过时，R_S 应该等效地认为有一电感与其串联，有一电容和二者并联。一般被测信号在 100MHz 以下，可以略去电容，但电感的影响不能忽视。分流器的简单等效电路表示为电阻与电感串联，如图 6-28 所示，在此条件下分流器上的压降应为电阻压降 $u_R(t)=i(t)R_S$ 与电感压降 $u_L = L_S di(t)/dt$ 之和。电流变化越快则电感压降越大，可能比电阻压降大很多倍。那么，一个有电感的分流器的阶跃响应在开始处会出现明显的上冲。这种分流器既不能用来确定幅值也不能用来确定波形。所以设计和制作分流器时，首要的任务是尽可能减小分流器的残余电感。

为了尽可能减少测量中的幅值和波形误差，

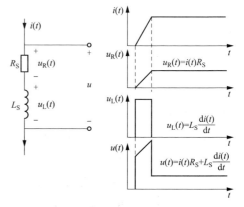

图 6-28 分流器的等效回路和输出电压

不仅希望分流器接近于一个纯电阻，还希望它的阻值是保持不变。但快速变化的电流经过分流器时，由于集肤效应会使阻值发生变化，同时大电流带来的热效应也会使电阻值发生变化。因而，在选择分流器的材料和设计其结构时，应考虑减小集肤效应和热效应。另外，快速变化的巨大电流流过时，会在周围出现快速变化的强大电磁场，测量回路即使受到少许干扰，都足以造成严重的测量误差。所以，除了用同轴屏蔽电缆来连接分流器和示波器外，在设计分流器结构，尤其是电压引线和电缆的连接时，要防止周围电磁场的干扰。

考虑电阻匹配的分流器与示波器等所构成的测量回路如图 6-29 所示。测量性能要求高时，电缆的两端均要求有电阻相匹配，故

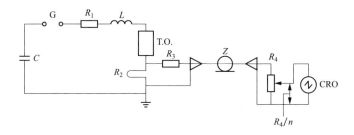

图 6-29　考虑电阻匹配的分流器测量回路

T. O.—试品；R_2—分流器；Z—同轴电缆；R_3 和 R_4—匹配电阻；CRO—示波器

$$R_2 + R_3 = Z（或 R_3 \approx Z），R_4 = Z$$

当放电回路内的电流为 i 时，i 几乎全流经分流器 R_2，不必考虑 R_3 及电缆的分流。出现在示波器上的电压 u_2 为

$$u_2 = iR_2[R_4/(R_3 + R_4)](1/n) \approx R_2i/(2n) \tag{6-46}$$

式中：R_2 为分流器电阻；R_3、R_4 为匹配电阻。

记 $S = u_2/i$，从上式得

$$S = R_2/(2n)$$

将示波器上测得的电压幅值 u_{2m} 除以 S，即可求得冲击电流幅值 I_m。u_2 的波形应与 i 的波形相同。测量性能要求不很高，且被测电流波的波前不很陡峭时，电缆可以只有始端或末端进行阻抗匹配。在末端进行阻抗匹配且测量电缆较长时，应考虑电缆芯的电阻产生的压降影响。

6.7.2　罗戈夫斯基线圈加示波器测量法

罗戈夫斯基线圈是利用被测电流产生的磁场在线圈内感应的电压来测量电流，实际上是一种电流互感器测量系统。它的一次侧通常为单根载流导线，二次侧为罗戈夫斯基线圈，如图 6-30 所示。考虑到所测电流的等效频率很高，所以大多采用空心的互感器，这样可以避免使用铁心时所带来的损耗及非线性影响。

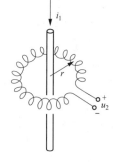

罗戈夫斯基线圈与分流器测量法相比的一个显著优点是与被测电路没有直接的电联系，可避免或减小电流源接地点地电位瞬间升高所引起的干扰影响。

图 6-30　罗戈夫斯基线圈测量电流的原理

由图 6-30 可得罗戈夫斯基线圈输出端的感应电压为

$$u_2 = Mdi_1/dt$$

$$\tag{6-47}$$

式中：M 为测量线圈和置于其中央的载流导体之间的互感。

若线圈的截面积为 A，匝数为 n，线圈中心的圆周线长为 l_m，介质的磁导率为 μ，则由全电流定理可推导出

$$M \approx \mu A n / l_m$$
$$l_m = 2\pi r \tag{6-48}$$

式中：μ 为空气的磁导率，$\mu = 4\pi \times 10^{-3} \mu H/cm$。

式（6-47）表明罗戈夫斯基线圈的出口端子上所得的电压信号 u_2 与电流 i_1 对时间 t 的导数呈正比关系。为了直接得到与电流 i_1 成比例的信号，在测量系统中需加入积分环节。罗戈夫斯基线圈的积分法又可分为 LR 积分式和 RC 积分式两种，前者利用线圈本身的电感 L 与线圈端口所接的电阻 R 组成积分器，后者通过外接电容 C 和电阻 R 组成积分器。

小 结

（1）工频交流耐压试验时，试验变压器容量与被试品的电容量成正比。如果需要输出较高的工频电压，可以采用几台变压器串接的形式，此时设备的试验容量与装置总容量之比的值随级数增加而减少。

（2）直流高压试验设备的基本技术参数有三个，即输出的额定直流电压 U_P，相应的额定直流电流 I_P 和电压脉动系数 S。根据相关规程规定，脉动系数应不大于 3%。随着直流高压试验设备的级数增加，其电压脉动和电压降落增加很快。

（3）在进行直流耐压试验时，可以同时测量泄漏电流，并根据泄漏电流随所加电压的变化特性来判断绝缘的状况，以便及早地发现绝缘中存在的局部缺陷。

（4）冲击高电压的产生电路有高效率回路和低效率回路，根据标准冲击高电压波形可以算出波前时间和半峰值时间。多极冲击高电压发生器采用并联充电、串联放电的方式工作。

（5）标准冲击电流波形包括指数波和方波两类。冲击电流发生器靠多个电容器并联充电，然后通过间隙放电使试品上流过冲击大电流。为了使产生的冲击电流有尽可能大的幅值和陡度，在设计冲击电流发生器时，要尽量减小回路电感。

（6）常用于稳态高压测量的方法主要有静电电压表法、电阻分压器或电容分压器测量方法和球隙测量法。第一种方法测量值为工频有效值或直流电压平均值，第二种方法测量值取决于低压测量仪表的种类，第三种方法测量值为稳态电压最大值。

（7）常用冲击高电压的测量方法有球隙测量和分压器配合低压测量仪表两种。由于冲击高电压是一种单次的脉冲波，其测量要求有较快的时间响应。在用冲击分压器测量时，测量系统性能的好坏或测量的准确度，通常用方波响应特性来估计。

（8）目前常用的冲击电流测量方法包括分流器或罗戈夫斯基线圈与示波器构成的测量系统，前者实质上是一个低阻值（$0.1 \sim 10 m\Omega$）和极低电感值的电阻器，后者分为采用 LR 积分器和 RC 积分器的罗戈夫斯基线圈。

习 题

6-1 某工频高电压试验装置，额定电压为 1500kV，额定电流为 1A，由三台单相变压器串接而成。各台变压器高压绕组中点接铁心和外壳，双套管出线。电源电压为 10kV，移

圈式调压器输出为 0～10kV。试求：

(1) 变压器各绕组的额定电压和功率；

(2) 变压器各绕组对铁心、铁壳的耐受电压；

(3) 变压器一、二次绕组之间的耐受电压；

(4) 变压器出线套管的耐受电压；

(5) 变压器外壳对地的耐受电压；

(6) 输出端串接保护电阻的阻值、功率和两端间瞬时耐压值。

6-2　静电电压表用于测量高频交流电压时，其测量误差的主要来源是什么？

6-3　已知某球隙在标准气候条件下的放电电压 $U_0=1000kV$，当 $T=28℃$、$P=0.1MPa$ 时，试计算该球隙的放电电压。

6-4　影响直流电阻分压器测量准确度的主要因素有哪几项？

6-5　简述图 6-31 所示的三倍压直流电压发生器的工作原理。

6-6　简述冲击电流发生器的工作原理。

6-7　为什么测量仪表在被测电压频率下的阻抗应比分压器低压臂的阻抗大得多？

6-8　多级冲击电压发生器在充电完成后，触发点火之前，如某中间间隙先行击穿，将出现什么情况？

6-9　如图 6-32 所示的单级冲击电压发生器，主电容 $C_0=4000pF$，被试品电容 $C_t=50\sim1000pF$。欲使被试品上得到幅值为 80kV 的标准雷电冲击电压波，求发生器各元件的参数和发生器的效率。

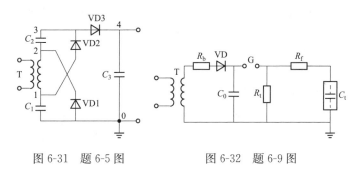

图 6-31　题 6-5 图　　　　图 6-32　题 6-9 图

6-10　球隙串联电阻的作用是什么？在测量工频、直流或冲击电压时对球隙电阻各有什么要求？

6-11　简述在测量冲击大电流时分流器的使用方法。

第7章　电气设备绝缘在线监测与故障诊断及状态评价

电气设备在长期运行过程中，由于电场，有时还存在机械振动、热、环境等因素的持续作用，绝缘材料的电气和理化特性会改变，设备的绝缘性能也逐渐劣化，通常这些电气、理化参数能够在一定程度上反映设备的绝缘状态。在电力生产中，通过对电气设备各种特性的检测（监测），来掌握设备的绝缘状态，若某些参数超标，意味着绝缘可能出现了异常，那么需要进一步试验和分析，给出诊断结论。这就好比人接受体检一样，不同类别的体检项目能够反映不同身体部位的健康状况，如果某一指标出现异常，那么需要进一步检查，医生最后综合各种检查结果给出诊断结论。

7.1　绝缘在线监测技术

为了防止变电站或发电厂发生电气设备事故，按照 DL/T 596—1996《电力设备预防性试验规程》要求，需要定期对各种电气设备进行停电后的预防性试验。停电测试常常受到电力生产实际的限制，且不能及时地获知设备绝缘当前的运行状态以及是否存在绝缘隐患。而采用在线监测技术可以对设备各种参数进行实时监测，运行人员可以根据监测的数据及其变化的趋势作出判断，有计划地安排设备的停电维护。这样能够大量节约设备的维修费用，既可提高设备安全运行效率，保证供电的可靠性，又可避免电气设备突发故障时停电所造成的巨大经济损失。在线监测的对象范围很广，对于变电站而言可以包括变压器、GIS 组合电器、断路器、电力电缆、互感器和避雷器等；对于发电厂而言可以是发电机、汽轮机及锅炉等。

如图 7-1 所示，通常在线监测系统由三部分组成：信号的监测系统、传输系统和处理系统。监测系统主要由传感器和信号预处理系统构成，针对不同的监测对象采用不同的传感器。一般传感器直接安装在被监测设备上。信号预处理系统是为了防止干扰及提高信噪比，将监测的小信号进行放大和滤波处理。传输系统采用电缆或光缆将监测得到的信号传送到控制室。光缆的抗干扰性能好，能防止在传输过程中的外界干扰以及减小长距离传输时所造成的信号衰减。处理系统具备传输信号的接收、处理、存储和显示等功能，它由信号处理的硬件、计算机以及分析处理软件构成。

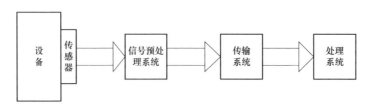

图 7-1　在线监测系统总体结构

图 7-2 所示为某 220kV 变电站的在线监测系统的结构简图。因为电容型电气设备（电流

及电压互感器、套管、耦合电容器）往往要占变电站内设备台数的 40% 以上，所以此监测系统要考虑到对各种电容型设备以及对变压器、金属氧化物避雷器（Metal Oxide Arrester，MOA）等绝缘状况进行在线监测。表 7-1 为 ZJ-01 型微机多功能在线监测系统电气设备绝缘参量的在线监测项目。由表可见，不仅可对绝缘参数进行在线监测，而且对系统谐波和变电站运行参数（电压、电流、有功、无功及频率）等也可实现在线监测。

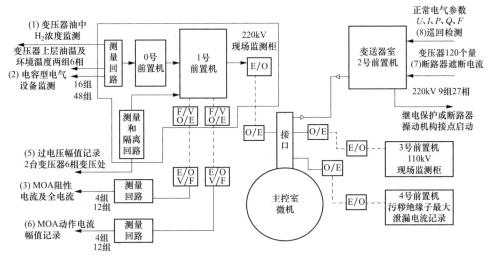

图 7-2　220kV 变电站电气设备在线监测系统结构简图

表 7-1　　　　**ZJ-01 型微机多功能在线监测系统电气设备绝缘参量的在线监测项目**

序号	设备类型	主要监测参量	
1	电容型设备（TA、CVT、OY、主变压器套管等）	(1) 泄漏电流有效值 (2) 泄漏电流测量标准偏差（%） (3) 介损（tanδ） (4) 介损增量	(5) 介损测量标准偏差（%） (6) 等效电容（C） (7) 等效电容增量 (8) 等效电容测量标准偏差（%）
2	电磁式电压互感器（TV）	(1) TV 的电流测量数值	(2) TV 励磁电流波形
3	MOA	(1) 泄漏电流 (2) 泄漏电流增量 (3) 泄漏电流测量标准偏差（%） (4) 阻性电流 (5) 阻性电流增量	(6) 阻性电流测量标准偏差（%） (7) 有功损耗 (8) 系统电压 3 次谐波含量（%） (9) 泄漏电流 3 次谐波含量（%） (10) 泄漏电流波形及谐波电流波形
4	绝缘子（污秽）	(1) 污秽泄漏电流幅值 (3) 电流脉冲数	(2) 电流波形
5	系统谐波	(1) 谐波电压	(2) 谐波电流
6	运行参数	(1) 电压 (3) 功率	(2) 电流 (4) 频率

图 7-3 所示为避雷器阻性电流补偿法在线监测示意图。一般通过监测避雷器的阻性电流来反映避雷器的特性。图中采用常规补偿法，从电压互感器（TV）上取补偿电压信号，用高灵敏度的钳形电流互感器（TA）从被测金属氧化物避雷器的接地引线上获取总泄漏电流 I_A，然后将信号进行逻辑分析计算，自动补偿掉容性电流分量，从而得到表征避雷器特性的阻性电流。

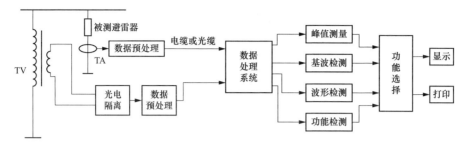

图 7-3 避雷器阻性电流补偿法在线监测示意图

图 7-4 所示为发电机定子绕组局部放电在线测量装置示意图，它由耦合电容器和局部放电分析仪组成。耦合电容器（50～100pF）的介质损耗很小，在相电压下的局部放电量仅为几个皮库。对于水轮发电机来说，耦合电容器一般安装在每相汇流环与并联支路相连接的节点处或线棒的端部。由电力系统侵入发电机的噪声信号首先被用于过电压保护的电容器和变压器所衰减，然后沿汇流环传播时因阻抗不匹配而进一步衰减。为进一步削弱干扰脉冲，将上述耦合电容器成对地连接到差分放大器的输入端，使干扰信号相互抵消。这样来自电力系统的噪声脉冲便同时到达差分放大器，因而其输出等于零，实现共模抑制电噪声，如图 7-5（a）所示。当绝缘内部发生局部放电时则不是这样。通常每根并联支路的高压端发生局部放电时，脉冲信号传送到两个电容器的时间差约 50ns，而局部放电脉冲的上升时间一般为 10ns 或更短，因此差分放大器有输出信号，如图 7-5（b）所示。

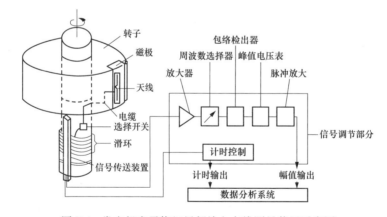

图 7-4 发电机定子绕组局部放电在线测量装置示意图

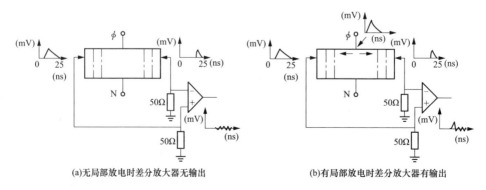

(a)无局部放电时差分放大器无输出　　　　(b)有局部放电时差分放大器有输出

图 7-5 带差分放大器的局部放电检测示意图

局部放电分析仪由带宽为 80MHz 的差分放大器、单通道双极性脉冲幅度分析仪和微机组成。耦合电容输出的信号经过末端接有 50Ω 电阻的同轴电缆进入放大器，其输出信号再进入脉冲幅度分析仪（响应时间为 10ns，可接入间隔时间大于 3μs 的连续脉冲）。通过微机自动调节单通道脉冲幅度分析仪的门限电压可实现多通道运行。微机还控制着计数器，记录门限电平、正负脉冲频率，同时监控打印机，打印脉冲幅值的分布。

由测试结果和检修剖析可知，发生局部放电的部位不同，放电脉冲数值与负荷、温度及极性的关系也不同，因而可据此来判断放电的形式及性质（见表 7-2）。

表 7-2　　　　　　　　　　局部放电形式与负荷、温度及极性的关系

放电形式	判断条件			备注
	与负荷有无关系	与温度有无关系	与放电极性的关系	
表面电晕层放电	有关	无关	正极性放电脉冲次数大于负极性放电脉冲次数	空冷发电机伴随有臭氧发生。放电过程比槽放电缓慢
槽放电	有关	无关	同上	
内部局部放电	无关	有关	正负极性放电脉冲数值大致相等	

7.2　绝缘故障诊断方法

在线监测技术可对发电厂和变电站各种设备的运行状况进行实时记录，为运行人员对设备进行状态分析和故障诊断提供数据来源。然而，一方面，在线监测得到的数据量巨大，监测的各种特征量和绝缘状态通常并非一一对应，存在错综复杂的关系，因而单纯依靠人力无法保证快速、正确地判断设备的运行状况；另一方面，对已获得的数据进行分析和判断的结果在很大程度上取决于运行人员的水平和经验，不同人员给出的结论可能差异较大。为了克服这些不足，可以采取故障诊断技术。目前，常用的故障诊断方法有专家系统、人工神经网络、故障树等，下面对前三种分别做简要介绍。

7.2.1　专家系统

专家系统一般是以人工智能技术为基础的，在一定程度上能模拟人类专家的经验而进行推理过程的计算机程序系统。它能根据程序设计者提供的专家知识及在线监控过程中学习得到的知识，对故障及设备的运行状况进行分析推理，得出处理意见。与传统程序的区别在于专家系统要解决的问题一般没有具体的解决方法，只能在不完全、不精确或信息不足的基础上进行经验性的判断和决策。专家系统是在线监测技术的自动化和智能化的更高级的综合发展。

专家系统的总体结构如图 7-6 所示。它由知识库、数据库、智能推理机、解释模块、人机界面和管理系统等构成。

（1）知识库。程序设计是将监测对象的运行状况及各种可能发生的故障现象、原因分析输入计算机，构成其知识库。另外，在运行过程中，运行人员可以通过人机对话系统将新的知识输入，更新原有知识。知识库的知识包括事实性知识、推理性知识和经验性知识，采取相适应的知识表达方式存储于不同的子知识库中，便于知识的修改及使用。

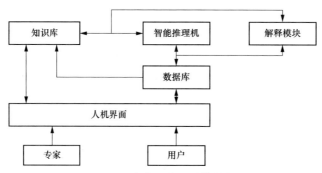

图 7-6 专家系统的总体结构

（2）数据库。数据库包括实时数据库、历史库及中间结果数据库。设备实时数据库是通过在线监测部分，通过对运行设备的各种数据进行监测得到的实时信息。以某一设备的在线监测专家系统为例，这些信息包括故障发生的位置及现象、各种设备参数的实时数据、运行状况数据，用于判断设备故障发生的位置及分析设备的运行情况。历史数据库是对过去由实时监测得到的各种数据进行整理及分析，得到各种数据的历史趋势，它增加了诊断知识的深度和广度，进一步完善系统的专家水平，提高事故分析的准确性。中间结果数据库是存储系统分析推理过程中的中间结果及最终结论。该库的内容随不同的故障情况而变化，每次重新运行本系统时都要清库。

（3）智能推理机。智能推理机根据知识库的知识对设备的运行数据进行分析推理，得出相应的结论，供运行人员参考。智能推理机一般是基于人工智能及模糊数学等技术来设计的。

（4）解释模块。解释模块对智能推理机的推理过程及得出的结论提供解释。

（5）人机界面。人机界面提供计算机与人的对话接口，运行人员可以通过人机界面更新知识库，提供新的知识，或通过它获取相应的运行状况。

（6）管理系统。管理系统对专家系统的知识库、数据库等进行管理。

专家系统容易学习专家的经验性知识，可以综合多个专家的最佳经验，其能力超过单个专家，能更有效地判断设备的运行状况，实现监测诊断系统的自动化及智能化。其解释功能能够对推理过程及结论提供解释，能更好地为运行人员服务，同时也能提高运行人员的水平。此外，可以随时对知识系统进行更新、修改，适应性强，同时也可以方便地调用其他应用程序，扩展其功能。

7.2.2 人工神经网络

人工神经网络是对人脑神经系统的数学模拟，是一种模拟人类神经系统传输处理过程的人工智能技术。基于人工神经网络故障诊断方法，避免了专家系统故障诊断所面临的知识库构造等难题，具有自组织和自学习能力，且具有较强的容错能力。

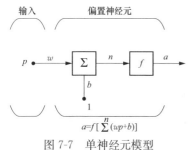

图 7-7 单神经元模型

众所周知，神经元是神经系统的基本结构和功能单元。神经元的主要功能是接收刺激，并经过分析综合，传递给下一级的神经单元。人工神经元模拟了生物神经元的三个基本功能：①对每个输入信号进行处理，以确定其强度（权重），如神经元中突触的可变强度；②确定所有输入信号的组合（加权和）；③确定其输出（转移特性）。图 7-7 所示为人工单神经元模型示意图。输入标量 p 乘以权重标量 w 得

到加权输入 wp，再增加偏置 b，n 是加权输入 wp 和偏置 b 的和，它作为转移函数 f 的输入。

实际上，单独一个神经元不能独立地执行生理功能，必须通过众多的神经元之间的相互联系和协调统一及神经元的细胞体和突起的严密分工协作，才能完成神经系统高度复杂的功能。因此，在使用过程中人工神经元网络包含一层或多层神经元，一层神经元则由两个或多个神经元组成。图 7-8 所示为由 R 个输入元素和 $S_1 + S_2 + S_3$ 个神经元组成的三层神经网络。网络中间的每一层都是下一层的输入，每一层也可以看作是一个单层的网络。例如，可以认为第二层是有 S_1 个输入、S_2 个神经元和 $S_1 S_2$ 阶权重矩阵的单层网络。多层网络中的各层作用不同，产生网络输出的层称为输出层，其他层称为隐层。多层神经元网络具有十分强大的功能。例如，一个两层的网络，第一层的转移函数是曲线函数，第二层的转移函数是线性函数。那么，经过训练，它能模拟任何有限断点的函数。

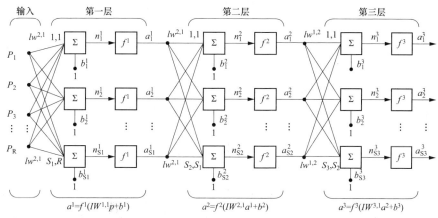

图 7-8　三层神经元网络

7.2.3　故障树

故障树是一种从上至下的分析方法，通过对可能造成系统故障的硬件、软件、环境、人为因素进行分析，画出故障原因的各种可能组合方式和其发生概率，由总体至部分，按树状结构，逐层细化，如图 7-9 所示为构建的变压器故障树。首先以系统不希望发生的事件作为顶层事件，然后，按照演绎分析的原则，从顶事件逐级向下分析各自的直接原因事件，直至所要求的分析深度。因此，执行故障树分析首先要进行故障树建模。

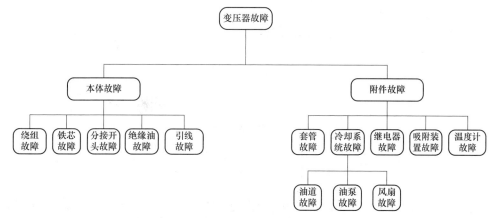

图 7-9　变压器故障树

故障树建模一般遵循以下步骤：

（1）熟悉系统。在对一个系统进行故障树分析之前，应深入了解系统的功能、结构原理、故障状态、故障因素及其影响等，收集有关系统的技术资料。

（2）确定顶事件。顶事件可以根据研究对象来选取，通常顶事件是指系统不希望发生的故障事件。为了能够进行分析，顶事件必须有明确的定义，能够定量评定，而且能进一步分解出它发生的原因。

（3）构造故障树。从顶事件出发，逐级找出各级事件的全部可能的直接原因，并用故障树的符号表示各类事件及其逻辑关系，直至分析到底事件为止。显然，对于一个复杂的系统构造一棵故障树工作量巨大，因此除了人工建树外，还可以借助计算机辅助建树。

（4）简化故障树。当故障树构成后，还必须从故障树的最下级开始，逐级写出上级事件与下级事件的逻辑关系式，直到顶事件为止。同时结合逻辑运算算法做进一步分析运算，删除多余事件。

故障树分析的特点是具有很大的灵活性，不仅可对系统可靠性作一般分析，而且可以分析系统的各种故障状态；不仅可以分析某些中间故障对系统的影响，还可以对导致这些中间故障的子故障进行细分。

除了上述这些故障诊断方法外，随着计算机和信息技术的发展，支持向量机、人工免疫、粗糙集理论、模糊集理论、小波分析等方法也在电气设备绝缘故障诊断方面得到了不同程度的应用。

7.3　电气设备绝缘状态评价

随着社会用电需求的迅猛增长，电网规模迅速扩大，对电网供电可靠性要求越来越高，这关系到电力生产的各个环节。其中，电气设备自身安全是保证电力系统安全稳定运行的首要条件。设备在长期运行过程中，其绝缘状态遵从如图 7-10 的变化趋势。电气设备故障一般不会在瞬间发生，而是在功能逐步劣化到潜在故障 P 点以后才发展成能够检测到的故障。之后，劣化进程将会加快，直到达到功能故障的 F 点而发生事故。因此，为了避免电气设备绝缘故障的发生，必须在 P-F 时间间隔内对其绝缘状态进行评估。

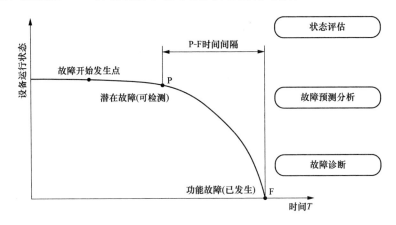

图 7-10　电气设备状态劣化规律

电气设备状态评价是指根据设备当前的实际运行状态，结合设备基本历史信息，对设备当前所处的健康状态实施的综合评价。评估结果不只是反映了设备当前处于绝缘失效之前的具体阶段，还为后续进一步安排状态检修提供了数据支持。设备状态所涉及的信息数据来自方方面面，除了在线监测（带电检测）获得的数据外，还包括巡检及例行试验、诊断性试验、家族缺陷、不良工况数据，等等。

目前，电气设备状态评价方法包括基于标准导则和打分制的评估方法、基于有限数据的设备故障诊断专家系统、基于远程专家介入的自学习诊断系统，以及基于多维度数据和传统机器学习的设备状态评价专家系统等。其中，基于标准导则和打分制的设备状态评价方法已经广泛应用于我国电网公司，下面对其简要介绍。

视状态量对电气设备安全运行的影响程度，将状态量分为一般状态量和重要状态量。一般状态量指对设备的性能和安全运行影响相对较小的状态量，重要状态量指对设备的性能和安全运行有较大影响的状态量。为了在状态评价时体现不同状态量对设备安全运行的影响程度，每一个状态量会设置相应的权重系数，从轻到重依次为权重1、权重2、权重3、权重4。另外，由于设备在长期运行过程中，状态量会发生不同程度的劣化，将状态量的劣化程度从轻到重分为四级，分别为Ⅰ、Ⅱ、Ⅲ、Ⅳ级。

对电气设备状态进行评价就是根据状态量劣化程度和权重计算出状态量应扣分值，应扣分值等于该状态量的基本扣分值乘以权重系数。表 7-3 为油浸式变压器状态量扣分值，状态量正常时不扣分。

表 7-3　　　　　　　　　　　　　　油浸式变压器状态量扣分值

状态量劣化程度基本扣分值	权重系数	1	2	3	4
Ⅰ	2	2	4	6	8
Ⅱ	4	4	8	12	16
Ⅲ	8	8	16	24	32
Ⅳ	10	10	20	30	40

电气设备状态分为正常状态、注意状态、异常状态和严重状态。正常状态指设备各状态量处于稳定且在规程规定的警示值、注意值以内，可以正常运行；注意状态指单项或多项状态量变化趋势朝接近标准限值方向发展，但未超过标准限值，仍可以继续运行；当单项重要状态量变化较大，已接近或略微超过标准限值，设备则处于异常状态；进一步，当单项重要状态量严重超过标准限值，则为严重状态。一般情况下，电气设备的状态评价遵从先部件后整体的原则。比如，油浸式变压器包含本体、套管、冷却系统、分接开关及非电量保护五个部件。在进行变压器状态评价时，应根据上述各部件的状态量分别评价其状态，见表 7-4。设备的整体评价应综合其各部件的评价结果。当所有部件评价为正常状态时，整体评价为正常状态；当任一部件为注意状态、异常状态或严重状态时，整体评价应为其中最严重的状态。

表 7-4　　　　　　　　　　　　　变压器部件状态与评价扣分对应表

评价标准 部件	正常状态		注意状态		异常状态	严重状态
	合计扣分	单项扣分	合计扣分	单项扣分	单项扣分	单项扣分
本体	≤30	≤10	>30	12~20	>20~24	>30
套管	≤20	≤10	>20	12~20	>20~24	>30
冷却系统	≤12	≤10	>20	12~20	>20~24	>30
分接开关	≤12	≤10	>20	12~20	>20~24	>30
非电量保护	≤12	≤10	>20	12~20	>20~24	>30

小　结

（1）在线监测系统由三部分组成：信号的监测系统、传输系统和处理系统。因为电容型设备较多，监测系统要考虑对各种电容型设备以及对变压器、避雷器等绝缘状况进行在线监测。

（2）常用的故障诊断方法有专家系统、人工神经网络、故障树等。

（3）电气设备状态评价是指根据设备当前的实际运行状态，结合设备基本历史信息，对设备当前所处的健康状态实施的综合评价，包括基于标准导则和打分制的评估方法、基于有限数据的设备故障诊断专家系统、基于远程专家介入的自学习诊断系统，以及基于多维度数据和传统机器学习的设备状态评价专家系统等。

习　题

7-1　变压器绝缘在线测量与停电后外加电压试验相比有什么特点？

7-2　采用在线检测 MOA 电导电流的各项数据的大小值能说明 MOA 的哪些特性？应如何看待各相所测数据。

7-3　220kV 变电站的在线检测设备主要包括哪些？

7-4　简述多层神经元网络的工作流程。

7-5　电气设备绝缘状态评价的数据来源有哪些？

第3篇　电力系统过电压及保护

第8章　线路和绕组的波过程

据统计，电力系统总事故次数中一半以上都是绝缘事故，而过电压是绝缘损坏的主要原因。

超过设备最高运行电压并对设备绝缘有危害的电压升高称为过电压。根据过电压产生的原因不同，将其分为两大类：①雷电过电压，是由于雷击于输电线路及其附近地面或电气设备时产生的过电压；②内部过电压，是由于电网内部在故障和开关操作时发生电磁场能量的振荡而产生的过电压。研究各种过电压产生的原因、影响因素和限制措施，对保证电力系统安全运行是十分重要的工作。

本章着重介绍过电压波在线路和绕组上传播的基本规律，这是研究过电压的理论基础。

8.1　波沿无损单导线线路的传播

雷击输电线路，将有大量的电荷沿雷电通道倾注到雷击点，并向线路两侧迅速流动，即呈现电磁波的传播过程，称之为行波的传播，在此过程中会产生瞬间的高幅值的过电压。本节分析无损耗单导线线路中行波的传播规律。

各种输电线路是典型的分布参数回路。从分布参数的角度来看，当外施电压作用于导线时，在过渡过程中同一瞬间沿导线各点的电流以及对地电压都是处处不相同的。

当不计导线的损耗电阻时，一根架空长导线可以用分布参数回路来表示，如图8-1所示。图中 L_0 和 C_0 分别为以大地为回路的单位长度导线电感和单位长度导线的对地电容，其计算式为

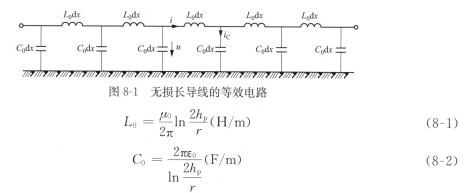

图 8-1　无损长导线的等效电路

$$L_0 = \frac{\mu_0}{2\pi} \ln \frac{2h_\mathrm{p}}{r} \, (\mathrm{H/m}) \tag{8-1}$$

$$C_0 = \frac{2\pi\varepsilon_0}{\ln \dfrac{2h_\mathrm{p}}{r}} \, (\mathrm{F/m}) \tag{8-2}$$

式中：μ_0 为空气的导磁系数，$\mu_0 = 4\pi \times 10^{-7} \mathrm{H/m}$；$\varepsilon_0$ 为空气的介质系数，$\varepsilon_0 = \dfrac{10^{-9}}{36\pi} \mathrm{F/m}$；$h_\mathrm{p}$ 为导线的平均高度，m；r 为导线的半径，m。

根据基尔霍夫定律可写出微分方程，即

$$u - \left(u + \frac{\partial u}{\partial x}\mathrm{d}x\right) = L_0\mathrm{d}x\,\frac{\partial i}{\partial t} \tag{8-3}$$

$$i = \left(i + \frac{\partial i}{\partial x}\mathrm{d}x\right) + C_0\mathrm{d}x\,\frac{\partial}{\partial t}\left(u + \frac{\partial u}{\partial x}\mathrm{d}x\right) \tag{8-4}$$

化简上述两式，并略去后一式中的二阶无穷小 $(\mathrm{d}x)^2$ 项，可得

$$-\frac{\partial u}{\partial x} = L_0\,\frac{\partial i}{\partial t} \tag{8-5}$$

$$-\frac{\partial i}{\partial x} = C_0\,\frac{\partial u}{\partial t} \tag{8-6}$$

将式（8-5）对 x 求导，然后将式（8-6）对 t 求导后代入，得电压的二阶偏微分方程，即

$$\frac{\partial^2 u}{\partial x^2} = L_0 C_0\,\frac{\partial^2 u}{\partial t^2} \tag{8-7}$$

经过同样的代换后，可得电流的二阶偏微分方程，即

$$\frac{\partial^2 i}{\partial x^2} = L_0 C_0\,\frac{\partial^2 i}{\partial t^2} \tag{8-8}$$

应用拉氏变换和延迟定理，可求出式（8-7）和式（8-8）的波动方程的通解为

$$u = u_1(x - vt) + u_2(x + vt) \tag{8-9}$$

$$i = i_1(x - vt) + i_2(x + vt) \tag{8-10}$$

$$v = \frac{1}{\sqrt{L_0 C_0}} = \frac{1}{\sqrt{\mu_0 \varepsilon_0}} = 300\mathrm{m/\mu s}$$

由此可见，电磁波在空中的传播速度等于光速，也就是说电流波或电压波是以光速沿导线传播的，它与导线的几何尺寸和悬挂高度无关。同时还可以看出，电压 u 和电流 i 均由两个分量叠加而成。首先来看第一个分量 $u_1(x - vt)$ 或 $i_1(x - vt)$ 的物理意义。

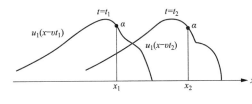

图 8-2　电磁波的传播示意

如图 8-2 所示，在 $t = t_1$ 时，假设电压分量 $u_1(x - vt)$ 在 $x = x_1$ 点的电压值为 $u_1(x - vt_1) = u_a$，经过 Δt 即 $t_2 = t_1 + \Delta t$ 时，在 $x_2 = x_1 + v\Delta t$ 处的电压为 $u_1(x_2 - vt_2) = u_1[(x_1 + v\Delta t) - v(t_1 + \Delta t)] = u_1(x_1 - vt_1) = u_a$。由此可知，经 Δt 时间后，波形向 x 的正方向移动了 $v\Delta t$ 的距离，所以 $u_1(x - vt)$ 或 $i_1(x - vt)$ 是一个前行波。同理可知，$u_2(x + vt)$ 或 $i_2(x + vt)$ 是一个反行波。

将式（8-9）对 x 求导后再代入式（8-5），可得

$$\frac{\partial i}{\partial t} = -\frac{1}{L_0}[u_1'(x - vt) + u_2'(x + vt)] \tag{8-11}$$

将式（8-11）对 t 积分，可得

$$i = \frac{1}{vL_0}[u_1(x - vt) - u_2(x + vt)] = \frac{1}{Z}[u_1(x - vt) - u_2(x + vt)] \tag{8-12}$$

其中，Z 具有阻抗的量纲，称为波阻抗，由式（8-12）可得

$$Z = L_0 v = \frac{L_0}{\sqrt{L_0 C_0}} = \sqrt{\frac{L_0}{C_0}} \tag{8-13}$$

可见，Z 与导线的长度无关。架空单导线的波阻抗 Z 约为 500Ω，考虑冲击电晕将使 C_0 增

大，此时波阻抗将减小到 400Ω 左右。电缆线路由于对地电容 C_0 大，其波阻抗比架空线小得多，为 $10\sim50\Omega$。雷电通道的波阻抗取为 300Ω。应该注意的是任一时刻导线上任一点的电压与电流之比不等于波阻抗 Z，即 $\dfrac{u}{i}\neq Z$。

由此，可写出前行电压波与前行电流波之间的关系为

$$u_1(x-vt)=Zi_1(x-vt) \tag{8-14}$$

反行电压波与反行电流波之间的关系为

$$u_2(x+vt)=-Zi_2(x+vt) \tag{8-15}$$

可见，前行电压波与前行电流波是同号的，而反行电压波与反行电流波是异号的，这是因为我们规定了 x 的正方向为电流的正方向的缘故。图 8-3 画出了不同传播方向的电压波与电流波的关系。

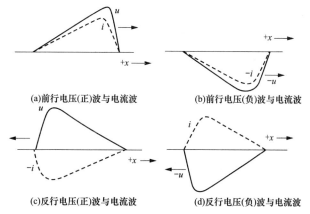

(a)前行电压(正)波与电流波　　　　　　(b)前行电压(负)波与电流波

(c)反行电压(正)波与电流波　　　　　　(d)反行电压(负)波与电流波

图 8-3　电压波与电流波的关系

行波沿导线的流动过程，也就是电磁能量的传播过程，电压波和电流波沿导线传播时，线路单位长度获得的电、磁场能量分别为

$$W_c=\frac{1}{2}C_0u_1^2 \tag{8-16}$$

$$W_L=\frac{1}{2}L_0i_1^2=\frac{1}{2}L_0\left(\frac{u_1}{Z}\right)^2=\frac{1}{2}\frac{L_0}{Z^2}u_1^2=\frac{1}{2}C_0u_1^2=W_c \tag{8-17}$$

可见，储存在导线单位长度介质中的电能与磁能相等。

综上所述，可写出电磁波沿导线流动的四个基本方程式：

$$u=u_1+u_2 \tag{8-18}$$

$$i=i_1+i_2 \tag{8-19}$$

$$\frac{u_1}{i_1}=Z \tag{8-20}$$

$$\frac{u_2}{i_2}=-Z \tag{8-21}$$

它们表明，任一时刻导线上任一点的电压（或电流）等于通过该点的前行波与反行波之和；前行波电压与前行波电流之比等于 Z，而反行波电压与反行波电流之比为 $-Z$。

运用上述四个基本方程式，再加上边界条件，就可以求出导线上任一时刻、任一点的电压或电流。

8.2　行波的单次折射与反射

输电线路的长度总是有限的，当雷电波传到其末端时，线路的电感、电容的参数会发生变化。例如，雷电波从架空线路传到电缆线路，因为电缆段的对地电容相对很大，故其波阻抗远小于架空线的波阻。将参数发生变化的点称为节点，波在节点的运动规律将发生变化，即产生了折射和反射现象。

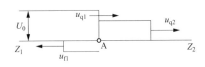

图 8-4　电压波的折射与反射

8.2.1　折射系数和反射系数的计算

如图 8-4 所示，波阻抗为 Z_1 和 Z_2 的两导线连接于 A 点，设幅值为 U_0 的无穷长直角波电压（称为前行波）沿波阻为 Z_1 的导线传向节点 A，当前行波传至 A 点时将发生折、反射。设前行波电压和电流分别为 u_{q1} 和 i_{q1}，折射电压波和电流波为 u_{q2} 和 i_{q2}，由 A 点的反射电压波和电流波为 u_{f1}、i_{f1}，由行波的基本方程可得

$$u_{q1} + u_{f1} = u_{q2} \tag{8-22}$$

$$i_{q1} + i_{f1} = i_{q2} \tag{8-23}$$

因为 $i_{q1} = \dfrac{u_{q1}}{Z_1}$、$i_{f1} = \dfrac{u_{f1}}{-Z_1}$、$i_{q2} = \dfrac{u_{q2}}{Z_2}$、$u_{q1} = U_0$，代入式（8-23），整理后可得

$$u_{q1} - u_{f1} = \frac{Z_1}{Z_2} u_{q2} \tag{8-24}$$

联立式（8-22）和式（8-24），求解可得到波在导线节点 A 处的折、反射电压与入射电压的关系式为

$$u_{q2} = \frac{2Z_2}{Z_1 + Z_2} U_0 = \alpha U_0 \tag{8-25}$$

$$u_{f1} = \frac{Z_2 - Z_1}{Z_1 + Z_2} U_0 = \beta U_0 \tag{8-26}$$

$$\alpha = \frac{2Z_2}{Z_1 + Z_2}, \quad \beta = \frac{Z_2 - Z_1}{Z_1 + Z_2}$$

显然

$$\alpha = 1 + \beta \tag{8-27}$$

α 和 β 分别称为电压折射系数和反射系数，其大小由与节点相连的导线波阻抗 Z_1 和 Z_2 决定。

当 $Z_2 > Z_1$ 时，$\alpha > 1$，$\beta > 0$，电压为正反射，折射电压高于入射电压；当 $Z_2 < Z_1$ 时，$\alpha < 1$，$\beta < 0$，电压为负反射，折射电压低于入射电压。

一种极端情况是，当 $Z_2 = 0$ 时，如图 8-5（a）所示，此时 $\beta = -1$，$\alpha = 0$，即电压波为全负反射，使末端的电压为零。另一种极端情况是，$Z_2 \to \infty$，例如当波沿导线传到开路的末端时，如图 8-5（b）所示，此时 $\beta = 1$，$\alpha = 2$，即电压波为全正反射，使末端的电压升高为入射电压的 2 倍，这是很危险的。这也可以从能量的角度来解释，由于末端开路时，末端电流为零，入射波的全部磁场能量转变为电场能量的缘故。

如图 8-5（c）所示，线路末端接电阻 R，且 $R = Z_1$，此时 $\alpha = 1$，$\beta = 0$，即反射电压为零，折射电压等于入射电压。表明波到线路末端不发生反射，行波传到末端时全部能量都消耗在电阻 R 上了，这种情况称为阻抗匹配。在进行高压测量时，在电缆末端接一匹配电阻，其值等于电缆波阻抗，就可以消除波传到电缆末端时的折、反射现象，从而正确地测量到来波的波形和幅值。

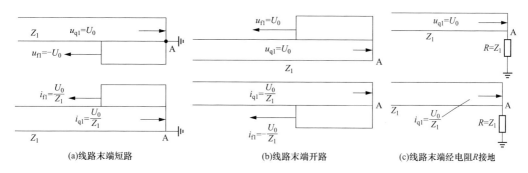

图 8-5　几种特殊情况下波的折、反射

8.2.2　彼德逊法则

在前面由行波方程推导出了折、反射电压和入射电压的关系，将式（8-25）变换后可得

$$u_{q2} = \frac{2Z_2}{Z_1 + Z_2} u_{q1} = \frac{Z_2}{Z_1 + Z_2} 2u_{q1} \tag{8-28}$$

将波阻抗 Z_1 和 Z_2 作为集中参数处理后，可画出与之相应的等效电路如图 8-6（b）所示，等效电路中电源电动势为入射电压 u_{q1} 的两倍，等值集中参数电路的内阻为入射波所经过的波阻抗 Z_1，Z_2 作为负载电阻。这就是彼德逊法则（亦称作等值集中参数定理）。

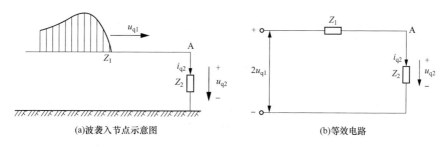

图 8-6　波袭入节点示意图和等效电路

彼德逊法则将波过程的问题转化为用简单的集中参数的等效电路来求解。但是应注意，彼德逊法则是流动波沿分布参数线路传到节点后，在该节点只有一次折、反射过程的前提条件下，利用行波方程推导出来的，所以在使用波德逊法则时，要求满足以下两个条件：①波沿分布参数的线路射入；②波在该节点只有一次折、反射过程。要满足上述第二个条件，即意味着与节点相连的线路应视为无穷长，而实际上线路长度总是有限的，所以应理解为波从其他节点的反射波还没有返回到该节点的时间内。

实际上也可以利用戴维南定理将节点左边的线路用集中参数的等效电源来代替，等效电源的电动势为节点断开（未接 Z_2）时，导线 Z_1 末端的开路电压，当行波 u_1 射入时，开路的末端电压为 $2u_1$；等效电源的内阻为来波通道经过的波阻抗 Z_1。

下面将通过几个例子来介绍彼德逊法则在波过程计算中的应用。

【例 8-1】　如图 8-7（a）所示，求无穷长直角波通过串联电感时 A 点电压。

解：当无穷长直角波电压 U_0 通过串联电感 L 时，为计算图中 A 点的电压可画出图 8-7（b）所示的等效电路，根据等效电路列出回路的微分方程为

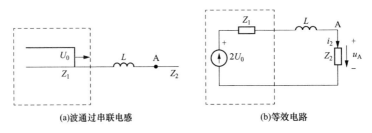

(a)波通过串联电感　　　　　　(b)等效电路

图 8-7　波通过串联电感示意图

$$2U_0 = i_2(Z_1 + Z_2) + L\frac{\mathrm{d}i_2}{\mathrm{d}t} \tag{8-29}$$

令 $T_\mathrm{L} = \dfrac{L}{Z_1 + Z_2}$，解微分方程得

$$u_\mathrm{A} = \frac{2Z_2}{Z_1 + Z_2}U_0(1 - \mathrm{e}^{-\frac{t}{T_\mathrm{L}}}) = \alpha U_0(1 - \mathrm{e}^{-\frac{t}{T_\mathrm{L}}}) \tag{8-30}$$

式中：T_L 为等效电路的时间常数；$\alpha = \dfrac{2Z_2}{Z_1 + Z_2}$ 为无 L 时的折射系数。

由式（8-30）可知，当 $t=0$ 时，$u_\mathrm{A}=0$，这是由于通过电感的电流不能突变，所以波刚到电感时，它表现为一个无穷大的阻抗，即相当于波传到开路的末端形成全正反射，通过电感的电流为零，因此 $u_\mathrm{A}=0$。当 $t \to \infty$ 时，由于电流的变化率 $\dfrac{\mathrm{d}i}{\mathrm{d}t}=0$，电感上的压降 $L\dfrac{\mathrm{d}i}{\mathrm{d}t}=0$，电感相当于被短路，此时波在 A 点的折、反射电压只决定于 Z_1 和 Z_2，所以 $u_\mathrm{A}=\alpha U_0$。可见，串联电感起到削弱来波陡度的作用，经串联电感后行波的最大陡度为

$$\left[\frac{\mathrm{d}u_\mathrm{A}(t)}{\mathrm{d}t}\right]_{\max} = \left.\frac{\mathrm{d}u_\mathrm{A}(t)}{\mathrm{d}t}\right|_{t=0} = \left(\alpha U_0\frac{1}{T_L}\mathrm{e}^{-\frac{t}{T_\mathrm{L}}}\right)_{t=0} = \frac{2Z_2}{L}U_0 \tag{8-31}$$

【例 8-2】　如图 8-8（a）所示，求无穷长直角波通过并联电容时 A 点电压。

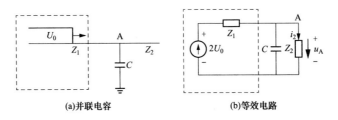

(a)并联电容　　　　　　　　(b)等效电路

图 8-8　波通过并联电容示意图

当无穷长直角波电压 U_0 沿波阻抗为 Z_1 的导线传至节点 A 时，为计算 A 点的电压 u_A，可画图 8-8（b）所示的等效电路，根据等效电路列出回路的微分方程为

$$2u_0 = i_2(Z_1 + Z_2) + CZ_1Z_2\frac{\mathrm{d}i_2}{\mathrm{d}t} \tag{8-32}$$

令 $T_\mathrm{c} = \dfrac{CZ_1Z_2}{Z_1 + Z_2}$，解微分方程得

$$u_\mathrm{A} = \frac{2Z_2}{Z_1 + Z_2}u_0(1 - \mathrm{e}^{-\frac{t}{T_\mathrm{c}}}) = \alpha u_0(1 - \mathrm{e}^{-\frac{t}{T_\mathrm{c}}}) \tag{8-33}$$

式中：T_c 为等效电路的时间常数；α 为无 C 时的折射系数。

由式（8-33）可知，当 $t=0$ 时，$u_A=0$，这是因为电容上的电压不能突变，在一开始时，电容相当于短路，随后波的折、反射才以指数规律变化。当 $t\to\infty$ 时，电容被充电到稳态电压，充电电流等于零，电容相当于开路，此时波在 A 点的折、反射电压就与没有电容的情况一样，即 $u_A=\alpha U_0$。可见，并联电容起到削弱来波陡度的作用，使通过电容后的折射电压的波头被拉平了。当直角波时，折射电压的最大陡度发生在 $t=0$ 的瞬间，即

$$\left[\frac{\mathrm{d}u_A(t)}{\mathrm{d}t}\right]_{\max}=\frac{\mathrm{d}u_A(t)}{\mathrm{d}t}\bigg|_{t=0}=\left(\alpha U_0\frac{1}{T_C}\mathrm{e}^{-\frac{t}{T_C}}\right)_{t=0}=\frac{2U_0}{CZ_1} \tag{8-34}$$

可见，C 值越大，折射电压的陡度越小。

从上两例中可以看出行波通过串联电感和并联电容时，波头都会被拉平，但是由于波刚到电感时发生的正反射会使电感首端电压抬高，危及电感首端处的绝缘，所以一般都采用并联电容的方法来降低来波陡度。

【例 8-3】　在图 8-9（a）中，$R_1=Z=\dfrac{R_2}{2}$，求当开关 S 合上（$t=0$）后节点 A 和 B 的电压。

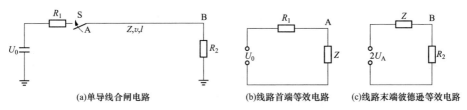

图 8-9　单导线合闸过电压波的传播

解:（1）当 $\dfrac{l}{v}>t\geqslant0$ 时，波还未传到 B 点，所以 $U_B=0$，求 A 点电压的等效电路，如图 8-9（b）所示。由于 S 合上之前开关 S 端已充电到稳态电压 U_0，它不是行波传到节点，所以其开路电压为 U_0，而不是 $2U_0$，因此等效电路中的电源电动势应为 U_0。

根据等效电路可求得

$$U_A=\frac{Z}{R_1+Z}U_0=\frac{1}{2}U_0 \tag{8-35}$$

$$U_B=0 \tag{8-36}$$

（2）当 $\dfrac{2l}{v}>t\geqslant\dfrac{l}{v}$ 时，从 A 点向 B 点传递的行波 $\dfrac{1}{2}U_0$ 已传到 B 点，在该点将发生折、反射。而其反射电压波还未回到 A 点，所以 A 点电压仍维持 $U_A=\dfrac{1}{2}U_0$。

根据彼德逊法则，可画出求 B 点电压的等效电路如图 8-9（c）所示。在 B 点的电压折、反射系数 α_b 和 β_b 分别为

$$\alpha_b=\frac{2R_2}{Z+R_2}=\frac{4}{3} \tag{8-37}$$

$$\beta_b=\alpha_b-1=\frac{1}{3} \tag{8-38}$$

所以，在 B 点的折射电压为

$$U_B=\alpha u_A=\frac{4}{3}\times\frac{1}{2}U_0=\frac{2}{3}U_0 \tag{8-39}$$

由 B 点向 A 点方向的反射电压为

$$u_{fb} = \beta_b U_A = \frac{1}{3} \times \frac{1}{2} U_0 = \frac{1}{6} U_0$$

所以
$$U_A = \frac{1}{2} U_0, \quad U_B = \frac{2}{3} U_0 \tag{8-40}$$

（3）当 $t = \frac{2l}{v}$ 时，u_{fb} 回到 A 点，因为 $Z = R_1$，此时在 A 点不再发生折、反射，根据行波的基本方程可得到

$$U_A = \frac{1}{2} U_0 + u_{fb} = \frac{1}{2} U_0 + \frac{1}{6} U_0 = \frac{2}{3} U_0 \tag{8-41}$$

所以，当 $t \geqslant \frac{2l}{v}$ 时，有

$$U_A = U_B = \frac{2}{3} U_0$$

8.3　行波的多次折、反射

前面讨论了入射波从一根导线袭入节点，在该节点产生一次折、反射的情况。实际电网中的情况往往比较复杂，如两段架空导线中间连接一段电缆线，将两段架空线视为由节点无限延伸时，行波就会在两节点间发生多次折、反射过程。

用网格法可以简单清晰地计算波的多次折、反射过程。下面用网格法来分析波在波阻抗不同的串联三导线两节点间的多次折、反射现象。

如图 8-10 所示，设无穷长直角波电压 U_0 沿波阻为 Z_1 的导线袭入，在 A 点产生折、反射，通过 A 点的行波经 $\tau = \frac{l_0}{v_0}$（v_0 为波在中间线路上传播时的速度）时间传到 B 点，在 B 点又产生折、反射。两个节点间的折、反射系数分别为 $\alpha_1 = \frac{2Z_0}{Z_1 + Z_0}$、$\alpha_2 = \frac{2Z_2}{Z_0 + Z_2}$、$\beta_1 = \frac{Z_1 - Z_0}{Z_1 + Z_0}$ 和 $\beta_2 = \frac{Z_2 - Z_0}{Z_0 + Z_2}$。

当 $t = 0$ 时，波传到 A 点，折射电压 $\alpha_1 U_0$ 沿波阻 Z_0 向 B 点传播。

当 $t = \frac{l_0}{v_0}$ 时，$\alpha_1 U_0$ 传到 B 点，此时 B 点电压即折射电压为 $\alpha_1 \alpha_2 U_0$，在 B 点的反射电压 $\alpha_1 \beta_2 U_0$ 将返回 A 点。

当 $t = \frac{2l_0}{v_0}$ 时，B 点的反射波 $\alpha_1 \beta_2 U_0$ 回到 A 点，在 A 点又发生折、反射，其反射电压为 $\alpha_1 \beta_1 \beta_2 U_0$。

当 $t = \frac{3l_0}{v_0}$ 时，反射电压波 $\alpha_1 \beta_1 \beta_2 U_0$ 又传到 B 点，在 B 点又发生折、反射，如此类推。

从图 8-10（b）可以看到，经过 n 次折、反射后，B 点的电压为

$$\begin{aligned}
U_B &= \alpha_1 \alpha_2 U_0 + \alpha_1 \alpha_2 \beta_1 \beta_2 U_0 + \alpha_1 \alpha_2 \beta_1^2 \beta_2^2 U_0 + \cdots + \alpha_1 \alpha_2 \beta_1^{n-1} \beta_2^{n-1} U_0 \\
&= \alpha_1 \alpha_2 U_0 \left[1 + \beta_1 \beta_2 + (\beta_1 \beta_2)^2 + \cdots + (\beta_1 \beta_2)^{n-1} \right] \\
&= \alpha_1 \alpha_2 U_0 \frac{1 - (\beta_1 \beta_2)^n}{1 - \beta_1 \beta_2} \tag{8-42}
\end{aligned}$$

当 $t \to \infty$ 时，即 $n \to \infty$，因为 $|\beta_1 \beta_2| < 1$，所以 $(\beta_1 \beta_2)^n |_{n \to \infty} = 0$，于是 B 点电压为

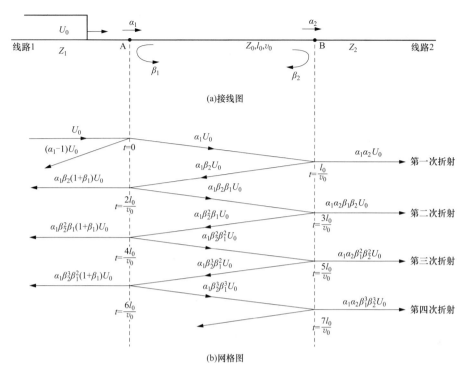

图 8-10　网格法计算波的折、反射

$$U_{\mathrm{B}} = \alpha_1 \alpha_2 U_0 \, \frac{1}{1 - \beta_1 \beta_2} = \frac{2Z_2}{Z_1 + Z_2} U_0 = \alpha U_0 \tag{8-43}$$

其中，α 为折射系数，在这里相当于中间段线路被短路时的折射系数。其物理意义为经过多次折、反射后，中间段导线的对地电容已充满电，即电容相当于开路；而通过电感的电流变化率 $\frac{\mathrm{d}i}{\mathrm{d}t} = 0$，电感上的压降 $L\frac{\mathrm{d}i}{\mathrm{d}t} = 0$，即电感相当于短路。所以经过多次折、反射后，中间段导线可视为短路，则

$$U_{\mathrm{A}} = U_{\mathrm{B}} = \alpha U_0 \tag{8-44}$$

由式（8-43）可知，折射电压的最终值只决定于波阻 Z_1 和 Z_2，中间线路的存在只影响折射电压波的波头。

进一步分析节点 A 和 B 的电压变化规律可知，如果中间导线的波阻 Z_0 比 Z_1 和 Z_2 小得多，即中间导线的电容很大而电感很小。那么在近似计算中，可以忽略电感而将中间导线用一个并联电容来代替，此时等效电容 $C = \dfrac{l_0}{Z_0 v_0}$；反之，如果 Z_0 比 Z_1 和 Z_2 大得多，则可忽略中间导线的对地电容，将中间导线用一个串联电感 L 来代替，此时等效电感 $L = \dfrac{l_0 Z_0}{v_0}$。

8.4　波沿平行多导线系统的传播

前面分析了以大地为回路的单导线线路的波过程，实际上输电线路都是由多根平行导线组成的。例如，三相输电线就有三根平行导线，加上避雷线，就有四根、甚至五根平行导

线，此时波沿一根导线传播时，空间的电磁场将作用到其他平行导线，使其他导线出现相应的耦合波。本节将介绍波在平行多导线系统中的传播规律。

1. 麦克斯韦方程

根据麦克斯韦静电方程，可以写出与地面平行的 n 根导线中各导线的对地电位为

$$\left.\begin{aligned}
u_1 &= \alpha_{11}q_1 + \alpha_{12}q_2 + \cdots + \alpha_{1k}q_k + \cdots + \alpha_{1n}q_n \\
u_2 &= \alpha_{21}q_1 + \alpha_{22}q_2 + \cdots + \alpha_{2k}q_k + \cdots + \alpha_{2n}q_n \\
&\vdots \\
u_k &= \alpha_{k1}q_1 + \alpha_{k2}q_2 + \cdots + \alpha_{kk}q_k + \cdots + \alpha_{kn}q_n \\
&\vdots \\
u_n &= \alpha_{n1}q_1 + \alpha_{n2}q_2 + \cdots + \alpha_{nk}q_k + \cdots + \alpha_{nn}q_n
\end{aligned}\right\} \tag{8-45}$$

式中：u_k 为导线 k 的对地电位，$k=1$，2，$\cdots$，n；q_k 为导线 k 每单位长度上的电荷，$k=1$，2，$\cdots$，n；α_{kk} 为导线 k 单位长度的自电位系数，$k=1$，2，$\cdots$，n；$\alpha_{kn}(n\neq k)$ 为导线 k 与导线 n 单位长度导线间的互电位系数。

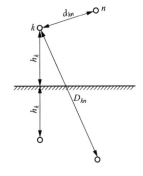

图 8-11 平行多导线系统

如图 8-11 所示，用镜像法可写出

$$\alpha_{kk} = \frac{1}{2\pi\varepsilon_0}\ln\frac{2h_k}{r_k} \tag{8-46}$$

$$\alpha_{kn} = \frac{1}{2\pi\varepsilon_0}\ln\frac{D_{kn}}{d_{kn}} \tag{8-47}$$

式中：r_k 为第 k 根导线的半径（分裂导线取几何均距），m；h_k 为第 k 根导线对地平均高度，m；d_{kn} 为导线 k 与导线 n 之间的距离，m；D_{kn} 为导线 k 与导线 n 的镜像间的距离（镜像电荷对地面的距离等于导线的高度），m。

2. 波在平行多导线系统中的传播

在平面波的情况下，单位长度上的电荷 q_k 以 v 的速度向前运动将形成沿导线前行的电流 i_k，即 $i_k = q_k v$，利用此关系式即可将式（8-45）改写成电压与电流的关系式，即

$$\begin{aligned}
u_k &= \alpha_{k1}q_1 + \alpha_{k2}q_2 + \cdots + \alpha_{kk}q_k + \cdots + \alpha_{kn}q_n \\
&= \frac{\alpha_{k1}}{v}vq_1 + \frac{\alpha_{k2}}{v}vq_2 + \cdots + \frac{\alpha_{kk}}{v}vq_l + \cdots + \frac{\alpha_{kn}}{v}vq_k \\
&= Z_{k1}i_1 + Z_{k2}i_2 + \cdots + Z_{kk}i_k + \cdots + Z_{kn}i_n
\end{aligned} \tag{8-48}$$

$$Z_{kk} = \frac{\alpha_{kk}}{v} = \frac{1}{2\pi}\sqrt{\frac{\mu_0}{\varepsilon_0}}\ln\frac{2h_k}{r_k} = 60\ln\frac{2h_k}{r_k}(\Omega) \tag{8-49}$$

$$Z_{kn} = \frac{\alpha_{kn}}{v} = \frac{1}{2\pi}\sqrt{\frac{\mu_0}{\varepsilon_0}}\ln\frac{D_{kn}}{d_{kn}} = 60\ln\frac{D_{kn}}{d_{kn}}(\Omega) \tag{8-50}$$

式中：Z_{kk} 为导线 k 的自波阻，表示除导线 k 外，其余导线中的电流均为零时，单位前行电流波流过导线 k 时，在导线 k 上形成的前行电压波。Z_{kn} 为导线 n 与导线 k 间的互波阻，表示除导线 n 外，其他导线的电流均为零时，导线 n 流过单位前行电流波时，在导线 k 上感应的前行电压波。

【例 8-4】 如图 8-12 所示，Z_{11}、Z_{22} 分别为导线 1、导线 2 的自波阻，Z_{12} 为导线 1、2 间的互波阻，当雷电波（直角波电压 U_0）击于导线 1 时，求导线 1 与导线 2 之间的电位差。

解: 应用式（8-48）可写出

$$\left.\begin{array}{l} u_1 = Z_{11}i_1 + Z_{12}i_2 \\ u_2 = Z_{21}i_1 + Z_{22}i_2 \end{array}\right\} \qquad (8\text{-}51)$$

利用边界条件 $i_2 = 0$、$u_1 = U_0$ 可得

$$u_1 = Z_{11}i_1$$

$$u_2 = Z_{21}i_1$$

图 8-12　雷击于两导线
中的一根导线

$$u_2 = \frac{Z_{21}}{Z_{11}}u_1 = Ku_1 = KU_0 \qquad (8\text{-}52)$$

其中，$K = \dfrac{Z_{21}}{Z_{11}}$ 为导线 1 与导线 2 之间的耦合系数，它表示导线 2 由于受导线 1 的电磁场的耦合作用而获得的电位的相对值 $\dfrac{u_2}{u_1}$。由于 $Z_{21} < Z_{11}$，所以 K 永远小于 1。可见，导线 1 与导线 2 之间的电位差为

$$u_1 - u_2 = (1 - K)u_1 = (1 - K)U_0 \qquad (8\text{-}53)$$

【例 8-5】 如图 8-13，求当两根避雷线的输电线路遭受雷击时导线 3 上感应的电位 u_3。

解: 应用式（8-48）可写出

$$\left.\begin{array}{l} u_1 = Z_{11}i_1 + Z_{12}i_2 + Z_{13}i_3 \\ u_2 = Z_{21}i_1 + Z_{22}i_2 + Z_{23}i_3 \\ u_3 = Z_{31}i_1 + Z_{32}i_2 + Z_{33}i_3 \end{array}\right\} \qquad (8\text{-}54)$$

边界条件为 $u_1 = u_2 = U_0$、$i_1 = i_2$、$i_3 = 0$，代入式（8-54）并化简得

$$\left.\begin{array}{l} U_0 = (Z_{11} + Z_{12})i_1 \\ u_3 = (Z_{13} + Z_{32})i_1 \end{array}\right\} \qquad (8\text{-}55)$$

图 8-13　雷击两根避雷线

1、2—避雷线；

3～5—绝缘子

解之得

$$u_3 = \frac{Z_{13} + Z_{23}}{Z_{11} + Z_{12}}U_0 = K_{12\text{-}3}U_0 \qquad (8\text{-}56)$$

其中，$K_{12\text{-}3}$ 为避雷线 1、2 对导线 3 的耦合系数，其大小为

$$K_{12\text{-}3} = \frac{Z_{13} + Z_{23}}{Z_{11} + Z_{12}} = \frac{\dfrac{Z_{13}}{Z_{11}} + \dfrac{Z_{23}}{Z_{11}}}{1 + \dfrac{Z_{12}}{Z_{11}}} = \frac{K_{13} + K_{23}}{1 + K_{12}} \qquad (8\text{-}57)$$

其中，K_{13}、K_{23}、K_{12} 分别为导线 1、3 间，导线 2、3 间及导线 1、2 间的耦合系数，显然，$K_{12\text{-}3} < K_{13} + K_{23}$。

【例 8-6】 如图 8-14 所示，假定电压 u 同时作用于三相导线上（如雷击杆塔时造成对三相导线的反击），求三相等效波阻 Z_3' 和单相等效波阻 Z_d。

解: 设各相导线波阻分别为 Z_{11}、Z_{22}、Z_{33}，且 $Z_{11} = Z_{22} = Z_{33}$，各相间的互波阻 $Z_{12} = Z_{23} = Z_{13}$。边界条件为

$$u_1 = u_2 = u_3 = u, \quad i_1 = i_2 = i_3 = \frac{i}{3} \qquad (8\text{-}58)$$

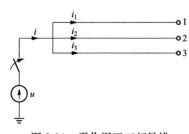

图 8-14　雷作用于三相导线

于是可写出

$$u = u_1 = Z_{11}i_1 + Z_{12}i_2 + Z_{13}i_3 = (Z_{11} + Z_{12} + Z_{13})\frac{i}{3} \tag{8-59}$$

所以，三相等效波阻为

$$Z_3' = \frac{u}{i} = \frac{Z_{11} + Z_{12} + Z_{13}}{3} = \frac{Z_{11} + 2Z_{12}}{3} \tag{8-60}$$

单相等效波阻为

$$Z_d = \frac{u_1}{i_1} = \frac{u}{i_1} = \frac{3u}{i} = Z_{11} + 2Z_{12} \tag{8-61}$$

8.5　波的衰减和变形

在前面的讨论中，忽略了导线电阻和导线对地电导，也忽略了大地损耗电阻以及冲击电晕的影响，波沿导线传播时只有一个速度，所以不会引起波的衰减和变形。实际上，由于上述电阻的存在，它们的能量损耗均会引起波在传播过程中的衰减和变形。但是经分析计算证明，导线电阻、导线对地电导及大地损耗等对波过程的影响相对很小，在防雷计算中可忽略不计；而强烈的冲击电晕是造成波衰减和变形的重要原因，下面着重分析冲击电晕的影响。

电晕放电是极不均匀电场中特有的一种气体自持放电形式，当高幅值的冲击电压波作用于导线时，使得导线周围的电场强度超过空气的击穿场强时导线周围空气会发生局部击穿，即出现电晕放电现象。由于电晕电流从导线的径向流出，在导线周围沿导线径向形成导电性的电晕套，电晕套内充满电荷，相当于将导线半径扩大，将使得导线对地电容 C_k 比无电晕时的对地电容 C_0 大；而电晕并不影响轴向电流，所以导线电感 L_0 维持不变。可见，冲击电晕将使导线波阻下降（降低 20%～30%），波速减慢（约为光速的 0.75 倍）。然而，由式（8-50）可知，考虑冲击电晕对互波阻抗的值没有影响。因此，由式（8-52）可知，考虑冲击电晕后，导线间的耦合系数将会增大。因电晕效应而增大的耦合系数 K 为

$$K = K_0K_1 \tag{8-62}$$

式中：K_0 为导线、避雷线间的几何耦合系数，决定于导线和避雷线的几何尺寸及其排列位置；K_1 为电晕效应校正系数，雷直击塔顶时 K_1 可取为 1.1～1.3；雷击避雷线档距中间时 K_1 可取为 1.5。

由于电晕效应使导线间的耦合系数增大了，所以当雷击塔顶时，作用于绝缘子串上的电位差将减小，这对防雷保护是有利的。

冲击电晕效应在防雷保护中的另一个重要作用是它可以减小来波陡度。这是因为由于冲击电晕效应会降低波速，将使波在传播过程中引起衰减和变形，如图 8-15 所示。

图 8-15 中实线是 $x=0$ 处的进行波的波形，虚线是经过 l 距离之后，衰减和变形后的电压波形。当电压低于起始电晕电压 U_0 时，导线上未发生电晕，波头上各点以光速传播，但是当电压超过起始电晕电压 U_0 时，导线发生电晕，U_0 以上各点速度将小于光速，电压越高电晕越强烈，波速降低越多。例如，图中 a 点电压为 u_1，传播 $x=l$ 距离后，u_1 的出现要滞后一个时间 $\Delta\tau$。延迟的时间间隔 $\Delta\tau$ 不仅决定于电压的高低，也取

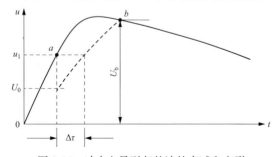

图 8-15　冲击电晕引起的波的衰减和变形

决于波所传播的距离 l，传播距离越远，延迟时间 $\Delta\tau$ 越长，$\Delta\tau$ 的经验计算公式为

$$\Delta\tau = \left(0.5 + \frac{0.008U_{\mathrm{w}}}{h_{\mathrm{c}}}\right)l \tag{8-63}$$

式中：$\Delta\tau$ 单位为 $\mu\mathrm{s}$；U_{w} 为进行波的幅值，kV；h_{c} 为导线平均悬挂高度，m；l 为进行波传播距离，km。

　　在分裂导线时，电晕强度减弱，根据实验，式（8-63）可作如下修正

$$\Delta\tau = \left(0.5 + \frac{0.008U_{\mathrm{w}}}{h_{\mathrm{c}}}\right)l\frac{1}{k_{\mathrm{f}}} \tag{8-64}$$

式中：k_{f} 为修正系数，当一根导线时，$k_{\mathrm{f}} = 1$；双分裂、三分裂及四分裂导线时，k_{f} 分别取 1.1、1.45 及 1.55。

　　如图 8-15 所示，原始进行波与变形后波两曲线的交点 b 所对应的值 U_{b} 约为变形后波的最大值。可见，冲击电晕可以减小行波的幅值和陡度，有利于变电站的防雷保护。

8.6　变压器绕组中的波过程

　　变压器绕组是由电感、电容组成的复杂的分布参数回路，当冲击电压波作用时，绕组内会产生复杂的电磁振荡过程，在绕组对地及绕组匝间、层间绝缘上产生过电压，危及绕组的主绝缘和纵绝缘。

8.6.1　单相变压器绕组中的波过程

1. 单相变压器绕组的等效电路

　　在冲击电压波作用下绕组除了具有分布的自电感和分布的对地电容外，还必须考虑匝间电容的影响，忽略绕组损耗电阻，绕组可以用图 8-16 的等效电路表示。图中，L_0 是绕组单位长度（或高度）的电感（包括绕组及匝间的互电感），C_0

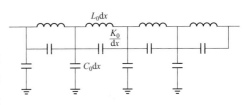

图 8-16　绕组的等效电路

是绕组单位长度（或高度）的对地电容，它等于绕组对地总电容除以绕组长度 l，K_0 是绕组单位长度的等值匝间互电容。

　　可见，冲击电压波作用于 L-C-K 分布参数回路时的过渡过程将更加复杂。为了便于掌握绕组波过程的物理概念，首先分析直流电压波作用于 L-C-K 分布参数回路时，绕组的起始电压分布和稳态电压分布，再来研究波在绕组中的振荡过程。

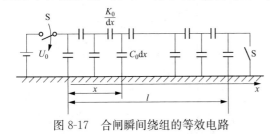

图 8-17　合闸瞬间绕组的等效电路

2. 起始电压分布和入口电容

　　当直流电压 U_0 刚作用于绕组首端时，由于电感的阻流作用，流过电感 $L_0\mathrm{d}x$ 中的电流可忽略，所以图 8-16 中所有电感 $L_0\mathrm{d}x$ 支路呈开路状态，于是绕组等效电路可简化为图 8-17，它是由对地电容 $C_0\mathrm{d}x$ 和匝间电容 $\frac{K_0}{\mathrm{d}x}$ 组成的电容链。

　　设距绕组首端为 x 点的电压为 u，流经 $\frac{K_0}{\mathrm{d}x}$ 和 $C_0\mathrm{d}x$ 的电流分别为 i 和 $\mathrm{d}i$，显然有

$$i = -\frac{K_0}{\mathrm{d}x}\frac{\partial(\mathrm{d}u)}{\partial t} \tag{8-65}$$

$$\mathrm{d}i = -C_0\,\mathrm{d}x\,\frac{\partial u}{\partial t} \tag{8-66}$$

上两式经合并化简后可得

$$\frac{\mathrm{d}^2 u}{\mathrm{d}x^2} - \frac{C_0}{K_0}u = 0 \tag{8-67}$$

其通解为

$$u = A\mathrm{e}^{\alpha x} + B\mathrm{e}^{-\alpha x} \tag{8-68}$$

$$\alpha = \sqrt{\frac{C_0}{K_0}}$$

根据边界条件即可求得绕组的起始电压分布。

绕组末端接地，边界条件为

$$\left.\begin{array}{ll} x = 0\ \text{时}, & u = U_0 \\ x = l\ \text{时}, & u = 0 \end{array}\right\}$$

代入式（8-68），整理得

$$u = U_0\,\frac{\mathrm{sh}\alpha(l-x)}{\mathrm{sh}\alpha\,l} \tag{8-69}$$

如绕组末端不接地，边界条件为

$$\left.\begin{array}{ll} x = 0\ \text{时}, & u = U_0 \\ x = l\ \text{时}, & i = 0 \end{array}\right\}$$

代入式（8-68），整理得

$$u = U_0\,\frac{\mathrm{ch}\alpha(l-x)}{\mathrm{ch}\alpha\,l} \tag{8-70}$$

$$\alpha l = \sqrt{\frac{C_0}{K_0}}l = \sqrt{\frac{C}{K}}$$

式中：C 为对地总电容；K 为纵向总电容。

图 8-18 中画出了在不同 αl 时绕组末端接地和末端不接地时的起始电压分布曲线。αl 越大，起始电压分布曲线下降越快。当 $\alpha l > 5$ 时，$\mathrm{sh}\alpha l \approx \mathrm{ch}\alpha l$，代入式（8-69）和式（8-70）可知，此时不论绕组末端接地与否，起始电压分布均为

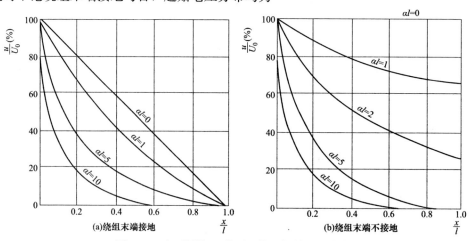

图 8-18　在不同的 αl 值下，绕组初始电压分布

$$u \approx U_0 \mathrm{e}^{-ax} \tag{8-71}$$

对于一般连续式绕组 $al \approx 5 \sim 15$，所以这种变压器不论中性点接地与否，绕组的起始电压分布均可按式（8-70）计算。可见，最大电位梯度出现在绕组首端，即

$$\left(\frac{\mathrm{d}u}{\mathrm{d}x}\right)_{\max} = \frac{\mathrm{d}u}{\mathrm{d}x}\bigg|_{x=0} = -\alpha U_0 = -\frac{U_0}{l}\alpha l \tag{8-72}$$

其中，$\dfrac{U_0}{l}$ 为平均电位梯度，负号表示绕组各点电位随 x 的增大而减小。式（8-71）表明，冲击电压波刚作用于变压器时绕组首端的电位梯度是平均电位梯度的 al 倍，因此对绕组首端的绝缘需要采取一定的保护措施。

由图 8-17 可知，当冲击电压波刚作用于绕组时，变压器绕组等效为 K_0-C_0 组成的电容链，对首端来说相当于一个等效集中电容，称为入口电容 C_r。设首端电荷为 Q，首端 $\dfrac{K_0}{\mathrm{d}x}$ 上的电压为 $\mathrm{d}u$，由于 $\dfrac{K_0}{\mathrm{d}x} \gg C_0 \mathrm{d}x$，所以可近似认为初始瞬间，电荷 Q 全积聚在 $\dfrac{K_0}{\mathrm{d}x}$ 两端，即 $Q = U_0 C_r = \dfrac{K_0}{\mathrm{d}x}\mathrm{d}u\bigg|_{x=0}$，由式（8-72）可知，$\dfrac{\mathrm{d}u}{\mathrm{d}x}\bigg|_{x=0} = \alpha U_0$，所以有

$$U_0 C_r = K_0 \alpha U_0 = K_0 \sqrt{\frac{C_0}{K_0}} U_0 = \sqrt{K_0 C_0}\, U_0$$

即

$$C_r = \sqrt{K_0 C_0} = \sqrt{KC} \tag{8-73}$$

变压器绕组的入口电容 C_r 等于绕组单位长度的对地电容 C_0 和单位长度纵向互电容 K 的几何平均值。C_r 随变压器的额定电压和容量增大而增大，一般在 $500 \sim 6000\mathrm{pF}$ 范围内。表 8-1 中数据可供参考。

表 8-1　　　　　　　　　　　　　变压器绕组的入口电容

额定电压（kV）	35	110	220	330	500
入口电容 C_r（pF）	500~1000	1000~2000	1500~3000	2000~5000	4000~6000

3. 稳态电压分布

在稳态时，流过电感 L_0 的电流的变化率 $\dfrac{\mathrm{d}i}{\mathrm{d}t} = 0$，电感 L_0 两端的电位差 $L_0 \dfrac{\mathrm{d}i}{\mathrm{d}t} = 0$，电感 L_0 相当于短路；而电容 K_0、C_0 已充满电荷，通过其支路的电流为零，K_0、C_0 支路相当于开路，所以绕组稳态电压将按长度作均匀分布。绕组末端接地时，稳态电压分布 $u(\infty, x) = U_0\left(1 - \dfrac{x}{l}\right)$；绕组末端开路时，绕组各点对地电压均为 U_0。

4. 振荡过程中绕组最大电位分布

如上所述，在冲击电压波作用下，绕组的起始电位分布与稳态电位分布不同，在过渡过程中必将发生振荡，产生过电压。振荡是围绕稳态分布进行的，所以过渡过程过电压 U_m 可按式（8-74）求出，即

$$U_m = 稳态值 + 振幅 = 稳态值 + （稳态值 - 初始值） = 2 倍稳态值 - 初始值 \tag{8-74}$$

由此得出图 8-19 中的始态对稳态分布的上翻线，可见起始电压值与稳态电压值相差越大过电压亦越大。由于绕组分布参数回路有无穷多个振荡频率，绕组某点在某时刻各个谐波幅值可能同时达到最大值，因此在振荡过程中绕组各点的电压将高于始态对稳态的上翻线至图 8-19 中的最大电位包络线。实际的最大过电压在包络线与上翻线之间。

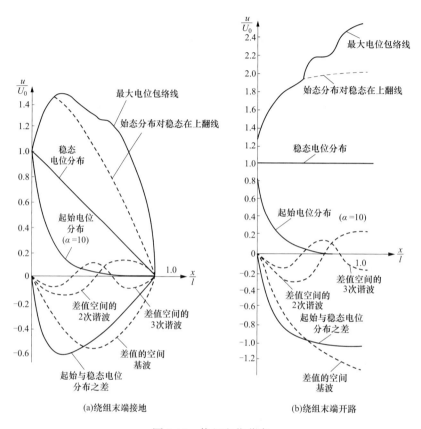

图 8-19　绕组电位分布

由上述分析可知，冲击电压波作用于变压器绕组时，在开路的末端处的对地电压可能会超过 2 倍来波电压，当末端短路时最大电压出现在绕组首端附近，幅值高达 1.4 倍来波电压，对变压器的主绝缘有危害。然而不论是对主绝缘，还是对纵绝缘，起始电压分布的影响都很大，所以要改善绕组的电压分布关键是改善起始电压分布。

5. 变压器绕组的内部保护

所谓变压器绕组的内部保护即是在变压器绕组的内部结构上采取保护措施，减少暂态振荡。其关键是改善变压器绕组的起始电压分布，使绕组的始态电位分布尽量接近稳态电位分布，从而降低绕组对地过电压和最大电位梯度。

如图 8-20（a）所示，C_x 为电容环与绕组间的部分电容。由于对地电容 $C_0 \mathrm{d}x$ 的分流作用，使得流经各纵向电容 $K_0/\mathrm{d}x$ 的电流不相同，导致绕组首端电位梯度增大，加装电容环可以补偿对地电容电流。其结构如图 8-20（b）所示，它是两个开口的金属环，并与绕组的首端相连。如果电容环和绕组间的电容电流恰好能补偿该处的对地电容电流，则通过各纵向电容的电流相同，将使沿线电位分布均匀，这种补偿方式称为横向补偿。

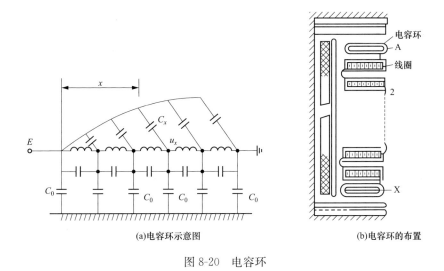

(a)电容环示意图　　　　　　(b)电容环的布置

图 8-20　电容环

由图 8-18 知，al 值越小，绕组起始电位分布越接近稳态电位分布，而 $al = \sqrt{\dfrac{C_0}{K_0}}\, l$，所以增大 K_0，即可减小 al 值。大容量的变压器采用纠结式绕组，可以增大总纵向电容。如图 8-21（a）、（b）所示，设每个线匝电容为 K，连续式两个线饼间的纵向电容为 $\dfrac{K}{8}$，而纠结式时只有 $\dfrac{K}{2}$。纠结式绕组的 al 值可下降到 1.5 以下，线饼电压分布可得到很大改善。在各个线饼之间插入附加导线的纵向补偿方法（见图 8-22 所示），也能增加纵向电容 K_0 值，使电位分布得到改善。

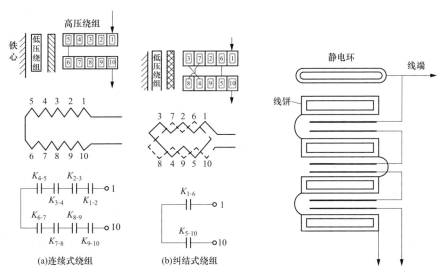

(a)连续式绕组　　　　　(b)纠结式绕组

图 8-21　连续式绕组与纠结式绕组的纵向电容　　图 8-22　插入附加导线的纵向补偿

8.6.2　三相变压器绕组中的波过程

三相变压器绕组的接线方式有丫、丫N 和 △ 等方式。在丫N 接线方式时，当忽略三相绕组间的电磁耦合时，三个绕组看作独立的、末端接地的单相绕组，无论是单相、双相或三相来波，各绕组的电压分布与单相绕组时相同。

（1）在Y接线方式下，当单相来波时，由于变压器绕组的对冲击电压波的阻抗远大于线路波阻抗，所以其他两相绕组首端可视为接地，如图 8-23（a）所示。绕组的初始和稳态电压分布如图 8-23（b）中曲线 1 和 2 所示，最大电压包络线如曲线 3 所示。中性点的稳态电压为 $\frac{1}{3}U_0$，其过渡过程中最大电压为 $\frac{2}{3}U_0$。

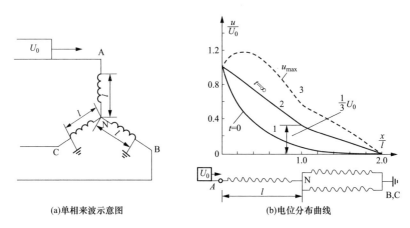

(a)单相来波示意图　　　　　　　　　(b)电位分布曲线

图 8-23　Y接线方式单相来波

两相或三相同时进波的情况可用叠加法来确定。分析结果表明，最严重的情况是三相同时进波，在中性点处出现最高电位达 2 倍的来波电压（$2U_0$）。

（2）在三角形接线方式下，当一相导线进波时，冲击电压波同时作用在两相绕组上，不会产生严重的过电压。当两相或三相同时进波时，由绕组两端同时进入绕组的波传到绕组中部时，相当于波传到开路的末端一样，会产生很高的过电压，在各相绕组中部对地电位达 $2U_0$。

8.6.3　波在变压器绕组中的传播

变压器有高、低压绕组，当一侧电位升高时，过电压可以传递到另一侧。传递途径有两个，即静电感应传递和电磁感应传递。

电磁感应过电压与变压器的变比、绕组接线方式和进波相数等有关。一般来讲，高压侧来波时，通过电磁感应传递到低压侧的过电压对低压绕组危害不大，这是因为低压侧的绝缘裕度比高压侧大的缘故。

静电感应过电压是通过变压器高、低压绕组间的电容 C_{12} 和低压绕组对地电容 C_{22} 分压来决定的。如图 8-24 所示，当高压绕组对地电位升高为 U_0 时，低压绕组因静电感应而产生的电位升高，即

$$U_2 = U_0 \frac{C_{12}}{C_{12} + C_{22}} \tag{8-75}$$

当低压侧开路时，低压侧对地电容 C_{22} 只有变压器绕组本身的对地电容（很小），此时会在低压侧产生很高的过电压，危及低压绕组绝缘。因此，增大低压侧对地电容（如低压绕组开路后还接有一段电缆）是降低静电感应过电压的有效措施。另外，超高压变压器采用在高低压绕组间加入一个接地屏蔽的方法（见图 8-25），能有效地减小 C_{12}，使 $U_2 \approx 0$。

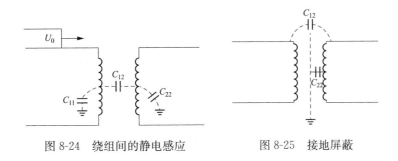

图 8-24 绕组间的静电感应　　　　　图 8-25 接地屏蔽

8.7 旋转电机绕组中的波过程

电机绕组中的波过程与变压器的有很大不同，由于电机绕组是嵌放在各个槽内，匝间电容 K_0 很小，所以近似计算时可以忽略纵向电容 K_0。故电机绕组的等效电路就与长线路一样仅由 L_0、C_0 组成。因此，可用波阻抗和波速来表征电机绕组中波过程的参数，其波过程的分析就与长线路中的波过程相同。

电机绕组槽内部分和槽外端接部分的 L_0、C_0 是不一样的，因此槽内、外部分的波阻抗和波速不一样，近似计算中，电机绕组波阻抗和波速取槽内、外的平均值。

电机绕组波阻抗与电机容量及电压等级等因素有关。电机容量越大，导线的截面积也越大，每槽匝数减少，使得电容 C_0 增大而电感 L_0 减小，因而波阻抗减小；额定电压增大，绕组绝缘厚度必然增加，而每槽匝数也将增多，这会使得电容 C_0 减小而电感 L_0 增加，因而波阻抗增大。图 8-26（a）为波阻与容量和额定线电压的关系曲线。

槽外绕组的波速接近于光速。在槽内由于导体与铁心之间介质的介电常数 ε 比空气介电常数 ε_0 大很多，所以其速度比光速低很多，为 $10\sim23\text{m}/\mu\text{s}$。图 8-26（b）为波速与容量的关系曲线，由图可查得，50MW/10kV 电机单相进波时的波阻 $Z=80\Omega$，波速 $v=20\text{m}/\mu\text{s}$；三

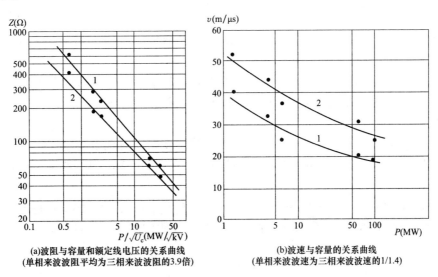

(a)波阻与容量和额定线电压的关系曲线
（单相来波波阻平均为三相来波波阻的3.9倍）

(b)波速与容量的关系曲线
（单相来波波速为三相来波波速的1/1.4）

图 8-26 电机绕组波阻抗及波速

1—单相进液；2—三相进波

相进波时的波阻 $Z = 62\Omega$，波速 $v = 29\mathrm{m}/\mu\mathrm{s}$。因为电机绝缘水平很低，容易发生三相反击，所以一般多用三相波阻。如三相来波传到丫接线的电机中性点时，该点的电位升高达首段电压的 2 倍，因此，直配电机应设法限制来波的陡度，避免损坏中性点绝缘。

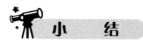

（1）导线上任一点的电压（或电流）等于通过该点的前行波与反行波之和，前行波电压与前行波电流之比等于 Z，而反行波电压与反行波电流之比为 $-Z$。

（2）波阻抗 Z 与导线的长度无关，$Z = L_0 v = \dfrac{L_0}{\sqrt{L_0 C_0}} = \sqrt{\dfrac{L_0}{C_0}}$

（3）计算流动波沿导线传到节点时节点的电压，可用彼德逊法则（亦称作等值集中参数定理）。等效电路中电源电动势为入射电压 u_{q1} 的两倍，等效电路的内阻为入射波所经过的波阻抗 Z_1。

（4）使用彼德逊法则时，要求满足以下两个条件：

1）波沿分布参数的线路射入；

2）波在该节点只有一次折、反射过程。

（5）行波通过串联电感和并联电容时，波头都会被拉平，但是由于波刚到电感时发生的正反射会使电感首端电压抬高，危及电感首端绝缘，所以一般都采用并联电容的方法来降低来波陡度。

（6）当直流电压 U_0 刚作用于绕组首端时，绕组等效电路可简化为由对地电容 $C_0 \mathrm{d}x$ 和匝间电容 $\dfrac{K_0}{\mathrm{d}x}$ 组成的电容链，对首端来说相当于一个等效集中电容，称为入口电容 C_r。C_r 随变压器的额定电压和容量增大而增大，一般在 $500 \sim 6000 \mathrm{pF}$ 范围内。

（7）不论绕组末端接地与否，起始电压分布均为 $u \approx U_0 \mathrm{e}^{-\alpha x}$。最大电位梯度出现在绕组首端，即 $\left.\dfrac{\mathrm{d}u}{\mathrm{d}x}\right|_{x=0} = -\alpha U_0 = -\dfrac{U_0}{l} \alpha l$。其中，$\dfrac{U_0}{l}$ 为平均电位梯度，负号表示绕组各点电位随 x 的增大而减小。可见，冲击电压波刚作用于变压器时绕组首端的电位梯度是平均电位梯度的 αl 倍。

（8）冲击电压波作用于变压器绕组时，在开路的末端对地电压可能会超过 2 倍来波电压；当末端短路时最大电压出现在绕组首端附近，幅值高达 1.4 倍来波电压，对变压器的主绝缘有危害。

（9）采用与绕组的首端相连开口的金属环能补偿该处的对地电容电流；采用纠结式绕组，可以增大总纵向电容。这两种方法均能使电位分布得到改善，从而提高变压器的耐冲击性能。

（10）旋转电机绕组的等效电路与长线路一样仅由 L_0、C_0 组成，因此可用波阻抗和波速来表征绕组内波过程的参数，其波过程的分析与长线路中的波过程相同。

习　题

8-1　冲击电晕对线路的波过程有什么影响?

8-2　在图 8-27 中 $R_1 = R_2 = Z$，求开关 S 合上（$t=0$）后节点 A 和 B 的电压 U_A 和 U_B。

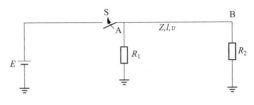

图 8-27　题 8-2 图

8-3　在冲击电压作用下，变压器绕组的初始电压分布对变压器绝缘有何影响? 如何改善变压器绕组的初始电压分布?

第 9 章　雷电参数及防雷装置

雷电是一种极为壮观的自然现象，由于其强大的威力和破坏作用，自古以来一直吸引着人类的注意力。自十八世纪富兰克林著名的风筝引雷实验以来，人类一直对雷电现象进行研究。随着科学技术水平的不断提高，高速摄影、暂态记录仪、记忆示波器、雷电定位系统等现代测试技术的出现，为研究雷电现象的物理机制及防护工作创造了有利条件。

9.1　雷　电　参　数

9.1.1　雷电放电

雷电现象起源于云中水汽的起电和同极性电荷的积累。带电的云块称为雷云，它是产生雷电放电的先决条件。雷电放电可能在云中两块带异性电荷的雷云间发生，称之为云中放电；也可能是雷云对大地放电，称之为云—地放电。由向下发展的先导激发的雷电称为下行雷，是最常见的一种云—地放电。下面将以下行雷为例来分析雷电放电的三个阶段。

1. 先导放电阶段

雷云对大地有静电感应，在雷云电场下，大地中感应出异号电荷，两者形成一个特殊的大电容器，随着雷云中电荷的逐步积累，空间的电场强度不断增大。当雷云中电荷密集处的电场强度达到空气击穿场强时，就产生强烈的碰撞游离，形成指向大地的一段导电通道，称为雷电先导。先导放电不是连续向下发展的，而是一段接着一段地向前推进，称为梯级先导。

2. 回击阶段

当下行先导接近地面时，会从地面较突出的部分发出向上的迎面先导。当迎面先导与下行先导相遇时，便产生强烈的"中和"过程，引起极大的电流，这就是雷电的回击阶段，伴随出现闪电和雷鸣现象。回击阶段有两个主要特点：存在的时间极短，通常不超过 1ms；电流极大，可达数十乃至数百千安。

3. 连续电流阶段

回击到达云端就结束了，然后云中残余电荷经回击通道流下来，称为连续电流阶段。连续电流阶段对应的电流不大（数百安），持续时间则较长（0.03～0.15s）。

雷云中的电荷分布是不均匀的，往往形成多个电荷密集中心，第一个电荷中心完成上述放电过程后，可能引起第二个、第三个甚至更多个的中心向第一个中心放电，并沿原先的通道到达大地，因此雷电可能是多重性的。第二次及以后的回击电流一般较小，不超过30kA。

图 9-1 中画出了用底片迅速转动的高速摄影装置记录的雷电放电过程及相应的雷电流曲线。

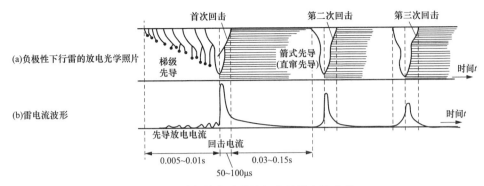

图 9-1　雷电放电过程及相应的雷电流曲线

9.1.2　雷电参数

1. 雷暴日（T_d）和雷暴小时（T_h）

雷暴日和雷暴小时都是用来表征某地区雷电活动的频繁度。在一天中只要听到雷声就算作 1 个雷暴日；同样，在 1h 内听到雷声就算 1 个雷暴小时。1 年内雷暴日的总数或雷暴小时的总数叫作雷暴日数或雷暴小时数（简称雷暴日或雷暴小时）。据统计，1 个雷暴日约折合 3 个雷暴小时。雷电活动的频繁度与地球纬度及气象条件有关。地球上赤道地区雷暴日最多，年平均为 100～150 个雷暴日；我国长江流域为 40～80 个雷暴日，西北地区多在 20 个雷暴日以下。我国将平均年雷暴日数 T_d 不超过 15 的地区定为少雷区；T_d 超过 15 但不超过 40 的地区为中雷区；T_d 超过 40 但不超过 90 的地区为多雷区；T_d 超过 90 的地区为强雷区。在防雷设计中，标准雷暴日数取为 40。

2. 雷电流

当雷击小接地阻抗物体时，流过该物体的电流定义为雷电流。其基本参数有雷电流的幅值（即峰值）、波形、波前时间、半峰值时间和极性。

我国一般地区雷电流幅值超过 I 的概率为

$$\lg P = -\frac{I}{88} \tag{9-1}$$

式中：P 为雷电流幅值累计概率；I 为雷电流幅值，kA。

平均年雷暴日在 20 及以下地区（即除陕南以外的西北地区、内蒙古的部分地区），雷电流幅值较小，雷电流幅值超过 I 的概率为

$$\lg P = -\frac{I}{44} \tag{9-2}$$

标准雷电冲击电流波形及参数定义如图 9-2（a）所示，其波前部分可用双指数函数表示为

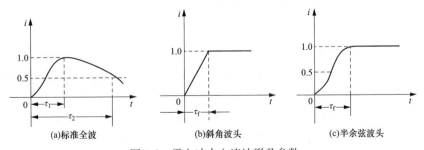

图 9-2　雷电冲击电流波形及参数

$$i = I(e^{-\alpha t} - e^{-\beta t}) \tag{9-3}$$

式中：I 为雷电流幅值，kA；α、β 为时间常数。

在线路防雷设计中，波头部分可简化为如图 9-2（b）所示的斜角波头。而在设计特殊高塔时可用如图 9-2（c）所示的半余弦波头，使之更接近实际并偏于严格。此时，在波头时间范围内的雷电流可表示为

$$i = \frac{1}{2}I(1 - \cos\omega t) \tag{9-4}$$

$$\omega = \pi/\tau_f$$

式中：I 为雷电流幅值，kA；ω 为角频率；τ_f 为波前时间。

实测结果表明，波前时间 τ_f 在 $1\sim4\mu s$ 范围内，平均值为 $2.6\mu s$ 左右，半峰值时间 τ 为 $40\mu s$ 左右。在线路防雷计算中，相关规程规定雷电流波前时间为 $2.6\mu s$，因此雷电流的平均上升陡度 a 为

$$a = \frac{I}{\tau_f} = \frac{I}{2.6} \tag{9-5}$$

当采用半余弦波头时，最大陡度出现在 $t = \frac{1}{2}\tau_f$ 处，其值等于平均陡度的 $\frac{\pi}{2}$ 倍。

雷电流的极性是由雷云向地面输送电荷的极性决定的，雷云向大地输送正电荷时雷电对地放电电流为正极性，雷云向大地输送负电荷时雷电对地放电电流为负极性。据统计，90% 左右的雷电是负极性的，所以在防雷计算中以负极性雷为准。

3. 地面平均落雷密度（γ）

地面平均落雷密度即每雷暴日、每平方千米地面平均落雷次数。世界各国取值不同，我国各地平均年雷暴日数（T_d）不同的地区，γ 值也不相同。一般，T_d 较大的地区，其 γ 值也随之变大。DL/T 620—1997《交流电气装置的过电压保护和绝缘配合》规定，$T_d = 40$ 的地区，γ 值取为 0.07。因此，$T_d = 40$ 的地区，每 100km 线路、每年的雷击次数为

$$N = \gamma S T_d = 0.07 \times \frac{100}{1000} \times (b + 4h) \times 40 = 0.28(b + 4h) \tag{9-6}$$

式中：S 为线路受雷面积，km^2；b 为两根避雷线之间的距离，m；h 为避雷线（或导线）的平均对地高度，m。

GB/T 50064—2014《交流电气装置的过电压保护和绝缘配合设计规范》将式（9-6）修改为

$$N = 0.28 \times (28h^{0.6} + b) \tag{9-7}$$

9.2　避雷针和避雷线的保护范围

避雷针（线）的作用是将雷电吸引到自身上来，并安全导入大地，从而使其附近的建筑和设备免遭直接雷击。如图 9-3（a）所示，当雷电先导从云端开始放电时，因先导离地面较高，避雷针（线）不影响它的发展路径；如图 9-3（b）所示，当先导放电发展到离地面一定高度 H 时，避雷针（线）将影响场强分布，先导与避雷针（线）之间形成了足够大的电场强度，使避雷针（线）上产生上行迎面先导，最终击在避雷针（线）上。高度 H 称为雷电的定向高度，它主要决定于避雷针（线）的高度 h。根据实验，当 $h \leqslant 30m$ 时，避雷针（线）

的比值 $\dfrac{H}{h}$ 等于 20（10）；当 $h > 30\text{m}$ 时，定向高度 H 等于 $600\text{m}(300\text{m})$。

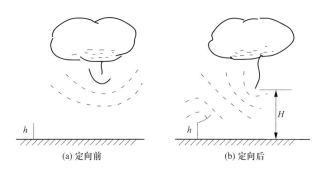

(a) 定向前　　　　　　　　　　(b) 定向后

图 9-3　接地物体对雷电先导发展的影响

避雷针（线）的保护范围是避雷针（线）附近的部分空间，在此空间内遭受雷击的概率极小，一般不超过 0.1%。目前，工程上确定避雷针（线）的保护范围采用的是折线法和滚球法两种。

9.2.1　折线法

1. 避雷针的保护范围

（1）单支避雷针。在我国电力行业标准中，对避雷针保护范围的计算采用的是折线法，即其保护范围的外侧边缘为折线。单支避雷针的保护范围近似为一个圆锥形空间，图 9-4 给出了其断面的边界线。边界线以内的区域属于保护范围，在被保护物高度 h_x 的水平面上，其保护半径 r_x 满足：

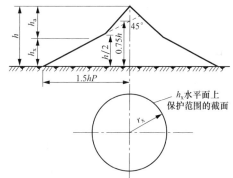

图 9-4　单支避雷针的保护范围

当 $h_x \geqslant \dfrac{h}{2}$ 时，有

$$r_x = (h - h_x)P = h_a P \tag{9-8}$$

当 $h_x < \dfrac{h}{2}$ 时，有

$$r_x = (1.5h - 2h_x)P \tag{9-9}$$

式中：r_x 为避雷针在 h_x 水平面上的保护半径，m；h 为避雷针的高度，m；h_x 为被保护物高度，m；h_a 为避雷针的有效高度，m；P 为高度影响系数（当 $h \leqslant 30\text{m}$ 时，$P = 1$；当 $30\text{m} < h \leqslant 120\text{m}$ 时，$P = \dfrac{5.5}{\sqrt{h}}$；当 $h > 120\text{m}$ 时，$P = 0.5$）。

（2）两支避雷针。

1）两支等高避雷针的保护范围如图 9-5 所示。两针外侧的保护范围按单支避雷针的计算方法确定。由于两支避雷针的相互屏蔽效应，两针中间部分的保护范围要比两支单针的范围之和大得多。两针间的保护范围应按通过两针顶点及保护范围上部边缘最低点 O 的圆弧确定，圆弧的半径为 R_O'。O 点高度 h_O 为

$$h_O = h - \dfrac{D}{7P} \tag{9-10}$$

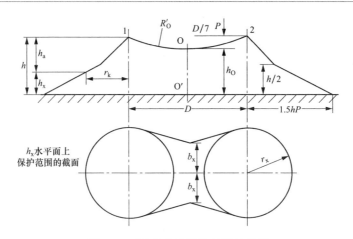

图 9-5　两支等高避雷针的保护范围

式中：D 为两避雷针间的距离，m；h_O 为两针间的保护范围上部边缘最低点高度，m。

两针间 h_x 水平面上保护范围的一侧最小宽度应按图 9-6 确定。当 $b_x > r_x$ 时，取 $b_x = r_x$。求得 b_x 后，可按图 9-5 绘出两针间的保护范围。两针间距离与针高之比 D/h 不宜大于 5。

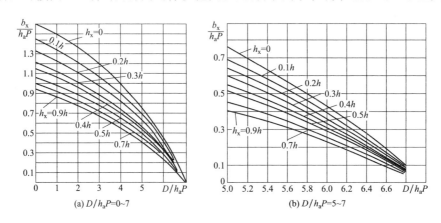

图 9-6　两等高 (h) 避雷针间保护范围一侧最小宽度（b_x）与 $D/h_a P$ 的关系

2）两支不等高避雷针的保护范围如图 9-7 所示。两针内侧的保护范围，先按单针法作出较高针 1 的保护范围，它与通过较低针 2 的顶点的水平线交于点 3。设点 3 为一假想针的顶点，然后可按两支等高避雷针的方法作出针 2 和 3 的联合保护范围。两针外侧的保护范围仍按单支避雷针的计算方法确定。

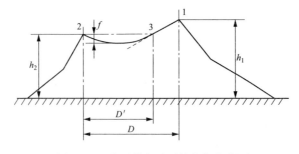

图 9-7　两支不等高避雷针的保护范围

（3）三支等高避雷针。三支等高避雷针形成的三角形的外侧保护范围，可以分别按两支等高避雷针的计算方法确定。如在三角形内被保护物最大高度 h_x 水平面上，各相邻避雷针间保护范围的一侧最小宽度 $b_x \geq 0$ 时，则全部面积受到保护，如图 9-8（a）所示。

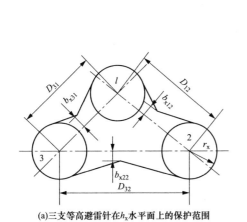

(a)三支等高避雷针在 h_x 水平面上的保护范围　　　　(b)四支等高避雷针在 h_x 水平面上的保护范围

图 9-8　三支和四支等高避雷针的保护范围

（4）四支及以上避雷针。四支及以上等高避雷针形成的四角形或多角形，可先将其分成两个或数个三角形，然后分别按三支等高避雷针的方法计算，如各边保护范围的一侧最小宽度 $b_x \geq 0$，则全部面积受到保护，如图 9-8（b）所示。

2. 避雷线的保护范围

（1）单根避雷线。用避雷线保护发电厂、变电站时，单根避雷线的保护范围如图 9-9 所示。在 h_x 水平面上每侧保护范围的宽度为

当 $h_x \geq \dfrac{h}{2}$ 时，有

$$r_x = 0.47(h - h_x)P \qquad (9-11)$$

当 $h_x < \dfrac{h}{2}$ 时，有

$$r_x = (h - 1.53 h_x)P \qquad (9-12)$$

式中：r_x 为每侧保护范围的宽度，m。

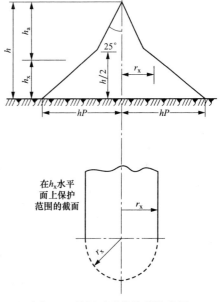

图 9-9　单根避雷线的保护范围

可见，避雷线的保护范围比避雷针小，这是因为避雷线对雷云先导电场的畸变作用小于避雷针的缘故。

（2）两根等高避雷线。如图 9-10 所示，两根等高避雷线外侧的保护范围仍按单根避雷线的计算方法确定。两避雷线间横截面的保护范围应由通过两避雷线 1、2 及保护范围边缘最低点 O 的圆弧确定，O 点的高度为

$$h_0 = h - \frac{D}{4P} \qquad (9-13)$$

式中：h_0 为两避雷线间保护范围上部边缘最低点的高度，m；D 为两避雷线间的距离，m；h 为避雷线的高度，m。

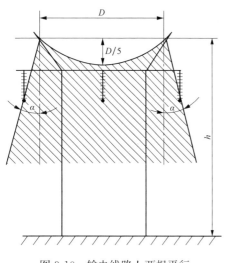

图 9-10　输电线路上两根平行
避雷线的保护范围

图 9-10 中的 α 称为避雷线的保护角，它是杆塔上避雷线的铅垂线同杆塔处避雷线和导线的连线间所组成的夹角。保护角越小，避雷线就越能可靠地保护导线免受雷击。为了减小保护角，必须提高避雷线的悬挂高度，这样势必加重杆塔结构，增加造价，所以单根避雷线的保护角不能做得太小，一般取 $20°\sim30°$。$220\sim330kV$ 双避雷线线路，α 一般采用 $20°$左右；$500kV$ 线路，α 一般不大于 $15°$；山区宜采用较小的保护角。为了减小避雷线的保护角，可将两根避雷线适当向外移动。经验证明，只要两避雷线间的距离不超过避雷线与中间导线高差的 5 倍，中间导线便能得到保护。在特高压或同塔双回的超高压输电线路中，有时要采用负的保护角。

9.2.2　滚球法

滚球法为 IEC 推荐方法，并为 GB 50057—2010《建筑物防雷设计规范》中计算避雷针（线）保护范围所采用。滚球法应用了击距的概念，所谓击距是指雷电先导头部与地面目标的临界击穿距离。击距的大小与先导头部的场强有关，即与先导通道中的电荷有关，而电荷又决定了雷电流的幅值。因此，击距 h_r 与雷电流幅值 I_m 直接相关，I_m 越大，h_r 越大。根据理论研究和实验结果，其关系式表示为

$$h_r = kI_m^p \tag{9-14}$$

式中：I_m 的单位为 kA；h_r 的单位为 m；k、p 为常数，不同的研究者给出的数值相差较大，我国国家标准中取 $h_r=10I_m^{0.65}$（m）。

当雷电先导与接地物的距离小于击距时，雷电会击中该接地物。根据防雷要求的不同将建筑物分为 A、B、C 三类，依次对应的击距分别为 30、45、60m，对应的雷电流大小分别为 5.4、10.1、15.8kA。击距越小，雷电流越小，对应的保护要求越高。

图 9-11 为滚球法确定的单支避雷针的保护范围。当避雷针高度 $h\leqslant h_r$ 时，在距地面 h_r 处作一平行于地面的直线 DE，以针尖 H 为圆心，h_r 为半径，作弧线交 DE 于 A、B，再分别以 A、B 为圆心，h_r 为半径作弧线，该弧线与针尖相交并与地面相切，平面 AD、BE 和球面 ACB 组成一个定位曲面。在不小于击距所对应的雷电流的先导未到定位面之前，其发展不受地面物体的影响；仅当它下行至定位曲面时才受地面物体的影响而定位，击向曲面 FHG 以上的地面物体。因此，位于 FG 之间，高度不超过曲面 FHG 的物体将受到避雷针的保护。

避雷针在 h_x 高度的 xx' 平面上的保护半径为

$$r_x = \sqrt{h(2h_r-h)} - \sqrt{h_x(2h_r-h_x)} \tag{9-15}$$

式中：r_x 为避雷针在 h_x 高度的 xx' 平面上的保护半径，m；h_r 为滚球半径，m；h_x 为被保护物的高度，m。

当避雷针高度 $h>h_r$ 时，在避雷针上取高度 h_r 的一点代替单支避雷针的针尖作为圆心，其余的做法同上。GB 50057—2010《建筑物防雷设计规范》和 IEC 62305-3—2010《雷电防护　第 3 部分：对建筑物的物理损伤和寿命危害》还对用滚球法确定多支避雷针的保护范围作了明确规定。

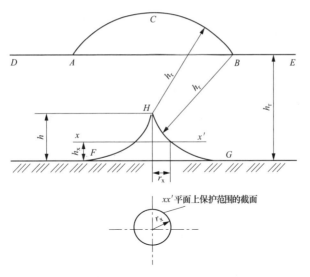

图 9-11　滚球法确定的单支避雷针的保护范围

从滚球法确定的保护范围可以看出，它是由一个半径为 h_r 的圆球围绕避雷针滚动而形成，避雷针附近凡未能与此球接触的空间即为有效保护空间，滚球法因此而得名。

9.3　避　雷　器

9.3.1　对避雷器的基本要求

避雷针（线）可以防止设备遭受直击雷，但不能防止线路传入发电厂和变电站的雷电波（侵入波）对电气设备的危害。由于变电站中各种电气设备的绝缘水平远低于同级线路的绝缘水平，因此，在雷雨季节，沿线路传播到发电厂或变电站的高幅值雷电波常危及电气设备的安全运行，如不加以有效保护，设备绝缘会因遭受雷电入侵过电压而发生击穿损坏。避雷器就是一种普遍采用的侵入波保护装置，它是一种过电压限制器。图 9-12 所示为避雷器 F 对侵入过电压限制示意，当过电压出现时，避雷器 F 动作（放电）使得两端子间的电压不超过规定值，进而保护电气设备 T 免遭过电压的损坏；当入侵过电压波的能量被避雷器 F 释放后，系统能迅速自动恢复正常状态。

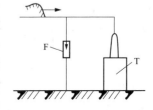

图 9-12　侵入过电压限制示意

为使电气设备得到可靠保护，避雷器应满足以下基本要求：

（1）保护装置的冲击放电电压 $U_{b(i)}$（及残压 U_{res}）应低于被保护设备绝缘的冲击耐压值。以变压器为例，其冲击耐压值通常取其多次截波耐压值 U_{jd}，所以 $U_{b(i)}$ 应满足

$$U_{b(i)} < U_{jd} \tag{9-16}$$

（2）放电间隙应有平坦的伏秒特性曲线和尽可能强的灭弧能力。图 9-13（a）中曲线 1 为绝缘的伏秒特性，避雷器要能对设备起到保护作用，其放电间隙的伏秒特性曲线 2 应始终低于曲线 1，并留有一定的间隔。显然，放电间隙的伏秒特性曲线越平坦越好。如图 9-13 （b）所示，如果伏秒特性曲线很陡，则可能与绝缘的伏秒特性曲线相交，以致在短放电时间的范围内不能保护设备。同时，由于放电的分散性，间隙和被保护设备的伏秒特性实际上处

在一个带状的范围内，如图 9-13（c）所示，因此要求保护设备伏秒特性的上包络线低于被保护设备伏秒特性的下包络线。

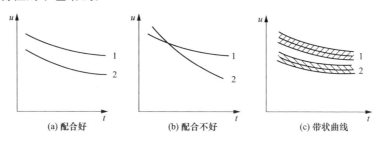

(a) 配合好　　　　　　(b) 配合不好　　　　　　(c) 带状曲线

图 9-13　伏秒特性的配合

1—绝缘的伏秒特性；2—避雷器的伏秒特性

避雷器在雷电冲击作用下动作，冲击电压消失后，加在该避雷器上的恢复电压，即系统的工频电压，将使间隙中继续流过工频电流，称为工频续流。要求避雷器能自动地迅速切断此工频续流，以保证避雷器本身的安全和恢复系统的正常运行。

从特性和结构来看，避雷器分为有间隙避雷器和无间隙避雷器两大类。保护间隙、管式避雷器、阀式避雷器均属有间隙避雷器，阀式避雷器又分为普通阀式避雷器和磁吹阀式避雷器两种；氧化锌避雷器一般不需串联放电间隙，所以又称无间隙避雷器。

9.3.2　有间隙避雷器

1. 保护间隙

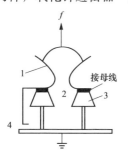

图 9-14　角型保护间隙

1—φ6～12mm 的圆钢；

2—主间隙；3—支柱绝缘子；

4—辅助间隙；f—电弧的运动方向

保护设备中简单的形式是保护间隙，它由两个电极组成，并接在被保护设备的两端。3、6kV 及 10kV 电网中常用的角型保护间隙如图 9-14 所示，其主间隙的距离分别为 8、15、25mm。为防止主间隙被外物短路引起误动；在下方串联有辅助间隙，其间距分别为 5、10、10mm。当雷电波侵入时，间隙先击穿，线路接地，从而使电气设备得到保护。保护间隙击穿后形成工频续流，其电弧在电动力和上升热气流的作用下向上移动，从而被拉长、冷却使其电弧熄灭。由于间隙的熄弧能力不高，一般难以使工频电弧可靠熄灭，所以应与自动重合闸装置相配合，以便减少线路停电事故。保护间隙多用于 10kV 以下的配电网中。

由于保护间隙简单经济，目前也常用与变压器中性点保护（与避雷器配合）以及线路绝缘子保护，如图 9-15 和图 9-16 所示。

图 9-15　变压器中性点保护间隙　　图 9-16　110kV 线路绝缘子并联间隙

2. 管式避雷器

管式避雷器是一个具有较高熄弧能力的保护间隙，其结构如图 9-17 所示。管子由能产气的绝缘材料做成，装在管子内部的棒形电极 3 和环形电极 4 构成不能调节的灭弧间隙 S_1。由于产气材料在泄漏电流作用下会分解，因此管子不能长时间接在工作电压上，需用外间隙 S_2 将避雷器与工作电压隔开。当间隙在过电压下击穿后，由于工频续流电弧的高温作用，管内产生强烈的气体，使间隙冷却和去游离；同时，气压增加到几十个大气压力，高压气体由环形电极开口处孔喷出，电弧形成强烈的纵吹作用，使工频续流经过 1～3 个周波后，在电流过零时电弧熄灭。这是一种利用灭弧腔内电弧与产气材料接触所产生的气体来切断续流的避雷器，又称为排气式避雷器。

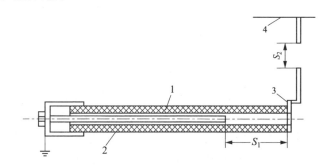

图 9-17　管式避雷器

1—产气管；2—胶木管；3—棒形电极；4—环形电极；S_1—内间隙；S_2—外间隙

当避雷器动作时，从管中喷出炽热的、呈火舌状的电离气体，火舌长度可达 1.5～3.5m、宽度可达 1.0～2.5m，并发出像炮击一样的响声。因此，为了预防相间短路，在安装避雷器时必须注意排气区内不能有邻近相的导电部分。

管式避雷器的冲击放电电压由内、外间隙距离决定，内部间隙距离 S_1 由灭弧的要求决定，管子的长度则应保证不发生沿面放电。棒间隙的伏秒特性较陡，为此希望缩短外间隙距离。但是，当管子严重受潮时可能在工作电压下发生沿面闪络，导致避雷器误动作，因此外间隙不能过短。管式避雷器外间隙的距离一般采用表 9-1 所列数值。

表 9-1　管式避雷器外间隙的距离

系统额定电压（kV）	3	6	10	20	30
最小距离（mm）	8	10	15	60	100

管式避雷器的一个重要特点是具有熄灭一定范围（上限和下限）的工频续流能力。这是因为续流太小时产气太少，不足以将电弧吹熄；续流太大时产气过多，管内压力过高，会使管子爆炸或管子端部的套管破裂。管式避雷器动作多次后管壁将变薄，在动作 8～10 次之后，内径 d 增大到超过起始值的 120%～125%时，就不能再使用了，应该予以更换。

管式避雷器的主要缺点有：

（1）伏秒特性太陡，且放电分散性较大，难以和被保护设备实现合理的绝缘配合。

（2）管式避雷器动作后会产生高幅值的截波，对类似变压器设备的纵绝缘不利，因此管式避雷器不能用于大型变电站设备的保护。

管式避雷器曾在发、变电站的进线保护和直配电机的侵入波防护中得到应用，由于其运行维护的工作量大，目前已不再生产和使用了。

3. 普通阀式避雷器

阀式避雷器由装在密封瓷套中的放电间隙组和非线性电阻片（阀片）组成。为了保证避雷器有良好的保护性能，要求间隙应有平坦的伏秒特性和较强的熄灭工频续流的能力。阀片的电阻是非线性的，在大电流（冲击电流）时呈现为小电阻，以保证其上的压降（残压）足够低；在冲击电流过后，阀片在电网的工频电压作用下呈现为大电阻，以限制工频续流，有利于间隙灭弧。

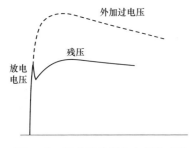

图 9-18　阀式避雷器上电压的变化

阀式避雷器工作原理是：当避雷器上过电压的瞬时值达到放电间隙的冲击放电电压 $U_{b(i)}$ 时，间隙击穿，过电压波即被截断，这时避雷器呈现为小电阻，它在最大允许冲击电流下的压降称为残压 U_{res}，此残压应比被保护设备绝缘的冲击强度低 25%～40%；冲击电流通过后将产生工频续流，此时工作电压远低于冲击电压，阀片电阻急剧增大，续流受到限制，电弧迅速熄灭。作用在阀式避雷器上电压的变化如图 9-18 所示。

避雷器的阀片是用电工金刚砂（SiC）细粒和结合剂（水玻璃等）制成的圆盘在高温下焙烧而成。普通阀式避雷器中的阀片是在 300～350℃ 下烧成的，称为低温阀片。在金刚砂颗粒的表面有一层很薄的二氧化硅（SiO_2）封闭层。金刚砂颗粒本身的电阻率不大，约为 $10^{-2}\Omega\cdot m$，而封闭层的电阻是非线性的，它与电场强度有关。当场强不大，即阀片上电压不高时，封闭层的电阻率为 $10^4\sim10^6\Omega\cdot m$，此时整个外施电压都加在封闭层上，由它决定阀片的电阻。当场强增大时，封闭层的电阻急剧下降，阀片的电阻逐渐由金刚砂本身的电阻来确定，于是就使阀片呈现非线性。其非线性程度可用伏安特性方程表示为

$$u = ci^\alpha \tag{9-17}$$

式中：c 为与阀片的材料和尺寸有关的常数；α 为阀片的非线性系数（其值小于 1）。

α 越小表示非线性的程度越大，$\alpha=1$ 相当于线性电阻。用在普通阀式避雷器中的低温阀片的 α 约为 0.2。

普通阀式避雷器的放电间隙由许多单个间隙串联而成。单个平板型放电间隙的结构如图 9-19 所示。电极用冲压的黄铜圆盘电极 1 做成，极间垫有环状的云母垫圈 2，间隙电场接近均匀电场。单个间隙的工频放电电压（有效值）为 2.7～2.9kV。

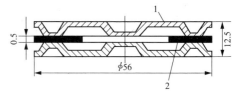

图 9-19　单个平板型放电间隙的结构
1—黄铜电极；2—云母片（厚 0.5mm）

当冲击电压作用时，在云母垫圈与黄铜圆盘接触处的空气缝隙中发生电晕放电，它照射间隙，从而减小了统计时延，使得间隙的放电分散性小，伏秒特性较平。因此，避雷器间隙的冲击系数（冲击放电电压与工频放电电压峰值之比）为 1.1 左右。

通过工频续流时，电弧被多个串联间隙分割成许多短弧段。实验证明，如果工频续流被限制在 80A 以下，在工频续流第一次过零时可充分利用短间隙的冷阴极效应，使得间隙的绝缘强度迅速恢复从而切断工频续流。我国生产的普通阀式避雷器有 FZ 型和 FS 型，当工频续流分别不大于 80A 和 50A（峰值）时，能够在续流第一次过零时熄灭电弧。

通常将四个放电间隙放在一个瓷套筒里，组成标准间隙组，图9-20所示为阀式避雷器间隙结构与等效原理图。每组的工频放电电压（有效值）为 8.5～11kV。由于各个短间隙对地和导线都有部分电容，各间隙上的工频电压分布是不均匀的，从而降低了整个避雷器的灭弧能力。因此，对于 FZ 型避雷器，在每个标准间隙组的侧面，并有两个串联的半环形非线性分路电阻，以便起到均压作用。由图 9-20（b）可知，在工频电压作用下，由于间隙电容 C 的阻抗比分路电阻阻值大很多，所以间隙上的电压分布主要由分路电阻的阻值来决定。此时只要与间隙并联的分路电阻的阻值相等，各个间隙上的电压就基本相等了。在冲击电压作用下，由于冲击电压的等值频率很高，间隙电容的阻抗小于分路电阻阻值，此时间隙上的电压分布主要取决于电容分布，所以分路电阻的存在不影响避雷器的冲击放电电压。

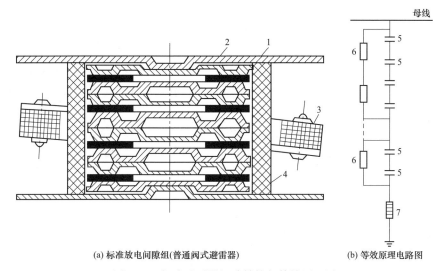

(a) 标准放电间隙组(普通阀式避雷器)　　　　　　(b) 等效原理电路图

图 9-20　阀式避雷器间隙结构与等效原理图

1—单个间隙；2—黄铜盖板；3—半环形分路电阻；4—瓷套筒；5—间隙电容；6—并联电阻；7—阀片电阻

采用分路电阻后，在系统最高运行相电压的作用下，分路电阻中将长期有电流通过，要求分路电阻必须有足够的热容量。通常分路电阻都采用以金刚砂为主要材料、在高温下焙烧而成的非线性电阻，其非线性系数 $\alpha \approx 0.35～0.45$。

FZ 型避雷器用以保护中等及大容量变电站中的电气设备，其阀片直径为 100mm。

FS 型的放电间隙没有分路电阻，阀片直径为 55mm，其体积小、质量轻，可用于保护配电系统的小容量变压器等。

4. 金属氧化物避雷器

金属氧化物避雷器（MOA）的阀片是以氧化锌（ZnO）为主要材料，以少量的氧化铋（Bi_2O_3）、氧化钴（Co_2O_3）、氧化锰（MnO_2）和氧化锑（Sb_2O_3）等金属氧化物作添加剂，经过粉碎、混合、选粒和成型等加工处理后，在 1000℃ 以上的高温中烧结而成。这种由氧化锌阀片组成的避雷器又称氧化锌避雷器。

氧化锌阀片的非线性特性与其微观结构密切相关，如图 9-21 所示。含有微量的钴 Co 和锰 Mn 等元素的氧化锌晶粒，在氧化锌晶粒的周围是由氧化铋形成的晶界层，在晶界层中零散地分布着尖晶石（$Zn_7Sb_2O_{12}$）。氧化锌阀片的非线性特性主要取决于晶界层的状态：晶界层的电阻率与所处的电场强度关系极大，在低电场强度作用下，晶界层的电阻率高达 10^{10} ～

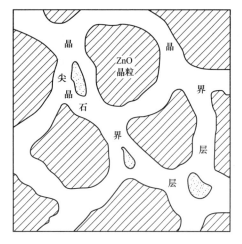

图 9-21 氧化锌阀片的微观结构示意图

$10^{11}\Omega\cdot m$；但当电场强度增加到某一数值时，其电阻率会骤然下降，呈现为低阻状态。此外，晶界层还具有电介质的性质，其相对介电常数为 $1000\sim2000$，因此氧化锌阀片具有较大的固有电容。由于尖晶石在晶界层中零散分布而不是连续存在，所以它对氧化锌阀片的非线性特性无直接影响。

氧化锌阀片有极好的伏安特性，如图 9-22 所示。其可分为小电流区、非线性区和饱和区。在小电流区，通过氧化锌阀片的电流在 1mA 以内，非线性系数 α 较大，为 $0.1\sim0.2$。在非线性区，α 大大下降，为 $0.015\sim0.05$，即使在 10kA 雷电流下，也仅为 0.1 左右。在饱和区，由于电场强度较高，氧化锌晶粒的固有电阻将逐渐起主要作用，使非线

性变坏，所以氧化锌阀片在大电流时伏安特性明显上翘。图 9-23 是氧化锌阀片与碳化硅阀片伏安特性曲线的比较，两者在 10kA 电流下的残压是大致相同的；但在额定电压下，碳化硅阀片流过的电流幅值达数百安，而氧化锌阀片流过的电流在 $10\sim50\mu A$，可以近似认为其续流为零。正因为如此，金属氧化物避雷器才可以不采用串联放电间隙，成为无间隙、无续流的避雷器。

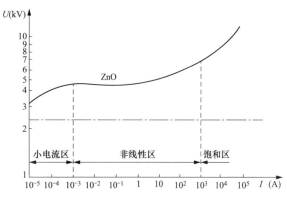

图 9-22 氧化锌阀片的伏安特性

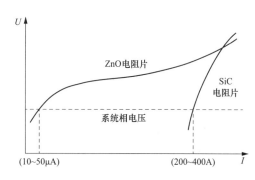

图 9-23 两种阀片伏安特性的比较

尚需指出，目前也有厂家为了改善金属氧化物避雷器的老化特性，将其做成带有串联间隙的金属氧化物避雷器。其目的是利用串联间隙来隔断正常情况下通过避雷器阀片的泄漏电流，减少阀片的发热；但要求串联间隙必须在过电压能量通过阀片的工频续流。带串联间隙的氧化锌避雷器的缺点是间隙的分散性大，不利于绝缘配合，因此通常只用于输电线路的外绝缘保护。

与碳化硅避雷器相比，金属氧化物避雷器具有以下一些优点：

（1）结构简单且保护性能优良。由于金属氧化物避雷器取消了传统的碳化硅避雷器所必不可少的串联放电间隙，因而也取消了与串联间隙相并联的分路电阻，使金属氧化物避雷器的结构大为简化，尺寸明显变小。同时，由于取消了串联放电间隙，放电没有时延，只要电压一升高，金属氧化物阀片就能迅速吸收过电压能量，限制过电压；而碳化硅阀片只能在串

联放电间隙放电后才有电流流过。因此，前者有利于降低作用在变电站电气设备上的雷电或操作冲击过电压数值，金属氧化物避雷器的保护效果如图 9-24 所示。

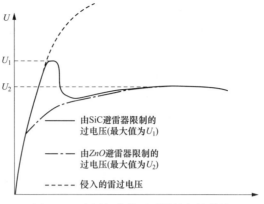

图 9-24　金属氧化物避雷器的保护效果

（2）耐重复动作能力强。金属氧化物避雷器无间隙、无工频续流，在雷电或操作冲击过电压的作用下，避雷器不需要吸收工频续流能量，而只吸收冲击过电压的能量，大大减轻了避雷器的工作负担。因此，金属氧化物避雷器具有耐受多重雷击和重复发生操作过电压的能力。

（3）通流容量大。在雷电冲击和操作冲击过电压作用下，金属氧化物阀片单位体积吸收的能量比碳化硅阀片大 4 倍左右；同时由于金属氧化物阀片的残压特性分散性小，电流分布较为均匀，还可通过阀片并联或整只避雷器并联的方法来进一步提高避雷器的通流能力。因此，金属氧化物避雷器的通流容量远比碳化硅避雷器大。

（4）造价较低。金属氧化物避雷器具有元件通用性强、体积小、质量轻、造价较低和结构简单等特点，既方便于生产，又方便于安装和维护，具有显著的技术经济效益。

由于金属氧化物避雷器具有上述一系列优点，目前普通阀式避雷器和磁吹避雷器均已被金属氧化物避雷器所取代。此外，利用金属氧化物避雷器无工频续流的特性，还可制成直流避雷器及其他特殊应用的避雷器，如适用于高海拔地区和气体绝缘变电站中的避雷器。

5. 避雷器的电气参数

（1）阀式避雷器电气特性的基本参数。

1）额定电压是指施加到避雷器端部最大允许的工频电压（有效值）。在选用避雷器时，应保证其端部的工频电压升高在任何情况下都不会超过避雷器的额定电压值，否则避雷器将因不能灭弧而发生爆炸。通常最大工频电压发生在单相接地的情况下。根据分析计算，在中性点直接接地的电网中，最大工频电压和相应的避雷器的额定电压值取电网最高运行线电压的 75%～80%；在中性点经消弧线圈接地的电网中，避雷器的额定电压取电网最高运行线电压的 100%；在中性点不接地的电网中，则取电网最高运行线电压的 110%。

2）残压放电电流通过避雷器时，其端子间的最大电压值称为避雷器的残压。一般在紧靠变电站 1～2km 的进线段上都有防直击保护措施，因此流经避雷器的最大雷电流主要是考虑进线段以外落雷时的情况。根据分析计算，在变电站以外线路落雷时，沿 220kV 及以下线路进入变电站的侵入波流经避雷器的雷电流 I_{FV} 一般不大于 5kA；330～500kV 线路时，I_{FV} 一般不大于 10kA。所以，220kV 及以下避雷器的残压是以通过 5kA 的电流计，330～500kV 的避雷器则以通过 10kA 的电流计，分别用 U_5 和 U_{10} 表示。避雷器的残压在数值上接近于冲击放电电压，它们均应低于被保护设备绝缘的冲击强度。残压越低，保护性能越好。

残压与额定电压之比称为避雷器的保护比，用 K_b 表示，即

$$K_b = 残压 / 额定电压 \tag{9-18}$$

保护比 K_b 是阀式避雷器的重要参数。保护比越小，说明残压越低或允许加在避雷器上的工频电压越高（即避雷器的熄弧能力越强），避雷器的保护性能越好。FZ 型的 K_b 为

2.29，FS 型的 K_b 为 2.52，FCZ 型的 K_b 为 1.78。

3）冲击放电电压（峰值，kV）。避雷器的冲击放电电压是指雷电压（$1.2/50\mu s$）作用下避雷器的放电电压（峰值）。在超高压电网中，由于操作过电压开始起主导作用，所以用于超高压电网的避雷器还应给出标准操作冲击电压作用下的冲击放电电压值和陡波（1200kV/μs）作用下的冲击放电电压值。

4）工频放电电压（有效值，kV）。一方面，避雷器的冲击系数是冲击放电电压与工频放电电压峰值之比，其值大体接近于 1，在工频电压作用下，避雷器的放电电压不能过高，如果增大工频放电电压必将增大冲击放电电压，从而影响到避雷器的保护性能，所以对避雷器的工频放电电压应规定上限值。另一方面，避雷器的工频放电电压也不能太低，因为普通阀式避雷器的通流能力有限，工频放电电压太低会在内部过电压下动作而使避雷器损坏，所以也规定了工频放电电压的下限值。35kV 及以下电网中的避雷器，其工频放电电压的下限值取为电网最大运行相电压的 3.5 倍，110kV 及以上电网中则取 3.0 倍。

（2）金属氧化物避雷器电气特性的基本参数。

1）额定电压 U_r（有效值，kV）。U_r 的定义仍指加到避雷器端部的最大允许工频电压的有效值，但是含义则与前述有间隙避雷器的不同。对于有间隙避雷器，意味着避雷器在这一电压下的第一个工频半波内能可靠地切断工频续流，熄灭电弧；而对于无间隙避雷器，它是决定避雷器各种运行特性的一个基准参数。按照额定电压 U_r 设计的无间隙避雷器，能在规定的动作负载试验中可靠地工作，即在一次或多次冲击电流作用后，能够承受此规定的额定电压，并在持续运行电压作用下能够冷却下来而不发生热崩溃。

金属氧化物避雷器的额定电压仍按照电网中单相接地条件下健全相的最大暂态工频过电压选取。比如，在中性点直接接地系统中，避雷器的 U_r 可以选得低一些，一般可取线电压的 85%；在中性点非直接接地系统中，避雷器的 U_r 必须选得高一些，一般要取线电压的 100%。同时，还应通过负载试验和工频电压耐受特性试验进行考核。

避雷器运行时，作用在避雷器上的最大工频电压的有效值不应超过其额定电压。表 9-2～表 9-5 分别列出了保护系统、变压器中性点、发电机和直配电机中性点的金属氧化物避雷器额定电压推荐值。

表 9-2　　　　　　保护系统的金属氧化物避雷器额定电压推荐值（kV）

接地方式	非直接接地系统													直接接地系统					
	切除故障时间≤10s						切除故障时间>10s						110	220	330		550		770	
															母线侧	母线侧	母线侧	母线侧	母线侧	母线侧
标称系统电压	3	6	10	20	35	66	3	6	10	20	35	66	110	220						
U_r	4	8	13	26	42	72	5	10	17	34	54	96	102 108	204 216	288 300	300 312	420 444	444 468	600	648

表 9-3　　　　保护变压器中性点的金属氧化物避雷器额定电压推荐值（kV）

中性点电压水平	全绝缘						分级绝缘				
标称系统电压	3	6	10	20	35	66	110	220	330	500	750
U_r	4	10	17	34	54	96	84	150	72	102	150

表 9-4　　　　　　　　　保护发电机的金属氧化物避雷器额定电压推荐值（kV）

发电机额定电压	3.15	6.3	10.5	13.8	15.75	18	20	22	25	26
U_r	4.0	8.0	13.2	17.5	20.0	22.5	25.0	27.5	30.0	32.5

表 9-5　　　　　　　　　保护直配电机的金属氧化物避雷器额定电压推荐值（kV）

发电机额定电压	3.15	6.3	10.5
U_r	2.4	4.8	8.0

2）残压 U_{res}。金属氧化物避雷器的残压用标称电流 I_n 流过避雷器阀片时的最大压降表示。所谓标称电流是指冲击波形为 $8/20\mu s$ 时的放电电流峰值。我国规定的标称放电电流有 1.5、2.5、5、10kA 和 20kA（峰值）等各个等级，可根据避雷器的使用场合选定。电力系统中常用的是标称电流为 5kA 的残压（U_{5kA}）、标称电流为 10kA 的残压（U_{10kA}）和标称电流为 20kA 的残压（U_{20kA}）。表 9-6 给出的是标称放电电流分类。考虑到近区雷击时可能出现的陡波头雷电流，避雷器还应提供陡波电流下的残压 $U_{res(st)}$。我国规定，陡波残压试验的波头时间为 $1\mu s$，幅值与标称放电电流相同。此外，作为操作过电压防护用的避雷器，还规定了波头为 $30\sim100\mu s$ 的操作冲击电流下的残压 $U_{res(s)}$。

表 9-6　　　　　　　　　　　　避雷器的标称放电电流分类

标称放电电流 I_n(kA)	20	10	5	2.5	1.5
避雷器额定电压 U_r(kV)	420~648	3~360	3~102	3~13.5	2~204
使用场合	变电站用	变电站用	变电站、配电系统、发电机、补偿电容器组	电动机用	中性点用
标称系统电压 U_n(kV)	500~750	3~330	3~110	3~10	3~750

金属氧化物避雷器的保护水平是陡波冲击电流、标称冲击电流和操作冲击电流三者残压的组合，对雷电过电压保护水平由陡波冲击电流下最大残压除以 1.15 和标称放电电流下最大残压两项数值的较高者决定，对操作过电压保护水平只由操作冲击电流下的最大残压决定。

3）参考电压 U_{ref}（kV）。参考电压包含工频参考电压和直流参考电压。当通过工频参考电流峰值为 1mA 时，避雷器上的工频电压峰值除以 $\sqrt{2}$ 即为工频参考电压。而在直流参考电流下（通常为 $1\sim5$mA），避雷器上的电压为直流参考电压。避雷器的直流参考电压 U_{1mA} 随着避雷器的额定电压 U_r 的增大而增大，二者之间一般有 $U_{1mA}=\sqrt{2}U_r$ 的近似关系。实际上参考电压是避雷器伏安特性曲线中小电流（约为 1mA）拐弯处的电压，其值通常与避雷器的额定电压接近或相等。从该拐弯处开始，电流将随电压的升高而迅速增大，并起到限制过电压的作用，所以又称起始工作电压。

4）持续运行电压 U_c（有效值，kV）。在运行中允许持续地施加在避雷器两端的工频电压有效值称为持续运行电压，其值一般等于或大于系统最高运行相电压。无间隙氧化锌避雷器的一个重要特点是在工频电压的持续作用下阀片有可能产生老化，即表现为通过阀片的电流和功率损耗随时间的增长而逐渐增大，最终导致阀片失去热稳定性而损坏。因此要求无间隙金属氧化物避雷器应在吸收过电压能量而温度升高后，在持续运行电压下能够平稳冷却，不会发生热击穿。表 9-7 给出了避雷器的持续运行电压。

表 9-7 避雷器的持续运行电压 U_c

接地方式	直接接地	非直接接地		
切除故障时间（s）	≤10	≤10	>10	
U_c（kV）	$\geqslant \dfrac{U_m}{\sqrt{3}}$	$\geqslant \dfrac{U_m}{\sqrt{3}}$	$1.1U_m(3{\sim}10)$	$U_m(35{\sim}65)$

注 U_m 为系统最高运行相电压有效值。

5）压比。压比为阀片在标称电流下的残压与其参考电压之比。压比越小，表明通过冲击大电流时的残压越低，避雷器的保护性能越好。目前氧化锌避雷器的压比可达 1.6～1.8。

6）荷电率（AVR）。持续运行电压的峰值与直流参考电压的比值称为避雷器的荷电率。荷电率的高低直接影响到避雷器阀片的老化过程，降低荷电率即可放慢阀片的老化，还可提高耐受暂时过电压的能力；但荷电率偏低会使避雷器的保护性能变坏。所以应根据热稳定性的要求，针对不同的电网确定合理的荷电率，一般为 50%～80%。在中性点非有效接地系统中，由于单相接地时完好相的电压升高较大，一般采用较低的荷电率；而中性点有效接地系统中，则采用较高的荷电率。

7）保护比。残压与持续运行电压的峰值之比称为避雷器的保护比，即保护比＝残压/持续运行电压峰值＝压比/荷电率。显然，降低压比或提高荷电率均可降低保护比。保护比越小，则避雷器的保护性能越好。目前国内外产品的保护比都在 1.40～1.55。

9.4 接 地 装 置

为保证电网的安全运行，需要将电力系统及其电气设备的某些部分与大地做电气连接，这就是接地。埋入大地并直接与土壤接触的金属导体称为接地体。电气设备的接地部分和接地体通过金属导体相连，该导体称为接地线（接地引下线）。接地体和接地线合称接地装置。接地通常分为三种形式：

（1）工作接地。根据电力系统的正常运行方式的需要而将电网中某一点接地，如电网中性点的接地和利用大地作为导线时的接地等。

（2）保护接地。某些电气设备的金属外壳必须妥善接地，以免绝缘损坏时外壳带电危及人身安全。

（3）防雷接地。金属杆塔、避雷针（线）和避雷器等的接地，以便将强大的雷电流导入地中。

应当指出，上述三种接地形式有时是很难区分的。例如，发电厂和变电站中的电源、各种电气设备以及防雷装置都处在同一地网中，它们的接地不易分开，也不宜分开，所以发电厂和变电站的接地网实际上是集工作接地、保护接地以及防雷接地为一体的接地装置。

9.4.1 接地阻抗

电流 I 经接地电极流入大地时，接地体与无穷远处的地之间呈现的阻抗称为接地阻抗。以工频情况为例，接地阻抗 Z_g 可描述为

$$Z_g = \frac{\dot{U}}{\dot{I}} \tag{9-19}$$

式中：$\dot{U}$ 为接地体流经工频电流 $\dot{I}$ 时的工频电压。

接地阻抗是衡量接地良好程度的参数，由接地体和接地引下线的阻抗、接地体与土壤的接触电阻、接地体与零电位之间土壤的阻抗等几部分组成。接地阻抗的实部即为接地电阻。

在工频电流作用下，对于发电厂和变电站，特别是水电站，接地体规模较大，其电感分量不可忽略；而对于规模较小的接地体（如输配电线路杆塔），接地体的电感也可忽略，此时接地阻抗主要体现为接地体与零电位之间土壤的电阻，即工频接地电阻 R_g。在冲击电流作用下，接地体的特性用接地体上响应的冲击电压幅值 U_m 与注入冲击电流幅值 I_m 的比值 $R_i = \dfrac{U_\mathrm{m}}{I_\mathrm{m}}$ 表示，称为冲击接地电阻。

在雷电流作用下，要用冲击接地电阻才能衡量接地的效果。由于冲击接地阻抗的影响因素复杂，所以常用的做法用工频接地电阻乘以冲击系数来估算冲击接地电阻。

不同类型的接地，对接地阻抗的要求不同。对工作接地，有时也称为系统接地，在中性点直接接地系统中，要求流过接地网的工频短路电流 I 使接地电网的电位升高不大于 2000V，即要求工作接地的接地电阻为 $0.5\sim10\Omega$。对保护接地，高压设备保护接地要求的接地电阻为 $1\sim10\Omega$。为满足防雷接地要求，架空输电线路杆塔的接地电阻一般要求不超过 $10\sim30\Omega$，避雷器的接地电阻一般不超过 5Ω。

除接地电阻外，接触电动势和跨步电动势也是衡量接地是否良好的重要指标，对于保证人身安全非常重要。如图 9-25 所示，短路电流流过接地装置时，接地装置电位升高，大地表面会形成分布电位。在地面上到设备水平距离为 1.0m 处与设备外壳、架构或墙壁离地面的垂直距离 2.0m 处两点间的电位差称为接触电动势（接触电位差）U_k，地面上水平距离为 1.0m 的两点间的电位差称为跨步电动势（跨步电位差）U_s。110kV 及以上有效接地系统和 $6\sim35$kV 低电阻接地系统发生单相接地或同点两相接地时，发电厂和变电站接地网允许的最大接触电动势 $U_\mathrm{t(max)}$ 和跨步电动势 $U_\mathrm{s(max)}$ 的计算式分别为

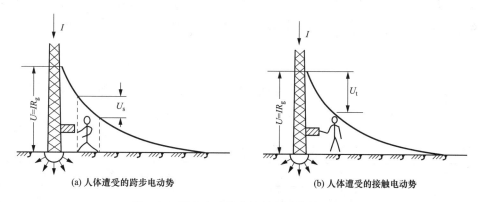

(a) 人体遭受的跨步电动势　　　　　(b) 人体遭受的接触电动势

图 9-25　跨步电动势和接触电动势的示意图

$$U_\mathrm{t(max)} = \frac{174 + 0.17\rho}{\sqrt{t}} \tag{9-20}$$

$$U_\mathrm{s(max)} = \frac{174 + 0.7\rho}{\sqrt{t}} \tag{9-21}$$

式中：ρ 为地表层的电阻率，$\Omega\cdot\mathrm{m}$；t 为接地故障电流持续时间，s。

9.4.2　线路的接地

分别考虑工频接地电阻和冲击接地电阻两种情况。

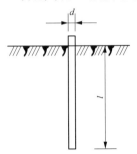

图 9-26　单根垂直接地体

1. 工频接地电阻

（1）单根垂直接地体。如图 9-26 所示，单根垂直接地体，当 $l \gg d$ 时，接地电阻 R_g 为

$$R_g = \frac{\rho}{2\pi l}\left(\ln \frac{8l}{d} - 1\right) \tag{9-22}$$

式中：ρ 为土壤电阻率，$\Omega \cdot$ m；l 为接地体的长度，m；d 为接地体的直径，m。

如果接地体不是钢管或圆钢，需将钢材的几何尺寸折算成等效的圆钢。如果是角钢，其等效直径 $d = 0.84b$（b 为角钢每边宽度），由于角钢的机械强度大，垂直接地电极多采用角钢；如果是扁钢，其等效直径 $d = 0.5b$（b 为扁钢宽度）。

（2）多根垂直接地体。当单根垂直接地体的接地电阻不能满足要求时，可用多根垂直接地体并联，如图 9-27 所示。由于多根垂直接地体的散流效果会相互屏蔽，所以 n 根垂直接地体并联后的实际接地电阻值要大于理论上各个单独接地体电阻 R_1 的并联值，即

$$R_g = \frac{R_1}{n} \times \frac{1}{\eta} \tag{9-23}$$

式中：η 为利用系数，$n \leqslant 1$。

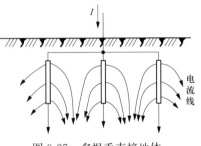

图 9-27　多根垂直接地体

η 具体值与相邻接地体之间的距离 S 有关，当 $S \geqslant 2l$ 时，2 根并联其值约为 0.9，6 根并联其值约为 0.7。

图 9-28　水平接地体

（3）水平接地体。如图 9-28 所示，埋入地下 h 深度的水平接地体的接地电阻 R_g 为

$$R_g = \frac{\rho}{2\pi l}\left(\ln \frac{l^2}{dh} + A\right) \tag{9-24}$$

式中：l 为接地体的总长度，m；h 为水平接地体埋设深度，m；A 为形状系数，可按形状查表 9-8。

表 9-8				形 状 系 数 A				
序号	1	2	3	4	5	6	7	8
水平接地体形状	一	∟	人	○	＋	□	✳	❋
形状系数 A	−0.6	−0.18	0	0.48	0.89	1	3.03	5.65

（4）钢筋混凝土杆的工频自然接地电阻。由于埋在土中的混凝土毛细孔中渗透水分，其电阻率接近于土壤的电阻率，所以杆塔的混凝土基础也有一些自然接地作用，可按表 9-9 估算接地电阻 R_g 值。

表 9-9　　　　　　　　　　　　　　**杆塔工频自然接地电阻估算值**

杆塔型式	钢筋混凝土杆			铁塔	
	单杆	双杆	有 3～4 根拉线的单双杆	单柱式	门型
工频自然接地电阻（Ω）	0.3ρ	0.2ρ	0.1ρ	0.1ρ	0.06ρ

注　ρ 为土壤电阻率，$\Omega \cdot m$。

2. 冲击接地电阻

线路杆塔的接地装置的主要作用是在雷击时将雷电流安全释放到大地，此时表现为冲击接地电阻。在流过冲击电流时，有两种效应影响到冲击接地电阻值的大小。

（1）火花效应。由于冲击电流幅值很大，接地体周围的土壤中电流密度大，电场强度超过土壤的临界击穿场强（一般 $250\sim400\text{kV/m}$），于是这部分土壤会被击穿，从而产生强烈的火花放电。发生火花放电后的土壤电阻率要大为降低，变成为良好的导体，相当于增大了接地体的有效尺寸。这种效应会使接地体的冲击接地阻抗值小于工频接地阻抗。火花效应可以通过增大接地体的等值半径来描述，等值半径以外的土壤视作无火花放电。实际上电场强度和电场分布均匀程度共同决定火花放电的形态和强度，在应用时需要考虑两者的共同影响。

（2）电感效应。当冲击电流流经接地体时，由于电流变化很快，尤其对于伸长接地体，接地体本身的电感不能忽略。接地体的等效电路与分布参数长线相似，如图 9-29 所示。图中 L_0 为单位长度接地体的电感，G_0 为单位长度接地体的对地电导。这里忽略了单位长度接地体的对地电容 C_0，因为对地电导 G_0 的影响大于对地电容 C_0。

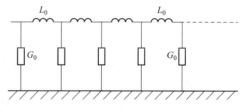

图 9-29　接地体的等效电路

由于电流变化率 $\dfrac{\mathrm{d}i}{\mathrm{d}t}$ 很大，L_0 上的压降 $L_0\dfrac{\mathrm{d}i}{\mathrm{d}t}$ 就很大，电感的阻流作用使得接地体并非等电位，离电流入地点远的接地体实际上没起到泄流作用，所以此时冲击接地电阻 R_i 大于工频接地电阻 R_g。

当接地体长度达到一定值后，再增加其长度，冲击接地阻抗不再下降，这个长度称为伸长接地体的有效长度，一般为 $40\sim60\text{m}$。

通常将冲击接地电阻 R_i 与工频接地电阻 R_g 的比值称为接地体的冲击系数 α，即

$$\alpha = \frac{R_i}{R_g} \tag{9-25}$$

其值一般小于 1，当采用伸长接地体时，可能因电感效应而大于 1。

9.4.3　发电厂和变电站的接地

发电厂和变电站需要有一个接地良好的接地网（简称地网），它对于防雷及防止工频短路电流对发电厂和变电站人员及设备造成危害都具有重要作用。在设计地网时，首先考虑工频对地短路条件下，安全和工作接地的要求，敷设一个统一的接地网，再在其上的防雷装置（避雷针，避雷器等）接地点上增加 3～5 根集中接地极以满足防雷接地的需要。对一般土地，通过在避雷针接地点上增加集中接地极可使避雷针的接地电阻达到 $1\sim4\Omega$。

为了人身和设备的安全，对中性点直接接地系统要求

$$IZ \leqslant 2000\text{V} \tag{9-26}$$

式中：I 为工频短路电流，A；Z 为地网接地阻抗，Ω。

例如，$I > 10\text{kA}$ 时，要求 $Z < 0.2\Omega$，在土壤电阻率较高时是难以达到的，所以相关规程规定在对设备和人身安全采取一系列专门措施后，地电位升高的限制可以提高至 5000V。

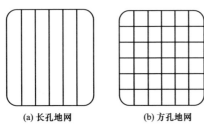

(a) 长孔地网　　　　(b) 方孔地网

图 9-30　接地体的等效电路

地网结构主要以埋深为 0.6~0.8m 的水平接地体为主，接地体的外缘连成闭合形，网内铺设水平均压带，可设计成如图 9-30 所示的长孔地网或方孔地网。

对于规模不大的地网，主要是指接地体与零电位之间的土壤的电阻，即接地电阻。面积为 S 的地网接地电阻为

$$R_{\text{g}} = \frac{0.44\rho}{\sqrt{S}} + \frac{\rho}{L} \approx 0.5\,\frac{\rho}{\sqrt{S}} \tag{9-27}$$

式中：L 为接地体的总长度，m；S 为接地网的面积，m^2。

例如，长、宽各 100m 的方形地网、土壤电阻率 $\rho = 100\Omega \cdot \text{m}$ 时，其接地电阻 $R_{\text{g}} \approx 0.5\Omega$。可见，此时地网的接地电阻值主要决定于土壤电阻率和接地网的面积。

由于扁钢是经锻压而成，且耐腐蚀性好，因此接地网材料一般用 4mm×40mm 的扁钢或 ϕ20mm 的圆钢。地网中间的水平或垂直的接地带称为均压带，主要起使地面电位分布均匀的作用，均压带距离一般为 3~10m。由于接地带的散流作用受到边缘接地体的屏蔽，所以对减小接地网的接地电阻作用不明显。

随着接地网规模增大，电感分量在接地阻抗中的比重增大。当土壤电阻率 $\rho = 100\Omega \cdot \text{m}$ 时，在中心注流条件下，边长为 100m 的方形地网，其工频接地阻抗中的电感分量数值约为电阻分量的 1/33；而对于边长分别为 200m 和 500m 的方形地网，这个比值则分别增至 1/14 和 1/5。因此，对大规模地网，接地电阻应考虑电感因素，一般采用数值方法进行计算设计。

土壤电阻率也是决定接地电阻大小的主要参数。土壤电阻率的大小主要取决于土壤的化学成分及湿度，在防雷接地装置接地电阻的计算中，土壤电阻率的值应采用雷季无雨水时所测量得到的土壤电阻率乘以季节系数 Ψ。线路接地装置土壤电阻率的季节系数 Ψ 的取值，参见表 9-10 所示。

表 9-10　　　　　　　　　线路接地装置土壤电阻率的季节系数 Ψ

埋深（m）	Ψ	
	水平接地体	2~3m 长的垂直接地体
0.5	1.4~1.8	1.2~1.4
0.8~1.0	1.25~1.45	1.15~1.3
2.5~3.0	1.0~1.1	1.0~1.1

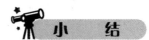

小　　　结

（1）雷电放电分先导放电、回击、连续电流三个阶段。回击阶段的特点是：

1）回击持续时间极短，通常不超过 1ms；

2）电流极大，可达数十乃至数百千安。

（2）避雷针和避雷线的作用是将雷电吸引到自身上来，并安全导入地中，从而使其附近的建筑和设备免遭直接雷击。

（3）避雷针（线）的保护范围是避雷针（线）附近的部分空间，在此空间内，遭受雷击的概率极小，一般不超过 0.1%。

（4）我国电力行业标准中，对避雷针（线）保护范围的计算采用的是折线法；滚球法是 IEC 推荐，并为我国 GB 50057—2010 规定的计算避雷针（线）保护范围的另一种方法。

（5）避雷器是一种普遍采用的侵入波保护装置，它是一种过电压限制器。

为使电气设备得到可靠保护，避雷器应满足以下基本要求：

1）避雷器的冲击放电电压 $U_{b(i)}$ 及残压 U_{res} 应低于被保护设备绝缘的冲击耐压值。

2）放电间隙应有平坦的伏秒特性曲线和尽可能高的灭弧能力。

（6）将电力系统及其电气设备的某些部分通过接地装置与大地相连接，这就是接地。接地阻抗是电流 I 经接地电极流入大地时，接地体对地电压 U 与电流 I 之比值。

习　题

9-1　试述雷电放电的基本过程及各阶段的特点。

9-2　雷电流的定义是什么？分别计算 35、88、100、150kA 雷电电流幅值出现的概率。

9-3　避雷针（线）的作用是什么？其保护范围指的是什么？

9-4　什么是避雷线的保护角？

9-5　为使避雷器达到预期的保护效果，对避雷器有哪些基本要求？

9-6　金属氧化物避雷器为什么可以不用串联间隙？

9-7　试述金属氧化物避雷器的各项电气参数的意义。

9-8　接地装置的接地电阻的定义是什么？冲击系数的意义是什么？其值一般为多大？

第 10 章　输 电 线 路 防 雷 保 护

　　输电线路大多地处旷野，分布于平原、高山和峡谷以及高海拔地区，绵延数百千米，极易遭受雷电袭击。线路的雷害事故在电力系统总的雷害事故中占很大比重，而且线路落雷后，沿输电线路传入变电站的侵入波又威胁变电站内的电气设备，往往又是造成变电站事故的重要因素。因此，加强输电线路防雷不仅可以减少雷击输电线路引起的雷击跳闸次数，还有利于变电站内电气设备的安全运行，是保证电力系统供电可靠性的重要环节。

　　输电线路防雷性能的重要指标是耐雷水平和雷击跳闸率。所谓耐雷水平是指雷击线路绝缘不发生冲击闪络的最大耐受雷电流幅值（kA），显然，耐受雷电流水平越高，线路耐雷性能越好。所谓雷击跳闸率是指在雷暴日数为 40 时的线路每年每 100km 雷击跳闸次数。显然，雷击跳闸率越高，耐雷性能越差。由此可见，输电线路防雷保护的任务在于根据技术经济比较，采取合理的措施以满足有关规程规定的耐雷水平要求，尽量降低雷击跳闸率。

　　输电线路出现的雷电过电压有两种形式：①雷击输电线路附近地面或输电线路杆塔时，由于电磁感应在导线上引起的过电压，称为输电线路感应雷过电压；②雷直接击到输电线路引起的过电压，称为输电线路直击雷过电压。

10.1　输电线路感应雷过电压

　　当雷电击于输电线路附近大地时，由于雷电通道中雷电流在周围空间产生急剧变化的强电磁场，输电线路上会产生感应雷过电压，包括静电感应分量和电磁感应分量。电磁分量是雷电通道中雷电流在通道周围空间产生的磁场感应所引起。由于主放电通道与输电线路垂直，互感带来的电磁感应分量比较小，所以这里着重讨论静电感应分量。

　　感应过电压的形成过程可用图 10-1 描述，S 为雷击点距输电线路的距离，$S>65$m。以负雷云为例，在雷云逐渐积聚负电荷的同时，由于静电感应，雷云下方的大地和导线也会积聚与雷云电荷符号相反的正电荷，同时在雷电放电的先导阶段，先导通道所充满的负电荷，在先导产生的空间电场 E 的水平分量 E_x 作用下，导线上又会感应出更多的正电荷，即形成大量的束缚电荷；由于先导发展速度较慢，导线上束缚电荷聚积也较慢，因此在导线上形成的电流很小且流动很慢，不会形成过电压波。然而，当雷击大地，雷电通道的主放电开始经先导路径使得雷云电荷迅速释放于大地（中和），雷云与大地之间形成的静电场瞬间消失，导线上的束缚电荷立刻变成自由电荷，并迅速向导线两侧快速流动。由于主放电速度很快，所以导线中快速流动的自由电荷产生的电流很大，在导线上就形成向两侧传播的感应过电压波，其极性与雷电流极性相反。

　　根据大量的实测结果与分析，我国现有规程规定，当 $S>65$m 时，可按式（10-1）计算雷电击于线路附近大地时，导线上产生的感应过电压最大值，即

$$U_i = 25 \frac{I h_c}{S} (\text{kV}) \tag{10-1}$$

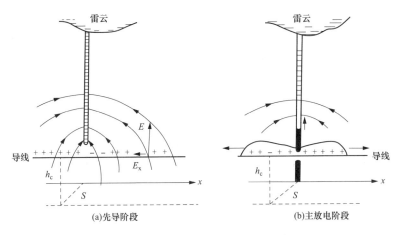

图 10-1　感应雷过电压的形成示意

式中：I 为雷电流幅值（一般不超过 100kA）；h_c 为导线悬挂的平均高度，m；S 为雷击点与线路的垂直距离，m。

由此可见，感应雷过电压的大小与雷电流幅值 I 和导线悬挂的平均高度 h_c 成正比，与雷击点距线路的垂直距离 S 成反比。雷电流幅值越大，则意味着雷电先导通道中的电荷密度越大。先导阶段产生的电场强度越大，导线上产生的束缚电荷亦越多，所以感应电压越高。导线悬挂的平均高度越高，其对地电容越小，当导线上感应的束缚电荷一定时，感应电压则越高。雷击点距离线路的垂直距离 S 越远，导线表面电场强度越弱，导线上感应的束缚电荷越少，感应电压越小。

感应雷过电压幅值一般不超过 $300 \sim 400\text{kV}$，可见感应雷过电压对 110kV 及以上线路（绝缘的水平较高）一般不会引起闪络，只对 35kV 及以下水泥杆线路会引起一定的闪络事故。由于感应雷过电压同时存在于三相导线上，三相导线上感应雷过电压在数值上的差别仅仅是导线高度的差异而有所不同，由此带来的相间电位差也就不大，所以感应雷过电压不会引起架空线路相间绝缘闪络。

由于避雷线位于导线上方，当雷击于避雷线附近的大地时，避雷线具有屏蔽作用，因此导线上的感应电荷会减少，进而降低了导线上的感应雷过电压。

应用叠加原理，先假设避雷线不接地，避雷线和导线的平均悬挂高度分别为 h_g 和 h_c，按式（10-1）计算导线的感应雷过电压 $U_{i \cdot c}$ 和避雷器上的感应雷过电压 $U_{i \cdot g}$ 分别为

$$U_{i \cdot c} = 25 \frac{I h_c}{S} \tag{10-2}$$

$$U_{i \cdot g} = 25 \frac{I h_g}{S} = U_{i \cdot c} \frac{h_g}{h_c} \tag{10-3}$$

但实际上避雷线是接地的，其电位为零。这相当于在不接地的避雷线上叠加一个 $-U_{i \cdot g}$ 电压，这个电压在导线上产生耦合电压 $-k_0 U_{i \cdot g}$，因此导线上的感应过电压幅值应为两者叠加，于是有

$$U'_{i \cdot c} = U_{i \cdot c} + (-k_0 U_{i \cdot g}) = \left(1 - k_0 \frac{h_g}{h_c}\right) U_{i \cdot c} \tag{10-4}$$

式中：$U'_{i \cdot c}$ 为考虑避雷线后导线上的感应雷过电压，kV；$U_{i \cdot c}$ 为无避雷线时导线上的感应雷过电压，kV；k_0 为避雷线与导线间的几何耦合系数。

可见，耦合系数越大，导线上的感应雷过电压越低。

更近的雷击则可能被避雷线或杆塔所吸引而击于线路，当雷电直击于杆塔或线路附近的避雷线（针）时，迅速变化的电磁场将在导线上感应出极性相反的过电压。当无避雷线时，对一般高度的线路，为了简化计算，可取线路与落雷点间的距离为 65m，此时这一感应过电压的最大值为

$$U_{\text{i·c}} = ah_{\text{c}} \tag{10-5}$$

式中：a 为感应过电压系数，其值等于以 kA/μs 计的雷电流平均陡度值，取 $a = \dfrac{I}{2.6}$。

在有避雷线时，由于屏蔽效应，导线上的感应雷过电压 $U'_{\text{i·c}}$ 应为

$$U'_{\text{i·c}} = \left(1 - k_0 \frac{h_{\text{g}}}{h_{\text{c}}}\right) ah_{\text{c}} \approx (1 - k_0) ah_{\text{c}} = (1 - k_0) U_{\text{i·c}} \tag{10-6}$$

式中的符号所代表的物理意义与前述一致。

10.2 输电线路直击雷过电压和耐雷水平

我国 110kV 及以上输电线路一般全线架设有避雷线，而 35kV 及以下输电线路不全线架

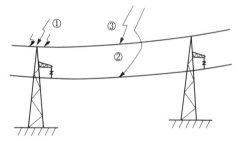

图 10-2 输电线路落雷情况

设避雷线，下面将以有避雷线的输电线路为例来分析雷击线路的跳闸过程。如图 10-2 所示，输电线路落雷有三种情况：①雷击输电线路杆塔塔顶及其附近避雷线；②雷绕击输电线路导线；③雷击避雷线档距中央。

10.2.1 雷击杆塔塔顶时的耐雷水平

雷击输电线路塔顶如图 10-3 所示，雷电流除经杆塔入地外，还有一部分电流经过避雷线由相邻杆塔入地。经杆塔入地的电流 i_{t} 与总雷电流 i 的比值称为分流系数，即

$$\beta = \frac{i_{\text{t}}}{i} \tag{10-7}$$

式中：β 为分流系数，$\beta < 1$。

对于一般高度的杆塔，可用图 10-3 的等效电路计算塔顶电位 u_{top} 和分流系数 β。对于一般长度的档距，β 值可取表 10-1 中所列数值。

为方便计算耐雷水平，假设雷电流波前为斜角波，$\dfrac{I}{2.6}$ 即为波前的陡度。由图 10-3 的等效电路可求出塔顶电位 u_{top} 为

$$u_{\text{top}} = i_{\text{t}} R_{\text{i}} + L_{\text{t}} \frac{\mathrm{d}i_{\text{t}}}{\mathrm{d}t} = \beta \left(iR_{\text{i}} + L_{\text{t}} \frac{\mathrm{d}i}{\mathrm{d}t} \right) \tag{10-8}$$

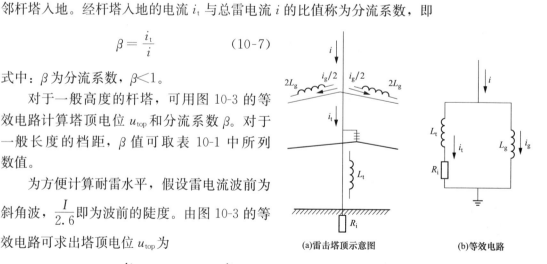

(a)雷击塔顶示意图　　(b)等效电路

图 10-3 雷击输电线路塔顶及其等效电路

L_{g}—避雷线的电感；i_{g}—经避雷线分走的雷电流；
L_{t}—杆塔电感；R_{i}—杆塔的接地电阻

将 $\dfrac{\mathrm{d}i}{\mathrm{d}t} = \dfrac{I}{2.6}$ 代入式（10-8），可得到塔顶电位幅值 U_{top} 为

$$U_{\mathrm{top}} = \beta I \left(R_{\mathrm{i}} + \frac{L_{\mathrm{t}}}{2.6} \right) \tag{10-9}$$

式中：I 为雷电流幅值，kA；R_{i} 为杆塔冲击接地电阻，Ω；L_{t} 为杆塔电感，$\mu\mathrm{H}$。

表 10-1 分 流 系 数 β

线路额定电压（kV）	避雷线根数	β 值
110	1	0.90
	2	0.86
220	1	0.92
	2	0.88
330	2	0.88
500	2	0.88

应当指出，如果杆塔很高（大于 40m），就不宜用集中参数电感 L_{t} 来计算，而应采用分布参数杆塔波阻抗 Z_{t} 来进行计算。表 10-2 列出了杆塔的电感和波阻抗的参考值。

表 10-2 杆塔的电感和波阻抗参考值

杆塔型式	杆塔单位高度电感 $L_0(\mu\mathrm{H/m})$	杆塔波阻抗 $Z_{\mathrm{t}}(\Omega)$
无拉线钢筋混凝土单杠	0.84	250
有拉线钢筋混凝土单杠	0.42	125
无拉线钢筋混凝土双杠	0.42	125
铁塔	0.50	150
门型铁塔	0.42	125

当塔顶电位为 u_{top} 时，由于避雷线与塔顶相连，避雷线上电位也为 u_{top}。由于避雷线与导线间的耦合作用，导线上具有电位 ku_{top}。此外，导线上还有感应过电压 $-ah_{\mathrm{c}}\left(1-\dfrac{h_{\mathrm{g}}}{h_{\mathrm{c}}}k_0\right)$，其极性与雷电流相反。所以导线电位 u_{c} 为

$$u_{\mathrm{c}} = ku_{\mathrm{top}} - ah_{\mathrm{c}}\left(1 - \frac{h_{\mathrm{g}}}{h_{\mathrm{c}}}k_0\right) \quad (\mathrm{kV}) \tag{10-10}$$

式中：k_0 为避雷线与导线间的耦合系数；k 为考虑电晕效应后避雷线与导线间的耦合系数。

按式（10-9）可写出横担处对地电位幅值 U_{a} 为

$$U_{\mathrm{a}} = \beta I \left(R_{\mathrm{i}} + \frac{L_{\mathrm{a}}}{2.6} \right) = \beta I \left(R_{\mathrm{i}} + \frac{L_{\mathrm{t}}}{2.6} \times \frac{h_{\mathrm{a}}}{h_{\mathrm{t}}} \right) \tag{10-11}$$

$$L_{\mathrm{a}} = L_0 h_{\mathrm{a}} = L_{\mathrm{t}} \frac{h_{\mathrm{a}}}{h_{\mathrm{t}}}$$

式中：L_{a} 为横担以下塔身的电感，$\mu\mathrm{H}$；L_0 为单位高度塔身的电感，$\mu\mathrm{H}$。

实际上，导线上还有工作电压，但由于 220kV 以下线路，其值所占的比重不大，一般可不考虑工作电压。所以横担电位 U_{a} 与导线电位 U_{c} 之差即为线路绝缘所承受的过电压幅值 U_{li}。其计算式为

$$U_{\mathrm{li}} = U_{\mathrm{a}} - \left[ku_{\mathrm{top}} - ah_{\mathrm{c}}\left(1 - \frac{h_{\mathrm{g}}}{h_{\mathrm{c}}}k_0\right) \right]$$

$$= \beta I \left(R_{\mathrm{i}} + \frac{L_{\mathrm{t}}}{2.6} \times \frac{h_{\mathrm{a}}}{h_{\mathrm{t}}} \right) - k\left[\beta I \left(R_{\mathrm{i}} + \frac{L_{\mathrm{t}}}{2.6} \right) \right] + \frac{I}{2.6}h_{\mathrm{c}}\left(1 - \frac{h_{\mathrm{g}}}{h_{\mathrm{c}}}k_0\right)$$

$$= I\left[(1-k)\beta R_{\mathrm{i}} + \left(\frac{h_{\mathrm{a}}}{h_{\mathrm{t}}} - k\right)\beta\frac{L_{\mathrm{t}}}{2.6} + \left(1 - \frac{h_{\mathrm{g}}}{h_{\mathrm{c}}}k_0\right)\frac{h_{\mathrm{c}}}{2.6}\right] \tag{10-12}$$

当线路绝缘上电位差 U_{li} 大于或等于线路绝缘的冲击耐压 $U_{50\%}$ 时，将发生绝缘子串的闪络。于是可求得雷击杆塔时的耐雷水平 I_1 为

$$I_1 = \frac{U_{50\%}}{(1-k)\beta R_{\mathrm{i}} + \left(\dfrac{h_{\mathrm{a}}}{h_{\mathrm{t}}} - k\right)\beta\dfrac{L_{\mathrm{t}}}{2.6} + \left(1 - \dfrac{h_{\mathrm{g}}}{h_{\mathrm{c}}}k_0\right)\dfrac{h_{\mathrm{c}}}{2.6}} \tag{10-13}$$

显然，当忽略避雷线与导线高度的差别（$h_{\mathrm{t}}\approx h_{\mathrm{a}}$）时，雷击杆塔的耐雷水平 I_1 可简化为

$$I_1 = \frac{U_{50\%}}{(1-k)\left[\beta\left(R_{\mathrm{i}} + \dfrac{L_{\mathrm{t}}}{2.6}\right) + \dfrac{h_{\mathrm{c}}}{2.6}\right]} \tag{10-14}$$

10.2.2　雷绕击导线时的耐雷水平

雷击导线时雷电流沿导线向线路两侧流动，假设沿雷电通道来波为 $u_0 = i_0 Z_0$，i_0 为来波电流，Z_0 为雷电通道的波阻抗。利用彼德逊法则，可画出计算雷击点电位 u_{d} 的等效电路如图 10-4。图中 Z_0 为雷电通道的波阻抗，Z_{c} 为导线的波阻抗。于是可求出回路电流 i 为

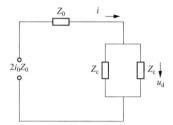

图 10-4　雷绕击导线的等效电路

$$i = \frac{2i_0 Z_0}{Z_0 + \dfrac{1}{2}Z_{\mathrm{c}}} \tag{10-15}$$

由式（10-15）可知，当 $\dfrac{1}{2}Z_{\mathrm{c}}\to 0$ 时，$i = 2i_0$，将雷击于小接地阻抗时的电流 $i = 2i_0$ 定义为雷电流，其幅值用 I 表示。雷击于导线时，由于雷击点阻抗很大，$\dfrac{1}{2}Z_{\mathrm{c}}\approx Z_0$，所以回路电流 $i\approx i_0$。也就是说，此时沿导线流动的电流为 $\dfrac{I}{2}$，雷击点的电位幅值 $U_{\mathrm{d}}\approx\dfrac{I}{2}\times\dfrac{Z_{\mathrm{c}}}{2}$。

220kV 及以下输电线路导线波阻抗 Z_{c} 可取为 400Ω，于是雷击点的电位幅值为

$$U_{\mathrm{d}}\approx 100I \tag{10-16}$$

U_{d} 即为作用于绝缘子串上的电压。所以，雷绕击导线时的耐雷水平 I_2 为

$$I_2 = \frac{U_{50\%}}{100} \tag{10-17}$$

10.2.3　雷击档距中央避雷线

当雷击档距中央避雷线时，雷击点会出现较大的过电压。如图 10-5 所示，半档避雷线可近似用集中参数电感 L_{g} 来表示，雷击点电位 U_{B} 为

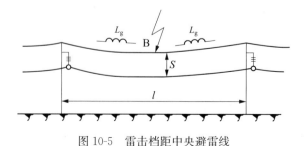

图 10-5　雷击档距中央避雷线

$$U_B = \frac{1}{2}L_g\frac{\mathrm{d}i}{\mathrm{d}t} = \frac{L_g}{2}a \tag{10-18}$$

式中：L_g 为半档避雷线的电感；a 为雷电流陡度。

当 U_B 超过空气间隙 S 的绝缘强度时，将发生避雷线与导线间的击穿。因此，将接地的避雷线对导线间的空气间隙击穿称为"反击"。为了避免发生反击，则要求档距中央避雷线与导线间应保持足够的空气距离 S。GB/T 50064—2014《交流电气装置的过电压保护和绝缘配合》规定，对于 110kV 和 220kV 系统，在 15℃无风时，档距中央导线与避雷线间的距离 S 为

$$S = 0.012l + 1 \tag{10-19}$$

式中：l 为档距长度，m。

对于 330、500、750kV 和 1000kV 系统，档距中央导线与避雷线间的距离 S 为

$$S = 0.015l + 1 \tag{10-20}$$

大跨越档导线与避雷线间的距离可按表 10-3 选择。运行经验表明，只要 S 满足上述要求，雷击档距中央避雷线时，导线与避雷线间一般不会发生击穿。所以，在计算雷击跳闸率时，可不考虑雷击档距中央避雷线的情况。

表 10-3　　　　　防止反击要求的大跨越档导线与避雷线间的距离

系统标称电压（kV）	35	66	110	220	330	500
距离（m）	3.0	6.0	7.5	11.0	15.0	17.5

10.2.4　输电线路雷击跳闸率

在雷暴日 T_d 为 40 的地区，100km 线路年落雷次数为 N，将雷击杆塔的次数 N_1 与线路落雷总次数 N 之比值定义为击杆率 g。不同地形的击杆率不同，其值见表 10-4。因此，雷击杆塔的次数 N_1 为

$$N_1 = gN \tag{10-21}$$

表 10-4　　　　　　　　　　　击　杆　率

地形 　　　避雷线根数	0	1	2
平原	1/2	1/4	1/6
山地	—	1/3	1/4

而雷绕击导线的次数 N_2 为

$$N_2 = P_\alpha N \tag{10-22}$$

对平原线路及山区线路，线路的绕击率 P_α 可分别按式（10-23）及式（10-24）计算：

对平原线路
$$\lg P_\alpha = \frac{\alpha\sqrt{h_t}}{86} - 3.9 \tag{10-23}$$

对山区线路
$$\lg P_\alpha = \frac{\alpha\sqrt{h_t}}{86} - 3.35 \tag{10-24}$$

式中：h_t 为杆塔高度，m；α 为避雷线的保护角，即避雷线与外侧导线的连线和避雷线对地垂直线之间的夹角，°。

　　并不是所有的雷击都一定会引起线路闪络，只有雷电流超过耐雷水平 I 时，才会发生冲击闪络，分别将上述 I_1 和 I_2 代入式 (9-1)，则可求出超过 I_1 和 I_2 的概率分别为 P_1 和 P_2，于是可求出雷击杆塔时和雷绕击导线时引起的闪络次数分别为 P_1gN 和 P_2P_aN。

　　当线路发生雷击闪络后，在闪络处不一定能转变为稳定的工频电弧而引起跳闸，是否能建立稳定电弧，主要与弧道的平均电场强度 E 有关。对中性点有效接地系统，平均电场强度 E 为

$$E = \frac{U_N}{\sqrt{3}l_i} \tag{10-25}$$

对中性点非有效接地系统，平均电场强度 E 为

$$E = \frac{U_N}{2l_i} \tag{10-26}$$

式中：U_N 为线路额定电压（有效值），kV；l_i 为绝缘子串的放电距离，m。

　　由冲击闪络转变为稳定工频电弧的概率称为建弧率（η），其计算式为

$$\eta = (4.5E^{0.75} - 14) \times 10^{-2} \tag{10-27}$$

如果 $E \leqslant 6kV/m$（有效值），建弧率接近于 0。于是可以计算出雷击塔顶时的跳闸次数为 $n_1 = P_1gN\eta$，雷绕击于导线引起的跳闸次数为 $n_2 = P_2P_aN\eta$。

　　综合以上分析可知，有避雷线的架空输电线路雷击跳闸率 n［次/(100km·年)］为

$$
\begin{aligned}
n &= n_1 + n_2 \\
&= (P_1gN + P_2P_aN)\eta \\
&= N\eta(gP_1 + P_aP_2) \\
&= 0.28(28h^{0.6} + b)\eta(gP_1 + P_aP_2)
\end{aligned}
\tag{10-28}
$$

10.3　输电线路防雷措施

输电线路防雷主要有下列几种基本措施。

1. 架设避雷线

　　架设避雷线是高压、超高压以及特高压输电线路最基本的防雷措施，其主要作用是防止雷直击导线。线路电压越高，采用避雷线的效果越好，而且避雷线在线路造价中所占比重也越小。我国 110kV 线路一般全线架设避雷线，220kV 及以上线路则必须全线架设避雷线。35kV 及以下的线路，因绝缘相对很弱，装避雷线效果不大，一般不在全线架设避雷线。当雷电直击于变电站附近的导线时，沿导线传入变电站的侵入波可能会危及变电站内设备的绝缘。所以对这种未沿全线架设避雷线的线路，必须在靠近变电站的一段进线（1～2km）上架设避雷线，以减小绕击和反击的概率，这段进线称为变电站的进线段。

　　为了提高避雷线对导线的屏蔽效果，减小绕击率，避雷线对外侧导线的保护角应小一些，通常采用 20°～30°。330kV 及以上的超高压、特高压线路都架设双避雷线，保护角在 15°及以下。对于有些超高压线路要求绕击率趋近于零，这时需采用负的保护角（即避雷线位于导线外侧）。

　　通常，避雷线应在每基杆塔处接地。但在超高压线路上，为了降低正常运行时因避雷线中感应电流引起的附加损耗，以及利用避雷线兼作高频通道，将避雷线经小间隙对地（杆

塔）绝缘。当线路正常运行时，避雷线是绝缘的；当线路空间出现强雷云电场或雷击线路时，小间隙击穿，避雷线自动转变为接地状态。

2. 降低杆塔接地电阻

对一般高度杆塔，降低杆塔冲击接地电阻是提高线路耐雷水平和降低雷击跳闸率的最经济有效的措施。我国现行规程要求，有避雷线的线路每基杆塔的工频接地电阻在雷季干燥时不宜超过表 10-5 中所列的数值。

表 10-5　　　　　　装有避雷线的线路杆塔的工频接地电阻（上限）

土壤电阻率 ρ（$\Omega \cdot m$）	≤100	100<ρ≤500	500<ρ≤1000	1000<ρ≤2000	>2000
接地电阻（Ω）	10	15	20	25	30

在土壤电阻率低的地区，应充分利用杆塔基础和拉线的自然接地电阻。在高土壤电阻率地区降低接地电阻比较困难时，可采用多根放射形接地体，或连续伸长接地体，或配合使用降阻剂降低接地电阻。为了更好地发挥这种作用，并减少雷击引起的多相短路和两相异点接地引起的断线事故，可将铁塔和钢筋混凝土杆一并接地，接地电阻不受限制，但多雷区不宜超过 30Ω。

3. 架设耦合地线

在高土壤电阻率地区，若雷击跳闸频繁，又难以降低接地电阻，可在导线下方 4~5m 处架设接地的耦合导线。其作用是连同避雷线一起来增大它们与导线间的耦合系数，增大杆塔向两侧的分流作用，当雷击塔顶时使线路绝缘承受的过电压显著减小，从而提高线路的耐雷水平和降低雷击跳闸率。

4. 采用中性点非直接接地方式

我国 35kV 及以下电网一般采用中性点不接地或经消弧线圈接地的方式。这样可使雷击引起的大多数单相接地故障自动消除，不致造成雷击跳闸。在两相或三相闪络时，因先对地闪络相的导线相当于一条避雷线，由于它对完好相的耦合作用，使完好相上的过电压下降，提高了线路的耐雷水平。

5. 加强线路绝缘

输电线路中个别大跨越的高杆塔地段（如跨越大江），落雷机会增多，加上塔高等效电感大，塔顶电位高，感应过电压高和绕击率高等因素都会增大线路的雷击跳闸率。为了降低跳闸率，可采用在特高杆塔上增加绝缘子的片数（塔高超过 40m、小于 100m 时，每增高 10m 加装一片绝缘子）、增大跨越档导线与避雷线间的距离，以及改用大爬距悬式绝缘子等措施来加强线路绝缘。对 35kV 及以下线路，还可采用瓷横担等冲击闪络电压较高的绝缘子来降低雷击跳闸率。

6. 采用不平衡绝缘方式

现代高压及超高压线路，通常同杆架设有双回线路，为了降低雷击时双回路同时跳闸的跳闸率，采用常规防雷措施又无法满足要求时，可考虑采用双回线路不平衡绝缘方式，也就是使双回线路的绝缘子片数有差异。在遭受雷击时，片数少的回路先闪络，闪络后的导线相当于耦合地线，增加了对另一回路导线的耦合作用，使其耐雷水平提高，不致闪络，保证线路继续供电。一般设计双回路绝缘水平的差异为 $\sqrt{3}$ 倍相电压（峰值），若差异过大，会使线路总的跳闸率增加。

7. 装设自动重合闸装置

由于线路绝缘具有自恢复性能，大多数雷击造成的绝缘闪络在线路跳闸后能够自行消除，因此安装自动重合闸装置对降低线路的雷击事故率具有较好的效果。据统计，我国 110kV 及以上线路重合闸成功率达 75%～95%，35kV 及以下线路重合闸成功率约为 50%～80%。因此，各级输电线路都应尽量装设自动重合闸装置。

8. 采用线路避雷器

线路避雷器由 ZnO 阀片和串联间隙及并联间隙组成，并接在线路绝缘子串两端。当线路未装避雷器时，雷击造成线路绝缘闪络并建立稳定的工频电弧后，需要由断路器分闸方可切断工频电弧。当线路装有避雷器时，避雷器放电后，由于非线性电阻的限流作用，通常能在 1/4 周期内把工频电弧切断，断路器不必动作，因此可减少雷击跳闸率。另外，在双回路输电线路的一回线上装设避雷器，还可大大减少双回路同时闪络的事故率。在配电线路上加装避雷器，能有效地避免绝缘导线的断线现象。

综上所述分析可知，雷电对输电线路的危害有四个过程，相应的线路防雷则有四道防线，为清楚起见，将其分别列入表 10-6 中。

表 10-6　　　　　　　　　　　　　**输电线路的防雷措施**

雷害的四个过程	雷击	反击（闪络）	建弧（跳闸）	停电
四道防线	导线不受直击雷	绝缘不发生闪络	不建立稳定工频电弧（不跳闸）	不停电
防雷措施	避雷线（防止雷电直击于导线）	（1）架设避雷线（分流作用，耦合作用，屏蔽作用） （2）架设耦合地线（分流作用，耦合作用） （3）降低杆塔接地电阻 （4）加强线路绝缘（塔高超过 40m，小于 100m，每增高 10m 加一片绝缘子） （5）采用不平衡绝缘方式	（1）采用瓷横担 （2）采用消弧线圈接地方式 （3）采用线路避雷器	装设自动重合闸装置

小　结

（1）当雷电击于线路附近大地时，由于雷电通道周围空间电磁场的急剧变化，会在线路上产生感应雷过电压，它包括静电感应分量和电磁感应分量。电磁感应过电压是雷电通道中雷电流在通道周围空间产生的时变磁场引起的，由于主放电通道与输电线路垂直，互感不大，电磁分量比较小。

（2）感应过电压的大小与雷电流幅值 I、导线悬挂高度 h_c 成正比，与雷击点距线路的垂直距离 S 成反比，根据实测，感应雷过电压幅值一般不超过 300～400kV。

（3）雷击杆塔时的耐雷水平 I_1 为

$$I_1 = \frac{U_{50\%}}{(1-k)\beta R_i + \left(\dfrac{h_a}{h_t} - k\right)\beta \dfrac{L_t}{2.6} + \left(1 - \dfrac{h_g k_0}{h_c}\right)\dfrac{h_c}{2.6}}$$

$$\approx \frac{U_{50\%}}{(1-k)\left[\beta\left(R_i+\dfrac{L_t}{2.6}\right)+\dfrac{h_c}{2.6}\right]}$$

（4）雷绕击导线时的耐雷水平 I_2 为

$$I_2 \approx \frac{U_{50\%}}{100}$$

（5）运行经验表明，对于 110kV 和 220kV 线路，只要导线与避雷线间的空气距离 S 满足 $S \geqslant 0.012l+1$（l 为档距单位为 m），雷击档距中央避雷线时，导线与避雷线之间一般不会发生击穿。

（6）线路发生雷电冲击闪络后，不一定能转变为稳定的工频电弧而引起跳闸，是否能建立稳定电弧，主要与弧道的平均电场强度 E 有关。建弧率 $\eta=(4.5E^{0.75}-14)\times10^{-2}$，如果 $E \leqslant 6kV/m$（有效值），建弧率接近于零。

（7）输电线路的防雷措施见表 10-6。

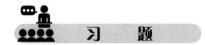

习　题

10-1　试述雷击线路附近地面时架空线路导线上感应过电压的形成过程、过电压大小及其危害性。

10-2　试定性分析雷击塔顶时，影响线路耐雷水平的因素。

10-3　试分析雷电绕过避雷线击于导线时，作用于线路绝缘上的电压。

10-4　试述无避雷线线路雷击跳闸过程。

10-5　输电线路防雷有哪些基本措施？

第 11 章　发电厂和变电站防雷保护

发电厂和变电站是电力系统的枢纽，其中安装的发电机、变压器、互感器和断路器等重要电气设备一旦遭受雷击损坏，将会引起大面积的停电事故，造成重大损失。同时，电气设备的绝缘如受损坏，则需更换或修复，而且更换或修复的时间往往很长，将造成很大的影响。因此，发电厂和变电站的防雷保护要求十分严格。

发电厂和变电站遭受雷害的来源有两种情况：

（1）雷电直接击于发电厂和变电站内的建筑物及其户外电气装置上。

（2）输电线路遭受直击雷或感应雷后，雷电过电压波将沿导线侵入变电站或直配发电机。通常将沿导线侵入的雷电过电压波称为侵入波。

11.1　发电厂和变电站的直击雷保护

对于发电厂和变电站的建筑物及露天配电装置，必须要加装多根避雷针甚至避雷线，并要可靠接地，以防止直击雷的危害。在设计避雷针（线）时，要重点考虑避雷针（线）的根数、高度和具体位置，确保所有电气设备均处在保护范围内。同时，被保护物不能与避雷针靠得太近，应注意雷击避雷针（线）时，高达上百千安的雷电流流经接地引下线，在接地电阻 R_i 和避雷针铁塔自身电感 L_t 上产生的压降过高而引发对设备的反击现象。

发电厂和变电站中的避雷针设置有两种形式，即设置独立避雷针和构架避雷针。前者一般安放在变电站的边缘部位，其接地装置通常单独设置（与变电站的接地网分离）；后者直接设置在发电厂和变电站里的构架上。

变电站独立避雷针保护如图 11-1 所示。高度为 h 的被保护物，其顶点与避雷针上的 A 点相距最近，当雷击避雷针时，A 点电位 u_A 和避雷针接地体上的电位 u_d 分别为

$$u_A = iR_i + L\frac{di}{dt} \tag{11-1}$$

$$u_d = iR_i \tag{11-2}$$

式中：R_i 为独立避雷针的冲击接地电阻，Ω；L 为从 A 点到地这一段避雷针杆塔的电感，$L = hL_0$，其中 h 为 A 点对地高度，m；L_0 为避雷针每米高度的电感，$\mu H/m$。

假设雷电流 i 的幅值为 100kA，波头形状为斜角波，其平均陡度 $a = (100/2.6)kA/\mu s$，并取 $L_0 \approx 1.0\mu H/m$，代入式（11-1）和式（11-2），可求得

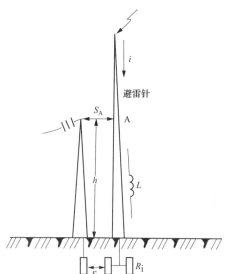

图 11-1　变电站独立避雷针保护

u_A 和 u_d 的幅值 U_A 和 U_d。

空气绝缘的平均耐压强度一般取 $500kV/m$。为防止避雷针与被保护物间的空气间隙 S_A 被击穿而危及电气设备，S_A 应当满足下列要求，即

$$S_A \geqslant \frac{U_A}{500} \approx 0.2R_i + 0.1h(m) \tag{11-3}$$

R_i 不宜大于 10Ω。同时，在一般情况下，间隙距离 S_A 不得小于 5m。

此外，避雷针接地体与变电站地网之间也应保持足够的地中距离 S_e。原因是在强雷（如 100kA）时，R_i 上的压降极高，如间隙距离 S_e 不够，将发生两接地体在地中击穿，导致避雷针接地体压降窜入变电站的地网，使得变压器等设备的外壳获得高电位，从而引起由铁壳向绕组反击而损坏设备。如果大地土壤的平均冲击耐压强度取 $300kV/m$，地中距离 S_e 应满足

$$S_e \geqslant 0.3R_i(m) \tag{11-4}$$

在一般情况下，地中距离 S_e 不得小于 3m。但在某些情况下，例如，当 R_i 不能做得很小，无法保证上述地中距离 S_e 时，可将独立避雷针的接地体与变电站的地网相连。此时为了避免对设备的反击，其连接点到 35kV 及以下设备的接地线入地点，沿接地体的地中距离应大于 15m。因为冲击波沿地中埋线流动 15m 后，在土壤电阻率 $\rho \leqslant 500\Omega \cdot m$ 时，幅值可衰减到原来的 22% 左右，此时不会引起反击事故。

对于 66kV 及以上的电气装置，其内部绝缘较强，不易遭反击引发事故，这时可将避雷针（线）装设在构架上。构架避雷针利用发电厂和变电站的主接地网接地，接地网虽然很大，但在持续时间极短的雷电冲击电流作用下，只有离避雷针接地点约 40m 范围内的接地体才能有效地导出雷电流，因此构架避雷针接地点附近应加设 3～5 根垂直接地极或水平接地带。为保证接地的良好，构架避雷针只许装在土壤电阻率 $\rho \leqslant 500\Omega \cdot m$（66kV 级）及 $\rho \leqslant 1000\Omega \cdot m$（110kV 级）的条件下。另外，由于主变压器的绝缘较弱而其重要性较高，所以在变压器的门型构架上不能安装避雷针，其他构架避雷针的接地引下线入地点到变压器接地线的入地点之间，沿接地体的地中距离应大于 15m。

安装避雷针（线）时还应注意如下事项：

(1) 独立避雷针应距道路 3m 以上，否则需要铺碎石或沥青路面（厚 5～8cm），以保证人身不受跨步电压的危害。原因是当电流 I 流过接地电极周围土壤扩散时，会在土壤中产生压降，并形成一定的地表电位分布。当人在电极附近走动时，两脚将处在不同的电位点上，取两脚间的跨距为 1.0m，跨距两端的电位差称为跨步电动势 U_s，如图 11-2（a）所示。U_s 经人的两脚与土壤间的接触电阻 R_0 以及人体的电阻 R_b 构成回路，回路电流 I_b 在 R_b 上的压降即为人的两脚间所承受的实际电压，称之为跨步电压 U_k。当人站立于电极附近的地面并用手去接触接地导体时，手和脚间将具有电位差，称为接触电动势 U_t。如图 11-2（b）所示。U_t 经人的两脚与土壤间的接触电阻 $\frac{R_0}{2}$ 以及人体的电阻 R_b（忽略人的手与接地导体间的接触电阻）构成回路，回路电流 I_b 在 R_b 上的压降即为人的手和两脚间所承受的实际电压，称之为接触电压 U_j。当跨步电压 U_k 或接触电压 U_j 超过人体安全值，将会对人体带来危险。因此，往往采用在地面铺碎石或沥青的做法，可增大脚部与土壤间的接触电阻 R_0，以减少流过身体的电流，从而减少人体所承受的跨步电压 U_k 或接触电压 U_j。

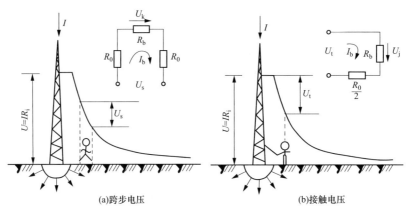

图 11-2　跨步电压和接触电压

（2）严禁在避雷针上或其构架上加装架空照明线、电话线、广播线及其他天线等。

（3）如需要在独立避雷针（线）或装有避雷针（线）的构架上设置照明灯，这些照明灯的电源线必须用铅皮电缆或将全部导线穿入金属管内，并将电缆或金属管直接埋入地中，其长度在 10m 以上。这样才允许与 35kV 及以下配电装置的接地网相连，或者与户内低压配电装置相连，以免雷击构架上的避雷针（线）时，威胁人身和设备的安全。电动通风冷却塔上电动机的电源线和烟囱下引风机的电源线也应照此办理。

（4）发电厂主厂房上一般不装设避雷针，以免发生感应或反击过电压，使继电保护装置误动作或造成绝缘损坏。

（5）尽管列车电站的电气设备装在金属车厢内，受到车厢一定程度的屏蔽作用，但因发电机的绝缘较弱，在雷击车厢时可能发生反击事故。因此，在多雷区，宜用独立避雷针（线）保护；对年平均为 40 雷日以下的地区，可不设直击雷保护。

（6）对于 110kV 及以上的电气装置，可以将线路的避雷线引到出线门型构架上；但土壤电阻率大于 $1000\Omega\cdot m$ 的地区，应装设集中接地装置。$35\sim66kV$ 配电装置的绝缘水平较低，为防止发生反击事故，在土壤电阻率不大于 $500\Omega\cdot m$ 的地区，才允许将避雷线引到出线门型构架上，但应装设集中接地装置；当土壤电阻率不大于 $500\Omega\cdot m$ 时，避雷线应在终端杆上终止，最后一档线路的保护可采用独立避雷针，也可在终端杆上加装避雷针。

11.2　变电站雷电侵入波保护

变电站中用于限制侵入波的主要设备是避雷器，它接在变电站母线上，与被保护设备相并联，使设备得到可靠的保护。

11.2.1　避雷器的保护范围

如果避雷器直接装在被保护物近旁，那么后者所受的过电压就是避雷器的放电电压和残压。然而，在实际情况下，电气设备总是分散布置在变电站内，要求一组避雷器要能够保护多个设备，致使避雷器与被保护物间都有一定距离。在雷电波过电压作用下，避雷器至被保护物间的连线内将会发生雷电波的来回反射，使得作用在被保护物上的过电压超过避雷器的放电电压或残压，连线越长超过的电压也越高。因此，为了保证被保护物上的作用电压不超过一定的允许水平，它与避雷器间的距离不能太远。换言之，在具体条件下，避雷器有着一定的保护范围。下面来看避雷器与被保护物间的距离对其保护作用的影响。

如图 11-3 所示，为便于分析和理解，假设雷电波以陡度为 a（单位：kV/μs）的斜角波沿线路侵入，避雷器与变压器的距离为 l（单位：m）。

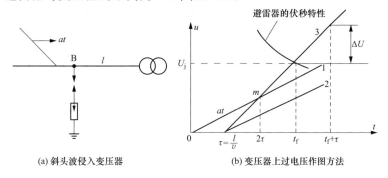

(a) 斜头波侵入变压器　　　　(b) 变压器上过电压作图方法

图 11-3　避雷器和被保护物（变压器）上作用电压

设 $t=0$ 时，来波到达避雷器（B 点），该处电压将沿陡度为 a 直线 1 上升，即 $U_B(t)=at$，经过时间 $\tau=\dfrac{l}{v}$（v 为雷电波的传播速度）后，来波入侵到变压器。在近似计算中，可以不考虑变压器的入口电容，侵入波在变压器处（T 点）会发生全反射，反射波如图 11-3（b）所示的直线 2。这时作用在变压器上的电压为入射电压与反射电压之和，即 $U_T(t)=2at$，如图 11-3（b）所示的直线 3，其陡度为 $2a$。又经过时间 τ，反射波到达避雷器，即在 $t \geqslant 2\tau$ 时，避雷器上的电压由反射电压和原有的入射电压叠加而成，$U_B(t)=at+a(t-2\tau)=2a(t-\tau)$，陡度为 $2a$，故 m 点以后，避雷器上的电压将沿直线 3 上升。假定 $t=t_f$ 时，避雷器上的电压上升到避雷器的放电电压，避雷器放电，此后避雷器上的电压也就是避雷器的残压 U_5（330kV 及以上为 10kA 下的残压 U_{10}）。因此，可以认为，在 $t=t_f$ 时，在 B 点叠加了一个负的电压波 $-2a(t-t_f)$，这个负的电压波需经时间 τ，即 $t=t_f+\tau$ 时，才传到变压器，在此 τ 时间内，变压器上的电压仍以 $2a$ 的陡度上升。因此，变压器上的最大电压将比避雷器的放电电压高出一个 ΔU，即

$$\Delta U = 2a\tau = 2a\frac{l}{v} \tag{11-5}$$

如果考虑变压器的入口电容 C_r 的作用，波过程将更加复杂，根据分析，两者结论是极为相似的。实际上，由于冲击电晕和避雷器电阻的衰减作用，同时由于避雷器上残压并非恒定值而是随着雷电流的衰减而衰减，所以变压器上所受冲击电压的波形是衰减振荡的，如图 11-4 所示，其最大值为采用式（11-5）所得计算值的 87% 左右。

图 11-4　变压器所受冲击电压波形图

取变压器的冲击耐压强度为 U_5，利用式（11-5）可求出避雷器与变压器的最大允许电气距离，即避雷器的保护距离 l_m 为

$$l_m = \frac{U_j - U_5}{2\dfrac{a}{v}} = \frac{U_j - U_5}{2a'} \tag{11-6}$$

$$a' = \frac{a}{v}$$

式中：a' 为电压沿导线升高的空间陡度，kV/m。

这表明避雷器至变压器的最大允许电气距离 l_m 决定于来波陡度 a'，同时也与避雷器的残压 U_5 有关。如果流经避雷器的雷电流过大，则残压过高，将对电气设备造成危害，因此变电站的防雷要求限制侵入波的陡度 a'，同时还必须限制流经避雷器的雷电流幅值。由此可见，最大允许电气距离与来波陡度密切相关。

普通阀式避雷器和金属氧化物避雷器至主变压器间的最大电气距离可分别参照表 11-1 和表 11-2 确定。对其他电气设备的最大距离可相应增加 35%。

表 11-1　　　　普通阀式避雷器至主变压器间的最大允许电气距离（m）

系统标称电压 (kV)	进线长度 (km)	进线路数			
		1	2	3	≥4
35	1	25	40	50	55
	1.5	40	55	65	75
	2	50	75	90	105
66	1	45	65	80	90
	1.5	60	85	105	115
	2	80	105	130	145
110	1	45	70	80	90
	1.5	70	95	115	130
	2	100	135	160	180
220	2	105	165	195	220

注　1. 全线有避雷线进线长度取 2km，进线长度在 1～2km 间时的距离按补插法确定；
　　2. 35kV 也适用于有串联间隙金属氧化物避雷器的情况。

表 11-2　　　金属氧化物避雷器（MOA）至主变压器间的最大允许电气距离（m）

系统标称电压 (kV)	进线长度 (km)	进线路数			
		1	2	3	≥4
35	1	25	40	50	55
	1.5	40	55	65	75
	2	50	75	90	105
66	1	45	65	80	90
	1.5	60	85	105	115
	2	80	105	130	145
110	1	55	85	105	115
	1.5	90	120	145	165
	2	125	170	205	230
220	2	125（90）	195（140）	235（170）	265（190）

注　1. 全线有地线进线长度取 2km，进线长度在 1～2km 间时的距离按补插法确定；
　　2. 标准绝缘水平指 35、66、110kV 及 220kV 变压器、电压互感器标准雷电冲击全波耐受电压分别为 200、325、480kV 及 950kV，括号内的数值对应的雷电冲击全波耐受电压为 850kV。

实际上，35kV 及以上变电站往往有多路出线，当一路来波时，可以从另外几路分一部分，因此，避雷器到变压器的最大允许电气距离比一路进线时大 20%～35%。

对于规模较大的高压、超高压变电站，由于电气距离大、接线复杂，一般是根据经验设计出避雷器的布置，然后经过计算机计算或模拟试验的验证后，确定出合理的保护接线。

11.2.2　变电站侵入波进线段保护

如果线路没有架设避雷线，那么雷直击于紧靠变电站的导线上时，流过避雷器的雷电流幅值 I_{FV} 可能超过 5kA，而且陡度也会超过允许值。为此，对于 35～110kV 全线无避雷线的线路，在紧靠变电站的 1～2km 进线上需要架设避雷线进行保护；对于全线有避雷线的线路，则在 1～2km 进线上加强保护措施，如减小避雷线的保护角 α 及杆塔的接地电阻 R_i，以提高这段进线的耐雷水平，减少在这段进线内绕击和反击导线的概率。通常将这种保护措施称为进线段保护。进线段保护范围内的杆塔工频接地电阻宜不大于 10Ω；同时为减少在进线段中发生绕击的概率，进线段避雷线的保护角一般不应超过 20°，最大不应超过 30°。有了进线段保护以后，在进线段首端及以外遭受雷击时，由于进线段导线波阻抗的作用，限制了流过避雷器的雷电流幅值 I_{FV}。此外，由于导线上冲击电晕的作用，使沿导线的来波陡度大为降低。

未全线架设避雷线的 35～110kV 线路，其变电站的进线保护接线如图 11-5 所示，图中排气式避雷器 FE 的作用是保护在雷季经常开断而线路侧又带有工频电压（即处于热备用状态）的断路器和隔离开关。由于沿线路入侵幅值为 $U_{50\%}$ 的雷电波传到开路的末端，电压将上升为来波电压的 2 倍，可能使开路的断路器或隔离开关的绝缘支座对地放电，在线路带电压的情况下，这将引起工频短路，导致绝缘支座烧坏。因此，FE 外间隙距离的整定应使其在上述运行状态下，能可靠地保护处于开路的断路器或隔离开关；而在闭路运行时，不应动作，以免 FE 放电产生截波，危及变压器纵绝缘与匝间绝缘。如 FE 整定有困难，或无适当参数的排气式避雷器，可用阀式避雷器代替。

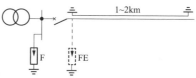

图 11-5　未全线架设避雷线的
35～110kV 线路的变电站进线段保护接线

当进线段首端落雷时，沿导线进入变电站的侵入波流经避雷器的雷电流 I_{FV} 可用图 11-6 所示的等效电路来计算。由于沿导线进入变电站的雷电压幅值受到进线段绝缘水平的限制，因此侵入电压可取为进线段绝缘的冲击放电电压 $U_{50\%}$。进线段的存在，相当于在雷击点与避雷器间串进了 1～2km 长的一段导线，波在 1～2km 进线段来回一次的时间为 $\dfrac{2l}{v} = \dfrac{2000\sim4000}{300} = 6.7\sim13.3$ （μs）。

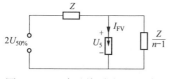

图 11-6　n 路进线时流过避雷器
电流的计算

在此时间内，流经避雷器的雷电流已经到达波尾，所以进线段的导线可用波阻抗 Z 表示。此外，考虑到避雷器阀片的非线性（饱和）特性，其端电压可近似用标称电流下的残压 U_5 表示，于是有

$$U_5 + \left(\frac{U_5}{Z/(n-1)} + I_{FV}\right)Z = 2U_{50\%}$$

$$I_{FV} = \frac{2U_{50\%} - nU_5}{Z} \tag{11-7}$$

式中：n 为变电站进线的总路数。

当单回路进线运行时，$n=1$，此时 I_{FV} 为最大，即

$$I_{FV} = \frac{2U_{50\%} - U_5}{Z} \qquad (11\text{-}8)$$

【例 11-1】 已知 110kV 水泥杆线路的 $U_{50\%} = 700$kV，变电站中避雷器在 5kA 下的残压 $U_5 = 332$kV，求一路进线运行时流过避雷器的雷电流 I_{FV}。

解：按式（11-8）计算，有

$$I_{FV} = \frac{2 \times 700 - 332}{400} = 2.67(\text{kA})$$

各级电压变电站单回线运行时避雷器的 I_{FV} 见表 11-3。由表可知，1～2km 长的进线段可将流经避雷器的雷电流幅值限制在 5kA（或 10kA）以下。

表 11-3　　　　　　各级电压变电站单回线运行时避雷器的 I_{FV}

系统额定电压（kV）	避雷器型号	残压 U_5（最大值，kV）	进线段绝缘子	进线段 $U_{50\%}$（最大值，kV）	进线段以外来波时避雷器电流 I_{FV}（最大值，kA）	变压器（带励磁）的全波冲击三次试验电压（最大值，kV）
35	FZ-35	134	3×X-4.5	350	1.41	180
60	FZ-60	227	5×X-4.5	520	2.03	300
110	FZ-110J	332	7×X-4.5	700	2.67	425
220	FZ-220J	664	(13～14)×X-4.5	1200～1410	4.35～5.38	835
330	FCZ-330J	820（10kA 时）	19×CP-10	1645	7.06	1175（不带励磁）
500	FCZ-500J	110（10kA 时）	(25～28)×CP-16	2060～2310	8.63～10	1540（不带励磁）

变电站侵入波的陡度 a' 可利用表 11-4 查得。

表 11-4　　　　　　各级变电站侵入波的计算用陡度 a'

系统额定电压（kV）	入侵波计算用陡度（kV/m）		系统额定电压（kV）	入侵波计算用陡度（kV/m）	
	1km 进线段	2km 进线段或全线有避雷线		1km 进线段	2km 进线段或全线有避雷线
35	1.0	0.5	330	—	2.2
110	1.5	0.75	500	—	2.5
220	—	1.5			

11.3　变压器中性点和配电变压器防雷保护

变电站中的主要设备是变压器，在不同的变压器中性点接地方式和绕组结构形式下，其中性点遭受的过电压是不同的，因而需要选择不同参数的避雷器加以保护。对于 6～10kV 的配电变压器来说，低压绕组为 400V，取 Yy 的接线方式，高压绕组的中性点并没有引出来，过电压保护方式也有一定的特点，下面分别进行讨论。

11.3.1　变压器中性点保护

35～66kV 变压器的中性点不接地或经消弧线圈接地，在结构上是全绝缘的，即中性点的绝缘强度（绝缘水平）与绕组端部相同。绕组端部装设有避雷器加以保护，当雷电波沿三相侵入时，中性点电位由于全反射而可能升高到侵入波电压（即端部避雷器的残压）的两倍左右，这会给变压器中性点绝缘带来危险。然而根据实际运行经验，中性点可以不接保护装置而仍能安全运行，其原因在于：①流过端部避雷器的雷电流一般只在 2kA 以下（见表

11-3)，故其残压要比预定 5kA 时的残压减小 20% 左右；②大多数来波是从线路的较远处袭来，陡度很小；③据统计，三相来波的概率很小，只有 10% 左右，平均大约 15 年才有一次。因此，对于 35～66kV 系统中性点不接地或经消弧线圈和高电阻接地的变压器中性点，一般可以不装保护装置。但对多雷区单进线变电站且变压器中性点引出时，宜装设保护装置；当变压器中性点经消弧线圈接地且有一路进线运行的可能性时，为了限制开断两相短路时线圈中磁能释放所引起的操作过电压，应在中性点上加装避雷器，其额定电压可按线电压或相电压选择，这种避雷器即使在非雷雨季节也不应退出运行。该保护装置可选金属氧化物避雷器（MOA）或普通阀式避雷器。

110～220kV 系统属于有效接地系统，其中一部分变压器的中性点直接接地；同时为了限制单相接地电流和满足继电保护的需要，另一部分变压器的中性点又不接地。这种系统中的变压器中性点绝缘分为两种情况：一是中性点全绝缘，此时中性点一般可以不加保护；二是中性点半绝缘（新制变压器均如此），此时中性点需要加保护。比如：110kV 变压器的中性点是 35kV 级的绝缘水平，220kV 变压器的中性点则是 110kV 级。相关规程规定有效接地系统中的中性点不接地变压器，如中性点采用分级绝缘且未装保护间隙，需要在中性点装设雷电过电压保护装置，且宜在变压器中性点选用 MOA 保护。如中性点采用全绝缘，但变电站为单进线且为单台变压器运行，也应在中性点装设雷电过电压保护装置。

11.3.2　配电变压器保护

配电变压器的防雷保护接线如图 11-7 所示。在 3～10kV 侧要装设 MOA 或保护间隙来保护，应注意 MOA 的接地端应直接同变压器铁壳连接后共同接地，因为当雷电流流过时，变压器外壳将具有一定的电位（电流流经接地电阻 4～10Ω），可能发生铁壳向 220/380V 低压侧放电（反击）。因此为了避免变压器低侧绕组绝缘因反击而损坏，必须将低压侧的中性点也连接在变压器的铁壳上，即构成变压器高压侧MOA 接地端点、低压绕组中性点和变压器铁壳三点联合接地。当然，这种共同接地也有不足，因为当高压侧落雷时，接地电阻上的压降会传到低压绕组，可能对用户构成一定危险，为此需加强用户侧防雷来弥补。

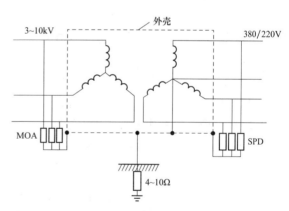

图 11-7　配电变压器的防雷保护接线

然而，即使在上述情况下，仍然会在变压器高压绕组侧产生所谓正变换和反变换过电压。所谓正变换过电压是指雷直击于低压线或低压线遭受感应雷，通过电磁耦合，将变压器低压侧过电压按变比关系变换到高压侧，由于变压器高压侧绝缘的裕度比低压侧小，容易损坏高压侧绕组绝缘。所谓反变换过电压是指雷击高压线路或高压线路遭受感应雷，高压侧避雷器动作后，冲击大电流在接地电阻 R_i 上产生压降 U_R，此电压将同时作用于低压绕组的中性点绝缘上，而低压侧出线相当于经较小的导线波阻抗接地，因此 U_R 的绝大部分都加在低压绕组上，经过电磁耦合，在高压绕组上同样会按变比关系感应出过电压。由于高压绕组出线端的电位受避雷器固定，所以由低压侧感应到高压侧的这一高电压将沿高压绕组分布，在中性点上达到最大值,可将中性点附近的绝缘击穿,也会危及高压绕组的纵绝缘。

为了防止上述变压器高压绕组侧产生正、反变换过电压,应在低压侧加装避雷器保护,它可限制低压绕组上的过电压以及反变换在高压侧出现的过电压。可见,即使配电变压器的低压线路不可能遭受直接雷击(如电缆线),在低压侧装设避雷器仍是必要的,特别是在多雷区更是如此。显然,低压侧避雷器的接地端也应直接同变压器铁壳连接后共同接地。

11.4 旋转电机防雷保护

旋转电机包括发电机、同步调相机、变频机和电动机等,它们是电力系统的重要设备,要求具有十分可靠的防雷保护。

旋转电机与输电线路的连接有两种形式:一是不经变压器而直接与架空配电网络连接的称为直配电机;二是经过变压器后再与架空线路连接的称为非直配电机。由于直配电机可能直接遭受侵入波过电压的作用,可靠性比非直配电机差,因此我国规定单机容量为 60MW 以上的旋转电机不允许采取直配方式连接。

11.4.1 旋转电机防雷特点

1. 冲击绝缘强度低

因为电机绕组的主要部分是放在铁心槽内,在嵌放过程中,难免受到局部损伤,形成绝缘弱点,加之电机不能像变压器绕组那样浸放在油中,而是靠固体介质来绝缘,制造时绝缘内部可能存有气泡,运行中也就容易发生游离;此外,特别是在导线出槽处,电位分布很不均匀,场强很高,而电机又不能像变压器那样可以采用补偿和均压措施,故每经一次过电压的作用,就会受到轻微损伤,久之由于累积效应而发生击穿。因此,旋转电机绝缘的冲击系数接近于 1(变压器的冲击系数为 2～3),其冲击绝缘强度约为同电压等级变压器绝缘的 1/3。

2. 保护用避雷器冲击放电电压及残压不够低

由表 11-5 中电机耐压值与相应的磁吹阀式避雷器及氧化锌避雷器的特性比较可见,由于用于旋转电机保护的阀式避雷器 3kA 下的残压 U_3 只能勉强与电机出厂时的耐压值相配合,氧化锌避雷器则勉强能与运行中的直流耐压值相配合。因此,对旋转电机保护的安全度不够高。

表 11-5 电机耐压与相应的磁吹阀式避雷器及氧化锌避雷器的特性比较

电机额定电压(kV)	电机出厂工频试验电压(kV)	电机出厂冲击耐压估计值(幅值,kV)	同级变压器出厂冲击试验电压(幅值,kV)	运行中交流耐压(幅值,kV)	运行中直流耐压(kV)	相应的磁吹避雷器3kA残压(幅值,kV)	氧化锌避雷器3kA/5kA残压(幅值,kV)
3.15	$2U_e+1$	10.3	43.5	6.7	7.9	9.5	7.8/8.15
6.3	10MW 以下 $2U_e+1$	19.2	60	13.4	15.8	19	15.6/16.3
6.3	10MW 及以上 $2.5U_e$	22.3	60	13.4	15.8	19	15.6/16.3
10.5	$2U_e+3$	34.0	80	22.3	26.3	31	26/26.8
13.8	$2U_e+3$	43.3	108	29.3	34.5	40	34.2/35.6
15.75	$2U_e+3$	48.8	108	33.4	39.4	45	39/40.7

3. 要求限制侵入波陡度

电机绕组匝间所受电压为 $\frac{a\Delta l}{v}$（其中 Δl 为每匝长度，a 为来波陡度），为了保护匝间绝缘，要求限制侵入波陡度 $a < 5\text{kV}/\mu\text{s}$；同时，由于过电压波在绕组内传播时的振荡衰减，实测结果表明，只要将电压上升陡度限制到 $2\text{kV}/\mu\text{s}$ 以下，电机绕组的中性点电压会下降到与侵入波电压的大小相等，可避免损坏中性点绝缘。

11.4.2　直配旋转电机防雷

直配旋转电机防雷保护的主要措施有：

（1）发电机出线母线上装一组 MOA，以限制侵入波幅值，取 3kA 下的残压与电机的绝缘水平相配合。

（2）在发电机的三相电压母线上装一组并联电容器 C，每相电容量为 $0.25 \sim 0.5\mu\text{F}$，以限制侵入波陡度 a 和降低感应过电压。

（3）采用进线段保护以限制流经母线 MOA 中的雷电流，使之小于 3kA。电缆段与MOA 配合是典型的进线保护方式。

（4）发电机中性点有引出线时，中性点加装避雷器保护，否则需加大母线并联电容以进一步降低侵入波的陡度。

下面分析并联电容器 C 和电缆段对直配旋转电机防雷保护的作用。

如前（第 8 章）述知，并联电容器 C 不但可以限制母线上冲击波陡度，还能降低感应过电压。在没有并联电容时，感应电荷作用于线路（架空导线及电缆段）的对地电容上，加装有并联电容 C 时，能起到分担部分感应电荷的作用。

在直配电机防雷保护中，一般选择母线并联电容为每相 $0.25 \sim 0.5\mu\text{F}$，可将侵入波陡度限制在 $5\text{kV}/\mu\text{s}$ 以下，因而保护了电机绕组的匝间绝缘和可靠地限制感应过电压。

此外，为了保护电机绕组的中性点，该处应当装设避雷器，其额定电压取得略高于相电压；如电机绕组的中性点并未引出，则母线并联电容增大至每相 $1.5 \sim 2\mu\text{F}$，以使侵入波陡度降至 $2\text{kV}/\mu\text{s}$ 以下，从而不致损坏中性点绝缘。

图 11-8（a）是有电缆段的直配电机防雷保护接线。电缆段的长度 $l > 100\text{m}$，其作用是：当雷电流使排气式避雷器 FE 放电后，由于 FE 无残压，使电缆芯线与金属外护层短路，由于高频趋肤效应，使雷电流从芯线转移到金属护层上，从而大大降低了母线冲击电压和流过MOA 的冲击电流。还可参见图 11-8（b）进行分析，当 FE 放电后，雷电流流过接地电阻 R_i 所形成的电压 iR_i 同时作用在电缆金属护层与芯线上，沿着金属护层将有电流 i_2 流过，于是在电缆金属护层本身的电感 L_2 上出现压降 $L_2 \dfrac{di_2}{dt}$，这一压降是由环绕外皮的磁力线变化所造成的。这些磁力线也必然全部铰链芯线，在芯线上同时感应出一个大小等于 $L_2 \dfrac{di_2}{dt}$ 的反电动势来，它将阻止雷电流从电缆首端 A 点向芯线流动。如果忽略电缆金属护层末端的接地引下线的自感 L_3，则当 $L_2 \dfrac{di_2}{dt} = iR_\text{i}$ 时，芯线中就不会有电流流过。但实际上 L_3 总是存在的，所以 iR_i 与 $L_2 \dfrac{di_2}{dt}$ 间就有差值 $L_3 \dfrac{di_2}{dt}$。其差值越大，流过芯线的电流就越大。因此，在实际布置时，要求电缆末端金属护层接地引下线到地网的距离尽可能短。分析表明，当电缆段长

度为100m、末端外皮接地引下线到地网的距离为12m、$R_1=5\Omega$时，即使在电缆段首端发生直击雷，且雷电流为50kA时，流过母线每相MOA的电流不会超过3kA，相应的残压为U_3。通常，将流经母线每相MOA的雷电流为3kA时所对应的电缆首端的雷电流值定义为电机的耐雷水平，故上述情况下电机的耐雷水平为50kA。

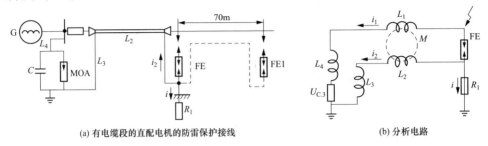

图 11-8　分析电缆段作用的参考图

L_2—电缆外皮的自感（以大地为回路）；L_3—电缆外皮末端接地线的自感；L_4—电缆芯线末端到MOA
连线的自感；M—电缆外皮与芯线间的互感，$M=L_2$；U_3—MOA 在 3kA 下的残压

然而，当雷电波从架空线路上入侵时，由于电缆波阻远比架空线路小，电缆端部的电压（折射电压）将会明显降低，FE不易动作，也就不能发挥电缆段的泄流作用，雷电流将全部通过电缆芯线侵入电机母线，使流过母线MOA的电流超过3kA。为了避免这种情况，可将FE沿架空线前移70m左右，即图11-8（a）中FE1虚线的位置；70m架空线的电感约为$1.6\times70=112$（μH），侵入波首先作用在此电感上，使得FE1端部的电压有所增高，易于使FE1放电；FE1的接地端应和电缆首端外皮的接地装置用导线连接，以使外皮起到泄流作用，连接线悬挂在杆塔导线下面2～3m处。采用这种方式虽可使FE1放电，但放电后，由于从FE1的接地端到电缆首端外皮的连接线上的电压降不能全部耦合到导线上，所以沿导线向电缆芯线流入的电流就增大了，遇强雷时，可能使流经母线MOA的雷电流超过每相3kA。为防止这一情况，应在电缆首端再加装一组FE，强雷时FE放电，以利于充分发挥电缆段的泄流作用。

图11-9（a）是25～60MW的直配电机进线段采用耦合地线的防雷保护接线。电缆段应直接埋设在地中，以充分利用电缆金属外皮的分流作用。如受条件限制，不能直接埋设，可将电缆金属外皮多点接地，即除两端接地外，再在两端间的3～5处接地。

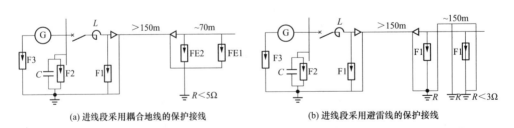

图 11-9　25～60MW 直配电机的防雷保护接线

F1—配电 MOA；F2—旋转电机 MOA；F3—旋转电机中性点 MOA；
FE1、FE2—排气式避雷器；G—发电机；L—限制短路电流用电抗器；C—电容器

如电缆段首端的短路电流较大，无适当参数的排气式避雷器时，可改用图11-9（b）的防雷保护接线，即用MOA代替排气式避雷器FE。但MOA动作后的残压将作用在电缆芯线

与外皮之间，使电缆段的限流作用大为降低。因此，将 MOA 向前移 150m 至 F1 的位置，这段架空线用避雷线保护。该 MOA 的接地端应与电缆的金属外皮和避雷线连在一起接地，利用避雷线与导线间的耦合增加限流作用。另外，接地电阻 R 不应大于 3Ω。

容量更小的直配电机，其保护接线可进一步简化，我国有关规程（如 GB/T 50064—2014）列出了不同容量电机的保护接线图，可供参阅。

11.4.3　非直配旋转电机防雷

60MW 以上的旋转电机（其中包括 60MW 的电机）一般都经变压器升压后接至架空输电线路。国内外的运行经验表明，这种非直配电机在防雷上比直配电机可靠得多，但也有被雷击坏的情况。这是由于高压侧线路传来幅值很高的冲击电压波时，会由高、低压绕组间的静电耦合和电磁感应传递到低压绕组，使电机母线绝缘损坏，所以在多雷区的非直配电机，宜在电机出线上装设一组旋转电机 MOA 避雷器。如电机与升压变压器之间的母线桥或组合导线无金属屏蔽部分的长度大于 50m 时，除应有直击雷保护外，还应采取防止感应过电压的措施，即在电机母线上装设每相不小于 $0.15\mu F$ 的电容器或 MOA 避雷器。此外，在电机的中性点上还宜装相电压的 MOA 避雷器。

11.5　气体绝缘变电站防雷保护

气体绝缘变电站（GIS）在过电压保护方面与常规的敞开式变电站相比，具有如下特点。

1. 具有较小的导线波阻抗

GIS 的同轴母线的波阻抗一般为 $60\sim100\Omega$，约为架空线路波阻抗的 $\frac{1}{5}$。侵入波 U_0 从架空线路传入 GIS，折射电压 $U_2=\alpha U_0$，由于折射系数 $\alpha=\dfrac{2Z_2}{Z_1+Z_2}$ 较小，所以 U_2 也较小，因此对 GIS 变电站的侵入波保护有利。

2. 绝缘具有比较平坦的伏秒特性

GIS 中 SF_6 绝缘的伏秒特性如图 11-10 所示。SF_6 绝缘的冲击伏秒特性平坦，其雷电冲击绝缘水平与操作冲击绝缘水平比较接近，而且负极性击穿电压比正极性击穿电压低。因此 GIS 变电站的绝缘水平主要决定于正极性雷电冲击水平，并可采用氧化锌避雷器加以保护。

3. 结构紧凑

各电气设备之间的距离较小，避雷器离被保护设备较近，可使雷电过电压被限制在比常规的敞开式变电站更低的水平。

4. 不受环境影响

GIS 的全金属封闭性决定了内部各设备单元的绝缘强度不会受大气污秽和降水等影响而降低；但对 SF_6 绝缘气体的洁净程度和所含水分要求极严，同时对导体和内壁的光洁度也要求极高，否则绝缘强度将大幅度下降。

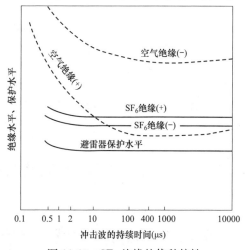

图 11-10　SF_6 绝缘的伏秒特性

5. 无电晕

GIS 的绝缘中不允许产生电晕，因为一旦产生电晕，会立即发生击穿，导致整个 GIS 绝缘不可自恢复的破坏。因此要求过电压保护有较高的可靠性，在设备的绝缘配合上一般会留有一定的裕度。

对 GIS 的过电压保护方式，需根据 GIS 不同的主接线方式采用不同的保护接线。66kV 及以上进线无电缆段的 GIS，在 GIS 管道与架空线路连接处，应装设无间隙金属氧化物避雷器 （MOA1），其接地端应与管道金属外壳连接，如图 11-11 所示。变压器或 GIS 一次回路的任何

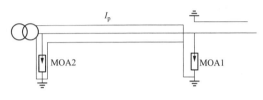

图 11-11　无电缆段进线的 GIS 防雷保护接线

电气部分到 MOA1 间的最大电气距离不超过 50m（66kV 级时）和 130m（110kV 及 220kV 级时），或虽然超过，但经校验装一组避雷器能符合保护要求时，可只装 MOA1，否则应增加 MOA2；连接 GIS 管道的架空线路应采用进线段保护，其长度不应小于 2km，且在进线保护段范围内的杆塔工频接地电阻，耐雷水平和避雷线的保护角，均应满足有关规程的要求。

66kV 及以上进线有电缆段的 GIS 变电站，在电缆与架空线路的连接处应装设金属氧化物避雷器 （MOA1），其接地端应与电缆的金属外皮连接。对三芯电缆，末端的金属外皮应与 GIS 管道金属外壳连接接地，如图 11-12 （a）所示。对单芯电缆，末端的金属外皮应经金属氧化物电缆护层保护器 （MOA3）接地，如图 11-12 （b）所示。

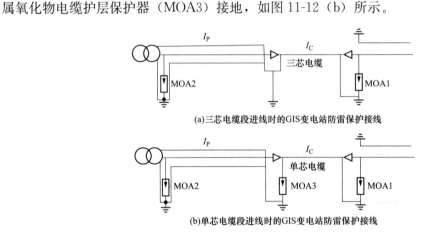

(a)三芯电缆段进线时的GIS变电站防雷保护接线

(b)单芯电缆段进线时的GIS变电站防雷保护接线

图 11-12　有电缆段进线的 GIS 防雷保护接线

电缆末端至变电站或 GIS 一次回路的任何电气部分间的最大电气距离不超过 50m（66kV 级时）和 130m（110kV 及 220kV 级时），或虽超过，但经校验装一组避雷器即能符合保护要求时，可只装设 MOA1，否则应增加 MOA2。连接电缆段的 2km 架空线路应架设避雷线。

11.6　变电站电子信息系统的防雷保护

随着智能电网的发展，电力系统中的电子信息系统日益复杂，微电子设备日趋精密，各种弱电设备因雷击而引发的误动或损坏所造成的一次设备故障、停电损失、变电站失电等危害往往远大于弱电设备本身的直接损失。电子设备的众多微电子器件对过电压极其敏感。雷

击产生的感应雷过电压、侵入波过电压、地电位反击、雷电二次效应等对弱电设备的绝缘和运行安全构成威胁。因此，有效防止雷电对电子信息设备所产生的危害是保证电子信息系统安全稳定运行的重要前提。

11.6.1　雷电过电压侵入变电站电子信息系统的主要途径

1. 线路来波

沿输电线路而来的各种形式的雷电波（直击雷、感应雷或雷电截波）一旦侵入变电站的变压器，就会直接通过变压器的高、低压绕组间电磁感应和电容耦合而传输到低压侧，波及发电厂和变电站的整个低压电源系统。实验表明，这种雷电波传至低压侧的雷电过电压的最大值可超过 10kV，会对与低压电源系统相连的、正常工作电压只有几伏的电子信息设备造成严重威胁。

2. 变电站附近落雷

变电站附近落雷形成的强电磁场将会在线路上产生很高的感应过电压，并沿着线路传至接在低压电网上的电子信息系统的电源系统，从而导致其电源系统损坏；此外，还有可能在微电子信息设备的信号线上直接感应出高电压，干扰设备的正常运行。

如果雷电直击于变电站，强大的雷电流将经过避雷针进入接地网，会使地网电位异常升高。这种高电位在接地体附近呈放射状分布，由于接地网阻抗的影响，往往使电位分布不均匀，最高电位可高达数万伏。接地网与二次电缆的屏蔽层直接或间接相连，接地网电位升高及地网电位分布的不均匀，会使这种电位升高施加在电缆的屏蔽层上，造成与电缆芯线之间的直接击穿，或通过电容耦合作用于电缆芯线产生干扰电压和干扰电流。

3. 地电位反击

雷电引入接地网而流入大地时，造成的接地网高电位会对附近电缆沟中的二次保护、计量、通信、控制等低压电缆产生放电，即发生所谓的"反击"；或在电缆屏蔽层上感应出表层电流，通过芯线与屏蔽层之间的电磁耦合对电缆芯线产生干扰电压而侵入设备。

4. 共模干扰电压和差模干扰电压

根据干扰方式的不同，干扰电压又可分为共模干扰电压和差模干扰电压。这两类不同的干扰电压的干扰机理和干扰效果是不同的。

（1）共模干扰电压。共模干扰电压是指出现于线路与地线之间的干扰电压。图 11-13 中，U_N 为正常电源，M 为电子设备，Z_M 为电子设备的输入阻抗。

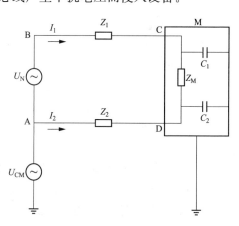

图 11-13　共模干扰原理电路

如图 11-13 所示，如果由于某种原因，A 点地电位突然升高（如雷电从 A 点入地），这相当于在该点与地之间接入一个电源 U_G，它作用于回路中每条线路与地之间，这种电压称为共模干扰电压。

（2）差模干扰电压。差模干扰电压是指出现在信号回路，并与正常的信号电压相串联，二者叠加在一起直接输入电子设备。所以，差模干扰电压是在同一传输线的两根导线之间形成的干扰电压。比如，当有电磁波耦合于信号回路时，信号回路中即被感应出电压 U_G，它与正常信号电压 U_N 相串联，共同作用于 M 的输入端，如图 11-14 所示。

需要指出，共模干扰电压在绝对平衡的电路内，即为图 11-3 中 AD、BC 两根连线完全相同，对地的杂散电容也相同，也就是 $Z_1=Z_2$、$Z_3=Z_4$，则共模干扰电压 U_{CM} 在 C、D 两端不会产生干扰信号，只会使 C、D 的对地电位发生相同的变化，而 C、D 两端的信号电压维持不变，从而不受共模干扰电压的影响，如图 11-15 所示。但是，一旦出现线路不对称，即 $Z_1 \neq Z_2$、$Z_3 \neq Z_4$，则会有电流分别流过 Z_1、Z_3 和 Z_2、Z_4，从而形成电位差 U_{DM} 作用在二次回路的负载 Z_L 上，U_{DM} 此时即为由共模干扰电压转换而成的差模干扰电压，即

$$U_{DM} = \left(\frac{Z_3}{Z_1+Z_3} - \frac{Z_4}{Z_2+Z_4} \right) U_{CM} \tag{11-9}$$

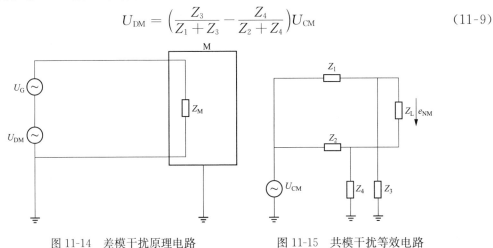

图 11-14　差模干扰原理电路　　　　图 11-15　共模干扰等效电路

11.6.2　电子信息系统防雷保护的主要措施

根据 IEC 标准的相关要求，对变电站电子信息系统的防雷保护应进行分区、分级防护，采取引雷、分流、屏蔽、均压、隔离、钳位、接地及安装电涌保护器（Surge Protective Device, SPD）等一系列综合措施，构成一个完整的保护体系才能取得比较好的防护效果，从而将雷电事故和干扰降到最低程度。

1. 实施分区、分级防护

不同的信息系统对电磁环境的要求也不同，因此宜将保护的空间划分为不同的防雷保护区，以便合理实施分区、分级保护。根据建筑物内电气电子系统雷电防护标准（IEC 62305-4：2010），图 11-16 所示为变电站电子信息系统防雷保护的分区保护示意图。

图中，LPZ0A 区：非直击雷保护区，即变电站避雷针（线）保护范围之外的区域。本区内各物体都可能遭到直接雷击，并导走全部雷电流，本区内的雷电电磁场强度没有衰减。

LPZ0B 区：直击雷室外保护区，即变电站避雷针（线）保护范围以内的区域。变电站及进线段内的所有电气设备和电子设备均处于该保护区内。其防雷保护主要是安装避雷针（线）和避雷器及良好的接地装置，实现直击雷和侵入波的防护。

LPZ1 区：室内第一级建筑屏蔽区，变电站的控制室即属此区域。该区有建筑结构钢筋网的屏蔽或其他形式的屏蔽，如金属穿管或屏蔽铠装等。区内导体只流过部分雷电流，雷电电磁场强度有一定衰减。

LPZ2 区：屏蔽机房，为室内第 2 级建筑屏蔽区，电子信息系统的主机专用屏蔽房间即属此区域。该区内流经各导体的雷电流比 LPZ1 区更小，电磁场强度进一步减弱。

LPZ3 区：LPZ2 区之内的后续防雷保护区。当需要进一步减小流入的雷电流和电磁场强度时，应增设后续防雷保护区，并按照雷电保护对象所要求的电磁环境去选择后续防雷区的保护方案。

LPZ3＋n(n＝1，2，…)：LPZ3 区之内的设备自身的屏蔽区。该区包括设备外壳及壳内对部分敏感器件采取的屏蔽措施。设备自身的屏蔽区可由多层构成。

在划分的各防雷保护区的交界面有传输线穿越处设有等电位连接带，将各金属物体用导线相互连接后再连接到等电位带上，电源线和信号线分别与相应的 SPD 相连后，再将 SPD 的接地端子统一连接到等电位带上，而且要求所有连接线尽可能短。各个内层防雷保护区交界面上的等电位连接带互连后，再通过等电位连接导线连接到外层防雷保护区界面的等电位连接带，如图 11-16 所示。各防雷保护区内的外露金属物件同样也要做等电位连接，并就近与局部等电位连接带相连接。

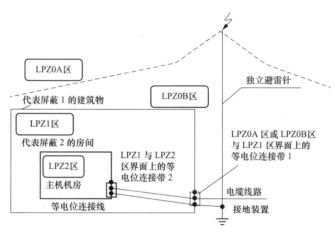

图 11-16　防雷保护的分区保护和等电位连接示意图

2. 引雷和分流

变电站中的避雷针（线）是典型的引雷装置，以防护直击雷。接地装置和接地网则是典型的分流装置。实践表明，变电站主控室以外的直击雷约有一半的雷电脉冲能量是通过上述防雷设施的分流装置而泄放到大地的，剩下的将通过建筑物的进出管线以感应雷的方式对二次设备造成危害。因此，对二次设备（包括电子信息设备）的防雷保护必须给予足够重视。

3. 隔离和屏蔽

隔离是指采用隔离变压器或绝缘隔离以及电子信息设备采用的光电隔离等措施，隔离危险电位的传递。

屏蔽是使被保护设备不受外部电磁脉冲所产生的电磁场的影响而经常采用的一项措施。对于电子元器件，可用金属外壳屏蔽电磁场；对于精密仪器设备，则可用专用屏蔽房屏蔽外界电磁场；对于信号传输线，可用屏蔽电缆等。屏蔽电缆的屏蔽效率可达 90％以上。如采用双层屏蔽的同轴电缆，使其内层屏蔽在信号源端接地，外层屏蔽层两端接地，则对高频电磁场可以达到接近 100％的屏蔽效果。

需要指出的是：用于静电屏蔽的屏蔽材料应选择电阻率尽可能小的导体，且屏蔽一定要良好接地，否则无法达到屏蔽效果。用于磁场屏蔽的屏蔽材料应选择磁导率尽可能大的材料。通常电子设备的外壳采用铁板，则对电场和磁场的屏蔽兼而有之。

4. 接地

接地对防雷保护意义重大，对电子信息系统的防雷保护更是有多重意义：

（1）在暂态高电压持续期间，维持整个变电站区域的正常工作电压；

（2）使设备和金属构件上的雷电冲击作用最小；

（3）提供低阻抗的接地故障电流通路；

（4）对可能积累在设备上的静电提供低阻抗泄漏通道；

（5）为电子信息设备的电路和整个二次系统提供低阻抗的公共信号电压参考电位，使干扰最小；

（6）多点接地可降低地线阻抗，并且多根导体并联可降低接地导体的总电感，减小信号间的耦合，提高高频设备系统的工作稳定性。

5. 安装电涌保护器（SPD）

电力系统中用于电子信息设备的过电压保护器也称为电涌保护器（SPD），其工作原理与避雷器基本相同，通常由压敏电阻（ZnO）构成。

低压交流电源保护的 SPD 选用原则：一是其额定电压 U_N 应与低压电源系统的额定电压相一致；二是其最大持续运行电压 U_c 不应低于低压电源系统的最高工作电压。对于串接式 SPD，其额定负载电流不应小于所接线路的最大持续电流。

（1）配电系统的防雷保护接线。电子信息系统的交流电源通常采用"三相五线制"供电方式，即进入系统的低压交流电源有三根相线，一根中性线（零线）和一根地线（保护地）。供电变压器低压侧的交流中性线就近接地，机房内的中性线与地线分开，并相互隔离。实际常用的配电系统有 TN 系统和 TT 系统。

1）TN 系统的防雷保护接线。TN 系统又可分为 TN-C-S 系统和 TN-S 系统。

TN-C-S 系统是在供电变压器低压侧，N 线（中性线）与 PE 线（地线）合为一条 PEN 线（此种形式也称为 TN-C 系统），在此位置的保护只需在相线与 PEN 线之间安装 SPD。在进入机房的交流配电屏后，PEN 线接于联合接地的地线排上，然后分为 N 线、PE 线分别进行布线，此种形式也称为 TN-S 系统。因此，在交流配电屏中相线对 PE 线、N 线对 PE 线均需安装电源型 SPD，如图 11-17 所示。

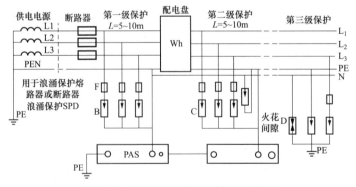

图 11-17 TN-C-S 系统防雷保护接线图

TN-S 系统是在供电变压器低压侧，N 线和 PE 线相连后并与联合地线连接，在后面的供电线路中 N 线与 PE 线分开布线。因此，进入交流配电屏后，相线对 PE 线、N 线对 PE 线均需安装电源型 SPD，如果保护接地与变压器接地相互连通，TN 系统宜将各相保护器直接与地连接，相线及中性线分别对地安装限压型电源 SPD，如图 11-18 所示。

在 TN 系统中，要求 SPD 的 $U_c \geq 1.15U_{ph}$，U_{ph} 为三相交流电源系统的额定相电压。对于 380V/220V 三相交流电源系统，$U_{ph} = 220V$。

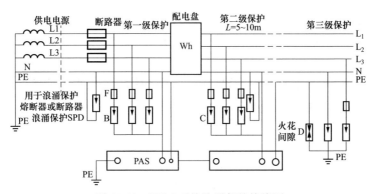

图 11-18　TN-S 系统防雷保护接线图

2）TT 系统的防雷保护接线。TT 系统中 N 线只在变压器的中性点接地，之后都一直保持对地绝缘，它与设备的保护接地是严格分开的。因此，对 TT 系统的保护需要在相线与 N 线、N 线与地线之间均装设限压型 SPD，其接线如图 11-19 所示。

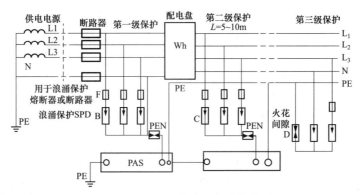

图 11-19　TT 系统防雷保护接线图

需要指出，由于 TT 系统中设备的保护接地与电源的中性点接地无直接电气联系，因此当设备发生单相接地故障时，两相非故障相的对地电位将升高，会使 SPD 上承受的电压相应升高。因此，TT 系统保护器 SPD 的最大持续运行电压应取为 $U_c \geqslant 1.55 U_{ph}$。只有当 SPD 负载侧装有漏电保护器 RCD 时，才可取 $U_c \geqslant 1.15 U_{ph}$。

（2）电源系统的分级保护。对于低压电源系统电涌引起的瞬态过电压，采用分级保护的方式比较安全合理。从供电系统的入口（比如总控制室的配电房）开始逐步进行浪涌能量的吸收，对瞬态过电压进行分级保护，如图 11-20 所示。

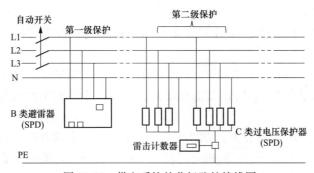

图 11-20　供电系统的分级防护接线图

入户配电变压器的低压侧安装 SPD 为第一级保护，属三相电压开关型电源电涌保护器，要求 SPD 的技术参数为：雷电通流量$\geqslant$100kA（10/350μs），残压$\leqslant$2.5kV，响应时间$\leqslant$100ns。

分配电柜的线路输出端电源 SPD 为第二级保护，属限压型电源电涌保护器，进行相—中、相—地、中—地的全模式保护。要求 SPD 的技术参数为：雷电通流量$\geqslant$40kA（8/20μs），残压$\leqslant$1000V，响应时间$\leqslant$25ns。一般用户供电系统做到第二级保护就可以达到用电设备运行的要求。

在电子信息设备交流电源进线端安装 SPD 为第三级保护，属于串接式限压型电源 SPD。最后还可以在电子设备内部电源部分使用一个内置式的电源 SPD，以达到完备的分级保护。

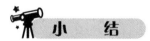

（1）发电厂和变电站的雷害来源有两种形式：

1）雷电直接击于发电厂和变电站内的建筑物及其屋外配电装置上；

2）输电线路上发生感应过电压或直接落雷，雷电波将沿该导线袭入变电站或发电机（直配电机），该雷电波称为侵入波。

（2）在发电厂和变电站的建筑物及露天配电装置中，必须加装多根避雷针（线），并可靠接地，以防止直击雷的危害。同时还应注意，雷击避雷针（线）时，高达上百千安的雷电流流经接地引下线，会在接地电阻 R 和避雷针铁塔本身的电感上产生压降，所以被保护物不能与避雷针靠得太近，以免发生反击现象。

（3）变电站中限制侵入波的主要设备是金属氧化物避雷器（MOA），它接在变电站母线上，与被保护设备相并联。避雷器与变压器的最大允许电气距离 l_m 与来波陡度 a' 密切相关。

（4）由于进线段导线波阻抗的作用，限制了流过避雷器的雷电流幅值 I_{bl}；此外，由于导线上冲击电晕的作用，使沿导线的来波陡度大为降低。

（5）直配电机防雷保护的主要措施有：

1）发电机出线母线上装一组金属氧化物避雷器 MOA，以限制侵入波幅值，取其 3kA 下的残压与电机的绝缘水平相配合。

2）在发电机的电压母线上装一组并联电容器 C，每相电容量为 0.25～0.5μF，以限制侵入波陡度 a 和降低感应过电压。

3）采用进线段保护，限制流经 MOA 中的雷电流，使之小于 3kA。电缆段与避雷器配合是典型的进线保护方式。

4）发电机中性点有引出线时，中性点加装避雷器保护，否则需加大母线并联电容以进一步降低侵入波的陡度。

（6）气体绝缘变电站的过电压保护。GIS 的绝缘水平主要决定于雷电冲击水平，可采用金属氧化物避雷器加以保护。GIS 的过电压保护根据 GIS 不同的主接线方式采用不同的保护接线方式。

（7）随着智能电网的发展，变电站的电子信息系统也越来越复杂，其安全可靠运行也更加显得重要。电子信息系统的防雷保护自身具有一系列的特点，需要认真研究，构成一个完整的保护体系，采取综合措施才能取得比较好的防护效果。

习　题

11-1　变电站的雷害来源有哪些方式？其相应的防雷措施是什么？

11-2　变电站的直击雷保护需要注意哪些问题？

11-3　什么是避雷器的保护范围？

11-4　变电站进线段的作用是什么？

11-5　旋转电机防雷保护的特点是什么？

11-6　试述配电变压器的防雷保护措施。

11-7　试述直配电机防雷保护元件及各元件的作用。

11-8　气体绝缘变电站（GIS）在过电压保护方面有哪些特点？

11-9　雷电过电压侵入变电站电子信息系统的主要途径有哪些？

11-10　试述电子信息系统防雷保护的主要措施。

第 12 章　电力系统工频过电压

因电力系统内部原因产生的过电压统称为内部过电压。电力系统典型的内部过电压种类有工频过电压、谐振过电压、操作过电压。工频过电压和谐振过电压在电力系统中作用时间相对比较长，也可称为暂时过电压。

内部过电压的能量来源于系统电源本身，所以其幅值与系统额定电压基本成正比。一般用过电压倍数 K_n 表示内部过电压的大小。K_n 是内部过电压的幅值与系统最高运行相电压幅值之比。当系统最高电压有效值为 U_m 时，工频过电压的基准电压（1p. u.）为 $U_m/\sqrt{3}$，谐振过电压、操作过电压的基准电压为 $\sqrt{2}U_m/\sqrt{3}$。电力系统工频过电压倍数一般小于 2.0p. u.，对正常绝缘的电气设备是没有危险的，但是对于超、特高压远距离传输系统确定绝缘水平时却起着决定性的作用，必须予以充分重视。这是因为在伴随工频电压升高的同时，系统可能产生操作过电压，这两种过电压联合作用，会对电气设备绝缘造成危害。

通常情况下，220kV 及以下的电网中不需要采取特殊措施来限制工频过电压；但对于 330～1000kV 的超、特高压电网，则应采用并联电抗器或静止补偿装置等措施，将工频过电压限制在 1.3～1.4p. u. 以下。

12.1　空载长线路电容效应引起的工频过电压

12.1.1　空载长线路等效电路方程和沿线电压分布

输电线路具有分布参数的特性，但在线路距离较短的情况下，工程上可用集中参数的电感 L、电阻 R 和电容 C_1、C_2 所组成的 π 型电路来等效，如图 12-1（a）所示。一般线路的容抗远大于线路的感抗，则在线路空载（$\dot{I}_2 = 0$）的情况下，设线路首、末端电压分别为 $\dot{U}_1$、$\dot{U}_2$，可列出电路方程式为

$$\dot{U}_1 = \dot{U}_2 + \dot{U}_R + \dot{U}_L = \dot{U}_2 + R\dot{I}_{C2} + jX_L\dot{I}_{C2} \tag{12-1}$$

式中：$\dot{U}_R$、$\dot{U}_L$ 分别为线路等值电阻 R 及等值电感 L 上的电压，$\dot{I}_{C2}$ 为流过线路等效电容 C_2 的电流。

以 $\dot{U}_2$ 为参考相量，可画出图 12-1（b）所示的相量图。由图可以看出，空载线路末端电压 $\dot{U}_2$ 高于线路首端电压 $\dot{U}_1$，这就是由于空载线路的电容效应造成的工频电压升高。

随着输电线路电压等级的提高，输送距离变长，分析长线路的电容效应时，需要采用输电线路分布参数等效电路，如图 12-2 所示。图中 L_0、C_0、R_0 与 G_0 分别为线路单位长度电感、对地电容、导线电阻和导线对地泄漏电导。设 X 为线路上任意点距线路末端的距离，已知线路末端电压 $\dot{U}_2$ 和电流 $\dot{I}_2$ 时，可写出线路上 x 点的电压 $\dot{U}_x$ 和电流 $\dot{I}_x$ 的方程式为

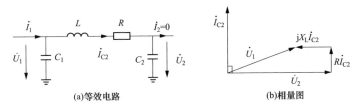

图 12-1　输电线路集中参数 π 型等效电路及其末端开路时的相量图

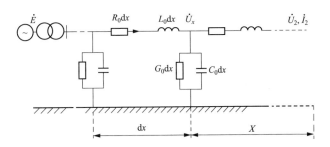

图 12-2　输电线路的分布参数等效电路

$$\dot{U}_x = \dot{U}_2 \cosh\gamma x + \dot{I}_2 Z_C \sinh\gamma x \tag{12-2}$$

$$\dot{I}_x = \dot{I}_2 \cosh\gamma x + \frac{\dot{U}_2}{Z_C} \sinh\gamma x \tag{12-3}$$

$$\gamma = \beta + \mathrm{j}\alpha = \sqrt{(R_0 + \mathrm{j}\omega L_0)(G_0 + \mathrm{j}\omega C_0)}$$

式中：γ 为输电线路的传播系数；β 为衰减系数；α 为相位系数；Z_C 为输电线路的特性阻抗（或称波阻抗），$Z_C = \sqrt{\dfrac{R_0 + \mathrm{j}\omega L_0}{G_0 + \mathrm{j}\omega C_0}}$。

为简化计算，忽略线路损耗，即令 $R_0 = 0$，$G_0 = 0$，则 $Z_C = \sqrt{\dfrac{L_0}{C_0}}$、$\gamma = \mathrm{j}\omega\sqrt{L_0 C_0}$，并有 $\cosh\gamma x = \cos\alpha x$、$\sinh\gamma x = \mathrm{j}\sin\alpha x$。式（12-2）和式（12-3）可改写为

$$\dot{U}_x = \dot{U}_2 \cos\alpha x + \mathrm{j}Z_C \dot{I}_2 \sin\alpha x \tag{12-4}$$

$$\dot{I}_x = \dot{I}_2 \cos\alpha x + \mathrm{j}\frac{\dot{U}_2}{Z_C} \sin\alpha x \tag{12-5}$$

在式（12-4）和式（12-5）中，当 $x = l$ 时，$\dot{U}_x = \dot{U}_1$、$\dot{I}_x = \dot{I}_1$ 则可得到长度为 l 的输电线路首、末端的电压与电流的关系式为

$$\dot{U}_1 = \dot{U}_2 \cos\alpha l + \mathrm{j}Z_C \dot{I}_2 \sin\alpha l \tag{12-6}$$

$$\dot{I}_1 = \dot{I}_2 \cos\alpha l + \mathrm{j}\frac{\dot{U}_2}{Z_C} \sin\alpha l \tag{12-7}$$

线路空载时，$\dot{I}_2 = 0$，则由式（12-6）可求得

$$\dot{U}_2 = \frac{\dot{U}_1}{\cos\alpha l} \tag{12-8}$$

该式表明线路长度 l 越长，线路末端电压升得越高。对于架空线路，α 约为 $0.06^\circ/\mathrm{km}$。

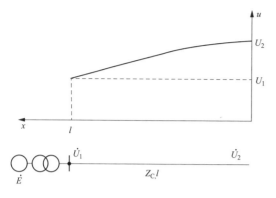

图 12-3 空载长线路电压分布

所示。由线路首端的边界条件可知

$$\dot{E} - jX_S\dot{I}_1 = \dot{U}_1 \qquad (12\text{-}10)$$

将式（12-10）代入式（12-6），考虑空载线路 $\dot{I}_2 = 0$，可得

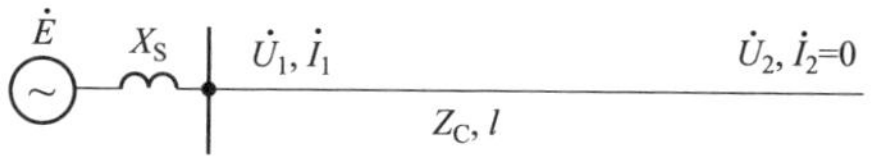

当 $\alpha l = 90°$，即 $l = 1500\mathrm{km}$ 时，$U_2 \to \infty$，此时线路处于谐振状态。

将式（12-8）代入式（12-4），可得

$$\dot{U}_x = \frac{\dot{U}_1}{\cos\alpha l}\cos\alpha x \qquad (12\text{-}9)$$

这表明无损耗空载长线路的沿线电压按余弦规律分布，线路末端电压最高。空载长线路电压分布如图 12-3 所示。

12.1.2 电源漏电抗 X_S 对空载长线路电容效应的影响

考虑电源漏电抗 X_S，系统接线如图 12-4 所示。

图 12-4 考虑电源漏电抗的系统接线图

$$\dot{U}_2 = \frac{\dot{E}}{\cos\alpha l - \dfrac{X_S}{Z_C}\sin\alpha l} \qquad (12\text{-}11)$$

比较式（12-8）和式（12-11），可见 X_S 的存在加剧了空载长线路末端的电压升高。这是因为线路电容电流流过电源漏电抗 X_S 会产生电压升高，使线路首端电压 $\dot{U}_1$ 高于电源电动势。X_S 的存在，犹如增加了线路长度。

在单电源供电系统中，应以最小运行方式的 X_S 为依据，估算最严重的工频过电压。对于两端供电的长线路系统，进行断路器操作时，应遵循一定的操作程序：线路合闸时，先合电源容量较大的一侧，后合电源容量较小的一侧；线路切除时，先切容量较小的一侧，后切容量较大的一侧。这样操作能降低电容效应引起的工频过电压。

12.1.3 并联电抗器对空载长线路电容效应的影响

假定电抗器 X_L 并接于长线路的末端，接线如图 12-5 所示。线路末端不接负载，则有

$$\dot{I}_2 = \frac{\dot{U}_2}{jX_L} \qquad (12\text{-}12)$$

将式（12-10）、式（12-12）分别代入式（12-6），可得

$$\dot{U}_2 = \frac{\dot{E}}{\left(1 + \dfrac{X_S}{X_L}\right)\cos\alpha l + \left(\dfrac{Z_C}{X_L} - \dfrac{X_S}{Z_C}\right)\sin\alpha l} \qquad (12\text{-}13)$$

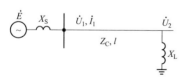

图 12-5 空载长线路末端接并联电抗器

由式（12-13）可知，当线路末端接有并联电抗器时，末端电压 U_2 将随电抗器的容量增大（X_L 减小）而下降。这是因为并联电抗器的电感电流能补偿线路的对地电容电流，从而减小流经线路的电容电流，削弱电容效应。在超、特高压输电系统中，常用并联电抗器限制工频电压升高。并联电抗器可以接在长线路的末端，也可接在线路的首端

和中部。线路上接有并联电抗器后，沿线电压分布将随电抗器的位置不同而各异。

　　并联电抗器的作用不仅是限制工频电压升高，还涉及系统稳定、无功平衡、潜供电流、调相调压、自励磁及非全相状态下的谐振等方面。

12.2　不对称短路引起的工频过电压

　　不对称短路是输电线路中最常见的故障之一。当系统发生单相或两相不对称接地短路故障时，短路引起的零序电流会使健全相（又称非故障相）出现工频电压升高。当系统发生单相接地故障时，非故障相的电压可达较高的数值，若此时发生健全相的避雷器动作，则要求避雷器能在较高的工频电压作用下切断工频续流。因此，单相接地时非故障相的工频电压升高值是确定避雷器额定电压的依据。下面就以单相接地为例进行分析。

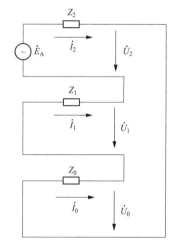

图 12-6　单相接地计算用复合序网

　　在发生单相接地故障时，故障点各相电压和电流是不对称的，可以采用对称分量法中的复合序网，计算出非故障相的工频电压升高。

　　假设输电线路 A 相发生单相接地故障，其复合序网如图 12-6 所示。Z_1、Z_2、Z_0 分别为从故障点看进去的电网的正序、负序、零序阻抗，$\dot{E}_A$ 为正常运行时故障点处 A 相电压（正序）。A 相接地，故

$$\left.\begin{aligned}\dot{U}_A &= 0 \\ \dot{I}_B &= \dot{I}_C = 0\end{aligned}\right\} \qquad (12\text{-}14)$$

于是有

$$\dot{I}_1 = \dot{I}_2 = \dot{I}_0 = \frac{\dot{E}_A}{Z_1 + Z_2 + Z_0} \qquad (12\text{-}15)$$

其中，Z_1、Z_2、Z_0 分别满足

$$\left.\begin{aligned}\dot{U}_1 &= \dot{E}_A - \dot{I}_0 Z_1 \\ \dot{U}_2 &= -Z_2 \dot{I}_0 \\ \dot{U}_0 &= -Z_0 \dot{I}_0\end{aligned}\right\} \qquad (12\text{-}16)$$

式中：$\dot{U}_1$、$\dot{U}_2$、$\dot{U}_0$ 及 $\dot{I}_1$、$\dot{I}_2$、$\dot{I}_0$ 分别为序网中电压、电流的正、负、零序分量。

　　故障点处健全相电压计算式为

$$\dot{U}_B = a^2 \dot{U}_1 + a \dot{U}_2 + \dot{U}_0 = \frac{(a^2-1)Z_0 + (a^2-a)Z_2}{Z_1 + Z_2 + Z_0}\dot{E}_A \qquad (12\text{-}17)$$

$$\dot{U}_C = \frac{(a-1)Z_0 + (a-a^2)Z_2}{Z_1 + Z_2 + Z_0}\dot{E}_A \qquad (12\text{-}18)$$

式中：$a = e^{j\frac{2}{3}\pi}$。

　　对于较大电源容量的系统，$Z_1 \approx Z_2$，若忽略各序阻抗中的电阻分量 R_1、R_2、R_0，则式（12-17）、式（12-18）可简化为

$$\dot{U}_B = \frac{(a^2-1)X_0 + (a^2-a)X_1}{2X_1 + X_0}\dot{E}_A = \frac{(a^2-a) + (a^2-1)\dfrac{X_0}{X_1}}{2 + \dfrac{X_0}{X_1}}\dot{E}_A = \left(-\frac{1.5\dfrac{X_0}{X_1}}{2 + \dfrac{X_0}{X_1}} - j\frac{\sqrt{3}}{2}\right)\dot{E}_A$$

$$(12\text{-}19)$$

$$\dot{U}_C = \left(-\frac{1.5\dfrac{X_0}{X_1}}{2 + \dfrac{X_0}{X_1}} + j\frac{\sqrt{3}}{2}\right)\dot{E}_A \tag{12-20}$$

由以上两式可得 $\dot{U}_B$ 及 $\dot{U}_C$ 数值为

$$U_B = U_C = U_{ph}\sqrt{\left(\frac{1.5\dfrac{X_0}{X_1}}{2 + \dfrac{X_0}{X_1}}\right)^2 + \frac{3}{4}} = \alpha U_{ph} \tag{12-21}$$

式中：α 为接地系数，$\alpha = \sqrt{\left(\dfrac{1.5\dfrac{X_0}{X_1}}{2 + \dfrac{X_0}{X_1}}\right)^2 + \dfrac{3}{4}}$；$U_{ph}$ 为系统最高运行相电压。

α 的数值只是与从故障点看进去的系统的零序电抗与正序电抗的比值 X_0/X_1 有关，而 X_0/X_1 的数值取决于系统中性点的接地方式，因此将 α 命名为接地系数。

由式（12-21）可见，故障时健全相电压升高取决于接地系数 α，α 越大，则电压升高越严重。通常，超高压系统中正序电阻 R_1 可以忽略不计，而零序电阻 R_0 往往对工频电压升高有一定影响。由式（12-17）、式（12-18）计算可知，U_C 将高于 U_B。图 12-7 中画出了 A 相发生单相接地故障时，健全相的工频电压升高与 X_0/X_1 的关系曲线。

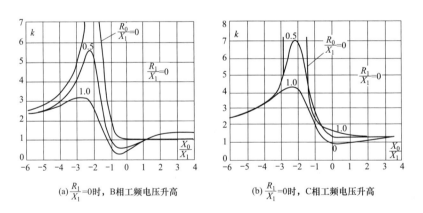

(a) $\frac{R_1}{X_1}$=0时，B相工频电压升高   (b) $\frac{R_1}{X_1}$=0时，C相工频电压升高

图 12-7 A 相接地故障时健全相的工频电压升高

从图 12-7 中以及由式（12-20）计算可知，当 $|X_0/X_1|$ 趋于无穷大时，健全相的电压趋于极限值 $\sqrt{3}U_{ph} = U_1$。当 X_0/X_1 为不大的正值时，健全相的电压低于 U_1。当 X_0/X_1 在 $-1 \sim -20$ 范围内，曲线具有特殊形状。不考虑损耗时，健全相电压在 $X_0/X_1 = -2$ 处趋于无穷大。显然，在选择系统的中性点接地方式时，应尽量避免这种运行状态。

中性点不接地系统包括中性点绝缘和中性点经消弧线圈接地两种情况。当中性点绝缘时，X_0 主要由线路容抗决定，因此一定是负值。X_1 是系统的正序电抗，其中包括电机的同步电抗、变压器漏抗及线路感抗等，一般是电感性的。通常 X_0/X_1 的值是处在 $-20\sim-\infty$ 范围内，单相接地时非故障相的工频电压升高约为 1.1 倍线电压。特殊情况下，如人为地加大线路对地电容时，应该核算以使 X_0/X_1 不在 $-1\sim-20$ 的范围内。当中性点经消弧线圈接地时，即在系统中性点与地之间接一个电感线圈 L，用以补偿零序电容。当 L 的感抗 $X_L > \dfrac{1}{3\omega C_0}$（$C_0$ 为每一相的零序电容）时，处于欠补偿运行方式，如果 X_0 为很大的负值，则 X_0/X_1 在 $-\infty$ 以内附近；$X_L < \dfrac{1}{3\omega C_0}$ 时，处于过补偿运行方式，如果 X_0 为很大的正值，则 X_0/X_1 在 $+\infty$ 以内附近。这时非故障相电压将升至线电压。

中性点直接接地或经过低阻抗接地系统的零序电抗是感抗，而系统的正序电抗是感性的，所以 X_0/X_1 是正值。这时非故障相的电压随着 X_0/X_1 值的增大而上升。高压和超高压系统采取中性点直接接地方式时，由于考虑继电保护、系统稳定等方面的要求，一般 $X_0/X_1 \leqslant 3$，其非故障相电压升高不大于 0.8 倍线电压。

12.3　甩负荷引起的工频过电压

当输电线路重负荷运行时，由于某种原因（如系统发生接地短路故障）使断路器跳闸甩掉负荷。甩负荷前，由于线路上输送着相当大的有功及感性无功功率，系统电源电动势必高于母线电压。甩负荷后，根据磁链不变原理，电源暂态电动势 $\dot{E}'_{\mathrm{d}}$ 维持原来数值，再加上甩负荷后形成的空载线路电容效应及发电机超速造成电动势和频率上升，将产生较高工频过电压。

图 12-8 给出系统甩负荷时的等效电路。设输电线路长 l，相位系数为 α，波阻抗为 Z_{c}，甩负荷前的受端（末端）复功率为 $P-jQ$，发电机的暂态电动势为 $\dot{E}'_{\mathrm{d}}$。

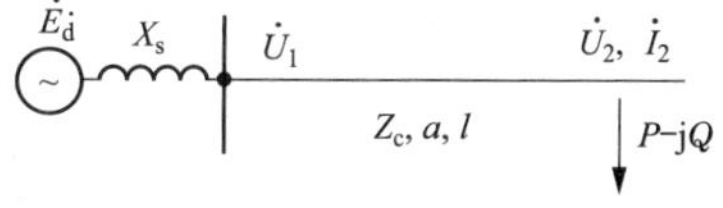

甩负荷瞬间前的首端稳态电压为

$$\dot{U}_1 = \dot{U}_2\cos\alpha l + jZ_{\mathrm{c}}\dot{I}_2\sin\alpha l = \dot{U}_2\cos\alpha l + jZ_{\mathrm{c}}\frac{P-jQ}{\dot{U}_2}\sin\alpha l$$

$$= \dot{U}_2\cos\alpha l[1 + j\tan\alpha l(P^* - jQ^*)]$$

图 12-8　计算甩负荷的等效电路

$$(12\text{-}22)$$

式中：带 * 者为以 $P_\lambda = \dfrac{U_2^2}{Z_{\mathrm{c}}}$ 为基准的标幺值。

同样，可得首端稳态电流为

$$\dot{I}_1 = \dot{I}_2\cos\alpha l + j\frac{\dot{U}_2}{Z_{\mathrm{c}}}\sin\alpha l = j\frac{\dot{U}_2}{Z_{\mathrm{c}}}\sin\alpha l[1 - j\cot\alpha l(P^* - jQ^*)] \qquad (12\text{-}23)$$

由等效电路可知 $\dot{E}'_{\mathrm{d}} = \dot{U}_1 + j\dot{I}_1 X_{\mathrm{s}}$，将式（12-17）、式（12-18）代入此式可得甩负荷瞬间的暂态电动势为

$$\dot{E}'_{\mathrm{d}} = \dot{U}_2\cos\alpha l\left[1 + Q^*\frac{X_{\mathrm{s}}}{Z_{\mathrm{c}}} + \left(Q^* - \frac{X_{\mathrm{s}}}{Z_{\mathrm{c}}}\right)\tan\alpha l + jP^*\left(\frac{X_{\mathrm{s}}}{Z_{\mathrm{c}}} + \tan\alpha l\right)\right] \qquad (12\text{-}24)$$

$\dot{E}'_{\mathrm{d}}$ 的模值为

$$E'_d = U_2\cos\alpha l\sqrt{\left[\left(1 + Q^*\frac{X_s}{Z_c}\right) + \left(Q^* - \frac{X_s}{Z_c}\right)\tan\alpha l\right]^2 + \left[P^*\left(\frac{X_s}{Z_c} + \tan\alpha l\right)\right]^2} \quad (12\text{-}25)$$

假设甩负荷后，发电机的短时超速使系统频率 f 增至原来的 S_f 倍，则暂态电动势 $\dot{E}'_d$、线路相位系数 α 及电源阻抗均按比例 S_f 成正比增加。

由式（12-11）可得

$$U'_2 = \frac{S_f E'_d}{\cos S_f\alpha l - \dfrac{S_f X_s}{Z_c}\sin S_f\alpha l} \quad (12\text{-}26)$$

甩负荷后空载线路末端电压升高的倍数为

$$K_2 = \frac{U'_2}{U_2} \quad (12\text{-}27)$$

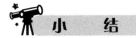 小 结

（1）电力系统内部过电压是由于系统电磁能量振荡而产生的，一般分为工频过电压、谐振过电压和操作过电压三大类。

（2）电力系统的工频过电压幅值一般不高，但其作用时间长，影响避雷器的特性参数设置，在超、特高压系统中应特别重视其危害。

（3）工频过电压有三种形式。应重点掌握空载长线路的沿线电压分布计算，电源漏抗、并联电抗器对空载长线路电容效应的影响，X_0 与 X_1 对不对称短路引起的工频过电压的影响。

（4）系统单相接地短路引起的健全相电压升高倍数主要取决于系统零序电抗与正序电抗的比值。

（5）甩负荷产生的工频过电压是由空载长线路电容效应与发电机短时超速共同作用引起的。

习 题

12-1 引起的工频过电压的主要原因是什么？为什么在超、特高压电网中特别重视工频过电压？

12-2 试分析电源电抗和并联电抗器对空载长线路电容效应的影响。

12-3 某超高压线路全长 540km，已知电源漏抗为 $X_s = 115\Omega$，无损线波阻抗 $Z = 309\Omega$，线路中间接有并联电抗器 $X_L = 1210\Omega$，试计算线路末端空载时，线路中间点、末端电压对电源电压的比值。

12-4 试推导系统发生 B、C 两相接地故障时，A 相电压计算公式。

第 13 章　电力系统谐振过电压

电力系统中有许多电感性元件和电容性元件，如电力变压器、互感器、发电机、消弧线圈等为电感性元件，线路导线对地电容和相间电容、补偿用的并联和串联电容器以及各种高压设备的杂散电容为电容性元件。这些电感和电容均为储能元件，可能形成各种不同的谐振回路，在一定的条件下，产生不同类型的谐振现象，引起谐振过电压。按谐振电路中电感元件的性质不同，谐振过电压可以分为线性谐振过电压、非线性（铁磁）谐振过电压和参数谐振过电压三类。

电力系统中的谐振过电压不仅会在操作或故障时的过渡过程中产生，而且可能在过渡过程结束以后的较长时间内稳定存在，直至进行新的操作破坏原回路的谐振条件为止。正是因为谐振过电压的持续时间长，所以其危害也大。谐振过电压会危及电气设备的绝缘，谐振产生的持续过电流还会烧毁设备。谐振过电压还可能影响过电压保护装置的工作条件。

13.1　线性谐振过电压

典型线性谐振电路如图 13-1 所示，它由线性电感、电容和电阻元件组成串联谐振回路。当电路的自振频率接近交流电源的频率时，就会发生串联谐振现象，这时在电感或电容元件上产生很高的过电压。因此，串联谐振又称为电压谐振。从过电压角度看应特别注重这种串联谐振现象。

下面利用图 13-1 来分析串联谐振现象。设电源电动势 $e(t)=\sqrt{2}E\sin(\omega t+\phi)$，稳态时回路中的电流为

$$I = \frac{E}{\sqrt{R^2 + \left(\omega L - \dfrac{1}{\omega L}\right)^2}} \qquad (13\text{-}1)$$

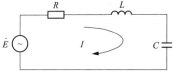

图 13-1　线性谐振电路

电感 L 和电容 C 上的电压可分别表示为

$$U_L = I\omega L = \frac{E}{\sqrt{\left(\dfrac{R}{\omega L}\right)^2 + \left[1 - \left(\dfrac{\omega_0}{\omega}\right)^2\right]^2}} = \frac{E}{\sqrt{\left(\dfrac{2\mu}{\omega_0} \times \dfrac{\omega_0}{\omega}\right) + \left[1 - \left(\dfrac{\omega_0}{\omega}\right)^2\right]^2}} \qquad (13\text{-}2)$$

$$U_C = \frac{I}{\omega C} = \frac{E}{\sqrt{(R\omega C)^2 + \left[1 - \left(\dfrac{\omega}{\omega_0}\right)^2\right]^2}} = \frac{E}{\sqrt{\left(\dfrac{2\mu}{\omega_0} \times \dfrac{\omega}{\omega_0}\right)^2 + \left[1 - \left(\dfrac{\omega}{\omega_0^2}\right)\right]^2}} \qquad (13\text{-}3)$$

式中：μ 为回路的阻尼率，$\mu = \dfrac{R}{2L}$；ω_0 为回路的自振角频率，$\omega_0 = \dfrac{1}{\sqrt{LC}}$。

按照上两式可画出在不同的回路阻尼 $\dfrac{\mu}{\omega_0}$ 下，电感和电容上的电压与 $\dfrac{\omega}{\omega_0}$ 的关系曲线，图 13-2 所示为电容元件上电压的这种关系曲线。从图中可看到，当 ω_0 与 ω 比较接近时，在电容

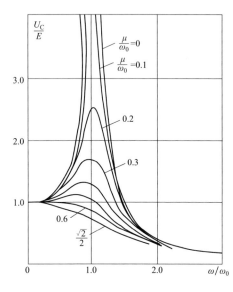

图 13-2　串联谐振时电容上的电压
与 ω/ω_0 的关系

元件上会产生较高的过电压。下面分别就电路处于谐振和接近谐振两种状态下的过电压幅值进行讨论。

（1）回路参数满足 $\omega L=\dfrac{1}{\omega C}$，即 $\omega=\omega_0$。此时，回路中的电流只受电阻的 R 限制，回路电流为 $I=\dfrac{E}{R}$，电感上的电压等于电容上的电压，即

$$U_L = U_C = I\,\frac{1}{\omega C} = \frac{E}{R}\sqrt{\frac{L}{C}} \qquad (13\text{-}4)$$

可见，当回路电阻的 R 较小时，会产生极高的谐振过电压。

（2）$\omega<\omega_0$，即回路中 $\dfrac{1}{\omega C}>\omega L$。此时，回路为容性工作状态。当回路电阻 R 很小，可以忽略时，$U_L=U_C-E$。根据式（13-3）可得，电容上电压为

$$U_C = \left|\frac{E}{\left(\dfrac{\omega}{\omega_0}\right)^2-1}\right| = \frac{E}{1-\left(\dfrac{\omega}{\omega_0}\right)^2} \qquad (13\text{-}5)$$

电容上的电压 U_C 总是大于电源电压 E。这种非谐振状态的工频电压升高现象，称作电感—电容效应，或简称电容效应。

（3）$\omega>\omega_0$，即回路中 $\dfrac{1}{\omega C}<\omega L$。此时，回路为感性工作状态。当忽略不计回路电阻时，$U_C=U_L-E$。由式（13-3），电容上的电压为

$$U_C = \frac{E}{\left(\dfrac{\omega}{\omega_0}\right)^2-1} \qquad (13\text{-}6)$$

当 $\dfrac{\omega}{\omega_0}\leqslant\sqrt{2}$ 时，电容上的电压会等于或大于电源电压 E，而且随着 $\dfrac{\omega}{\omega_0}$ 的增大，过电压很快下降。

在电力系统中可能发生的线性谐振，除了空载长线路和不对称接地故障时的谐振之外，还有消弧线圈补偿网络的谐振及电压传递引起的谐振等。

13.2　非线性谐振过电压

非线性谐振是指发生在含有非线性电感元件串联振荡回路中的谐振。电力系统中的非线性电感元件主要包括空载变压器、电磁式电压互感器等。这类设备可视为带铁心的非线性电感，当铁心饱和时，其电感参数可能与系统电容参数配合，激发起持续时间长、较高幅值过电压，所以又称为铁磁谐振过电压。非线性谐振与线性谐振有很大差别，具有完全不同的特点。

本节以图 13-3 所示的串联电路为例，分析非线性谐振过电压产生的最基本的物理过程。

在图 13-3 中，电感 L 是带铁心的非线性电感，电容 C 是线性元件。为了简化和突出基

波谐振的基本物理概念，不考虑回路中各种谐波的影响，并忽略回路中能量损耗（设电路中 $R=0$）。

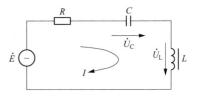

图 13-3　串联铁磁谐振回路

图 13-4 分别画出了电感上和电容上的电压随电流的变化曲线 $U_L(I)$ 和 $U_C(I)$，电压和电流都用有效值表示，由于电容是线性的，所以 $U_C(I)$ 是一条直线 $\left(U_C=\dfrac{1}{\omega C}I\right)$。对于铁心电感，在铁心未饱和前，$U_L(I)$ 基本是直线，即具有未饱和电感值 L_0；当铁心饱和之后，电感下降，$U_L(I)$ 不再是直线。设两条伏安特性曲线相交于 P 点。

铁磁谐振电路元件上的压降与电源电动势平衡关系式为

$$\dot{E} = \dot{U}_L + \dot{U}_C \tag{13-7}$$

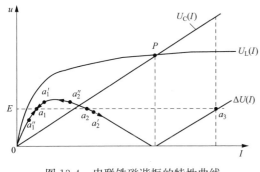

图 13-4　串联铁磁谐振的特性曲线

因 $\dot{U}_L$ 与 $\dot{U}_C$ 相位相反，式（13-7）也可以用电压降之差的绝对值来表示，即

$$E = \Delta U = |U_L - U_C| \tag{13-8}$$

ΔU 与 I 的关系曲线 $\Delta U(I)$ 也表示在图 13-4 中。

电动势 E 和 ΔU 曲线相交点 a_1、a_2 和 a_3 点，即为满足平衡方程式（13-8）的点。由图 13-4 中可以看出，电动势 E 和 ΔU 曲线相交点有的三个交点尽管都满足式（13-8），但并不都是稳定的。不满足稳定条件就不能成为实际的工作点。在物理上可以用"小扰动"来判断平衡点的稳定性，即假定回路中有一微小的扰动，使回路状态离开平衡点，然后分析回路状态能否回到原来的平衡点。若能回到平衡点，说明平衡点是稳定的，能成为回路的实际工作点。若小扰动之后，回路状态越来越偏离平衡点，则这平衡点是不稳定的，不能成为回路的工作点。可根据以上原则分析 a_1、a_2 和 a_3 三个点的稳定性。

对 a_1 点来说，若回路中电流由于某种扰动稍有增加，则有 $\Delta U > E$，即回路元件上的电压降大于电源电动势，这将使回路电流减小，回到 a_1 点；反之，若扰动使回路中电流稍有减小，则 $\Delta U < E$，即电压降小于电源电动势，使回路电流增大，同样回到 a_1 点。可见，点 a_1 是稳定的。用同样的方法可以证明点 a_3 也是稳定的。

对 a_2 点来说，若扰动使回路中电流稍有增加，则有 $\Delta U < E$，即电压降小于电源电动势，使回路电流继续增加，远离平衡点 a_2；若扰动使回路中电流稍有减小，则电压降大于电源电动势，使回路电流继续减小，也远离 a_2 点。可见，a_2 点不能经受任何微小的扰动，是不稳定的。

由以上分析可见，在一定的外加电动势 E 作用下，图 13-3 所示铁磁谐振回路在稳态时可能有两个稳定的工作状态：a_1 点是回路的非谐振工作状态，这时 $U_L > U_C$，回路呈感性，电感和电容上的电压都不高，回路电流也不大；a_3 点是回路的谐振工作状态，这时 $U_L < U_C$，回路是电容性的，不仅回路电流较大，而且在电容和电感上都会产生较高的过电压。

系统在正常情况下，一般工作在非谐振工作状态，当系统遭受强烈冲击（如电源突然合闸），会使回路从 a_1 点跃变到谐振区域，这种需要经过过渡过程来建立谐振的情况称为铁磁谐振的激发。谐振激发起来以后，谐振状态能"自保持"，维持在谐振状态。

当外加电源电动势 E 超过一定数值后，由图 13-4 可知，回路只存在一个工作点，即回路工作在谐振状态，这种情况称为自激现象。

当计及回路电阻时，由于电阻的阻尼作用，会使图 13-4 中的 ΔU 曲线上移，相应激发回路谐振所需的干扰要更大，减小了谐振的范围，而且限制了过电压的幅值。当回路电阻增加到一定数值时，回路就只可能工作在非谐振状态。

根据以上分析，铁磁谐振有以下特点：

（1）产生串联铁磁谐振的必要条件是：电感和电容的伏安特性曲线必须相交，即

$$\omega L_0 > \frac{1}{\omega C} \tag{13-9}$$

式中：L_0 为铁心线圈起始线性部分的等效电感。

由式（13-9）可知，铁磁谐振可以在较大参数范围内产生。

（2）对铁磁谐振电路，在相同的电源电动势作用下，回路有两种不同的稳定工作状态。在外界因素激发下，电路可能从非谐振状态跃变到谐振状态，回路从感性变成容性，发生相位"反倾"现象，同时产生过电压与过电流。

（3）非线性电感的铁磁特性是产生铁磁谐振的根本原因，但铁磁元件饱和效应本身也限制了过电压的幅值。此外，回路损耗也是阻尼和限制铁磁谐振过电压的有效措施。

以上讨论了基波铁磁谐振过电压的基本性质。实验和分析表明，在铁心电感的谐振回路中，如果满足一定的条件，还可能出现持续性的其他频率的谐振现象，其谐振频率可能等于工频的整数倍，称为高次谐波谐振；也可能等于工频的分数倍 $\left(\frac{1}{2}、\frac{1}{3}、\frac{1}{5} 倍等\right)$，称为分频谐振。在某些特殊情况下，还会同时出现两个或两个以上频率的铁磁谐振现象。

13.3　参数谐振过电压

由电感参数作周期性变化所引起的自励磁过电压，称为参数谐振过电压。参数谐振电路原理接线如图 13-5（a）所示。当同步发电机带容性负载，如接上空载线路时，这时流过发电机的电容电流会加强电机的磁场，起助磁作用。在适当的参数配合情况下，甚至在无励磁情况下，发电机的端电压亦会上升，这种现象称为电机的自励磁。一旦形成自励磁就会产生自励磁过电压（或自激过电压）。电机的自励磁现象从物理本质来说是电机旋转时电感参数发生周期性变化，并和电容发生参数谐振而引起的。

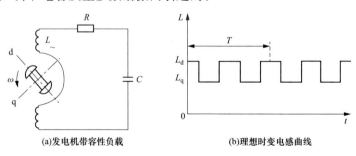

(a)发电机带容性负载　　(b)理想时变电感曲线

图 13-5　参数谐振电路以及电感参数的变化曲线

正常工作时，水轮发电机（凸极机）的同步等效电抗在直轴同步电抗 $X_d = \omega L_d$ 和交轴同步电抗 $X_q = \omega L_q$ 之间周期性变化（$X_d > X_q$）。为了简化，可假设同步电感的变化如图 13-5（b）所示，每经过一个电周期 T，电感在 L_d 和 L_q 之间变化两个周期。另外，无论是水轮发电机还是汽轮发电机（隐极机），当它们处于异步工作状态时，其电抗亦在一周期 T 内在暂态电抗 X_d' 和 X_q 之间变化两个周期（$X_q > X_d'$）。发电机在同步旋转时引起的参数谐振称为同步自励磁；在异步状态工作时发生的参数谐振称为异步自励磁。旋转电机参数变化引起的谐振，其能量是由发电机在转动时通过原动机而提供的。

13.3.1　参数谐振的发展过程

为了定性地分析参数谐振的发展过程，对电感参数的变化规律作下列理想化的假设。

（1）发电机电感 L 的变化如图 13-6（a）所示，从 L_1 到 L_2 或从 L_2 到 L_1 是突变的，且 $L_1 = kL_2$，其中 $k > 1$。因此，电感为 L_1 和 L_2 时，回路的自振周期分别为

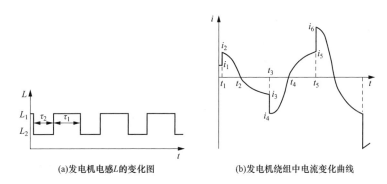

(a)发电机电感L的变化图　　　　(b)发电机绕组中电流变化曲线

图 13-6　参数谐振的发展过程

$$T_2 = 2\pi \sqrt{L_2 C}$$
$$T_1 = 2\pi \sqrt{L_1 C} = \sqrt{k} T_2 > T_2 \qquad (13\text{-}10)$$

（2）假定电感变化时间间隔 τ_1、τ_2 分别正好为 1/4 自振周期，即

$$\tau_1 = \frac{1}{4} T_1, \quad \tau_2 = \frac{1}{4} T_2$$

（3）忽略损耗电阻 R。

在以上的假定条件下，下面定性地分析参数谐振的发展过程 ［参看图 13-6（b）］。

（1）在 $t < t_1$ 时，发电机绕组中流过电流 i_1。

（2）在 $t = t_1$ 时，电感参数由 L_1 突变到 L_2。由于电感线圈中磁链不能突变，绕组中的电流将从 i_1 突变到 i_2，即

$$\psi = L_1 i_1 = L_2 i_2$$
$$i_2 = \frac{L_1}{L_2} i_1 = k i_1 \qquad (13\text{-}11)$$

突变的前后，电感中的储能 W_1 和 W_2 分别为

$$W_1 = \frac{1}{2} L_1 i_1^2$$
$$W_2 = \frac{1}{2} L_2 i_2^2 = k W_1 \qquad (13\text{-}12)$$

可见，电感从 L_1 突变到 L_2，线圈中的电流和磁能都增加到原来的 k 倍。能量的增加来自使参数发生变化的机械能。

（3）$t > t_1$ 时，由于外界无电源，机械能也没有输入（电感等于常数没有改变），回路中出现以 T_2 为自振周期的自由振荡，电流按余弦规律变化，并经过 $\tau_2 = \dfrac{1}{4} T_2$ 时间后从 i_2 降到零。这时电感中的全部磁能 kW_1 转化成电容上的电能 $\dfrac{1}{2} CU^2$，在电容上出现的电压为

$$\frac{1}{2} CU^2 = W_2 = kW_1$$

$$U = \sqrt{\frac{2kW_1}{C}}$$

（4）当 $t = t_2$ 时，绕组的电感又从 L_2 突变到 L_1，但此时因电感中没有磁能，所以电感的变化不会引起磁能和电流的变化，与机械能之间也没有能量交换。

（5）当 $t > t_2$ 时，回路中又出现周期为 T_1 的自由振荡，经过 $\tau_1 = \dfrac{1}{4} T_1$ 时间电流达到幅值 i_3。因为，这段时间内从外界没有能量输入，电容 C 上的电能 kW_1 转变为磁能 $\dfrac{1}{2} L_1 i_3^2$，所以有

$$\frac{1}{2} L_1 i_3^2 = kW_1 = \frac{1}{2} kL_1 i_1^2$$

$$i_3 = \sqrt{k}\, i_1 \tag{13-13}$$

（6）当 $t = t_3$ 时，电感参数再一次从 L_1 突变到 L_2，根据磁链不变原则，电流又将发生突变，即有

$$L_1 i_3 = L_2 i_4$$

$$i_4 = k i_3 = k\sqrt{k}\, i_1 \tag{13-14}$$

相应的磁场能量为

$$W_4 = \frac{1}{2} L_2 i_4^2 = \frac{1}{2} L_1 k^2 i_1^2 = k^2 W_1 \tag{13-15}$$

如此循环，每经过 $\tau_1 + \tau_2$ 时间，电流 i 增加 $\sqrt{k}$ 倍，如图 13-6（b）中 $i_5 = \sqrt{k}\, i_3$，$i_6 = \sqrt{k}\, i_4 = k^2 i_1 \cdots$。经过参数谐振，电流和电容上的电压越来越大，不断将机械能转化为电磁能。

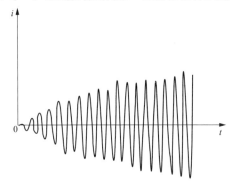

同步发电机自励磁时，流过定子绕组的电流波形如图 13-7 所示，电容 C 上出现的自励磁过电压亦有类似的波形。因为电机铁心饱和，电流的幅值受到一定的限制，而最后趋向于某一极限值。若从回路的自振角频率分析，同步自励磁参数谐振应满足

$$\frac{1}{\sqrt{L_{\mathrm{d}} C}} < \omega < \frac{1}{\sqrt{L_{\mathrm{q}} C}}$$

即

$$\omega L_{\mathrm{d}} > \frac{1}{\omega C} > \omega L_{\mathrm{q}}$$

或

$$X_{\mathrm{d}} > X_{\mathrm{C}} > X_{\mathrm{q}} \tag{13-16}$$

图 13-7　同步发电机自励磁的电流波形

对隐极机来说，$X_d = X_q$，同步自励磁是不可能产生的。

同样，对异步自励磁来说应满足

$$X_q > X_C > X_d' \qquad (13\text{-}17)$$

若考虑到回路电阻 R，则电机的同步和异步自励磁参数范围可见图 13-8 的阴影部分，即在阴影部分的电机外部参数 X_C 和 R 将会引起自励磁。上半圆的阴影部分为自励磁的同步区；下半圆的阴影部分为自励磁的异步区。实际电力系统中，若发电机所带的空载线路较长，则 X_C 较小，一般系统的损耗亦较小，回路可能处于自励磁范围中。若线路采用并联电抗器补偿，则相当于线路容抗 X_C 增加，通常可以起到避免自激过电压的作用。

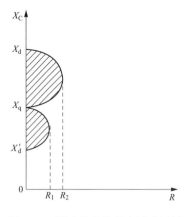

图 13-8 同步发电机的自励磁区域

13.3.2 参数谐振过电压的特点

(1) 参数谐振所需要的能量由改变参数的原动机供给，不需要单独的电源，一般只要有一定的剩磁或电容中具有很少的残余电荷，就可以使谐振得到发展。

(2) 由于回路中有损耗，所以参数变化所引入的能量必须足以补偿损耗能量，才能保证谐振的发展。谐振发生以后，由于电感的饱和，使回路自动偏离谐振条件，使自励磁过电压不能继续增大。

13.3.3 抑制参数谐振过电压措施

(1) 利用快速自动励磁调节装置消除同步自励磁。

(2) 在超、特高压电网中投入并联电抗器，补偿线路电容，使得等效容抗大于 X_d 和 X_q，从而消除谐振。

(3) 临时投入串联电阻 R，并使其值大于图 13-8 中的 R_1 和 R_2。

13.4 其他谐振过电压

除了以上介绍的谐振过电压形式外，通常电力系统还有传递、断线和电磁式电压互感器铁心饱和引起的各种形式的谐振过电压，下面分别进行介绍。

13.4.1 传递过电压

通过静电和电磁的耦合，在相邻的输电线路之间、变压器的不同绕组之间都会发生电压的传递现象。如果传递的方向是从高压侧到低压侧，那就可能危及低压侧的电气设备绝缘的安全。若与接在电源中性点的消弧线圈或电压互感器等铁磁元件组成谐振回路，还可能产生线性谐振或铁磁谐振的传递过电压。

以实际电网中最常遇到的变压器不同绕组间的电容传递为例，分析传递过电压的产生过程。图 13-9（a）为发电机—升压变压器的接线图。

系统中正序和负序电压是按绕组的变比关系（电磁关系）传递的，但零序电压则通过绕组之间的电容 C_{12} 而传递（见图 13-9）。假定由于某种原因，高压侧产生了对地的零序电压 U_0（即绕组中性点的位移电压），则可画出图 13-9（b）所示的传递等效电路，其中 $3C_0$ 为变压器低压侧总的对地电容、L 为消弧线圈（其电感为 L_N）与电压互感器励磁电感的并联值，U_0' 为传递到低压侧的零序电压。如果 U_0 较高，而 $3C_0$ 又很小（如发电机出口的断路器处在

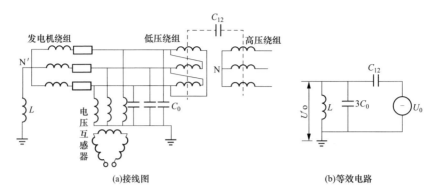

图 13-9   发电机—变压器绕组的接线图与等效电路

分闸状态时，C_0 只是连线和变压器低压绕组的对地杂散电容)，传递到低压侧的过电压可以达到危险的程度。如果电感 L 处在过补偿状态，即 L 与 $3C_0$ 并联后呈感性，而且满足下列条件，将会发生严重的串联谐振过电压：

$$\omega L = \frac{1}{\omega(3C_0 + C_{12})} \tag{13-18}$$

防止传递过电压的措施首先是避免出现中性点位移电压，如尽量使断路器三相同期操作；其次是装设消弧线圈后，应当保持一定的脱谐度，避免出现谐振条件。另外，在低压绕组侧不装消弧线圈的情况下，可在低压侧加装三相对地电容，以增大 $3C_0$。

13.4.2   断线引起的铁磁谐振过电压

断线过电压也是电力系统中较常见的一种铁磁谐振过电压。这里所指的断线泛指导线因故障折断、断路器拒动以及断路器和熔断器的不同期切合等。断线引起的谐振过电压，可能导致避雷器爆炸，负载变压器相序反倾和电气设备绝缘闪络等事故。

断线涉及三相系统不对称开断，电路中又有非线性元件。分析断线谐振过电压的方法一般为：首先应用等效电路原理，将系统三相电路简化为单相等效电路，然后用等效电路分析谐振条件，再将单相电路的分析结果，反推至三相电路，求相应元件上承受的过电压。

下面以中性点不接地系统发生单相断线的电路进行分析说明，如图 13-10 所示。

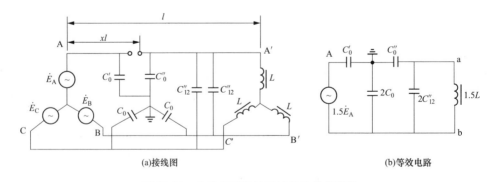

图 13-10   中性点不接地系统发生单相断线

图 13-10 中忽略了电源内阻抗、线路阻抗（相比于线路容抗，其数值很小），L 为空载（或轻载）变压器的励磁电感，C_0 为每一相导线的对地电容，C_{12} 为导线相间电容，线路长度为 l。假定 A 相在离电源 $xl(x=0\sim1)$ 处发生断线，断线处两侧 A 相导线的对地电容分别为

$C_0' = xC_0$、$C_0'' = (1-x)C_0$。断线处变压器 A 相导线的相间电容 $C_{12}'' = (1-x)C_{12}$。图中略去了直接接至电源上的电容（因电源内阻抗等于零，该电容不参与谐振）。设线路的正序电容与零序电容的比值为

$$\sigma = \frac{C_0 + 3C_{12}}{C_0} \tag{13-19}$$

在一般情况下，$\sigma = 1.5 \sim 2.0$，由上式得 $C_{12} = \frac{1}{3}(\sigma-1)C_0$。图 13-10 中三相电源对称，且当 A 相断线后，B、C 相在电路上完全对称，因而可以简化成图 13-10（b）所示的单相等效电路。

对此等效电路，还可以用戴维南定理进一步简化为如图 13-11 所示的等效串联谐振电路。在此电路中，等效电动势 $\dot{E}$ 等于 a、b 两点间的开路电压，等效电容为 a、b 间的入口电容（电压源短接），因此可以得到

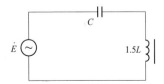

图 13-11　简化等效串联谐振电路

$$C = \frac{(C_0' + 2C_0)C_0''}{C_0'' + C_0' + 2C_0} + 2C_{12}'' = \frac{(xC_0 + 2C_0)(1-x)C_0}{3C_0} + 2(1-x)\frac{1}{3}(\sigma-1)C_0 \tag{13-20}$$

$$= \frac{C_0}{3}\left[(x+2\sigma)(1-x)\right]$$

$$\dot{E} = 1.5\dot{E}_A \left(\frac{1}{1+\frac{2\sigma}{x}}\right) \tag{13-21}$$

若已知系统具体参数和发生断线故障的位置，就可通过图 13-11 进一步分析系统发生谐振的情况。

随着系统断线（非全相运行）的具体情况不同，各自有相应的等效单相接线图和等效简化串联谐振回路。表 13-1 列出了几种有代表性的断线故障电路，还列出了简化串联电路中的等效电动势 $\dot{E}$ 和等效电容 C 的表达式。

表 13-1　　　　　　　　　典型断线故障等效电路及其参数

序号	断线系统接线图	等效电路	串联等效电路参数	
			E	C
1			$\dfrac{1.5\dot{E}_A}{1+\dfrac{2\delta}{x}}$	$\dfrac{(1-x)(2\delta+x)}{3}C_0$
2			$\dfrac{4.5\dot{E}_A}{1+2\delta}$	$\dfrac{(1-x)(1+2\delta)}{3}C_0$
3			$\dfrac{4.5\dot{E}_A}{4+5x+2\delta(1-x)}$	$\dfrac{4+5x+2\delta(1-x)}{3}C_0$

续表

序号	断线系统接线图	等效电路	串联等效电路参数	
			E	C
4		$1.5\dot{E}_A$ $2C_0'$ $2C_0''$ C_0 $2C_{12}''$ $1.5L$	$\dfrac{1.5\dot{E}_A}{1+\dfrac{\delta}{2x}}$	$\dfrac{2(1-x)(\delta+2x)}{3}C_0$
5		C_0'' $0.5\dot{E}_A$ $2C_{12}''$ $1.5L$	$\dfrac{1.5\dot{E}_A}{1+2\delta}$	$\dfrac{(1-x)(1+2\delta)}{3}C_0$
6		$2C_0''$ $\dot{E}_A$ $2C_{12}''$ $1.5L$	$\dfrac{1.5\dot{E}_A}{1+\dfrac{\delta}{2}}$	$\dfrac{2(1-x)(2+\delta)}{3}C_0$

防止断线过电压的措施有：

（1）保证断路器的三相同期动作，不采用熔断器。

（2）加强线路的巡视和检修，预防发生断线。

（3）若断路器操作后有异常现象，可立即复原，并进行检查。

（4）不要将空载变压器长期接在系统中。

（5）中性点接地系统中，合闸中性点不接地变压器时，先将变压器中性点临时接地。这样做可使变压器未合闸相的电位被三角形连接的低压绕组感应出来的恒定电压所固定，不会引起谐振。

13.4.3 电磁式电压互感器铁心饱和引起的谐振过电压

在中性点不接地系统中，为了监视三相对地电压以便电量计量或继电保护，发电厂或变电站母线上常接有 YN 接线的电磁式电压互感器。系统对地参数除了电气设备和线路对地电容 C_0 外，还有电压互感器的励磁电感 L_1、L_2 和 L_3，其原理接线和等效接电路如图 13-12 所示。正常运行时，电压互感器的励磁阻抗很大，所以每一相对地阻抗（L 和 C_0 并联后）呈现容性，三相基本平衡，系统中性点 N 的位移电压很小。但当系统中出现某些扰动，使电压互感器三相电感饱和程度不同时，系统中性点就有较高的位移电压，可能激发谐振过电压。

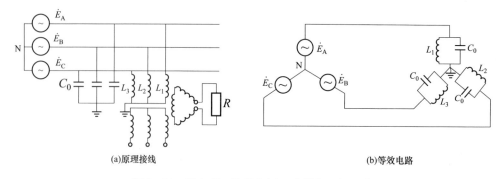

(a)原理接线 (b)等效电路

图 13-12 带有 YN 接线电压互感器的三相回路

常见的使电压互感器铁心产生严重饱和的情况有：①电源突然合闸到母线上，使接在母线上的电压互感器某一相或两相绕组出现较大的励磁涌流引起的铁心饱和；②由于雷击或其他原因使线路发生瞬间单相电弧接地，使系统产生直流分量，而故障相接地消失时，该直流分量通过电压互感器释放而引起铁心饱和；③传递过电压，如高压绕组侧发生单相接地或不同期合闸，低压侧有传递过电压使电压互感器铁心产生饱和。

由于电压互感器铁心饱和程度不同，会造成系统两相或三相对地电压同时升高，而电源变压器的绕组电动势 E_A、E_B 和 E_C 是由发电机的正序电动势所决定，要维持恒定不变。因而，整个电网对地电压的变动表现为电源中性点 N 的位移。由于这一原因，这种过电压又称电网中性点的位移过电压。

中性点的位移电压也就是电网的对地零序电压，将全部反映至互感器的开口三角绕组，引起虚幻的接地信号和其他的过电压现象，造成值班人员的错觉。

既然过电压是由零序电压引起的，而系统线电压将维持不变。因而，导线的相间电容、改善系统功率因数用的电容器组、系统内的负载变压器及其有功和无功负荷不参与谐振，所以这些元件均未画在图 13-12 (b) 中。

若系统中性点直接接地，则电压互感器绕组分别与各相的电源电动势连接在一起，电网内的各点电位均被固定。因此，这种过电压不会发生在中性点直接接地的系统内。

在中性点经消弧线圈接地的情况下，消弧线圈的电感 L 远比互感器的励磁电感小，它在零序回路中旁路互感器，使互感器引起的谐振现象成为不可能。

由于系统零序参数不同，这种谐振过电压可以是基波谐振过电压，也可能是高次谐波或分次谐波谐振过电压。下面分析基波谐振过电压的产生过程。

由图 13-12 (b) 的等效电路可得，中性点的位移电压为

$$\dot{U}_N = \frac{\dot{E}_A Y_A + \dot{E}_B Y_B + \dot{E}_C Y_C}{Y_A + Y_B + Y_C} \tag{13-22}$$

式中：Y_A、Y_B 和 Y_C 为三相等效导纳。

正常运行时，$Y_A = Y_B = Y_C$，且 $\dot{E}_A + \dot{E}_B + \dot{E}_C = 0$，所以 $\dot{U}_N = 0$，即电源中性点为地电位。

当系统发生扰动，使电压互感器的铁心出现饱和，如 B、C 相电感饱和使 L_2 和 L_3 减小，则流过 L_2 和 L_3 的电感电流增大，这就可能使 B、C 相的对地导纳变成电感性，即 Y_B、Y_C 为感性导纳，而 Y_A 仍为容性导纳。容性导纳与感性导纳的抵消作用使 $Y_A + Y_B + Y_C$ 显著减小，造成系统中性点位移电压大大增加。

中性点位移电压升高后，各相对地电压等于各相电源电动势与中性点位移电压的相量和，即

$$\dot{U}_A = \dot{E}_A + \dot{U}_N, \quad \dot{U}_B = \dot{E}_B + \dot{U}_N, \quad \dot{U}_C = \dot{E}_C + \dot{U}_N$$

在三相对地电压作用下，流过各相对地导纳的电流（$\dot{I}_A$、$\dot{I}_B$ 和 $\dot{I}_C$）相量之和应等于零，则电压、电流相量关系如图 13-13 所示。相量叠加的结果使 B 相和 C 相的对地电压升高，而 A 相的对地电压降低。这种结果与系统单相接地时出现的情况相仿，但实际上并不存在单相接地，所以将这种现象称为虚幻接地现象。因为扰动使电压互感器铁心饱和具有随机性，所以出现虚幻接地时，哪一相是低电压也具有随机性。这种现象是电磁式电压互感器铁心饱和引起的工频谐振过电压的标志。

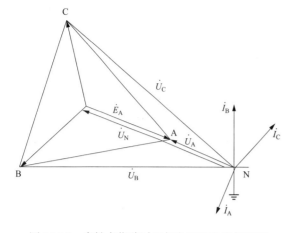

图 13-13   中性点位移时三相电压和电流相量图

扰动造成电压互感器铁心饱和后，将会产生一系列谐波，若系统参数配合恰当，会使某次谐波放大，引起谐波谐振过电压。配电网中常见的谐波谐振有 $\frac{1}{2}$ 次分频谐振和 3 次高频谐振。

发生谐波谐振时，系统中性点的位移电压是谐波电压。设谐波谐振时系统零序电压（谐波电压）的有效值为 U_N，电源工频电动势的有效值为 E，则三相对地电压的有效值 U_X 为

$$U_X = \sqrt{E^2 + U_N^2} \qquad (13\text{-}23)$$

可见，出现谐波谐振的特点是三相电压同时升高。

对于相同品质的电压互感器，当系统线路较长时，等效电容 C_0 大，回路的自振角频率 ω_0 低，就可能激发产生分频谐振过电压，发生分频谐振的频率为 $24\sim25\text{Hz}$。存在频差会引起配电盘上的表计指示有抖动或以低频来回摆动现象，这时互感器等效感抗降低，会造成励磁电流急剧增加引起高压熔断器熔断，甚至造成电压互感器烧毁。当系统线路较短时，等效电容 C_0 小，自振角频率高，就有可能产生高频谐振过电压，此时过电压数值较高。这时由于配电盘上的表计指示来不及跟随高频谐振过电压的频率摆动，因此往往看不出表计指示有明显的大幅摆动。

为了限制和消除这种铁磁谐振过电压，可以采取以下措施：

（1）改变系统零序参数。在母线上加装三相对地电容，可使回路参数越出谐振范围，使达到 $\frac{X_{C0}}{X_L} < 0.01$（$X_{C0}$ 为系统对地电容的容抗，X_L 为互感器在额定电压下的励磁电感），则谐振不会发生。另外，选用励磁特性较好的电压互感器，使其铁心不容易发生磁饱和，在这种情况下，必须要有更大的激发才会引起谐振，谐振概率也因此而减小。

（2）零序阻尼。在互感器的零序回路中投入阻尼电阻。阻尼电阻 r 可以接在开口三角的两端，阻值 $r \leqslant 0.4\left(\frac{n_2}{n_1}\right)^2 X_L$。$\frac{n_2}{n_1}$ 为开口三角绕组与高压绕组的匝数比，这样可消除各种谐波的谐振现象。其次，也可在互感器的高压中性点对地之间接入电阻 R，该电阻越大，则对消除谐振越有利。实验表明，$R \geqslant 0.06\omega L$（ωL 是线电压作用下互感器高压侧绕组每一相的励磁感抗）时，能明显抑制这种谐振过电压。对 R 的要求除了阻值之外，还要充分考虑其热容量和绝缘水平，以满足其运行的要求。

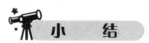 小　结

（1）电力系统中的谐振，按其性质可以分为线性谐振、非线性谐振和参数谐振三种类型。

（2）线性谐振过电压的大小，主要取决于回路的阻尼电阻 R，不在谐振点也会在电路元

件上产生过电压。

（3）铁磁谐振过电压是由于铁心电感饱和引起的，具有其独有的特点。

（4）参数谐振过电压是由旋转电机的时变电感与线路电容配合引起的，谐振能量由原动机供给。

（5）电力系统常见的其他谐振过电压有传递过电压、断线引起的铁磁谐振过电压、电磁式电压互感器引起的谐振过电压。

习　　题

13-1　铁磁谐振过电压是怎样产生的，其与线性谐振相比有什么不同的特点？

13-2　为什么含有非线性电感的 L、C 串联电路会出现多个工作点？试分析电路损耗电阻对工作点的影响。

13-3　环网运行的网络，发生单相断线，会不会引起断线谐振过电压？为什么？

13-4　电磁式电压互感器是如何引起基波铁磁谐振过电压的？如何限制和消除。

13-5　系统因电磁式电压互感器饱和，分别引起基波、分频、高频谐振过电压时，将会出现什么不同的现象？

第 14 章 操作过电压

电力系统中有许多电感和电容储能元件，这些元件构成了复杂的振荡回路，当系统中有操作时，将产生电磁能量振荡的过渡过程。操作过电压是指电力系统中由于操作而使电网从一种稳定工作状态通过振荡转变到另一种工作状态的过渡过程中所产生的过电压。这里所指的操作既包括断路器的正常操作（如分、合闸空载线路和空载变压器、电抗器等），也包括非正常的故障操作（如接地故障、断线故障等）。

操作过电压的能量来源于电网本身，所以操作过电压的数值与电网的额定电压密切相关，即电网的额定电压越高，操作过电压也越高。在超、特高压电网中，操作过电压对设备的绝缘选择起着决定性的作用，也是决定电力系统绝缘水平的重要依据。因此，操作过电压的防护和限制问题是发展超、特高压电网的重点关注之一。

研究操作过电压的方法，主要有理论分析与数值计算、模拟试验、现场在线监测和运行记录等。本章着重定性分析几种常见的操作过电压的产生机理、影响因素及主要的防护措施。

14.1 操作过电压幅值的计算

下面以典型的直流电源合闸到 L-C 振荡回路为例，介绍计算操作过电压幅值的方法。

如图 14-1（a）所示，直流电源电动势 E 在 $t=0$ 时合闸到 L-C 振荡回路，其中电容 C 具有初始值 $u_C(0)$。对于这种非零初始状态的过渡过程计算，应用电路理论可将其视作图 14-1（b）和图 14-1（c）两种过渡过程的叠加。

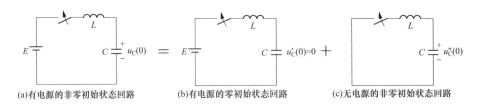

(a)有电源的非零初始状态回路　　(b)有电源的零初始状态回路　　(c)无电源的非零初始状态回路

图 14-1　非零初始状态过渡过程计算等效电路

图 14-1（b）为零初始状态 ［即 $u_C'(0)=0$］，直流电动势 E 合闸到 L-C 振荡回路；图 14-1（c）为电容上有初始电压 $u_C''(0)=u_C(0)$，合闸于 L-C 振荡回路。通过列微分方程求解这两个 L-C 振荡回路，可分别求得过渡过程中电容 C 上的电压表达式为

$$u_C'(t) = E(1 - \cos\omega_0 t) \tag{14-1}$$

$$u_C''(t) = u_C(0)\cos\omega_0 t \tag{14-2}$$

式中：ω_0 为回路自振角频率，$\omega_0 = \dfrac{1}{\sqrt{LC}}$。

这两种过渡过程叠加后，即可求得图 14-1（a）中电容 C 上的电压表达式为

$$
\begin{aligned}
u_C(t) &= E(1 - \cos\omega_0 t) + u_C(0)\cos\omega_0 t \\
&= E - [E - u_C(0)]\cos\omega_0 t
\end{aligned}
\tag{14-3}
$$

由（14-3）式可知，这种非零初始状态合闸引起的过渡过程中，电容 C 上的电压最大值是发生在 $\cos\omega_0 t = -1$ 时，即

$$
U_{Cm} = E + [E - u_C(0)]
\tag{14-4}
$$

其中，等式右侧第一项 E 为该振荡电路所要趋向的稳态值，第二项 $E - u_C(0)$ 为振荡分量的振幅。振荡分量的振幅又由两部分构成：一部分为电容 C 上电压要趋向的稳态值，另一部分为电容 C 上的初始值。

通过这个典型例子的计算与分析，可得到计算操作过电压最大值的估算公式为

$$
U_{Cm} = 稳态值 + 振幅 = 稳态值 + (稳态值 - 初始值) = 2 \times 稳态值 - 初始值
\tag{14-5}
$$

在下面的操作过电压分析中，将多次使用该公式进行过电压幅值的计算。

14.2　间歇性电弧接地过电压

14.2.1　中性点不接地系统单相接地电流

运行经验表明，电力系统的接地故障至少有 60% 是单相接地故障。在中性点不接地的系统中，系统单相接地时流过故障点的电流是不大的对地电容电流，这时系统三相电源电压仍维持对称。为了不影响对用户的继续供电，系统不会立即切除故障线路，允许运行人员有一段时间（一般为 0.5～2h）查明故障进行处理。正是由于这一特点，我国 35kV 及以下系统一般采用中性点不接地的运行方式。

图 14-2（a）为中性点不接地系统发生单相接地时的等效电路图，其中 $C_1 = C_2 = C_3 = C_0$ 为导线的对地电容。当系统单相接地（图中 A 相）时，流过故障点的电流 $\dot{I}_e$ 是非故障相对地电流的相量和，如图 14-2（b）所示。

设电源电动势 $\dot{E}$ 的有效值为 U_{ph}，由相量图可得到

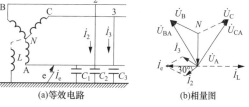

图 14-2　不接地系统系统单相接地
等效电路及相量图

$$
I_e = I_2\cos30° + I_3\cos30° = 2\sqrt{3}U_{ph}\omega C_0\cos30° = 3\omega C_0 U_{ph}
\tag{14-6}
$$

由式（14-6）可知，单相接地时流过故障点的电容电流 I_e 与线路对地电容的大小及额定电压成正比。对于 6～60kV 架空线路，每相对地电容值约为 5000～6000pF/km，其中有避雷线的线路取较大的数值。考虑到系统变电站设备的对地电容会使电容电流有所增加，为了进行估算，可在按式（14-6）计算的线路电容电流的基础上，再增加约 16%。系统的电容电流 I_e 也可通过实际测量得到。

根据以上分析，若电网规模较小，线路不长，线路对地电容较小，则故障时流过接地点的电流也小，许多临时性的单相电弧接地故障（如雷击、鸟害等），接地电弧可以自动熄灭，

系统很快恢复正常。随着电网规模的扩大和电缆出线的增多，单相接地的电容电流也随之增加，当6～10kV线路电容电流超过30A，20～60kV线路电容电流超过10A时，接地电弧难以自动熄灭。但这种电容电流又不会大到形成稳定电弧的程度，而表现为接地电流过零时电弧暂时性熄灭。随后在故障点恢复电压作用下，又重新出现电弧（即发生电弧重燃），致使系统出现电弧时燃时灭的不稳定状态。这种故障点电弧重燃和熄灭的间歇性现象，将引起电力系统状态瞬间改变，导致电网中电感、电容回路的电磁振荡，因而产生遍及全电网的电弧接地过电压。这种过电压延续时间较长，若不采取措施，可能危及设备绝缘，引起相间短路造成严重事故。

14.2.2 间歇性电弧接地过电压产生的物理过程

由于产生间歇性电弧的具体情况不同，如电弧所处的介质（空气或固体介质等）不同，外界条件（污秽、湿度、温度、气压、风和降雨等）不同，实际的过电压的发展过程是极为复杂的。因此，理论分析只是对这些极其复杂并具有统计性的燃弧过程进行理论化后作的解释。对电弧接地过电压幅值有重要影响的是电弧熄灭与重燃时间，以高频振荡电流第一次过零时熄弧为前提条件进行分析，称为高频熄弧理论；以工频振荡电流第一次过零时熄弧为前提条件进行分析，称为工频熄弧理论。高频熄弧与工频熄弧两种理论的分析方法和考虑的影响因素基本相同，但与实测值相比较，高频理论分析所得的过电压值较高，工频理论分析所得的过电压值接近实际情况。下面采用工频熄弧理论分析间歇电弧接地过电压的形成过程。

中性点不接地系统的等效电路如图14-2（a）所示。设三相电源电压为u_A、u_B、u_C，各相对地电压为u_1、u_2、u_3，线电压为u_{BA}、u_{CA}。它们的相互关系和波形如图14-3所示。

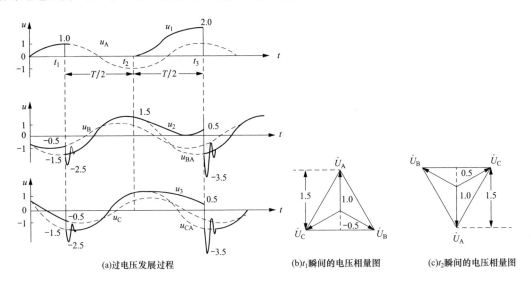

(a)过电压发展过程　　　(b)t_1瞬间的电压相量图　　　(c)t_2瞬间的电压相量图

图14-3 工频电流过零时熄弧的电弧接地过电压发展过程

$u_A = U_{ph} \sin\omega t$；$u_B = U_{ph} \sin(\omega t - 120°)$；$u_C = U_{ph} \sin(\omega t + 120°)$；

$u_{BA} = \sqrt{3}U_{ph} \sin(\omega t - 150°)$；$u_{CA} = \sqrt{3}U_{ph} \sin(\omega t + 150°)$

假定$t = t_1$，A相电压（U_{ph}）在幅值时对地闪络，则A相对地电压u_1将从最大值（图中令$U_{ph} = 1$）突降为零；而B、C相对地电压u_2、u_3要从原来的按相应的电源电压规律变化变为按线电压规律而变化，即在$t = t_1$时刻B、C相对地电容上电压要从（$-0.5U_{ph}$）过渡到新的稳态瞬时值（$-1.5U_{ph}$），u_2、u_3 的变化是通过电源经电源漏抗对 C_2、C_3 充电来完成的，这将产生高频振荡。在此过渡过程中，产生的过电压最大幅值为

$$V_{Cm} = 2 \times 稳态值 - 初始值 = 2(-1.5U_{ph}) - (-0.5U_{ph}) = -2.5U_{ph} \tag{14-7}$$

其后，过渡过程很快衰减，B、C 相对地电压 u_2、u_3 分别按 u_{BA}、u_{CA} 线电压规律变化；而 A 相仍电弧接地，对地电压 u_1 为零。

经过半个工频周期（$t=t_2$），A 相电源电压 u_A 达负的最大值。由图 14-2（b）可知，这时 A 相接地电流 i_d 自然过零，电弧自动熄灭。在电弧熄灭前瞬间（$t=t_2^-$），B、C 相电压各为 $1.5U_{ph}$，而 A 相对地电压为零。这时系统对地电容上的电荷量为

$$q = 0 \times C_0 + 1.5C_0U_{ph} + 1.5C_0U_{ph} = 3C_0U_{ph} \tag{14-8}$$

A 相电弧熄灭（$t=t_2^+$）后，这些电荷无法泄漏，于是将经过电源平均分配到三相对地电容上，在系统中形成一个直流电压分量为

$$U_0 = \frac{q}{C_0 + C_0 + C_0} = \frac{3C_0U_{ph}}{3C_0} = U_{ph} \tag{14-9}$$

因此，电弧熄灭后，每相导线对地电压按各相电源电压叠加直流电压 U_0 的规律变化。在电弧熄灭后瞬间（$t=t_2^+$），B、C 相电源电压为 $0.5U_{ph}$，叠加结果为 $1.5U_{ph}$；A 相电源电压为（$-U_{ph}$），叠加结果为零。由以上分析可知，在熄弧前后，每相导线对地电压不变，即各相电压初始值与稳态值相等，不会引起过渡过程。

熄弧后，A 相对地电压逐渐恢复，再经过工频半周期（$t=t_3$ 时），B、C 相电压为 $0.5U_{ph}$，A 相电压则高达 $2U_{ph}$，这时可能引起电弧重燃，A 相对地电压 u_1 从 $2U_{ph}$ 变到零，而 B、C 相电压从初始值 $0.5U_{ph}$ 变化到线电压瞬时值 $-1.5U_{ph}$，又将形成高频振荡。过渡过程中产生的过电压最大幅值为

$$V_{Cm} = 2 \times (-1.5U_{ph}) - 0.5U_{ph} = -3.5U_{ph} \tag{14-10}$$

过渡过程衰减后，B、C 相仍将稳定在线电压运行。

以后每隔半个工频周期依次发生熄弧和重燃，其过渡过程与上述过程完全相同，非故障相上的最大过电压为 3.5 倍，而故障相上的最大过电压为 2.0 倍。

14.2.3　影响间歇性电弧接地过电压的因素及其预防措施

在实际电网发生间歇性电弧接地故障时，故障点熄弧和重燃是随机的。上述分析假定的熄弧和重燃的相位是对应过电压最严重情况时的相位。另外，系统的相关参数对电压也有较大影响，如线路相间电容、绝缘子串泄漏残余电荷，以及网络损耗电阻对过渡过程都有衰减作用。实际电网中间歇性电弧接地过电压倍数一般小于 3.2。这种幅值的过电压对正常绝缘的电气设备一般危害不大，但这种过电压的持续时间长，而且遍及全电网，对系统内绝缘薄弱或存在严重损伤的设备，以及对在恶劣环境条件下线路上的绝缘弱点将构成较大威胁，甚至可能造成设备损坏和大面积停电事故。

为防止间歇电弧接地过电压所产生的危害，应加强电气设备绝缘的监督工作，采用在线监测和离线测试相结合的方式，及时发现绝缘隐患，消除绝缘弱点。为了防止故障电弧反复熄灭重燃，可以采用消弧线圈。

14.2.4　消弧线圈对电弧接地过电压的作用

消弧线圈是不易饱和的铁心电感线圈，接在系统中性点与地之间，如图 14-2（a）中 N 点所接电感 L。下面分析消弧线圈是如何抑制间歇电弧接地过电压的。

假设 A 相电弧接地，这时 A 相对地电压为零，系统中性点电压为 $-u_A$，流过接地点的电弧电流除了原先的非故障相电容电流（$\dot{I}_e = \dot{I}_2 + \dot{I}_3$）之外，还包括流过消弧线圈 L 的电流 $\dot{I}_L$。由图 14-2（b）相量图可知，$\dot{I}_L$ 与 $\dot{I}_e$ 相位反向，因此选择适当的消弧线圈电感量 L 值，可使接地电流 $\dot{I}_r = \dot{I}_L + \dot{I}_e$ 的数值（该 I_r 称为经过消弧线圈补偿后的残余电流）减小到足够小，使接地电弧很快熄灭，且不易重燃，从而抑制了间歇电弧接地过电压。

通常将消弧线圈补偿的电感电流与系统对地电容电流的比值称为消弧线圈的补偿度（又称调谐度），用 k 表示。将 $1-k$ 称为脱谐度，用 v 表示，即

$$k = \frac{I_L}{I_e} = \frac{U_{ph}/\omega L}{\omega(C_1 + C_2 + C_3)U_{ph}} = \frac{1}{\omega^2 L(C_1 + C_2 + C_3)}$$

$$= \frac{\left(\dfrac{1}{\sqrt{L(C_1 + C_2 + C_3)}}\right)^2}{\omega^2} = \frac{\omega_0^2}{\omega^2} \tag{14-11}$$

式中：ω_0 为零序回路的自振角频率，$\omega_0 = \dfrac{1}{\sqrt{L(C_1 + C_2 + C_3)}}$。

$$v = 1 - k = 1 - \frac{I_L}{I_e} = \frac{I_e - I_L}{I_e} = 1 - \frac{\omega_0^2}{\omega^2} \tag{14-12}$$

根据补偿度的不同，消弧线圈可以处于三种不同的运行状态：

（1）过补偿。$I_L > I_e$，即消弧线圈提供的补偿电流大于电容电流，此时流过故障点的电流（残流）为感性电流。过补偿时，$k > 1$，$v < 0$。

（2）全补偿。$I_L = I_e$，即补偿电流恰好完全补偿电容电流，此时流过故障点的电流为非常小的电阻性泄漏电流。全补偿时，$k = 1$，$v = 0$。

（3）欠补偿。$I_L < I_e$，即补偿电流小于电容电流，此时流过故障点的电流为容性电流。欠补偿时，$k < 1$，$v > 0$。

装设消弧线圈后，要求残余电流不超过 5A，以便保证电弧能够自熄。此时，脱谐度很小，由式（14-11）可知 $\omega_0 \approx \omega$，即灭弧后故障相恢复电压的自振角频率 ω_0 与强制分量的电源角频率相接近，故恢复电压将以拍频的规律缓慢上升，从而可以保证电弧不再发生重燃和最终趋于熄灭。

装设消弧线圈后，其脱谐度也不能太小，因为当 v 趋向零时，在正常运行系统的中性点将产生很大的位移电压。不考虑三相对地电导及消弧线圈的电导时，系统中性点的位移电压 $\dot{U}_N$ 为

$$\dot{U}_N = -\frac{\dot{U}_A Y_A + \dot{U}_B Y_B + \dot{U}_C Y_C}{Y_A + Y_B + Y_C + Y_N} \tag{14-13}$$

将 $Y_A = j\omega C_1$、$Y_B = j\omega C_2$、$Y_C = j\omega C_3$、$Y_N = \dfrac{1}{j\omega L}$ 代入上式可得

$$\dot{U}_N = -\frac{\dot{U}_A C_1 + \dot{U}_B C_2 + \dot{U}_C C_3}{C_1 + C_2 + C_3 - \dfrac{1}{\omega^2 L}} \tag{14-14}$$

当消弧线圈调谐至 $v = 0$ 时，$\omega = \omega_0$，即

$$\omega = \frac{1}{\sqrt{L(C_1 + C_2 + C_3)}}$$

$$C_1 + C_2 + C_3 = \frac{1}{\omega^2 L} \tag{14-15}$$

而一般 $C_1 \neq C_2 \neq C_3$，所以式（14-4）中分子不为零，而分母为零，从而中性点位移电压 $\dot{U}_N$ 将达到很高数值。

为了避免系统的中性点电压升得太高，应尽可能使三相对地电容相等，但实际系统对地电容受各种因素影响，很难达到这个要求。因此，一般要求消弧线圈处于不完全调谐的工作状态，使消弧线圈补偿有一定的脱谐度，宜调谐至 $5\%\sim10\%$ 的过补偿运行状态。

消弧线圈最理想的调谐方式是：①系统正常运行时，将消弧线圈等效电感调至很大，不会造成系统中性点位移电压升高；②当系统发生单相电弧接地时，在半个工频周期内，将消弧线圈调谐至全补偿状态，补偿接地电流，熄灭接地电弧。随着计算机技术的推广应用，现代自动化跟踪调谐消弧线圈已能达到这种理想的状态，使消弧线圈补偿电容电流并延缓故障点恢复电压的上升速度，促使电弧自熄，抑制间歇电弧接地过电压的发生。

14.3　切除空载变压器过电压

在电力系统切除大容量空载变压器、电抗器及空载电动机等感性负载的操作过程中，可能会产生幅值较高的过电压。本节以切除空载变压器（简称切空变）为例，说明切空变过电压产生的物理过程、影响因素及限制措施。

14.3.1　切空变过电压产生的物理过程

为简化分析，假定变压器三相完全对称，则可以空载变压器的单相等效电路来讨论，如图 14-4 所示。图中，L_S 为电源等效电感，C_S 为母线对地杂散电容，L_K 为母线至变压器联线的电感，QF 为断路器，C 为变压器侧的等值对地电容，L 为空载变压器的励磁电感。

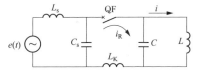

图 14-4　切空变单相等效电路

在切除空载变压器操作之前，工频电压作用下流过变压器对地电容 C 的电流是极小的，则流过断路器 QF 的电流就是变压器的励磁电流 i。通常 i 为变压器额定电流的 $0.2\%\sim4\%$，有效值约几安至十几安，具体数值与变压器的铁心材料有关。

切除空载变压器的操作是通过断路器 QF 完成的，电流的切断过程与断路器的灭弧能力有关。当采用灭弧能力很强的断路器（如真空断路器）切断很小的励磁电流时，工频励磁电流的电弧可能在自然过零前强制熄灭，甚至电流在接近幅值 I_m 时被突然截断，这就是断路器的截流现象。图 14-5 给出了电流被截断时变压器上的电压波形。图中，I_0 为截断电流，截断的结果使电流 i 迅速下降到零，使回路中电流变化率 $\dfrac{di}{dt}$ 甚大，则电感上的压降 $U_L = L\dfrac{di}{dt}$ 很大，这就形成了过电压。从能量观点也可解释过电压的形成，在截流瞬间，绕组中储有磁场能量 $\dfrac{1}{2}LI_0^2$，电容 C 上储有电场能量 $\dfrac{1}{2}CU_0^2$，断路器断开后，这些储存的能量必然在 L-C 回路中产生振荡，而 C 值一般都很小，当全部储能转化为电场能的瞬间，电容 C 和 L 上将出

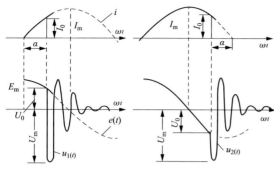

(a)截流发生在电流的上升部分   (b)截流发生在电流的下降部分

图 14-5   截流前后变压器上的电压波形

现很高的过电压。

由上述分析可知，断路器的截流是产生切断电感性负载过电压的根本原因。试验表明，截流可能发生在工频电流的上升部分，也可能发生在工频电流的下降部分，如图 14-5 所示。设空载电流 $i = I_0 = I_m \sin\alpha$（α 为截流时的相角）时截流，此时电容上电压 $U_0 = \pm E_m \cos\alpha$，E_m 为电源电动势 $e(t)$ 的幅值。截流前瞬时，电感 L 和电容 C 上的储能分别为

$$W_L = \frac{1}{2}LI_0^2 = \frac{L}{2}I_m^2 \sin^2\alpha \tag{14-16}$$

$$W_C = \frac{1}{2}CU_0^2 = \frac{C}{2}E_m^2 \cos^2\alpha \tag{14-17}$$

电流截断瞬间，L 中能量全部转化为电容 C 中的能量，电容上的电压达到最大值为 U_m，则有 $W_L + W_C = \frac{1}{2}CU_m^2$，所以有

$$U_m = \sqrt{U_0^2 + \frac{L}{C}I_0^2} = \sqrt{E_m^2 \cos^2\alpha + \frac{L}{C}I_m^2 \sin^2\alpha} \tag{14-18}$$

考虑到，$I_m = \dfrac{E_m}{2\pi f L}$，$f_0 = \dfrac{1}{2\pi\sqrt{LC}}$（变压器侧的回路自振频率），代入上式可得

$$U_m = E_m \sqrt{\cos^2\alpha + \left(\frac{f_0}{f}\right)^2 \sin^2\alpha} \tag{14-19}$$

截流后过电压的倍数 K_n 为

$$K_n = \frac{U_m}{E_m} = \sqrt{\cos^2\alpha + \left(\frac{f_0}{f}\right)^2 \sin^2\alpha} \tag{14-20}$$

实际上，磁场能量转化为电场能量的过程中必然有损耗，如铁心的磁滞和涡流损耗、导线的铜耗等。因此，式（14-20）中表示磁能的 $\left(\dfrac{f_0}{f}\right)^2 \sin^2\alpha$ 项不能全部转化为电能，需加以修正，引入转化系数 $\eta_m (\eta_m < 1)$，于是式（14-20）可改写为

$$K_n = \sqrt{\cos^2\alpha + \eta_m \left(\frac{f_0}{f}\right)^2 \sin^2\alpha} \tag{14-21}$$

转化系数 η_m 值通常处于 0.3～0.5 范围内。自振角频率 f_0 与变压器的参数和结构有关，一般高压变压器的 f_0 最高达到工频的 10 倍左右，而超高压大容量变压器的 f_0 只有工频的几倍。显然，当空载励磁电流在幅值处被截断，即 $\alpha = 90°$ 时，过电压的数值达到最高值，此时有

$$K_n = \left(\frac{f_0}{f}\right)\sqrt{\eta_m} \tag{14-22}$$

14.3.2   影响切空变过电压的因素及限压措施

从以上分析可知，切除空载变压器引起的过电压大小与空载电流截断值以及变压器的自

振角频率 f_0 有关。断路器的灭弧性能越好，则切除空载变压器产生的过电压越高。当变压器引线电容较大（如空载变压器带有一段电缆）时，会使变压器侧的等效电容 C 增大，从而降低这种过电压。

由于变压器绕组间存在电磁联系，切除空载变压器的结果会使变压器的各个绕组获得同样倍数的过电压。因此，在变压器的中、低压侧开断，同样会威胁变压器高压绕组的绝缘。变压器中性点接地方式也会影响过电压的大小。中性点非直接接地的三相变压器，由于断路器动作的不同期，切空变时会出现复杂的相间电磁联系，引起中性点位移，在不利的情况下，开断三相空载变压器的过电压会比单相的高出 50%。

目前，限制切除空载变压器过电压的主要措施是采用避雷器。切除空载变压器过电压虽然幅值较高，但持续时间短、能量小（比阀型避雷器允许通过的能量小一个数量级），故可用普通避雷器加以限制。用于限制切空变过电压的避雷器应该接在断路器的变压器侧，保证断路器断开后，避雷器仍与变压器相连。另外，该避雷器在非雷雨季节也不能退出运行。若变压器高、低压侧的中性点接地方式一致，可在低压侧装避雷器来限制高压侧的切空变过电压。

在需频繁进行变压器的分合闸操作的场合（如炼钢用的电弧炉变压器），用避雷器保护后，变压器仍会经常遭受 3 倍以上（避雷器动作后的残压）的过电压作用，对变压器绝缘仍有很大威胁，这时可采用新的限压措施：在电弧炉变压器的低压绕组侧，并接三相整流电路，直流回路中接有大容量的电解电容。当系统正常运行时，电解电容上为运行电压的幅值；当断路器分闸操作时，变压器上电压升高，这时整流回路导通，吸收变压器的磁能，选择合适的电容量，可有效地将切除空载变压器产生的过电压限制到很低的数值。经实际运行表明这种装置限压效果显著。

顺便指出，使用灭弧性能好的开关设备（如真空断路器）频繁切除大型电动机时，也会产生类似切除空载变压器的过电压。由于电动机为弱绝缘电气设备，对此过电压必须予以重视，通常可用金属氧化物避雷器进行保护。

14.4　切除空载线路过电压

在进行切除电容性负载（如空载线路、电容器组）操作时，因断路器触头间的重燃，会使线路或电容器从电源获得能量并积累起来，形成过电压。本节以切除空载线路（简称切空线）为例，说明切空线过电压产生的物理过程、影响因素及限制措施。

14.4.1　切空线过电压产生的物理过程

切空线是电力系统中常见的一种操作。当系统进行这种操作时，如断路器发生重燃，会在电源漏抗与线路电容间形成高频振荡，产生幅值很高的切空线过电压。这种过电压持续时间可达 $0.5\sim1$ 个工频周期以上。在确定 220kV 及以下电网的操作过电压绝缘水平时，主要以切空线过电压为计算依据。

切除空载线路的单相等效电路如图 14-6 所示。图中，采用 T 型集中参数电路等效线路，L_T 为线路电感，C_T 为线路对地电容，L_S 为电源等效电感，$e(t)$ 为电源电动势。

在切除空载线路过程中，断路器触头间的电弧重燃和熄灭时间具有很大的随机性，下面以可能导致最大过电压的情况进行分析讨论。

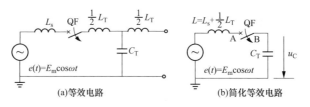

图 14-6　切除空载线路等效电路

一般线路的电容电流有几十安，断路器在分断时，在电流自然过零时熄弧，如图 14-7 所示。图中 $t=t_1$ 时，C_T 上的电压为 $-E_m$（L 上的压降很小，不予考虑）。若不考虑导线的泄漏，C_T 上的电压保持 $-E_m$ 不变。断路器断开后，简化等效电路的 A 点电位随电源电动势作余弦变化。经过半个工频周期，即图 14-7 中 $t=t_2$ 时，断路器触头间（即 A 与 B 间）恢复电压达最大值 $U_{AB}=2E_m$。假定此时触头间介质强度不能承受此恢复电压，触头间电弧重燃，使等效电路通过电弧连通，线路电容 C 上电压要从 $-E_m$ 过渡到稳态电压 $+E_m$，产生高频振荡，使 C_T 上出现最大电压 $U_{Cm}=2(E_m)-(-E_m)=3E_m$。断路器重燃的过程中，在回路中通过一个高频电流 $i(t)$，当高频振荡电压达最大值（$t=t_3$），高频

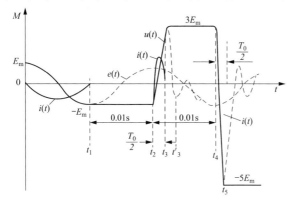

图 14-7　切空线过电压发展过程

t_1—第一次熄弧；t_2—第一次重燃；t_3—第二次熄弧；
t_4—第二次重燃；t_5—第三次熄弧

电流过零，触头再次熄弧，线路电容 C 上保持 $3E_m$ 电压；又经过半个工频周期（$t=t_4$）触头间恢复电压 $U_{Cm}=4E_m$，发生第二次重燃，这时线路上的电压要从 $3E_m$ 过渡到该时刻的 $-E_m$，又发生高频振荡，产生的过电压最大值为 $U_{Cm}=2(-E_m)-3E_m=-5E_m$。在 $t=t_5$ 时，高频电流再次过零熄弧；线路电容 C_T 上保持 $-5E_m$ 的电压。如此循环，直至断路器不重燃为止。由此可知，切空载线路时，断路器的多次重燃将会产生很高的过电压。

14.4.2　影响切空线过电压的因素

从上述分析可知，切除空载线路过电压是由于断路器分断时，触头间发生重燃引起的。提高断路器的灭弧性能，就可减少这种过电压发生的概率。若断路器重燃不是发生在电源电压最大值以及电弧熄灭不是在高频电流第一次过零时，则产生的过电压幅值降低，而且随着断路器分断时间延长，断口开距增长，其绝缘恢复能力也大幅度提高，引起重燃的概率也将减小。

当系统母线上有其他出线时，相当于等效电路的电源侧并接一个较大的电容，在断路器重燃的瞬间，将与线路上等效电容 C_T 进行电荷重新分配，使线路上起始电压接近该瞬间的电源电压值，减小了振荡幅值，使过电压降低。此外，出线的有功负荷，能起到阻尼振荡的作用，亦能使过电压降低。

电网中性点的接地方式对切除空载线路过电压也有较大的影响。在中性点不接地时，因三相断路器动作的不同期，会形成瞬间的不对称，产生中性点位移电压，将使过电压增大。

另外，当过电压较高时，线路上出现电晕所引起的损耗，也会降低切空线过电压。

14.4.3　限制切空线过电压的措施

限制切除空载线路过电压最有效的措施是改善断路器的结构，提高触头间介质强度的恢复速度和灭弧能力，避免重燃，可以从根本上消除这种过电压。目前，系统使用的空气断路器、带压油式灭弧装置的少油断路器以及 SF$_6$ 断路器都大大改善了灭弧性能，在开断空载线路时基本上不会发生重燃。

此外，线路上接有电磁式电压互感器时，也能降低这种切除空载线路的过电压。当断路器开断后，线路上的残余电荷可通过电压互感器（其直流电阻为 $3\sim15\text{k}\Omega$）泄漏，使过渡过程快速衰减，线路上的残余电荷在几个工频周期就泄放掉了，使断路器触头间的恢复电压迅速下降，从而避免断路器重燃，或者减小重燃后的过电压。

在超高压系统中，线路上普遍接有并联电抗器。当断路器分闸时，并联电抗器与线路电容构成振荡回路，其自振频率接近于电源频率，则线路上的电压就成为振荡的工频电压，使断路器触头间的恢复电压上升速度大大降低，从而避免断路器重燃，降低了高幅值过电压的发生概率。

需要指出，在 GIS 变电站采用隔离开关开端空载母线时，也会产生类似的多次重燃过电压。这时由于母线很短，回路自振荡频率会很高，可达到数兆赫的数量级，因此产生的过电压陡度会很大，其幅值也较高，已引起人们的普遍重视。

14.5　合闸空载线路过电压

空载线路的合闸有两种不同的形式：一种是计划性的合闸操作，另一种是自动重合闸操作。空载线路无论是计划性合闸还是自动重合闸，都将使线路从一种稳态过渡到另一种稳态，又由于系统中电感 L、电容 C 的存在，会产生振荡型的过渡过程，引起合闸空载线路（合空线）过电压。

显然，合闸电容器也会产生类似合空线过电压。

14.5.1　合空线过电压产生的物理过程

1. 计划性合闸

分析合闸空载线路（合空线）过电压的等效电路如图 14-8 所示。图中，L 为电源电感，C_T 为线路电容，电源电动势 $e(t)=E_m\sin(\omega t+\theta)$。在计划合闸前，线路上不存在故障和残余电荷，即等效电路中 C_T 初始电压 $u_C(0)=0$。

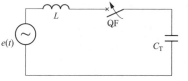

图 14-8　合空载线路的等效电路

假定 $t=0$ 合闸，若合闸相角 $\theta=\dfrac{\pi}{2}$，即在电源电动势为最大值 E_m 时合闸，合闸瞬间线路上电压要从零值过渡到 E_m，等效电路将产生高频振荡，线路上产生的最大过电压值为 $U_{Cm}=2E_m$；若合闸相角 $\theta=\pi$，即在电源电动势为零值时合闸，这时不会产生振荡，也就不会产生过电压。

2. 自动重合闸

自动重合闸空载线路引起的过电压，主要考虑三相重合闸情况。当系统某一相发生接地故障时，三相断路器跳开，这时健全相线路电容 C_T 上将有残余电荷，即这时 $u_C(0)$ 不等于零。

假定 $t=0$ 合闸，电源重合闸相角 $\theta=\dfrac{\pi}{2}$（即在电源电动势为 E_m 时重合闸），若非故障相残余电压为$-E_m$，则重合闸瞬间线路上电压要从$-E_m$过渡到电源电动势为E_m，将引起高频振荡，产生的过电压幅值为$U_{Cm}=2E_m-(-E_m)=3E_m$；若健全相残余电压为E_m，这时重合闸，线路上电压不变，也就不会产生过电压。

从上述分析可知，计划性合闸空载线路产生的最大过电压为E_m的2倍，重合闸空载线路产生的最大过电压为E_m的3倍。

合闸空载线路引起的过电压是决定超高压电网绝缘水平的重要因素。

14.5.2 影响合空线过电压的因素

合闸空载线路引起的过电压取决于合闸时电源电压的相位角θ，θ是个随机数值，遵循统计规律。一般断路器合闸有预击穿现象，即合闸过程中，随着触头间距离越来越近，触头间的电位差已将介质击穿，使电气接通早于机械触头的接触。试验表明，合闸相角多半处在最大值附近的$\pm30°$之内。

线路上残余电压$u_C(0)$的极性和大小，对过电压幅值的影响也很大，这是重合闸过电压的重要特点。残余电压的大小取决于线路绝缘子表面的泄漏，在$0.3\sim0.5s$重合闸时间内，残余电压一般可下降$10\%\sim30\%$。

此外，合闸空载线路引起的过电压还与线路参数、电网结构、母线的出线数、断路器合闸时三相的同期性和导线的电晕有关。

14.5.3 限制合空线过电压的措施

在超高压系统中，合闸过电压可能达电源电动势最大值的2.5倍以上，除采用并联电抗器等降压措施外，还需采用专门的措施加以强迫限制。

目前，我国采用带并联电阻的断路器作为主要限压措施，并用性能良好的氧化锌避雷器作为后备保护。对于短线路，可用氧化锌避雷器作为主要限压措施。带并联电阻断路器的等

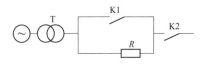

图14-9 带并联电阻的断路器

效电路如图14-9所示。图中，K1为主触头，K2为辅助触头，R为并联电阻（$R=400\Omega$）。合闸操作时，先合辅助触头K2，R串入回路中阻尼振荡，间隔一定时间后，再合主触头K1，完成合闸操作。采用并联电阻断路器后一般可将合空线过电压限制到2.0倍以下。

采用单相自动重合闸（即故障相重合闸），这时故障相的初始电压$u_C(0)=0$，重合闸时就不会出现高幅值的过电压。利用线路侧的电磁式电压互感器，也可泄放线路上的残余电荷，可降低重合闸过电压。

采用熄弧能力强、通流容量大的氧化锌避雷器，可限制合闸空载线路引起的过电压幅值。

合闸空载线路产生过电压是由于合闸时断路器触头间有电压差引起的。因此，可采用专门的控制装置，使断路器触头间电位差接近于零时完成合闸操作，使合闸暂态过电压大大减弱，从而基本消除合闸空载线路引起的过电压。

14.6 GIS中特快速瞬态过电压

GIS中的开关设备（包括隔离开关、断路器、接地开关等）操作或GIS绝缘击穿放电时，会产生频率为数十万赫兹至数兆赫兹的高频振荡过电压，即特快速瞬态过电压（Very Fast Transient Overvoltage，VFTO）。这种过电压随电压等级升高而增大，对于500kV及

以上电压等级 GIS，VFTO 不仅能引起 GIS 中隔离开关、绝缘子和套管等元件故障，而且对邻近的其他高压设备（如电力变压器）的绝缘造成危害，降低系统运行可靠性。

14.6.1　GIS 中特快速瞬态过电压分类

GIS 中开关设备操作引起的 4～7ns 陡波前电压，在 GIS 不同位置可观察到不同的暂态过程。GIS 中特快速瞬态过电压通常可分为内部和外部的 VFTO。

1. GIS 内部 VFTO

GIS 开关设备操作或接地故障引起的陡波前行波通过 GIS 和相连接的设备传播，在每次阻抗突变时，入射波一部分被反射，一部分被折射，各种行波的叠加，就形成了 GIS 内部的 VFTO，其波形往往很复杂。

图 14-10 所示为典型 VFTO 波形，主要由三个频率成分组成：

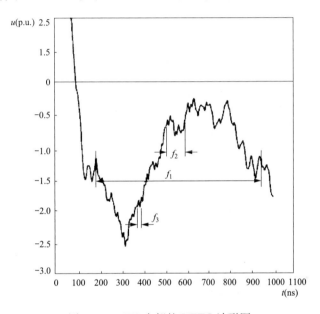

图 14-10　GIS 内部的 VFTO 波形图

（1）数十千赫至数兆赫的基本振荡频率 f_1。它由整个系统的电感、电容参数所决定，包括 GIS 及邻近的设备。其幅值不高，对电气设备绝缘不会构成威胁。

（2）高达 50MHz 的高频振荡频率 f_2。它是由 GIS 开关操作或接地故障引起的陡波前行波在 GIS 内传播形成的。它叠加到基本振荡过程上构成了 VFTO 波形的最重要部分，决定了 GIS 的绝缘水平。

（3）高达 200MHz 的特高频振荡频率 f_3。它是由 VFTO 在 GIS 内部相邻部件间反复折、反射叠加形成的。该频率范围内的过电压幅值低，对电气设备绝缘影响较小。

GIS 内部 VFTO 的波形取决于 GIS 的内部结构和外部的配置。此外，由于 VFTO 的行波特性，其波形随位置可能有很大的变化（在某些情况下，行波经过 1m 管线的距离，波形就会出现显著的变化）。通常 VFTO 的幅值范围为 1.5～2.8p.u.，多数情况下在 2.5p.u. 左右。

2. GIS 外部的 VFTO

（1）GIS 壳体暂态电压。GIS 壳体暂态电压是在 GIS 外壳的间断处，由内部暂态电压对外壳的耦合而出现在接地外壳的短上升时间、短持续时间的暂态电压，也称暂态地电位升

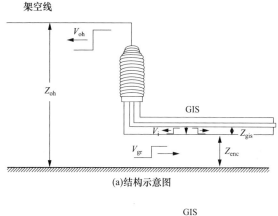

(a)结构示意图

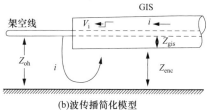

(b)波传播简化模型

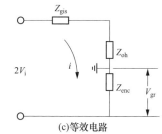

(c)等效电路

图 14-11　GIS 壳体电位升高现象示意图

高。当 GIS 内部产生的 VFTO 以行波方式通过导电杆传播到外引接线套管时，一部分暂态电压将耦合到架空线上，沿架空线传播；另一部分则耦合到壳体与地之间，形成壳体的地电位升高，如图 14-11 所示。

在高频条件下，由于集肤效应，电流波和电压波可沿 GIS 壳体内、外表面传播。暂态地电位升高幅值 V_{gr} 估算式为

$$V_{gr} = -2V_i \frac{Z_{enc}}{Z_{enc} + Z_{oh} + Z_{gis}} \quad (14\text{-}23)$$

式中：V_i 为 GIS 内部作用在终端处的电压；Z_{gis} 为 GIS 导体波阻抗（通常为 60Ω）；Z_{oh} 为架空线波阻抗（通常为 300Ω）；Z_{enc} 为 GIS 外壳对地波阻抗（通常为 150Ω）。

因此，最大地电位升高电压通常约为作用在 GIS 终端处电压 60%，极性与该电压极性相反。

若作用在终端处电压在 1.3p.u. 范围内，可在 GIS 外壳上产生约 0.8p.u. 的电压升高。但由于该电压持续时间为纳秒级，且能量较低，如果此时有人接触 GIS 外壳，可能会有电击的感觉。此外，GIS 壳体电位升高会对变电站控制、保护和其他二次设备产生干扰，甚至损坏。

（2）暂态电磁场。沿 GIS 壳体或外引线路传播的外部 VFTO 行波，也就是空间暂态电磁场的传播。GIS 变电站内二次设备可能受到该暂态电磁场干扰。现场测试结果表明，GIS 周围的空间暂态电磁场场强 $E = 1 \sim 10\text{kV/m}$，变化率 $dE/dt = 10^3 \sim 10^5 \text{kV/m} \cdot \mu s$，频率范围为 $10 \sim 20\text{MHz}$。因此，GIS 变电站的二次设备需要具备电磁干扰防护能力。

（3）架空连接线及其邻近设备上的快速暂态过电压。架空连接线及其邻近设备上的快速暂态过电压是外部 VFTO 的另一种形式，虽然外部暂态过程快速上升部分的幅值通常小于内部 VFTO，但电压上升率可能在 $10 \sim 30\text{MV/}\mu s$ 范围内，其对设备绝缘的作用与截波电压相似。因此，GIS 外接高压设备的绝缘可能会受到这种过电压的损害。

当 VFTO 作用于变压器绕组时，类似于截波作用，这时沿变压器绕组的电压分布近似于指数分布，绕组首端匝间绝缘将承受较高的电压。另外，这种过电压所含的谐波分量较丰富，会在变压器绕组的局部引起谐振，再加上累积效应作用，会使变压器绝缘发生击穿。超高压 GIS 系统中，已发生过多起变压器绝缘损坏事故。

14.6.2　VFTO 的影响因素

快速暂态过电压主要取决于 GIS 的内部结构和外部的配置。由于快速暂态过电压的行波特性，其波形随位置不同可能有很大的变化。行波经快速暂态过电压幅值除与 GIS 的结构有关外，还与下列因素有关：

（1）隔离开关弧道电阻。GIS 中隔离开关操作过程中产生 VFTO 最为常见。隔离开关重燃时触头间电弧弧道电阻对 VFTO 有阻尼作用，VFTO 幅值随弧道电阻的增加而呈下降趋势，因此，在隔离开关中加装阻尼电阻可降低 VFTO 幅值。

（2）变压器的入口电容。VFTO 此类陡波头高频电压波作用于变压器时，可将变压器绕组用归算至首端的对地电容，即入口电容来代替。由于电容电压不能突变，VFTO 行波传播到变压器入口处时，波头被拉平，陡度降低，变压器入口处 VFTO 幅值也随入口电容的增加而降低。但 GIS 内部 VFTO 幅值会随变压器入口电容的增加而增加，这主要是因为入口电容越大，储存的能量越高，在 GIS 开关设备触头重燃过程中，暂态振荡越剧烈。

（3）残余电荷。当 GIS 开关设备开断带电的 GIS 母线时，母线上可能存在残余电荷，残余电荷越多，母线残余电压越高，GIS 开关设备触头间隙重燃过程中的暂态振荡越剧烈，VFTO 的幅值也越高，通常 VFTO 幅值与残余电荷量近似呈线性关系。最严重情况下，残余电荷产生的电压为 1.0p.u.，极性与电源电压相反，在电源电压达到峰值时，开关触头间隙重燃，VFTO 幅值可达 3.0p.u.。残余电荷及残余电荷电压主要由开关开断电路时负载侧电容电流大小、开关速度、重燃时刻及母线上的泄漏情况等因素决定。

14.6.3　VFTO 的危害

GIS 中产生 VFTO 频率高、波头陡，在 GIS 内部和外部传播过程中对 GIS 自身绝缘及外接电气设备的绝缘均构成威胁。VFTO 主要危害如下：

1. GIS 设备主绝缘的危害

目前，特高压 GIS 设备绝缘的 VFTO 典型试验波形和耐受电压标准尚未确定，GIS 设备耐受 VFTO 的绝缘水平多用其雷电冲击耐受电压（LIWV），并考虑 15％的安全裕度。对于 500kV 的 GIS，其 LIWV 为 1550kV，VFTO 耐受电压可取为 1348kV（约为 3.0p.u.）；对于特高压 GIS 的 LIWV 为 2400kV，VFTO 耐受电压可取为 2087kV（约为 2.32p.u.）。由于 VFTO 最大幅值不超过 3.0p.u.，对于 500kV 的 GIS 设备主绝缘通常不会造成危害，但对于特高压 GIS 设备，隔离开关操作产生的 VFTO 过电压幅值可达 2.5p.u.，超过设备绝缘耐压能力，有可能造成设备主绝缘的损坏。

2. 危害变压器绕组绝缘

对于直接与 GIS 相连的变压器，当 VFTO 作用于变压器绕组时，电压波头上升时间只有数十纳秒，类似于截波电压作用，此时作用于变压器绕组的电压按指数分布，绕组首端匝间绝缘将承受较高的电压。对于非直接相连的变压器，因陡波在传输过程中经过了两个套管和一段架空线（或电缆），使得 VFTO 波头陡度变缓，一定程度上减轻了对绕组绝缘的危害。另外，VFTO 所含的谐波分量较丰富，会在变压器绕组的局部引起谐振，使得变压器匝间绝缘发生击穿。我国超高压 GIS 系统中，已发生过多起变压器匝间绝缘损坏的事故。

3. 对二次设备的影响

沿 GIS 壳体或外引线路传播的外部 VFTO 产生的瞬态电磁场，会影响 GIS 周围电子设备。同时，内部 VFTO 耦合到壳体与地之间，造成的暂态地电位升高（TGPR）和壳体暂态电位升高（TEV）会对与 GIS 相连的控制、保护和信号等二次设备产生干扰甚至击穿。

4．VFTO 的累积效应

由于 GIS 隔离开关操作频繁，每次操作都可能产生 VFTO，并对电气设备绝缘造成损伤，加速绝缘的老化。此种绝缘损伤作用累积到一定程度最终将造成设备的绝缘损坏。

14.6.4　VFTO 的防护措施

1．隔离开关并联电阻

隔离开关并联适当阻值的电阻，可以有效抑制操作隔离开关所产生的暂态过电压。图 14-12 所示为一带并联电阻的隔离开关原理电路图。

图 14-12　隔离开关加装并联
电阻原理电路图

当隔离开关断开时，主触头首先断开，负荷侧的残余电荷通过并联电阻向系统侧泄放，起到缓冲作用，然后断开副触头，使隔离开关彻底断开。当隔离开关合闸时，先合副触头，系统先通过并联电阻向负荷侧充电，起到缓冲作用，然后主触头闭合，完成隔离开关合闸操作。隔离开关加装并联电阻，一方面可以使负荷侧的残余电荷通过并联电阻向电源释放，减少隔离开关发生重燃的概率；另一方面可以起到阻尼作用，吸收 VFTO 的能量，减小过电压的幅值。相关研究表明，当并联电阻阻值为 1000Ω 时，VFTO 可抑制到 1.3p. u. 以下。

2．安装铁氧体磁环

铁氧体是高频导磁材料，在低频和高频工作条件下显示出不同的铁磁特性。在低频时主要呈电感特性，磁环损耗很小；在高频情况下，磁环主要呈电阻特性，高频能量转化为热能，可起到抑制高频过电压的作用。将铁氧体磁环套在 GIS 隔离开关两端的导电杆上，能够改变导电杆局部的高频电路参数，相当于在开关断口和空载母线间串入了一个阻抗，使 VFTO 的幅值和陡度降低，同时也减弱行波折反射的叠加。

3．采用金属氧化物避雷器（MOA）

MOA 对附近设备的保护效果较好，对远离 MOA 的设备上的 VFTO 抑制效果不显著。若隔离开关未装并联电阻时，MOA 对 VFTO 的抑制效果明显，母线侧避雷器的防护效果比变压器侧防护效果明显。隔离开关安装并联电阻后，MOA 对 VFTO 的抑制效果不明显。

4．快速动作隔离开关

使用快速动作隔离开关，提高触头的分合闸速度，缩短隔离开关切合时间，可以减少电弧重燃次数，从而降低快速暂态过程的出现概率，也在一定程度上降低 VFTO 幅值。但是使用快速动作隔离开关并不能完全抑制 VFTO 的产生。

14.7　交流特高压电网操作过电压

14.7.1　交流特高压电网

我国在 20 世纪 50～60 年代建成了 110～220kV 的省级高压（HV）电网，70 年代建成了西北 330kV 超高压（EHV）区域电网。1981 年建成的平顶山至武汉的第一条 500kV 超高压输电线路，使我国的超高压输电技术达到了一个新的水平。当前我国已建成了以 500kV 超高压输电线路为骨干网架的东北、华北、华中、华东和南方电网,以及以 330kV 超高压输电线路为骨干网架的西北电网等六大区域电网。在区域电网之间,又通过交流、直流或者交直流混合形式相联系,形成了跨区域联合电网。随着 2009 年晋东南—南阳—荆门 1000kV 交流特高压(UHV)试验示范工程的建成投产,以及 2010 年向家坝至上海±800kV 直流特高压示范工程的全线带电成功,标志着我国特高压输电技术取得了实质性突破。根据国家电网公司规划,到 2020 年我国将建成以华北、华中和华东地区为核心,连接各大区域电网和主要负荷中心的交流 1000kV 和直流±800kV 特高压智能骨干电网,使我国电网规模和技术水平跃居世界第一。

14.7.2 交流特高压电网内部过电压水平的控制

交流特高压电网中内部过电压的形成机理和影响因素,本质上与交流超高压电网相同。但随着电网标称电压的提高,其过电压的绝对值将大幅度增高。

目前,根据相关文件的规定,我国 1000kV 交流特高压电网的内部过电压水平应满足下列要求:

(1) 在变电站侧,对于工频过电压应限制在 1.3p.u. 以下($1.0\text{p.u.} = 1100\sqrt{2}/\sqrt{3}\text{kV}$),在线路侧可允许在 1.4p.u. 以下(持续时间不大于 0.5s)。

(2) 对变电站,相对地统计操作过电压应限制在 1.6p.u. 以下,对线路限制在 1.7p.u. 以下。

(3) 相间统计操作过电压应限制在 2.9p.u. 以下。

表 14-1 列出了世界各国特高压电网内部过电压水平的控制数值。可以看出,我国对交流特高压电网内部过电压水平的控制与其他国家相当。

表 14-1   **世界各国交流特高压电网所控制的内部过电压水平**

国别及机构	美国 AEP	俄罗斯 NIIPT	日本 TEPCO	意大利 CESI	中国
额定电压(kV)	1500	1150	1000	1000	1000
最高工作电压(kV)	1575	1200	1100	1050	1100
工频电压升高(p.u.)	1.3	1.4	1.3~1.5	1.35	1.3(线路侧 1.4)
操作过电压(p.u.)	1.6	1.4~1.8	1.6~1.7	1.7	1.6(线路侧 1.7)

14.7.3 交流特高压电网操作过电压及限制措施

操作过电压是确定交流特高压电网绝缘水平的决定因素。无论从减小交流特高压线路和输变电设备的绝缘设计难度,或者从缩减整个电网的建设费用的角度,降低交流特高压电网的操作过电压水平都有十分重要的意义。

我国对交流超高压和特高压电网的操作过电压倍数的控制水平分别为:500kV 为 2.0~2.5p.u,750kV 为 2.0p.u,1000kV 为 1.6~1.7p.u。

应该指出,对特高压电网绝缘水平影响最大的仍是切合空载线路时产生的切空线和合空线过电压。但是,随着现代断路器制造水平的提高和性能的改善,其切除空载线路时不会出现触头间电弧的重燃,从而使切空线过电压的危害大大减小。因此,合空线过电压则成为影响特高压电网绝缘水平的首要因素。

为了将特高压电网的最大操作过电压控制在 1.6~1.7p.u 以下,必须综合采用以下多种技术措施:

（1）由于操作过电压是在工频过电压的基础上形成的，因此限制工频过电压的措施也是限制操作过电压的有效手段。比如，采用高压并联电抗器或可控的高压并联电抗器，并选用合理的电网结构和运行方式来降低和限制特高压电网工频电压的升高。

（2）采用高性能的 MOA 大幅度限制操作过电压。

（3）采用装设 $400\sim600\Omega$ 合闸电阻的断路器降低合闸过电压。

（4）断路器装设分闸电阻，降低分闸过电压。

（5）采用相位控制断路器，通过精确控制断路器的合闸、分闸相位，从而最大限度地控制合闸、分闸过电压。从理论上讲，只要能控制断路器合闸时刻两侧电压相等，达到同步合闸，就不会出现过电压。

（6）制定合理的运行操作程序，降低操作过电压。

目前在我国采用装设 600Ω 合闸电阻的断路器和采用 MOA 是限制特高压电网操作过电压的主要技术措施。表 14-2 列出了其他国家为限制特高压电网操作过电压所采取的一些技术措施，以供参考。

表 14-2　　　　　　　　　其他国家限制交流特高压电网操作过电压的一些措施

项目	俄罗斯	日本	美国（BPA）	意大利
合理的最长单段线路长度	500km 左右		400km 左右	400km 左右
并联电抗器	采用	不用	采用	未用
可控或可调节高压电抗器	高压电抗器火花间隙接入	不用		
两端联动跳闸		采用		
断路器合闸电阻	采用	采用	采用	采用
断路器分闸电阻	不采用	采用	不采用	采用
断路器并联电阻值（Ω）	378	700	300	500
避雷器	采用	采用	采用	采用

14.8　电力系统解列过电压

当电网由于某种原因（如线路接地故障）而失去稳定，线路两端电源的电势将产生相对摆动（失步），摆动的频率一般很低。为了避免扩大事故，必须将系统快速解列，原则上这种解列可以发生在任何摇摆角，即线路两端电源的功角差 δ 可以是任何数值，但是在最不利的情况下，如在反相（$\delta=180°$）或接近反相时解列跳闸，能引起很高幅值的过电压。另外，若系统发生永久性单相接地故障，单相重合闸不成功，断路器三相操作切除故障，也会引起振荡而产生过电压。

输电线路两端电源电动势失步时的接线如图 14-13 所示。由于失步摇摆的频率很低，断路器开断时，系统实际上处于工频稳态。设断路器 QF2 分断瞬间，送电端电动势 E_1 和受电端电动势 E_2 间的功角差 $\delta>90°$。断路器开断前沿线工频稳态电压分布如图 14-13（b）中曲线 1 所示，这时两端电源电动势接近反相，沿线电压按线性分布，QF2 端的电压为 $-U_{QF}$。断路器跳闸系统解列，QF2 开断后沿线工频稳态电压分布如图 14-13（b）中曲线 2 所示，按余弦规律分布，线路末端电压稳态值为 U_{km}。QF2 断开后，沿线电压要发生高频振荡，线路端部的电压从 $-U_{k2}$ 过渡振荡至 U_{km}，过渡过程中线路端部产生的最大过电压为

$$U_{2m} = 2U_{km} - (-U_{k2}) = 2U_{km} + U_{k2} \tag{14-24}$$

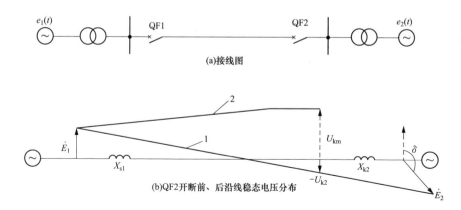

图 14-13　分析电源失步解列过电压的示意图

根据以上分析可知，这种情况下的解列过电压幅值取决于解列时线路两端电动势间的功角差 δ。当功角差 δ 大于 $90°$ 时，解列过电压最大值可能超过 2 倍；当功角差 δ 小于 $90°$ 时，解列过电压小于 2 倍。

系统发生永久性单相接地故障，单相重合闸不成功，断路器跳闸切除故障时，也会产生过渡过程而引起暂态过电压，分析接线如图 14-14 所示。设在 QF2 的输出端发生接地故障，这时沿线电压分布如图 14-14 中曲线 1 所示，基本按线性分布，在 QF2 的端部电压为零（接地故障点）。断路器跳开切除故障，沿线的稳态电压分布如图 14-14 中曲线 2 所示，按余弦规律分布，线路末端的电压最高为 U_{km}。QF2 跳开的过渡过程中，线路末端的电压从零经振荡过渡至 U_{km}，这个过程中可能产生的最大过电压幅值为

$$U_{2m} = 2U_{km} \tag{14-25}$$

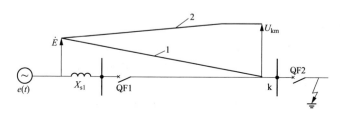

图 14-14　分析切除接地故障引起过电压的示意图

进一步分析表明，振荡波形由工频稳态电压与各次谐波叠加构成，当各次谐波系同号时，产生的过电压最大，可等于 2 倍；实际上，由于各次谐波到达幅值的时间差异和振荡的衰减，一般过电压倍数为 $1.5 \sim 1.7$。

在串联补偿系统中，若发生切除接地故障的操作，产生的暂态过电压将会更高，分析接线如图 14-15 所示。图中 C 为串联补电容，通常 C 呈欠补偿状态，故接地后其压降 U_C 与电源电压反相。QF2 跳开故障切除后，图 14-15 中 k 点电压将从 $-U_C$ 过渡至 U_{km}，在这个过程中产生的最大过电压为

$$U_{2m} = 2U_{km} + U_C \tag{14-26}$$

n 点振荡过电压将更高，为

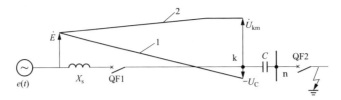

图 14-15　分析串补系统切故障引起过电压的示意图

$$U_{nm} = U_{2m} + U_C = 2(U_{km} + U_C) \tag{14-27}$$

通过上述分析可知，在这种情况下最大过电压数值与 U_C 值有关，而 U_C 值的大小取决于补偿度及故障点的位置。

电力系统解列过电压的限制措施是采用金属氧化物避雷器，也可以采用自动控制装置。当系统异步运行时，自动控制断路器在两端电源电动势摆动不超过一定角度的范围内断开，以消除电力系统解列过电压。

小　结

（1）操作过电压是决定电力系统绝缘水平的依据之一。操作过电压的估算公式为 $U_{Cm} = 2 \times$ 稳态值－初始值。

（2）间歇电弧接地过电压是由于故障点电弧时燃时熄，引起电力系统中电磁能量振荡而产生的。限制电弧接地过电压的主要措施是采用消弧线圈。

（3）空载变压器分闸过电压是由于断路器截流引起的。限制切空变过电压的主要措施是采用避雷器。

（4）空载线路分闸过电压是由于断路器重燃引起的。限制切空线过电压的主要措施是采用灭弧性能好的断路器。

（5）空载线路合闸过电压是由于合闸时断路器触头间有电位差，引起电磁能量振荡而产生的。限制合空线过电压的主要措施是采用带并联电阻的断路器和性能优良的氧化锌避雷器。

（6）在 GIS 开关设备操作中，由触头多次重燃产生的高频电压波沿 GIS 管线传播并发生多次折反射，GIS 管线内电压行波的叠加形成了特快速瞬态过电压（VFTO）。

（7）我国交流特高压最大操作过电压倍数控制在 $1.6 \sim 1.7$ p. u.，主要通过采用装设合闸电阻的断路器和 MOA 等方法实现。

（8）电网中因失步或故障解列，会产生幅值较高的解列过电压。

习　题

14-1　列表比较各种操作过电压的产生原因和主要影响因素。

14-2　中性点不接地系统中发生间歇电弧接地过电压，运用工频熄弧理论并考虑相间电容的影响，试计算第一次重燃时非故障相振荡电压的最大值。$\left(\text{计算时取} \dfrac{C_0}{C_0 + C_{12}} = 0.8 \right)$

14-3　一台三相变压器的线电压 U_l＝110kV，容量 P＝31.5MVA，铁心材料为热轧硅钢片，励磁电流 $I\%$＝4%，连续式绕组，C＝3000pF，求切空变的最大过电压倍数。

14-4　在开断空载线路时，母线上有等效电容 $C_1=\dfrac{1}{5}C_T$（C_T 为空载线路电容），求切除空载线路两次重燃的最大过电压值。

14-5　说明断路器并联电阻限制合空线过电压的原理及主、辅触头操作的次序。

14-6　试分析消弧线圈对消除电力系统中电弧接地过电压的作用。

14-7　试述 GIS 中特快速瞬态过电压产生机理及其抑制措施。

14-8　试述交流特高压电网操作过电压的限制措施。

14-9　试述电力系统解列过电压产生机理及其抑制办法。

第 4 篇　绝缘配合与数值计算

第 15 章　电力系统绝缘配合

电力系统绝缘主要指发电厂与变电站中电气设备的绝缘和输电线路的绝缘。从绝缘结构和特性上区分，有外绝缘和内绝缘。外绝缘是指与大气直接接触的绝缘部件，外绝缘的耐受电压值与大气条件密切相关，属自恢复型绝缘。内绝缘是指不与大气直接接触的绝缘部件，其耐受电压只决定于绝缘本身，与大气条件基本无关，大多数属非自恢复型绝缘。在运行中，电力系统绝缘将承受以下几种电压：正常运行状态下的工频电压、暂时过电压（指工频电压升高及谐振过电压）以及操作过电压和雷电过电压。

电气设备的绝缘水平是指设备绝缘能够耐受的试验电压值（耐受电压），即在此电压下要求设备绝缘不发生闪络或击穿。由于不同设备的绝缘对其耐受电压的能力不同，且同一设备的绝缘对不同作用电压也有其相应的耐受电压值，因此需要分门别类进行考核。为此，电气设备的绝缘耐受电压试验类型通常有短时（1min）工频耐压试验、长时间（1～2h）工频耐压试验、操作冲击耐压试验以及雷电冲击耐压试验等。

随着电力系统电压等级的提高，输变电设备的绝缘部分占设备总投资比重越来越大。因此，采用何种过电压保护措施来保护设备，使之在不增加过多投资的前提下，既能限制可能出现的高幅值过电压，保证系统可靠安全运行，又能降低各种输变电设备的绝缘水平，以减少主要设备的投资费用，这就需要处理好过电压、限压措施和绝缘水平三者之间的协调配合关系，即绝缘配合。

15.1　绝缘配合的原则

绝缘配合的原则就是根据电气设备在系统中可能承受的各种电压，并考虑过电压的限制措施和设备的绝缘性能后，确定电气设备的绝缘水平，以便将作用于电气设备上的各种电压所造成的设备绝缘损坏降低到经济上和运行上能接受的水平。

合理的绝缘配合会在经济上和安全运行上达到最高的总体效益，不会因绝缘水平取得过高而使设备绝缘投资过大，造成不必要的浪费；也不会因绝缘水平取得过低而使设备在运行中事故率增加，导致停电损失和维护费用增大。因此，电气设备的绝缘配合是一个复杂的、综合性的技术经济问题。

电气设备的绝缘水平是由系统最高运行电压、雷电过电压及内部过电压三因素中最严格的一个来决定的。由于在不同电压等级系统中，各种作用电压的影响不同，因此绝缘配合的原则、绝缘试验电压的类型也有相应的差别。

　　在 220kV 及以下系统中，雷电过电压是绝缘的主要威胁。因此在这些系统中，电气设备绝缘水平主要是由雷电过电压决定的，也就是根据避雷器的雷电冲击保护水平（残压）来确定设备的绝缘水平。这样确定的绝缘水平在正常情况下能耐受操作过电压的作用，所以 220kV 及以下系统一般不采用专门的限制内部过电压的措施。

　　在超高压系统中操作过电压的幅值随电压等级的提高而增高，逐渐变为对绝缘起主要作用的电压。在这些系统中，均需采用限制内部过电压的专门措施，例如，并联电抗器、带有并联电阻的断路器及氧化锌避雷器等。对各种限制过电压措施的要求不同，绝缘配合的做法也不同。我国对超高压系统中内部过电压的保护原则为：主要通过改进断路器的性能，将操作过电压限制到预定的水平，然后以避雷器作操作过电压的后备保护。因此，超高压系统中电气设备绝缘水平也是以雷电过电压下避雷器的保护特性为基础确定的。

　　在污秽地区，污闪事故常在恶劣气象条件和系统工作电压下发生。因此，严重污秽地区的系统外绝缘水平主要由系统最高运行电压所决定。

　　电力系统绝缘配合是不考虑谐振过电压作用的，所以应在电网设计和系统运行中避免发生谐振过电压。

　　输电线路绝缘与变电站中电气设备之间不需要考虑配合问题。通常，线路绝缘水平远高于变电站中电气设备的绝缘水平，以保证线路的安全运行。从输电线路传入变电站的过电压由变电站母线上的避雷器限制，而电气设备的绝缘水平以避雷器的保护水平为基础确定。

　　对于同一电压等级、不同地点、不同类型的电气设备，由于所处的电网结构不同、遭受过电压的水平不同以及造成事故的后果不同，在确定绝缘水平时也允许有一定的差异。为了适应这种需要，国际电工委员会（IEC）和我国国家标准规定了，对同一电压等级的电气设备，对应有几个绝缘水平可供选择。

15.2　绝缘配合的方法

确定线路与电气设备绝缘配合的方法有惯用法、统计法与简化统计法。

15.2.1　惯用法

绝缘配合的惯用法是根据作用于绝缘上的"最大过电压"和"最小绝缘强度"的概念来配合的，即首先确定设备上可能出现的最大过电压，然后根据运行经验乘上一个考虑各种影响因素和一定裕度的系数，从而确定绝缘应耐受的电压水平。

惯用法中所采用的最大雷电过电压是以避雷器的残压为基础确定的。最大操作过电压则按模拟试验的结果统计归纳得出。我国系统相间操作过电压相对地操作过电压的计算倍数为：

（1）35kV 及以下低电阻接地系统为 3.0；

（2）66kV 及以下非有效接地系统（不含低电阻接地系统）为 4.0；

（3）110、220kV 系统为 3.0；

（4）330kV 系统为 2.2；

（5）500kV 系统为 2.0；

（6）750kV 系统为 1.8；

（7）1000kV 系统为 1.6。

6～220kV 系统的相间操作过电压可取对地操作过电压的 1.3～1.4 倍；330kV 系统可取

1.4~1.45 倍；500kV 及以上系统可取 1.5 倍。

15.2.2 统计法

统计法是已知过电压幅值和绝缘放电电压的概率分布之后，用计算的方法求出绝缘放电的概率和线路的跳闸率，在技术经济比较的基础上选择绝缘水平。

设过电压幅值的概率密度函数 $f_g(U)$，绝缘放电的概率分布函数为 $P(U)$，且 $f_g(U)$ 与 $P(U)$ 互不相关，如图 15-1 所示。$f_g(U_0)\mathrm{d}U$ 为过电压在 U_0 附近 $\mathrm{d}U$ 范围内出现的概率，$P(U_0)$ 为在过电压 U_0 作用下绝缘放电的概率，二者互相独立。因此，出现幅值为 U_0 的过电压并损坏绝缘的概率为

$$P(U_0)f_g(U_0)\mathrm{d}U = \mathrm{d}R \tag{15-1}$$

式中：$\mathrm{d}R$ 为微分故障率，即图 15-1 中 $\mathrm{d}U$ 范围内阴影部分的面积。

习惯上，过电压按绝对值进行统计（正、负极性约各占一半），再根据过电压的含义，有 $U \geqslant U_{ph}$（最高运行相电压幅值），得到过电压 U 的范围是 $U_{ph} \sim \infty$，那么绝缘故障率 R 为

$$R = \int_{U_{ph}}^{\infty} P(U)f_g(U)\mathrm{d}U \tag{15-2}$$

由式（15-2），故障率 R 是图 15-1 中总阴影部分面积。若增加绝缘强度，曲线 $P(U)$ 将向右移动，则阴影面积将缩小，表示绝缘故障率减小，但增加绝缘使投资增大。因此，统计法可按需要进行一系列试验性设计与故障率的估算，根据技术经济比较在绝缘成本和故障率之间进行协调，在满足预定故障率的前提下，选择合理的绝缘水平。

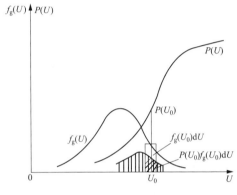

图 15-1 绝缘故障率的估算

采用统计法进行绝缘配合虽然是合理，但应用在实际工程中较为困难和复杂。例如，对非自恢复绝缘进行绝缘放电概率的测定，其代价太高，无法接受；各种随机因素（包括气象条件、过电压波形影响等）的概率分布有时并非已知。为提高统计法的实用性，产生了简化统计法。

15.2.3 简化统计法

简化统计法是设定实际过电压和绝缘放电概率为正态分布规律，并已知其标准偏差。在此设定基础上，上述过电压幅值的概率密度曲线和绝缘放电概率分布曲线就可以分别用某一参考概率相对应的点来表示，此两点对应的值分别称为统计过电压 U_s 和统计耐受电压 U_w。国际电工委员会绝缘配合标准推荐采用过电压出现概率为 2%的过电压值（即大于等于此过电压的出现概率为 2%）为统计过电压；推荐采用放电概率为 10%的电压（即耐受概率为 90%的电压）为绝缘的统计耐受电压。于是，绝缘的故障率就与 U_s 和 U_w 有关，通过计算就可得到故障率 R，再根据技术经济比较，定出可以接受的 R 值，选择相应的绝缘水平。

实际上，应用简化统计法计算绝缘故障率 R，其值只取决于 U_w 与 U_s 的比值 $\gamma = \dfrac{U_w}{U_s}$（$\gamma$ 称为统计安全系数）。在过电压保持不变的条件下，提高绝缘水平，U_w 增大，γ 值也增大，故障率相应减小。从形式上看，简化统计法中的统计安全系数很像惯用法中最小绝缘强度与最大过电压之间配合的裕度系数。但惯用法没有引入参数的统计概念，不去计算故障率。

在电力系统中，由于过电压的类型很多、波形各异，绝缘材料各种各样，绝缘结构也不

相同，所以过电压的概率分布和绝缘闪络概率均十分复杂，并非完全遵循正态规律，故障造成的经济损失也难确切估算。电气设备和线路绝缘水平的确定，除了 330kV 及以上的自恢复绝缘（输电线路）采用统计法外，主要采用惯用法。

15.3　输电线路绝缘水平的确定

15.3.1　绝缘子片数的确定

架空输电线路绝缘子片数的确定，首先应根据线路绝缘子串所需承受的机械负荷、工作环境条件及电网运行要求选定绝缘子的型号，然后再确定绝缘子的片数，并满足下列条件：

(1) 绝缘子串在工作电压下不发生污闪；

(2) 绝缘子串在操作过电压下不发生湿闪；

(3) 绝缘子串具有一定的雷电冲击耐受强度，保证一定的耐雷水平。

确定绝缘子片数的具体步骤是：

(1) 由工频运行电压，按绝缘子串应具有的统一爬电比距，初步决定绝缘子片数；

(2) 按操作过电压及耐雷水平的要求，进行验算和调整。

统一爬电比距是指绝缘子串的总爬电距离与该绝缘子串上承载的最高运行相电压有效值之比，即

$$\lambda = \frac{nL_0}{U_{\text{phase}}} \tag{15-3}$$

式中：λ 为线路绝缘子串的统一爬电比距值，mm/kV；n 为绝缘子串的绝缘子片数；L_0 为单片绝缘子的几何爬电距离，mm；U_{phase} 为作用在绝缘子串上的最高运行相电压有效值，kV。

从我国电网长期运行经验知，在不同污秽地区的架空导线，当其绝缘子串的 λ 值不小于某一数值时，就不会引起严重的污闪事故，能满足线路运行可靠性的要求。于是，按工频运行电压选用的绝缘子片数 n_1 为

$$n_1 = \frac{\lambda U_{\text{phase}}}{L_0} \tag{15-4}$$

其中，λ 为该导线必须具有的最小统一爬电比距值，此值可在 GB/T 26218.1—2010、GB/T 26218.2—2010，即《污秽条件下使用高压绝缘子的选择和尺寸确定》第 1 部分、第 2 部分的相关图表中获得。为此，事前要掌握该架空导线通过地区的现场污秽度（Site Pollution Severity，SPS）、污秽类型（A 类或 B 类），在标准第 2 部分中查得相应的参考统一爬电比距（Reference Unified Specific Creepage Distance，RUSCD），再经海拔及绝缘子直径因素校正后，才是选择绝缘子片数所需的最小统一爬电比距，即是式（15-4）中该用的 λ 值。

表 15-1　海拔 1000m 及以下的非污秽地区各级电压线路直线杆每串 X-4.5 型绝缘子的片数

线路额定电压（kV）	35	66	110	154	220	330	500
中性点接地方式	不直接接地		直接接地				
按工作电压和泄漏比距要求决定	2	4	6～7	9	13	19	28
按内部过电压下湿闪要求决定	3	5	7	9	12～13	17～18	19
按雷电过电压下耐雷水平要求决定	3	5	7	9	13	19	25～28
实际采用值	3	5	7	9	13	19	28

输电线路的绝缘子串除了应在长期工作电压作用下不发生闪络外,还应考虑能耐受操作过电压的作用,这就要求在考虑大气状态等影响因素后,绝缘子串的湿闪电压要大于可能出现的操作过电压,通常还应取 10% 的裕度。考虑这种情况后,可求得按内部过电压要求所需的输电线路绝缘子片数。最后,绝缘子串片数的确定还要按线路雷电过电压进行复核,即计算线路耐雷水平是否满足要求。一般情况下,按泄漏比距和操作过电压要求选定的绝缘子串片数都能满足耐雷水平的要求。在特殊高杆塔或高海拔地区,雷电过电压要求的绝缘子片数,往往会大于按泄漏比距和操作过电压要求的绝缘子片数,成为确定绝缘子片数的决定因素。

综合绝缘子串在工作电压、内部过电压和雷电过电压下三方面要求后,实际输电线路直线杆塔采用的每串绝缘子片数取表 15-1 中最后一行的数值。系统运行经验表明,按上述方法确定的绝缘子片数,能避免发生工作电压下的污闪和操作过电压作用下的湿闪,且在杆塔接地电阻合格条件下能满足输电线路的耐雷水平要求。

我国特高压输电线路在海拔高度 1000m 及以下地区的绝缘子串片数,同样由上述方法确定,见表 15-2。

表 15-2　　　　　　　　　　1000kV 输电线路在不同污秽地区的绝缘子片数

污秽等级	XWP-160 型		XPW-300 型	
	片数	串长 (m)	片数	串长 (m)
1	47	7.3	44	8.6
2	59	9.2	55	10.7

注　表中污秽等级按我国 GB/T 16434—1996 划分,与 GB/T 26218.1—2010 所划分的等级不相互对应。

对于变电站和发电厂内的绝缘子串,因其数量不多,而重要性较大,每串绝缘子片数可按线路的耐张杆选取。

15.3.2　空气间隙的确定

输电线路的绝缘除了绝缘子串外,还有空气间隙。输电线路的空气间隙主要有导线对地、导线对导线、导线对避雷线、导线对杆塔和横担。导线对地面的高度主要考虑的是穿越导线下面的最高物体与导线间的安全距离,在超高压下还应考虑对地面物体的静电感应。导线间的距离主要考虑导线弧垂最低点在风力作用下,最小间隙应能耐受的工作电压。导线对架空地线间的间隙由雷击避雷线档距中央不发生该空气间隙闪络的条件所决定。

因此,线路上的空气间隙主要是根据工作电压、雷电过电压和内部过电压来确定。海拔 1000m 及以下地区,在考虑风偏作用的影响下,各种电压作用时导线对杆塔的距离列于表 15-3 中。一般情况下,决定空气间隙的是雷电过电压。

表 15-3　海拔 1000m 及以下地区各级电压线路考虑风偏后要求的导线对杆塔空气间隙的距离　(cm)

额定电压 (kV)	35	66	110	220	330	500	750
X-4.5 型绝缘子片数	3	5	7	13	19	28	43
工作电压要求的 S_1 值	10	20	25	55	100	130	200
操作过电压要求的 S_2 值	25	50	70	145	220	270	420
雷电过电压要求的 S_3 值	45	65	100	190	260	370	430

当海拔高度大于 1000m 时,每增高 100m,表 15-3 中的 S_1 和 S_2 应增大 1%。因高杆塔或高海拔而增加绝缘子片数时,表 15-3 中的 S_3 也应成正比增大。

对于变电站和发电厂，空气间隙距离应增加 10% 的裕度。

15.3.3　电气设备绝缘水平的确定

电气设备包括电机、变压器、断路器、互感器、电抗器等，发电厂、变电站内的这些设备均受到避雷器的保护，故避雷器在 5kA（220kV 及以下）或 10kA（330、500kV）时的残压 U_c 是确定电气设备绝缘水平的基础。

电气设备的绝缘水平可用短时工频耐受电压、雷电冲击耐受电压和操作冲击耐受电压表示。短时工频耐受电压是指 1min 工频试验电压；雷电冲击耐受电压用全波雷电冲击电压进行试验，称为电气设备的基本冲击绝缘水平（BIL）；操作冲击耐受电压用规定的操作波进行试验，称为电气设备的基本操作冲击绝缘水平（SIL）。

在 220kV 及以下系统中，避雷器只是用于限制雷电过电压，而在操作过电压作用下是不会动作的，即认为操作过电压对设备的正常绝缘是没有危险的。因此，现场试验时可用短时工频耐受电压试验来代替操作冲击耐受电压试验。

目前，由于受到试验设备参数的限制，一般设备出厂试验，只做工频耐受电压试验，它在一定程度上与 BIL 和 SIL 等效，工频耐受试验电压值可按图 15-2 所示的程序确定。其中，β_1、β_2 为雷电和操作冲击耐受电压换算为等效工频耐受电压的冲击系数。

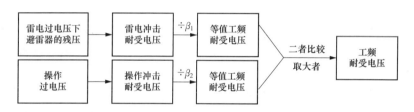

图 15-2　工频耐受试验电压的确定

这样，工频耐受电压实际上代表了设备绝缘对操作和雷电过电压的总体水平。一般除了设备的型式试验要进行冲击耐压试验外，在现场设备只要能通过工频耐压试验，就能够在系统中可靠运行。

对 220kV 及以下设备的型式试验，在条件许可时，应由避雷器的残压 U_c 乘以一定的配合系数 k_c（通常取 $k_c=1.4$）后，选定为雷电冲击耐压值，进行雷电冲击耐受电压试验。对超高压设备，除工频和雷电冲击耐受电压试验外，型式试验时还要做操作冲击耐受电压试验，其值可取统计操作过电压水平或避雷器（可能同时限制操作过电压）的操作冲击残压乘以配合系数 k'_c（$k'_c=1.15$）。

参照国际电工委员会（IEC）推荐的绝缘配合标准，我国国家标准规定的电气设备耐受电压值见表 15-4。

表 15-4　　　　　　　　　　　　3～500kV 输变电设备的基准绝缘水平

额定电压	最高工作电压	额定操作冲击耐受电压		额定雷电冲击耐受电压		额定短时工频耐受电压	
kV（有效值）		kV（有效值）	相对地过电压标幺值	kV（峰值）		kV（有效值）	
				Ⅰ	Ⅱ	Ⅰ	Ⅱ
3	3.5	—	—	20	40	10	18
6	6.9	—	—	40	60	20	23

续表

额定电压	最高工作电压	额定操作冲击耐受电压		额定雷电冲击耐受电压		额定短时工频耐受电压	
kV（有效值）		kV（有效值）	相对地过电压标幺值	kV（峰值）		kV（有效值）	
				I	II	I	II
10	11.5	—	—	60	75	28	30
15	17.5	—	—	75	105	38	40
20	23.0	—	—	—	125	—	50
35	40.5	—	—	—	185/200*	—	80
63	69.0	—	—	—	325	—	140
110	126.0	—	—	—	450/480*	—	185
220	252.0	—	—	—	850	—	360
					950		395
330	363.0	850	2.85	—	1050	—	(460)
		950	3.19	—	1175	—	(510)
500	550.0	1050	2.34	—	1425	—	(630)
		1175	2.62	—	1550	—	(680)

注 1. 带 * 的数值，仅用于变压器类设备的内绝缘。

2. 括号内的短时工频耐受电压值，仅供参考。

随着电网结构的变化，过电压保护装置性能的改进及绝缘性能的改善，对电气设备的绝缘水平的要求会有所下降。表15-4中对同一电压等级设备列出了两个耐受试验电压值，以供选择使用。

对于特高压电气设备进行工频耐压试验的目的有两个方面：一是通过在升高电压试验过程中监测局部放电状况，以确认其在长期工作电压作用下的工作可靠性；二是考核其耐受暂时过电压的能力。我国特高压电气设备的交流短时耐受电压取 1100kV；对变压器、电抗器耐压试验时间取 5min；对 GIS（断路器、隔离开关）取 1min。

特高压电气设备的冲击耐受电压水平仍是以避雷器的操作冲击、雷电冲击保护水平为基础，再乘以配合系数确定。变压器、并联电抗器、开关设备和电压、电流互感器等内绝缘的操作冲击绝缘配合系数均取 1.15。变压器内绝缘的雷电冲击绝缘配合系数取 1.15，考虑运行老化因素再引入裕度系数 1.15。并联电抗器、开关设备和电压、电流互感器等考虑保护距离的因素，其内绝缘的雷电冲击绝缘配合系数取 1.4。按上述原则确定的特高压电气设备冲击耐受电压水平见表15-5。

表 15-5 我国特高压电气设备绝缘冲击耐受电压

设备最高电压（kV，rms）	雷电冲击耐压（kV）		操作冲击耐压（kV）	
	变压器、电抗器	其他设备	变压器、电抗器	其他设备
1100	2250	2400	1800	1800

小 结

（1）电气设备绝缘耐受电压试验类型有工频耐压试验、雷电冲击耐压试验、操作冲击耐压试验。

（2）绝缘配合就是处理过电压、过电压限制措施和绝缘水平三者之间的协调配合关系。

（3）电气设备的绝缘水平是由系统最高运行电压、雷电过电压及内部过电压三因素中最严格的一个来确定的。

（4）绝缘配合的方法有三种，实际应用主要采用惯用法来确定电气设备的绝缘水平。

（5）电气设备绝缘耐受冲击的能力有 BIL 和 SIL 两种。

习　　题

15-1　解释电气设备的绝缘配合和绝缘水平的含义。

15-2　电力系统绝缘配合的原则是什么？

15-3　输电线路绝缘子串的绝缘子片数是如何确定的？

15-4　变电站内电气设备的绝缘水平是否应该与输电线路的绝缘水平相配合？为什么？

第 16 章 高电压工程中的数值计算

在高电压工程领域，理论分析、仿真计算、实验研究是最基本的研究方法。在工程实际中，输电线路、电气设备等研究对象的电磁场模型或电路模型极其复杂，理论分析中所采用的传统解析算法无法直接求解，只能对工程模型进行简化，以得到特定条件下的解析解，然而这种计算结果往往与工程实际相差较远，无法满足工程应用的实际要求。随着计算机技术的发展和普及，计算机仿真计算已经成为解决高电压工程领域内复杂电磁问题的重要研究手段，其计算条件设置灵活、计算准确度能满足工程应用要求。目前，高电压工程领域内的数值仿真计算主要应用于：

（1）绝缘电场计算，包括高压输电线路、绝缘子、旋转电机、变压器、电力电缆等设备绝缘设计及电磁场分布分析；

（2）接地计算，包括接地体接地电阻计算、接地网结构设计等；

（3）电力系统过电压计算，包括电力系统中雷电过电压、内部过电压、机电暂态过程等仿真计算。

以下分别对高电压工程领域中仿真计算常用的数值计算方法进行介绍。

16.1 静电场数值计算

电气设备在高电压作用下，当绝缘中电场强度超过绝缘耐受强度时，将导致绝缘击穿，引起设备损坏。因此，研究和改善高电压设备中的电场分布是高电压工程研究领域内的重要任务之一。

我国高压电气设备主要工作在 50Hz 交流电压下，电压随时间的变化是比较缓慢的，电极间的绝缘距离远小于相应工频电磁波的波长。即使在电压变化较快的雷电冲击电压作用下，在电压由零升到峰值的时间内，电压波虽只行进了几百米距离，但仍比电气设备的尺寸大得多（除高压输电线和有长导线的线圈类设备外）。所以一般电气设备在任一瞬间的电场都可以近似地认为是稳定的，可以按静电场来分析。

在高压电气设备绝缘设计时，需要定量计算绝缘各部位的电位和电场强度，确定静电场分布的规律。但是由于工程实际中电极形状、电介质分布（场域的边界条件）比较复杂，电场计算常会遇到很多困难，除了极少数简单几何形状的电极外，一般很难用解析计算方法求解。工程上常用近似方法，简化电极形状，来估算场域中某部分的解。随着计算机技术的发展，静电场数值计算方法才得到了广泛应用，可以计算边界比较复杂的静电场问题。

静电场的数值计算方法可分成两大类：

（1）微分数值算法：基于拉普拉斯方程或泊松方程的微分方程，将电场连续域内的问题变为离散系统的问题来求解。计算时将场域空间划分为适当的网格，以网格节点的电位作为未知数，利用已知的边界条件，写出一组对结点上的电位求解的线性方程组，从而求出电场空间的近似解。此类算法主要包括有限差分法和有限元法。

（2）积分数值算法：以边界上的电荷分布或一组虚设的模拟电荷为未知数，根据库仑定律列写由电荷分布求电位的积分方程，利用已知边界条件，写出对电荷求解的线性方程组，再按所求得的电荷，得出电场中间分布的近似解。此类算法主要包括模拟电荷法和边界元法。

本节主要介绍静电场数值计算中常用的有限差分法、有限元法和模拟电荷法。

16.1.1　有限差分法

有限差分法静电场数值计算的思路是将连续分布场域内的问题变换为离散场的问题进行求解，通过离散点的数值解来逼近连续场场域内的真实解。它是以差分原理为基础的一种电场数值计算方法，通过用各离散节点上电位函数的差商来近似代替泊松方程中的偏导数，从而得到一组差分方程。这样，求解泊松方程就转化为求代数方程组的解，求解连续的电位函数转变为求有限数量节点上的电位值，从而近似地得到电场的空间分布。本节以二维场中电位分布求解说明静电场有限差分法数值计算方法。

在均匀介质中，场域内各处电位满足泊松方程，即

$$\nabla^2 \varphi = -\frac{\rho}{\varepsilon} \tag{16-1}$$

式中：φ 为电位；ρ 为空间电荷密度；ε 为介电常数。

在一个边界为 C 的矩形平面区域内，如图 16-1 所示。

电位的边值问题可以表示为

$$\nabla^2 \varphi = \frac{\partial^2 \varphi}{\partial x^2} + \frac{\partial^2 \varphi}{\partial y^2} = -\frac{\rho}{\varepsilon}$$

$$\varphi \mid_C = f(x, y) \tag{16-2}$$

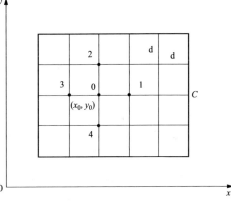

图 16-1　二维矩形区域的正方形网格

在给定了二维区域中电荷分布和电位在边界上的数值时，求二维区域中各点的电位。对于该问题的求解，利用有限差分法应用，首先将场域划分成足够多的正方形网格，网格线之间的距离为 d，网格线的交点为节点。以下分析图 16-1 中 5 个相邻节点的电位 $\varphi_0 \sim \varphi_4$ 间的关系。设节点 0 的坐标为 (x_0, y_0)，由于网格边长 d 很小，对通过节点 0 且平行于 x 轴的直线上的相邻点 x 的电位 $\varphi(x, y_0)$ 可按泰勒公式在节点 0 展开为

$$\varphi_x = \varphi_0 + \left(\frac{\partial \varphi}{\partial x}\right)_0 (x - x_0) + \frac{1}{2!}\left(\frac{\partial^2 \varphi}{\partial x^2}\right)_0 (x - x_0)^2$$

$$+ \frac{1}{3!}\left(\frac{\partial^3 \varphi}{\partial x^3}\right)_0 (x - x_0)^3 + \frac{1}{4!}\left(\frac{\partial^4 \varphi}{\partial x^4}\right)_0 (x - x_0)^4 + \cdots \tag{16-3}$$

在节点 1，$x_1 = x_0 + d$，该点电位为

$$\varphi_1 = \varphi_0 + \left(\frac{\partial \varphi}{\partial x}\right)_0 d + \frac{1}{2!}\left(\frac{\partial^2 \varphi}{\partial x^2}\right)_0 d^2 + \frac{1}{3!}\left(\frac{\partial^3 \varphi}{\partial x^3}\right)_0 d^3 + \frac{1}{4!}\left(\frac{\partial^4 \varphi}{\partial x^4}\right)_0 d^4 + \cdots \tag{16-4}$$

在节点 3，$x_3 = x_0 - d$，该点电位为

$$\varphi_3 = \varphi_0 - \left(\frac{\partial \varphi}{\partial x}\right)_0 d + \frac{1}{2!}\left(\frac{\partial^2 \varphi}{\partial x^2}\right)_0 d^2 - \frac{1}{3!}\left(\frac{\partial^3 \varphi}{\partial x^3}\right)_0 d^3 + \frac{1}{4!}\left(\frac{\partial^4 \varphi}{\partial x^4}\right)_0 d^4 + \cdots \tag{16-5}$$

因此，有

$$\varphi_1 + \varphi_3 = 2\varphi_0 + \left(\frac{\partial^2 \varphi}{\partial x^2}\right)_0 d^2 + \frac{2}{4!}\left(\frac{\partial^4 \varphi}{\partial x^4}\right)_0 d^4 + \cdots \tag{16-6}$$

当网格划分得足够多时，网格边长 d 足够小，可以忽略 d^4 以上的项，则有

$$\left(\frac{\partial^2 \varphi}{\partial x^2}\right)_0 d^2 = \varphi_1 + \varphi_3 - 2\varphi_0 \tag{16-7}$$

同理可得

$$\left(\frac{\partial^2 \varphi}{\partial y^2}\right)_0 d^2 = \varphi_2 + \varphi_4 - 2\varphi_0 \tag{16-8}$$

式（16-7）、式（16-8）相加可得

$$\left(\frac{\partial^2 \varphi}{\partial x^2} + \frac{\partial^2 \varphi}{\partial y^2}\right)_0 d^2 = \varphi_1 + \varphi_2 + \varphi_3 + \varphi_4 - 4\varphi_0 \tag{16-9}$$

在节点 0 处的泊松方程为

$$\left(\frac{\partial^2 \varphi}{\partial x^2} + \frac{\partial^2 \varphi}{\partial y^2}\right)_0 = -\left(\frac{\rho}{\varepsilon}\right)_0 \tag{16-10}$$

则有

$$\varphi_0 = \frac{1}{4}\left[\varphi_1 + \varphi_2 + \varphi_3 + \varphi_4 + \left(\frac{\rho}{\varepsilon}\right)_0 d^2\right] \tag{16-11}$$

式（16-11）是二维区域中一点的泊松方程有限差分形式。

对于无源区域，$\rho = 0$，则有

$$\varphi_0 = \frac{1}{4}(\varphi_1 + \varphi_2 + \varphi_3 + \varphi_4) \tag{16-12}$$

式（16-12）是二维拉普拉斯方程的有限差分形式。

对于给定的区域和电荷分布，当用网格将区域划分后，对每一个节点可以写出一个差分方程，于是就可以得到一个方程数与未知电位的网点数相等的线性差分方程组。对于给定的连续边界条件，当用网格将区域划分后，可以给出它在边界节点上的离散值。在已知边界节点电位的条件下，用迭代法可以求出区域内各节点上的电位。另外，方程的个数等于区域内的节点数。如果区域划分的网格粗，即节点少，则差分方程组的个数少，求解方程组简单，需要的时间短，但准确度低；如果区域划分的网格细，即节点多，则差分方程组的个数也多，求解方程组所需的时间较长，但准确度较高。

16.1.2　有限元法

有限元法是以变分原理为基础的，将所要求解的微分方程型数学模型—边值问题，转化为相应的变分问题（泛函求极值问题）；然后利用剖分插值，将变分问题变为普通多元函数的极值问题。有限元法的核心在于剖分插值，它将所研究的连续场分割为有限单元，然后用比较简单的插值函数来表示每一个单元的解，在全部单元总体合成后再引入边界条件。

1. 边界条件

电磁场计算中的边界条件通常有下列三种情况：

（1）给定的是整个场域边界上的场函数值，称为第一类边界条件。

（2）给定的是场函数在边界上的法向导数值，称为第二类边界条件。

（3）给定的是边界上的场函数与其法向导数的线性组合，称为第三类边界条件。

　　在使用有限元求解时，第一类边界条件必须在方程构建过程中人为加入，也称为强制边界条件。第二类边界条件在求解过程中自动满足，也称为自然边界条件。由于变分原理的应用，使第二、第三类及不同介质分界面上的边界条件作为自然边界条件在总体合成时将隐含地得到满足，唯一需考虑的仅是强制边界条件的处理。

　　2. 计算步骤

　　有限元法计算一般步骤为：

　　(1) 确定待求边值问题的求解域和边界条件，选择符合问题的描述方程，然后给出相应的泛函及其等价变分问题。

　　(2) 将求解域离散成有限个互不重叠的剖分单元，并按照一定次序编号的剖分单元以及节点确定，每个剖分单元可以对应一种介质；然后对各个剖分单元进行处理，选取相应的插值函数，对剖分单元中任意点的未知函数用该剖分单元中形状函数及离散点上的函数值展开，求出插值函数。

　　(3) 将变分问题离散化为一个多元函数的极值问题，即求出泛函的极值，推导出一组代数方程。

　　(4) 选择适当的代数解法，解有限元方程可得待求边值问题的数值解。

　　对于电磁场数值计算来说，其求解的对象固定，即相应的变分已经明确。一般情况下，二维场的求解可归结为如下的边值问题：

$$\nabla^2 \varphi = \frac{\partial^2 \varphi}{\partial x^2} + \frac{\partial^2 \varphi}{\partial y^2} = 0 (x, y) \in \boldsymbol{\Omega} \tag{16-13}$$

$$\varphi = U(x, y)(x, y) \in \boldsymbol{\Gamma_1} \tag{16-14}$$

$$\frac{\partial \varphi}{\partial n} = 0(x, y) \in \boldsymbol{\Gamma_2} \tag{16-15}$$

$$\left(\varepsilon_1 \frac{\partial \varphi}{\partial n}\right)^- = \left(\varepsilon_2 \frac{\partial \varphi}{\partial n}\right)^+ (x, y) \in \boldsymbol{\Gamma_3} \tag{16-16}$$

式中：Ω 为定界场域；Γ_1 为电位已知的边界；Γ_2 为电位的法线导数为零的边界；Γ_3 为不同介质的分界线；ε_1、ε_2 为介质的介电常数。

　　由于静电场的电位分布必然使电场能量为最小，所需求解的电场问题可表达为变分问题，即求解使静电场能量 $J(\varphi)$ 为最小的电位函数，其对应的变分问题为

$$J(\varphi) = \frac{1}{2} \iint \left[\left(\frac{\partial \varphi}{\partial x}\right)^2 + \left(\frac{\partial \varphi}{\partial y}\right)^2\right] \mathrm{d}x \mathrm{d}y = \min \tag{16-17}$$

$$L_1 : \varphi = \varphi_0 \tag{16-18}$$

　　当 $\frac{\partial J(\varphi)}{\partial \varphi} = 0$，求出的 φ，可满足静电场能量 $J(\varphi)$ 为最小的条件。

　　在二维静电场有限元数值计算中，用一阶三角形单元 e 对平面场域 Ω 进行离散化（剖分）处理，如图 16-2 所示。将电场的场域 Ω 剖分为有限个互不重叠的三角形单元，任一三角形的顶点必须同时也是其相邻三角元的顶点，而不能是相邻三角元边上的内点。当遇到不同介质的分界线时，不容

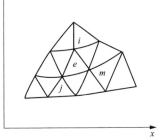

图 16-2　场域的剖分

许有跨越分界线的三角元。剖分一直推延到场域边界，如边界为曲线，以相应的三角元中的一条边逼近该曲线。

在图 16-2 中，设三角形单元 e 的三个顶点坐标分别为 (x_i, y_i)、(x_j, y_j)、(x_m, y_m)，其电位分别为 φ_i、φ_j、φ_m，单元 e 中电位插值函数为

$$\varphi(x,y) = ax + by + c \tag{16-19}$$

式中：a、b 和 c 为待定常数，可以由各节点电位求出。

将 φ_i、φ_j、φ_m 代入上式，可得

$$\begin{aligned}
\varphi_i &= ax_i + by_i + c \\
\varphi_j &= ax_j + by_j + c \\
\varphi_m &= ax_m + by_m + c
\end{aligned} \tag{16-20}$$

由式（16-20）可得

$$\begin{aligned}
a &= \frac{1}{2\Delta}(a_i\varphi_i + a_j\varphi_j + a_m\varphi_m) \\
b &= \frac{1}{2\Delta}(b_i\varphi_i + b_j\varphi_j + b_m\varphi_m) \\
c &= \frac{1}{2\Delta}(c_i\varphi_i + c_j\varphi_j + c_m\varphi_m)
\end{aligned} \tag{16-21}$$

其中

$$a_i = y_j - y_m, \quad a_j = y_m - y_i, \quad a_m = y_i - y_j \tag{16-22}$$
$$b_i = x_m - x_j, \quad b_j = x_i - x_m, \quad b_m = x_j - x_i \tag{16-23}$$
$$c_i = x_j y_m - x_m y_j, \quad c_j = x_m y_i - x_i y_m, \quad c_m = x_i y_j - x_j y_i \tag{16-24}$$

$$\Delta = \frac{1}{2}\begin{vmatrix} x_i & y_i & 1 \\ x_j & y_j & 1 \\ x_m & y_m & 1 \end{vmatrix} = \frac{1}{2}(a_i b_j - a_j b_i) = \iint_e \mathrm{d}x\mathrm{d}y$$

式中：Δ 为三角形单元 e 的面积。

三角形单元 e 中的电位插值函数为

$$\varphi^e = \frac{1}{2\Delta}\left[(a_i x + b_i y + c_i)\varphi_i + (a_j x + b_j y + c_j)\varphi_j + (a_m x + b_m y + c_m)\varphi_m\right] \tag{16-25}$$

对式（16-25）取偏导数得

$$\begin{aligned}
\frac{\partial \varphi^e}{\partial x} &= \frac{1}{2\Delta}(a_i\varphi_i + a_j\varphi_j + a_m\varphi_m) = \frac{1}{2\Delta}\sum_{p=i,j,m} a_p\varphi_p \\
\frac{\partial \varphi^e}{\partial y} &= \frac{1}{2\Delta}(b_i\varphi_i + b_j\varphi_j + b_m\varphi_m) = \frac{1}{2\Delta}\sum_{p=i,j,m} b_p\varphi_p
\end{aligned} \tag{16-26}$$

对于三角形单元 e 有

$$\frac{\partial J(\varphi^e)}{\partial \varphi} = \begin{bmatrix} K_{ii}^e & K_{ij}^e & K_{im}^e \\ K_{ji}^e & K_{jj}^e & K_{jm}^e \\ K_{mi}^e & K_{mj}^e & K_{mm}^e \end{bmatrix}\begin{bmatrix} \varphi_i \\ \varphi_j \\ \varphi_m \end{bmatrix} = [K]_e[\varphi]_e \tag{16-27}$$

式中：单元系数矩阵 $[K]_e$ 中的元素 $K_{pq}^e = \frac{\varepsilon}{4\Delta}(a_p a_q + b_p b_q)$（$p=i, j, m$；$q=i, j, m$）。

在对所有的有限单元进行分析后，可构造出总体线性方程组，即

$$\frac{\partial J(\varphi)}{\partial \varphi} = \sum \frac{\partial J(\varphi^e)}{\partial \varphi} = \sum [K]_e [\varphi]_e = [K][\varphi] = 0 \qquad (16\text{-}28)$$

式（16-28）中，总系数矩阵 $[K]$ 是通过单元系数矩阵 $[K]_e$ 累加而成。在累加前，必须将单元系数矩阵扩展成总系数矩阵的形式，然后求和。即总系数矩阵的元素是逐个按总体下标相同的原则依次累加而成的，最终的总系数矩阵 $[K]$ 是与剖分节点同阶的二维矩阵，该方程组即是所谓的有限元方程。经过场域剖分和线性插值处理后，能量泛函已被离散为以节点电位作为变量的多元二次函数，因此能量求极值的问题也就可相应地从泛函的变分转化为多元函数求偏导的问题。对待求结点求解即可得出使电场能量为最小的一组节点电位分布，这也就是待求电场的数值近似解。

16.1.3　模拟电荷法

在计算静电场时，带电体表面上的充电电荷和不同介质分界面上出现的束缚电荷，都可用待求解场域外的等效电荷替代，这种等效电荷通常称之为模拟电荷。模拟电荷法是以等效源作用产生的场来替代拉普拉斯场，所以等效源必须位于待求解区域外，以保证待求解区域内的场仍是拉普拉斯场。

模拟电荷法是在待求解的场域之外，用一组虚设的模拟电荷来等效代替电极表面连续分布的电荷，模拟电荷的位置和形状是事先假定的，其电荷值由电极的边界条件决定。当模拟电荷的位置、大小确定后场中任意点的电位、场强就由这些集中电荷产生的场量相叠加而得。根据静电场的唯一性定理，电极内部放置若干个假想电荷，使其共同作用的结果满足给定的边界条件，则这一组电荷所产生的场即为满足一定准确度的实际电场，进而求得计算场域中各点的场强值。

在计算中，模拟电荷的种类、数目及电极表面匹配点之间的匹配关系将直接影响到计算量的大小和计算结果的准确度。一般的模拟电荷计算法，是在导体内布置 n 个模拟电荷，在边界表面取 m 个匹配点。m 个匹配点的电位 φ_1，φ_2，…，φ_m 为电极表面电位。它们是由 n 个模拟电荷共同作用而产生的，即

$$\varphi_i = \sum_{j=1}^{n} a_{ij} Q_j \quad (i = 1, 2 \cdots m) \qquad (16\text{-}29)$$

式中：a_{ij} 为电荷 j 相对于第 i 个匹配点的电位系数；Q_j 为第 j 个模拟电荷量。

式（16-20）矩阵形式为

$$[\varphi_i] = [A][Q] \qquad (16\text{-}30)$$

求出模拟电荷向量 $[Q]$ 后，就可以根据叠加原理计算场域内各点电位和电场强度。

模拟电荷法是一种特定的离散化方法，它是以电场唯一性定理为依据来确定其等效源的，是一种满足场方程且近似满足边界条件的一种数值计算方法。在模拟电荷法实际应用中，并非模拟电荷数和匹配点数越多，解的计算准确度就越高。因为在数值计算中，解的误差不仅和离散误差有关，还与系数的条件有关。离散误差是将连续变化的量用离散的量近似表达时引起的误差，如在模拟电荷法中，边界条件的近似满足必将引起离散误差。另外，如果设置的模拟电荷数过多，意味着边界上匹配点设置得过密，则必然导致系数阵中相邻两行或相邻两列的数值相近，因而使归一化后的系数阵行列式的值很小。也就是说使该系数阵的条件数很大，因此模拟电荷数不是越多越好而需要综合考虑。

模拟电荷法计算准确度与假想电荷和轮廓点的布置有着显著关系，所以选择好的布置方

式十分重要。通常，由于轮廓点是在电极的表面上，所以首先决定轮廓点的位置，然后再按照对应关系确定假想电荷的位置。在希望求取电场值以及电场变化急剧的地方，轮廓点应当布置得较密。对计算准确度要求较弱的地方，只要取少量的轮廓点。

16.2　接 地 数 值 计 算

发电厂、变电站的接地参数包括接地阻抗、接触电位差、跨步电位差、网孔电位差及接地网上面的地表面电位分布等。接地网参数计算一般需要考虑以下三要素：①接地系统本体，即接地导体的材料特性、截面形状和尺寸，接地系统的形状、尺寸、埋深及接地导体布置图；②接地系统所处大范围土壤的电阻率分布特性，如 10 倍于接地系统尺寸广度和深度土壤电阻率分层/分块的情况；③注入/流出接地系统电流源的特性，如电流源的频率、幅值及波形等。

由于公式法采用了等效简化的处理，在计算发变电站接地系统接地参数时必然存在一定的误差。过度的简化在一些情况下甚至会产生较大的误差，这是公式法最大的缺点。随着接地理论方面取得的最新突破、计算机硬件性能大幅的提升和数值计算技术的发展，各国学者将各种数值计算方法应用到接地参数的数值计算中来，如有限差分法、有限元法、模拟电荷法、边界元法和矩量法等。采用数值计算方法，能够比较全面地考虑公式法不能处理的因素，如：①复杂的土壤模型，如层状土壤（常见的站址土壤模型）或块状土壤（水电站模型），或者层状组合的土壤；②接地网的实际形状和结构及故障电流流散时的实际情况，即考虑到接地网不同部分导体散流的不均匀性，满足任意复杂形状接地网的接地计算要求；③复杂的不对称接地故障电流分布和最大入地电流的计算；④考虑接地导体的内自阻抗和导体间的互感，以及入地电流在接地系统上注入的位置；⑤瞬态电流激励的情况；⑥最大跨步电位差和接触电位差模式识别；⑦空间电位、电场和电流密度分布的分析计算；⑧接地系统的优化设计；⑨其他的情况。

接地网参数计算三要素的数值法求解体系是比较复杂的，本节只讨论接地系统本体的数值处理和求解方法，并不涉及土壤电阻率和电流源的数值法。另外，本节并不涉及冲击接地问题，故接地系统本体的数值计算方法是基于恒流场的理论而展开，即当直流或交流电流流经接地系统时，任一点的电位满足泊松方程或拉普拉斯方程，与上一节的静电场求解有许多相似的地方。通过将组成接地系统的导体进行剖分离散化处理，从而使计算空间电位的复杂积分变为求和的形式。通过计算各剖分后得到支路的自电阻和互电阻来求得接地网的泄流电流分布，从而得到空间内任意点的电位。接地系统本体的数值处理和求解方法主要在于求解电阻系数与沿接地系统泄流电流分布，其计算准确度、计算繁杂程度、计算时间的长短及占用计算机内存是数值法研究的对象。目前随着硬件技术的发展，计算机的运算速度及内存的大小已经不再是阻碍数值法应用的因素，数值法应从计算准确度、与实际情况的吻合程度等方面进行改进。如考虑接地网所处土壤的分层或分块的情况，而不是只对采用等值电阻率的均匀土壤结构进行分析。接地系统本体数值法的第一步，就是对接地系统进行剖分离散化，即剖分接地系统为多个节点和支路的集合，微观的支路模型如图 16-3 所示。

图 16-3 中支路 l 连接 2 个节点 N_1 和 N_2，流入和流出节点的电流分别为 I_{N1} 和 I_{N2}。支路上微元 dl 上导通电流和散流电流分别为 $C(l)$ 和 $S(l)$。在接地参数分析中，均匀土壤为半无

限大各向同性的媒质，一般采用电导率或电阻率来表示其性能。接地系统的局部范围与交流 50Hz 或 60Hz 工频电流的透入深度相比要小得多，因此可以忽略传播时间，在交流或直流情况下接地系统特性可以基于恒定电流场理论进行分析。如果电流流入埋设在地中的接地装置，根据恒定电流场理论，以无限远点为参

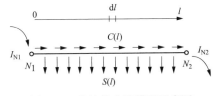

图 16-3　接地体支路模型示意图

考点，应用格林函数的原理可以得到电极泄流电流在任意一点 p 产生的电位 V_p 为

$$V_p = \int_l S(l)G(p,l)\mathrm{d}l \qquad (16\text{-}31)$$

式中：G 为格林函数，对均匀土壤有 $G=$ 土壤电阻率/$(4\pi)\times[1/(p$ 与 l 的距离$)+1/(p$ 与 l 镜像的距离$)]$。

剖分后，接地系统细分为足够稠密的支路集合 $\boldsymbol{R}$。足够稠密的意义在于，$\boldsymbol{R}$ 中所有支路均可以近似为 S（l）处处相等。支路导体的两个端点的集合称为节点 $\boldsymbol{N}$。剖分后接地网的等效模型由 r 根支路和 n 个节点构成。如某地网的模型示意图如图 16-4 所示。

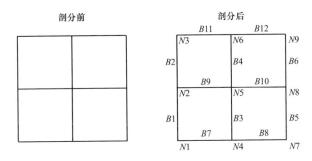

图 16-4　某地网模型示意图

定义节点电压 $V(j)$ 是 j 号节点的电位。由于支路导体足够稠密，可近似认为第 k 支路电压 $U(k)$ 为两端点电位平均值，即

$$U(k) = \frac{V(m)+V(n)}{2} \qquad (16\text{-}32)$$

式中：m 和 n 是 k 号支路两端点的编号。

式（16-32）写成矩阵形式有

$$\boldsymbol{U} = \boldsymbol{K}\boldsymbol{V} \qquad (16\text{-}33)$$

式中：$\boldsymbol{U}$ 为支路电压列向量；$\boldsymbol{V}$ 是节点电压列向量；$\boldsymbol{K}$ 是支路–节点关联矩阵，当支路 i 与节点 j 相连时有 $\boldsymbol{K}(i,j)=0.5$，否则为 0。

考虑所有的支路电压和支路散流电流 $\boldsymbol{I}$ 有

$$\boldsymbol{I} = \boldsymbol{S}\boldsymbol{U} = \boldsymbol{H}^{-1}\boldsymbol{U} \qquad (16\text{-}34)$$

式中：$\boldsymbol{S}$ 为支路散流矩阵；$\boldsymbol{H}$ 为支路的互电阻矩阵。

对于 $\boldsymbol{H}$ 有

$$\boldsymbol{H}(i,j) = \int_{l_i \in \boldsymbol{R}} \int_{l_j \in \boldsymbol{R}} G(l_i,l_j)\mathrm{d}l_i\mathrm{d}l_j \qquad (16\text{-}35)$$

将支路散流电流 $\boldsymbol{I}$ 分成两部分，等分到与之相连的节点有

$$J(b) = \sum_{i=1}^{r} c_{i,b} \frac{I(i)}{2} \tag{16-36}$$

式中：$J(b)$ 为 b 号节点的散流电流；如果节点 k 与支路 i 相连，$c_{i,b}=1$，否则等于零。

将式（16-36）写成矩阵形式有

$$J = K'I \tag{16-37}$$

式中：J 为节点散流电流列向量；K' 是 K 的转置矩阵。

运用电流守恒定律有

$$F - J = YV \tag{16-38}$$

式中：F 是故障入地电流列向量；Y 是节点导纳矩阵。

综合式（16-33）、式（16-34）、式（16-37）和式（16-38）有

$$F = (K'SK + Y)V \tag{16-39}$$

接地网的节点导纳矩阵 Y 求解公式为

$$Y = AZ^{-1}A' \tag{16-40}$$

式中：A 是关联矩阵，当支路 k 和节点 j 关联并且它的方向背离节点，则 $A(j,k)=1$，当支路 k 和节点 j 关联并且它的方向指向节点，则 $A(j,k)=-1$，否则是零；A' 是 A 的转置矩阵；Z 是接地网导体的支路阻抗矩阵。

Z 的元素为

$$Z(i,i) = z(i), Z(i,j) = j\omega M(i,j), i \neq j \tag{16-41}$$

式中：M 是导体的外自感阵；$M(i, j)$ 是导体 i 和导体 j 间的互感；z 是导体内自阻抗向量。

第 i 段圆柱导体的内自阻抗 $z(i)$ 可表示为

$$z(i) = \frac{j\omega\mu_c}{2\pi a \sqrt{j\omega\mu_c\sigma_c}} \frac{I_0(a\sqrt{j\omega\mu_c\sigma_c})}{I_1(a\sqrt{j\omega\mu_c\sigma_c})} \tag{16-42}$$

式中：μ_c 和 σ_c 分别是导体 i 的磁导率和电导率；a 是圆柱导体的半径；I_0 和 I_1 分别是修正的第一类零阶和一阶贝赛尔函数。

对于导体间的互感 $M(i, j)$，根据电磁场理论，互感 $M(i, j)$ 的表达式为

$$M(i,j) = \frac{\mu_0}{4\pi} \int_{l_i \in R} \int_{l_j \in R} \frac{1}{r} d\vec{l}_i d\vec{l}_j = \frac{\mu_0}{4\pi} \int_{l_i \in R} \int_{l_j \in R} \frac{1}{r} dl_i dl_j \cos\theta_{i,j} \tag{16-43}$$

式中：$\theta_{i,j}$ 是导体 i 和导体 j 之间的夹角。

由于注入节点电流向量 F 已知，通过式（16-39）就可以很方便地求出节点电压向量 V，然后相应求出支路电压向量 U 和支路散流电流向量 I，这样接地网的等效接地阻抗 Z_g 和地表电位分布 V_p 等问题都可以解决。

$$V = (K'SK + Y)^{-1}F \tag{16-44}$$

$$Z_g = \frac{\max(V)}{\sum F} \tag{16-45}$$

$$I = SU = SKV \tag{16-46}$$

$$V_p = \int_{l \in R} S(l)G(p,l)dl = IH_p \tag{16-47}$$

式中：H_p 为支路与观测点的互阻矩阵；H_p 元素的计算公式与式（16-35）相同。

跨步电位差 V_S 和接触电位差 V_T 可以由 $\boldsymbol{V_p}$ 分布的模式识别得到，即使用

$$V_S = \max(\mid \boldsymbol{V_p}(x,y) - \boldsymbol{V_p}(x+\cos(\alpha), y+\sin(\alpha)) \mid) \tag{16-48}$$

$$V_T = \max(\mid \max(V) - \boldsymbol{V_p}(x,y) \mid) \tag{16-49}$$

来识别空间坐标 (x,y) 和角度 α。求解式（16-48）和式（16-49），对应结果就是最大跨步电位差和最大接触电位差发生的位置。

上述式（16-31）～式（16-49）对应的是大型接地系统的不等电位数值计算模型，对于小规模接地系统，模型可作简化，即假设接地系统电位升高 V 和总入地故障电流 F，使用式（16-33）、式（16-34）、式（16-37），有

$$Z_g = \frac{V}{F} = \mathrm{sum}(\boldsymbol{K'G^{-1}K}) = \mathrm{sum}(G^{-1}) \tag{16-50}$$

式中：sum 函数表示矩阵所有元素的代数和。

式（16-50）是接地系统经剖分后等电位法的结果。在极限情况下，若剖分支路可微，则式（16-50）还可改写为积分的形式，即

$$Z_g = \frac{V}{F} = \frac{1}{\displaystyle\int_{\boldsymbol{\Lambda_i} \in \Lambda} \int_{\boldsymbol{\Lambda_j} \in \Lambda} \frac{1}{\dfrac{1}{G(\boldsymbol{\Lambda_i},\boldsymbol{\Lambda_j})} \mathrm{d}\boldsymbol{\Lambda_i} \mathrm{d}\boldsymbol{\Lambda_j}}} \tag{16-51}$$

式中：Λ 为接地系统剖分元素的集合，Λ 可以为任意线、面和体的集合。

如果使用不等电位重新推导式（16-31）～式（16-49），更新互阻、导通阻抗和互感的计算方法即可，本节不再展开。

16.3　电力系统过电压数值计算

电力系统中各类过电压，如断路器正常开关操作或切除故障所引起的操作过电压，以及系统遭雷击在输电线路和电气设备上产生的雷电过电压等，都是由电力系统中突然出现的电磁暂态过程激发产生的。电力系统除了线性元件外，还含有非线性特性元件，如避雷器、带铁心的电感等，以及具有分布参数特性和频率特性的输电线路元件等，因此电力系统中的电磁暂态过程往往是很复杂的。解析方法只适用于过电压的原理分析和简单近似计算。如按照工程实际条件计算电力系统过电压，则必须利用数值计算方法，并通过计算机仿真来完成。

常用的电力系统过电压数值计算方法主要包括网格法和 Bergeron 法。网格法是建立在行波概念基础上的，如果线路上有两个以上的不连续点时，则在这些不连续点之间会发生多次折射和反射，这种多次折、反射的过程可以形象地用网格状的图来表示，利用这种网格状的图来求各不连续点上的电压的方法可称为网格法。在应用网格法时，可以先将网络中的储能集中参数元件电感和电容用一定长度和波阻抗的无损线路进行近似等效。对集中电阻元件，若串接在两条线路的端点之间，则可以在计算波在节点的折、反射系数时考虑进去；若电阻接在节点和地之间，则可用波阻抗等于电阻值的无限长的无损线路来代替。

Bergeron 法是国际上普遍采用的电力系统过电压数值计算方法。它的实质是将包括分布参数线路在内的网络等效为电阻性的暂态计算网络，用梯形积分方法求解集中参数电路中的暂态过程。以这种方法为基础开发的电磁暂态计算程序（Electromagnetic Transients Program，EMTP）已成国际通用的电力系统过电压仿真计算软件，该软件通用性强，能计算具有集中参数元件和分布参数元件的任意网络的暂态过程，求解速度快、准确度高。本节主要

介绍电力系统过电压的 Bergeron 数值计算方法。

16.3.1　集中参数元件的 Bergeron 模型

1. 电感模型

电感模型如图 16-5 所示，在两节点 k、m 间有一电感 L，电感压降为

$$u_{\mathrm{L}}(t) = u_{\mathrm{k}}(t) - u_{\mathrm{m}}(t) = L\frac{\mathrm{d}i_{\mathrm{km}}(t)}{\mathrm{d}t} \tag{16-52}$$

式中：$i_{\mathrm{km}}(t)$ 表示由节点 k 流向节点 m 经过电感的电流；$u_{\mathrm{k}}(t)$ 和 $u_{\mathrm{m}}(t)$ 分别表示两端点对地（电位参考节点）的电压。

设已知 $t-\Delta t$（Δt 为计算步长）时刻经过电感的电流和两端的节点电压分别为 $i_{\mathrm{km}}(t-\Delta t)$，$u_{\mathrm{k}}(t-\Delta t)$，$u_{\mathrm{m}}(t-\Delta t)$，计算 t 时刻的电流 $i_{\mathrm{km}}(t)$ 和节点电压 $u_{\mathrm{k}}(t)$、$u_{\mathrm{m}}(t)$。式（16-52）可改写为

$$i_{\mathrm{km}}(t) - i_{\mathrm{km}}(t-\Delta t) = \frac{1}{L}\int_{t-\Delta t}^{t} u_{\mathrm{L}}(t)\mathrm{d}t \tag{16-53}$$

根据梯形积分法则，上式可以写成

$$i_{\mathrm{km}}(t) = i_{\mathrm{km}}(t-\Delta t) + \frac{\Delta t}{2L}\big[u_{\mathrm{L}}(t-\Delta t) + u_{\mathrm{L}}(t)\big] \tag{16-54}$$

考虑到 $u_{\mathrm{L}}(t) = u_{\mathrm{k}}(t) - u_{\mathrm{m}}(t)$，上式可以改写为

$$i_{\mathrm{km}}(t) = \frac{1}{R_{\mathrm{L}}}\big[u_{\mathrm{k}}(t) - u_{\mathrm{m}}(t)\big] + I_{\mathrm{L}}(t-\Delta t) \tag{16-55}$$

$$R_{\mathrm{L}} = \frac{2L}{\Delta t}, I_{\mathrm{L}}(t-\Delta t) = i_{\mathrm{km}}(t-\Delta t) + \frac{1}{R_{\mathrm{L}}}\big[u_{\mathrm{k}}(t-\Delta t) - u_{\mathrm{m}}(t-\Delta t)\big]。$$

式中：R_{L} 为电感 L 暂态计算时的等效电阻，只要 Δt 确定，就有确定值；$I_{\mathrm{L}}(t-\Delta t)$ 为电感在暂态计算时的等效电流源，可以根据前一步 $t-\Delta t$ 时流经电感的电流值和端点电压值按公式（16-53）计算得到，由于它是上一时刻的电流，故称为历史电流源。

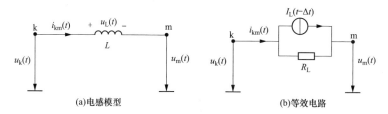

图 16-5　电感等效计算电路图

根据电感的暂态计算公式（16-55），可以画出如图 16-5（b）所示的等效计算电路，电路中只包括电阻 R_{L} 和电流源 $I_{\mathrm{L}}(t-\Delta t)$。

2. 电容模型

电容模型如图 16-6 所示，设在两节点 k、m 间有一电容 C，电容 C 上的电压和电流关系可以表示为

$$i_{\mathrm{km}}(t) = C\frac{\mathrm{d}u_{\mathrm{C}}(t)}{\mathrm{d}t} = C\frac{\mathrm{d}\big[u_{\mathrm{k}}(t) - u_{\mathrm{m}}(t)\big]}{\mathrm{d}t} \tag{16-56}$$

成积分形式为

$$u_k(t) - u_m(t) = u_k(t - \Delta t) - u_m(t - \Delta t) + \frac{1}{C}\int_{t-\Delta t}^{t} i_{km}(t)\mathrm{d}t \qquad (16\text{-}57)$$

运用梯形积分公式，由上式可以得到

$$i_{km}(t) = \frac{1}{R_C}\big[u_k(t) - u_m(t)\big] + I_C(t - \Delta t) \qquad (16\text{-}58)$$

$$R_C = \frac{\Delta t}{2C}, I_C(t - \Delta t) = -i_{km}(t - \Delta t) - \frac{1}{R_C}\big[u_k(t - \Delta t) - u_m(t - \Delta t)\big]$$

式中：R_C 和 $I_C(t - \Delta t)$ 分别表示电容 C 在暂态计算时等效电阻和反映历史记录的等效电流源。

与电感电路相似，根据等效计算公式，可以画出如图 16-6（b）所示的电容等效计算电路。

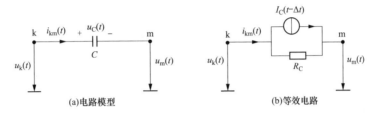

图 16-6　电容的等效计算电路图

3. 电阻模型

电阻模型如图 16-7 所示，在两节点 k、m 间有一电阻 R，电阻电压和电流的关系式为

$$i_{km}(t) = \frac{1}{R}\big[u_k(t) - u_m(t)\big] \qquad (16\text{-}59)$$

由于纯电阻集中参数元件并不是储能元件，其暂态过程与历史记录无关，所以电阻电路无需进一步等效。

从上述储能元件电感和电容的暂态等效计算模型可以看出，这些等效电路是由电阻和历史电流源并联组成，而耗能元件电阻没有历史电流源。换句话说，经过处理，电感和电容可以看作一个阻性元件，只是附加了一个历史电流源。

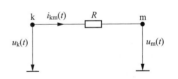

图 16-7　电阻模型及等效计算电路图

16.3.2　分布参数输电线路 Bergeron 模型

设有如图 16-8 所示的单相均匀无损线路，长度为 l，波阻抗为 Z，始端（$x=0$）和末端（$x=l$）的电压和电流分别为 $u_k(t)$、$u_m(t)$、$i_{km}(t)$ 和 $i_{mk}(t)$。电流的正方向为由端点流向线路。

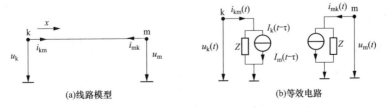

图 16-8　单相无损线路的等效计算电路

若波在 $t-\tau$ 时刻从节点 k 出发（传播时间 $\tau=l/v$），在 t 时刻到达 m 点，则有

$$u_k(t-\tau) + Zi_{km}(t-\tau) = u_m(t) + Z[-i_{mk}(t)] \tag{16-60}$$

即

$$i_{mk}(t) = [u_m(t) - u_k(t-\tau)]/Z - i_{km}(t-\tau) \tag{16-61}$$

若设

$$I_m(t-\tau) = -u_k(t-\tau)/Z - i_{km}(t-\tau) \tag{16-62}$$

则有

$$i_{mk}(t) = u_m(t)/Z + I_m(t-\tau) \tag{16-63}$$

同样，对于反行波有

$$u_m(t-\tau) - Z[-i_{mk}(t-\tau)] = u_k(t) - Zi_{mk}(t) \tag{16-64}$$

即

$$i_{km}(t) = [u_k(t) - u_m(t-\tau)]/Z - i_{mk}(t-\tau) \tag{16-65}$$

若设

$$I_k(t-\tau) = -u_m(t-\tau)/Z - i_{mk}(t-\tau) \tag{16-66}$$

则有

$$i_{km}(t) = u_k(t)/Z + I_k(t-\tau) \tag{16-67}$$

根据以上等效计算公式可以有如图 16-8 所示的线路始端 k 及末端 m 的等效计算电路。这样，对电力传输长线的计算转变为简单的电阻和并联的电流源计算。图 16-8 中，线路两个端点 k 和 m 各有自己的独立回路，即端点 k 和 m 只靠由式（16-62）和式（16-66）决定的电流源发生关系，在拓扑上不再有任何关系。在电流源已知的情况下，用节点电位法求解该电路十分方便。因此，只要知道 $t-\tau$ 时刻端点 k 和 m 的电压和电流，再利用式（16-62）和式（16-66）求得 $I_m(t-\tau)$ 和 $I_k(t-\tau)$ 后，就可以求出 t 时刻节点 k 和 m 的电压和电流。

16.3.3 Bergeron 法的应用

Bergeron 法求解电力系统过电压的步骤如下：

（1）根据电力系统电路接线，按电路理论并采用集中参数元件或分布参数元件 Bergeron 模型，列写电路的节点电压方程组，即

$$\boldsymbol{Y}\boldsymbol{u}(t) = \boldsymbol{i}(t) - \boldsymbol{I}(t-\Delta t) \tag{16-68}$$

式中：$\boldsymbol{Y}$ 为节点导纳矩阵；$\boldsymbol{u}(t)$ 为 t 时刻节点电压向量；$\boldsymbol{i}(t)$ 为 t 时刻节点注入电流向量；$\boldsymbol{I}(t-\Delta t)$ 为节点上各电路元件 Bergeron 模型中的等效电流源向量。

（2）迭代求解各元件等效电流源 $\boldsymbol{I}(t-\Delta t)$。对于电感元件，由式（16-55）可知

$$I_L(t-\Delta t) = i_L(t-\Delta t) + \frac{\Delta t}{2L}u_L(t-\Delta t) \tag{16-69}$$

式中：$i_L(t-\Delta t)$ 为 $t-\Delta t$ 时刻流过电感元件的电流；$u_L(t-\Delta t)$ 为 $t-\Delta t$ 时刻电感元件两端的电压。

对于电容元件，由式（16-58）可知

$$I_C(t-\Delta t) = -i_C(t-\Delta t) - \frac{2C}{\Delta t}u_C(t-\Delta t) \tag{16-70}$$

式中：$i_C(t-\Delta t)$ 为 $t-\Delta t$ 时刻流过电容元件的电流；$u_C(t-\Delta t)$ 为 $t-\Delta t$ 时刻电容元件两端的电压。

对于分布参数线路，可以直接采用式（16-62）和式（16-66）进行等效电流源迭代计算，也可以对式（16-67）进行进一步递推为

$$i_{\mathrm{km}}(t-\tau) = u_{\mathrm{k}}(t-\tau)/Z + I_{\mathrm{k}}(t-2\tau) \tag{16-71}$$

对式（16-63）进行进一步递推为

$$i_{\mathrm{mk}}(t-\tau) = u_{\mathrm{m}}(t-\tau)/Z + I_{\mathrm{m}}(t-2\tau) \tag{16-72}$$

代入式（16-62）和式（16-66），则有

$$I_{\mathrm{m}}(t-\tau) = -2u_{\mathrm{k}}(t-\tau)/Z - I_{\mathrm{k}}(t-2\tau) \tag{16-73}$$

$$I_{\mathrm{k}}(t-\tau) = -2u_{\mathrm{m}}(t-\tau)/Z - I_{\mathrm{m}}(t-2\tau) \tag{16-74}$$

在图 16-8 所示分布参数线路 Bergeron 模型中等效电流源 $I_{\mathrm{m}}(t-\tau)$ 和 $I_{\mathrm{k}}(t-\tau)$ 可由 $t-\tau$ 时刻 k 和 m 点的电压以及 $t-2\tau$ 时刻 I_{m} 和 I_{k} 决定。在计算中波的传播时间 τ 应为 Δt 的整数倍，当不满足此条件时，可将 τ 改为 Δt 的最相近的整数倍。

Bergeron 数值算法的计算准确度可以通过调节 Δt 来实现。

如图 16-9 所示，空载无损线路合闸到电源 $e(t)$，线路波阻抗为 Z，长度为 $l(\tau=l/v)$，电源内阻为 R，线路一端与电感 L 相连。利用 Bergeron 法计算线路各节点电压，各元件 Bergeron 模型等效电路如图 16-10 所示，电路节点电压方程为

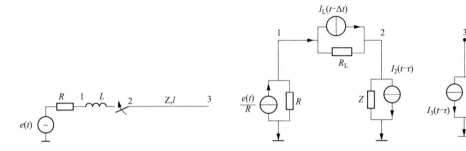

图 16-9 空载无损线路合闸示意图   图 16-10 Bergeron 数值算法等效电路

$$\begin{bmatrix} \dfrac{1}{R} + \dfrac{1}{R_{\mathrm{L}}} & -\dfrac{1}{R_{\mathrm{L}}} & 0 \\[2mm] -\dfrac{1}{R_{\mathrm{L}}} & \dfrac{1}{R_{\mathrm{L}}} + \dfrac{1}{Z} & 0 \\[2mm] 0 & 0 & \dfrac{1}{Z} \end{bmatrix} \begin{bmatrix} u_1(t) \\ u_2(t) \\ u_3(t) \end{bmatrix} = \begin{bmatrix} \dfrac{e(t)}{R} - I_{\mathrm{L}}(t-\Delta t) \\[2mm] I_{\mathrm{L}}(t-\Delta t) - I_2(t-\tau) \\[2mm] -I_3(t-\tau) \end{bmatrix} \tag{16-75}$$

合闸前电路处于零状态，等效电流源 $I_{\mathrm{L}}(t-\Delta t)$、$I_2(t-\tau)$、$I_3(t-\tau)$ 的初值均为零。根据各元件 Bergeron 模型的物理意义，采用前述方法迭代计算、更新各个等效电流源。电感元件等效电流源为

$$I_{\mathrm{L}}(t-\Delta t) = i_{\mathrm{L}}(t-\Delta t) + \frac{\Delta t}{2L}\big[u_1(t-\Delta t) - u_2(t-\Delta t)\big] \tag{16-76}$$

无损线路等效电流源为

$$I_2(t-\tau) = -2u_3(t-\tau)/Z - I_3(t-2\tau)$$
$$I_3(t-\tau) = -2u_2(t-\tau)/Z - I_2(t-2\tau) \tag{16-77}$$

利用电路初始条件带入各元件等效电流源迭代计算方程，可完成各节点电压数值计算。

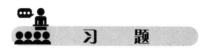

（1）在静电场数值计算中经常采用的数值计算方法有有限差分法、有限元法、模拟电荷法、边界元法等。

（2）电力系统过电压仿真计算主要采用 Bergeron 数值计算方法，该计算方法的核心是将分布参数元件等效为集中参数元件，用梯形积分方法求解集中参数电路中的暂态过程。

16-1　试述静电场有限元法计算原理和计算步骤。

16-2　简述电力系统过电压数值计算方法。

附录 一球接地时的球隙放电电压表

附表 1 球隙的工频交流、负极性冲击、正负极性直流放电电压峰值（kV）
$[t=20℃，p=101.3\text{kPa}（0℃时\ 760\text{mmHg}）]$

间隙距离（cm）\ 球径（cm）	2	5	6.25	10	12.5	15	25	50	75	100	150	200	球径（cm）\ 间隙距离（cm）
					(195)	(209)	244	263	265	266	266	266	10
						(219)	261	286	290	292	292	292	11
						(229)	275	309	315	318	318	318	12
							(289)	331	339	342	342	342	13
							(302)	353	363	366	366	366	14
							(314)	373	387	390	390	390	15
							(326)	392	410	414	414	414	16
0.05	2.8						(337)	411	432	438	438	438	17
0.10	4.7						(347)	429	453	462	462	462	18
0.15	6.4						(357)	445	473	486	486	486	19
0.20	8.0	8.0											
0.25	9.6	9.6					(366)	460	492	510	510	510	20
								489	530	555	560	560	22
0.30	11.2	11.2						515	565	595	610	610	24
0.40	14.4	14.3	14.2					(540)	600	635	655	660	26
0.50	17.4	17.4	17.2	16.8	16.8	16.8		(565)	635	675	700	705	28
0.60	20.4	20.4	20.2	19.9	19.9	19.9							
0.70	23.2	23.4	23.2	23.0	23.0	23.0		(585)	665	710	745	750	30
								(605)	695	745	790	795	32
0.80	25.8	26.3	26.2	26.0	26.0	26.0		(625)	725	780	835	840	34
0.90	28.3	29.2	29.1	28.9	28.9	28.9		(640)	750	815	875	885	36
1.0	30.7	32.0	31.9	31.7	31.7	31.7	31.7	(665)	(775)	845	915	930	38
1.2	(35.1)	37.6	37.5	37.4	37.4	37.4	37.4						
1.4	(38.5)	42.9	42.9	42.9	42.9	42.9	42.9	(670)	(800)	875	955	975	40
									(850)	945	1050	1080	45
1.5	(40.0)	45.5	45.5	45.5	45.5	45.5	45.5		(895)	1010	1130	1180	50
1.6		48.1	48.1	48.1	48.1	48.1	48.1		(935)	(1060)	1210	1260	55
1.8		53.0	53.5	53.5	53.5	53.5	53.5		(970)	(1110)	1280	1340	60
2.0		57.5	58.5	59.0	59.0	59.0	59.0	59.0	59.0				
2.2		61.5	63.0	64.5	64.5	64.5	64.5	64.5	64.5	(1160)	1340	1410	65
										(1200)	1390	1480	70

续表

间隙距离（cm）	2	5	6.25	10	12.5	15	25	50	75	100	150	200
2.4			65.5	67.5	69.5	70.0	70.0	70.0	70.0	70.0		
2.6			(69.0)	72.0	74.5	75.0	75.5	75.5	75.5	75.5		
2.8			(72.5)	76.0	79.5	80.0	80.5	81.0	81.0	81.0		
3.0		(75.5)	79.5	84.0	85.0	85.5	86.0	86.0	86.0	86.0		
3.5		(82.5)	(87.5)	95.0	97.0	98.0	99.0	99.0	99.0	99.0		
4.0		(88.5)	(95.0)	105	108	110	112	112	112	112		
4.5			(101)	115	119	122	125	125	125	125		
5.0			(107)	123	129	133	137	138	138	138	138	
5.5			(131)	138	143	149	151	151	151	151		
6.0			(138)	146	152	161	164	164	164	164		
6.5			(144)	(154)	161	173	177	177	177	177		
7.0			(150)	(161)	169	184	189	190	190	190		
7.5			(155)	(168)	177	195	202	203	203	203		
8.0				(174)	(185)	206	214	215	215	215		
9.0				(185)	(198)	226	239	240	241	241		
75										(1230)	1440	1540
80											(1490)	1600
85											(1540)	1660
90											(1580)	1720
100											(1660)	1840
110											(1730)	(1940)
120											(1800)	(2020)
130												(2100)
140												(2180)
150												(2250)

注　1. 本表不适用于测量10kV以下的冲击电压。
　　2. 对球间距离大于0.5D，在括号里的数字的准确度较低。

附表2　　正极性冲击放电电压峰值（kV）$[t=20℃，p=101.3\text{kPa}（0℃时\ 760\text{mmHg}）]$

间隙距离（cm）	2	5	6.25	10	12.5	15	25	50	75	100	150	200	间隙距离（cm）
					(215)	(226)	254	263	265	266	266	266	10
						(238)	273	287	290	292	292	292	11
						(249)	291	311	315	318	318	318	12
							(308)	334	339	342	342	342	13
							(323)	357	363	366	366	366	14
							(337)	380	387	390	390	390	15
							(350)	402	411	414	414	414	16
0.05							(362)	422	435	438	438	438	17
0.10							(374)	442	458	462	462	462	18
0.15							(385)	461	482	486	486	486	19
0.20													
0.25							(395)	480	505	510	510	510	20
								510	545	555	560	560	22
0.30	11.2	11.2						540	585	600	610	610	24
0.40	14.4	14.3	14.2					(570)	620	645	655	660	26
0.50	17.4	17.4	17.2	16.8	16.8	16.8		(595)	660	685	700	705	28

续表

球径（cm）	2	5	6.25	10	12.5	15	25	50	75	100	150	200	球径（cm）
间隙距离（cm）													间隙距离（cm）
0.60	20.4	20.4	20.2	19.9	19.9	19.9							
0.70	23.2	23.4	23.2	23.0	23.0	23.0		(620)	695	725	745	750	30
								(640)	725	760	790	795	32
0.80	25.8	26.3	26.2	26.0	26.0	26.0		(660)	755	795	835	840	34
0.90	28.3	29.2	29.1	28.9	28.9	28.9		(680)	785	830	880	885	36
1.0	30.7	32.0	31.9	31.7	31.7	31.7	31.7	(700)	(810)	865	925	935	38
1.2	(35.1)	37.8	37.6	37.4	37.4	37.4	37.4						
1.4	(38.5)	43.3	43.2	42.9	42.9	42.9	42.9	(715)	(835)	900	965	980	40
									(890)	980	1060	1090	45
1.5	(40.0)	46.2	45.9	45.5	45.5	45.5	45.5		(940)	1040	1150	1190	50
1.6		49.0	48.6	48.1	48.1	48.1	48.1		(985)	(1100)	1240	1290	55
1.8		54.5	54.0	53.5	53.5	53.5	53.5		(1020)	(1150)	1310	1380	60
2.0		59.5	59.0	59.0	59.0	59.0	59.0	59.0	59.0				
2.2		64.0	64.0	64.0	64.5	64.5	64.5	64.5	64.5	(1200)	1380	1470	65
										(1240)	1430	1550	70
2.4		69.0	69.0	70.0	70.0	70.0	70.0	70.0	70.0	(1280)	1480	1620	75
2.6		(73.0)	73.5	73.5	75.5	75.5	75.5	75.5	75.5	(1530)	1690		80
2.8		(77.0)	78.0	80.5	80.5	80.5	81.0	81.0	81.0	(1580)	1760		85
3.0		(81.0)	82.0	85.5	85.5	85.5	86.0	86.0	86.0	86.0			
3.5		(90.0)	(91.5)	97.5	98.0	98.5	99.0	99.0	99.0	99.0	(1630)	1820	90
											(1720)	1930	100
4.0		(97.5)	(101)	109	110	111	112	112	112	112	(1790)	(2030)	110
4.5			(108)	120	122	124	125	125	125	125	(1860)	(2120)	120
5.0			(115)	130	134	136	138	138	138	138	138	(2200)	130
5.5			(139)	145	147	151	151	151	151	151			
6.0			(148)	155	158	163	164	164	164	164	(2280)		140
											(2350)		150
6.5			(156)	(164)	168	175	177	177	177	177			
7.0			(163)	(173)	178	187	189	190	190	190			
7.5			(170)	(181)	187	199	202	203	203	203			
8.0				(189)	(196)	211	214	215	215	215			
9.0				(203)	(212)	233	239	240	241	241			

注 括号里的数字为间距离大于 0.5D 时其准确度较低。

参 考 文 献

［1］ 严璋，朱德恒. 高电压绝缘技术. 3 版［M］. 北京：中国电力出版社，2015.

［2］ 张仁豫，陈昌渔，王昌长. 高电压试验技术. 3 版［M］. 北京：清华大学出版社，2009.

［3］ 解广润. 电力系统过电压［M］. 北京：水利电力出版社，1985.

［4］ 周泽存，沈其工，方瑜. 高电压技术. 2 版［M］. 北京：中国电力出版社，2004.

［5］ 唐兴祚. 高电压技术［M］. 重庆：重庆大学出版社，2003.

［6］ 唐炬，张晓星，曾福平. 组合电器设备局部放电特高频检测与故障诊断［M］. 北京：科学出版社，2016.

［7］ 黄新波. 变电设备在线监测与故障诊断［M］. 北京：中国电力出版社，2010.

［8］ 唐炬，曾福平，张晓星. 基于分解组分分析的 SF_6 气体绝缘装备故障诊断方法与技术［M］. 北京：科学出版社，2016.

［9］ 王仲仁，文习山. 水电站接地设计［M］. 北京：中国水利水电出版社，2008.

［10］ 冉志敏，纪爱华. 电子信息系统防雷及接地实用技术［M］. 北京：电子工业出版社，2014.

［11］ 施围，郭洁. 电力系统过电压计算［M］. 北京：高等教育出版社，2006.

［12］ 马海武. 电磁场理论［M］. 北京：清华大学出版社，2016.